高等学校土木工程专业规划教材

混凝土结构设计

隋莉莉　龙　旭　熊　琛　主编

人民交通出版社股份有限公司
China Communications Press Co.,Ltd.

内 容 提 要

本书根据高等院校土木工程专业的培养目标和毕业要求编写,全书共5章,主要内容包括:绪论、梁板结构、单层工业厂房结构、框架结构、钢筋混凝土结构平法施工图简介。书中配有视频和动画资料,可通过扫描二维码观看配套的教学资源。

本书可作为土木工程专业本科生的教材用书,也可供相关专业的技术人员参考使用。

图书在版编目(CIP)数据

混凝土结构设计 / 隋莉莉等主编. — 北京 :人民交通出版社股份有限公司, 2018.12

ISBN 978-7-114-15322-8

Ⅰ. ①混… Ⅱ. ①隋… Ⅲ. ①混凝土结构—结构设计—高等学校—教材 Ⅳ. ①TU370.4

中国版本图书馆 CIP 数据核字(2019)第008758号

高等学校土木工程专业规划教材

书　　名: 混凝土结构设计
著 作 者: 隋莉莉　龙　旭　熊　琛
责任编辑: 李　喆
责任校对: 张　贺
责任印制: 张　凯
出版发行: 人民交通出版社股份有限公司
地　　址: (100011)北京市朝阳区安定门外外馆斜街3号
网　　址: http://www.ccpress.com.cn
销售电话: (010)59757973
总 经 销: 人民交通出版社股份有限公司发行部
经　　销: 各地新华书店
印　　刷: 北京鑫正大印刷有限公司
开　　本: 787×1092　1/16
印　　张: 15.75
字　　数: 379千
版　　次: 2018年12月　第1版
印　　次: 2018年12月　第1次印刷
书　　号: ISBN 978-7-114-15322-8
定　　价: 40.00元
(有印刷、装订质量问题的图书由本公司负责调换)

前言

本书根据高等院校土木工程专业的培养目标和毕业要求,结合编者多年来的教学实践经验编写而成。本书可以作为高等学校土木工程专业的教材,也可供从事土木工程建设的技术人员学习参考。

全书共5章,主要内容包括:绪论、梁板结构、单层工业厂房结构、框架结构和钢筋混凝土结构平法施工图简介。在本书编写过程中参考了《混凝土结构设计规范》(GB 50010—2010)(2015年版)等国家规范和规程。

本书注重概念,重点突出,强调基本理论和方法讲解的易懂性,每章都列举了适量的例题及部分工程实例,旨在培养学生获得工程理念、解决实际工程问题的能力。每章后设有思考题和习题,以培养学生作为未来土木工程师应有的基本素质。特别是加入了钢筋混凝土结构平法施工图简介章节,解决了学生在毕业设计之前到施工现场看不懂结构设计施工图的问题。为了更好地理解肋梁楼盖、楼梯、单层工业厂房等配筋构造、节点及空间关系,本书利用BIM技术配套了三维图示等数字资源,同时还为读者准备了大量的工程案例,尽可能地缩短读者与工程实践之间的距离。

本书主编为深圳大学土木与交通工程学院隋莉莉、龙旭、熊琛。编写分工为:第1章、第2章、第3章、第5章由隋莉莉、龙旭、黄振宇编写;第4章由隋莉莉、庄新玲编写;熊琛负责绘制本书的部分插图及图表。

感谢深圳大学土木与交通工程学院本科生吕桂聪、袁青云、梁枫、岑卓协助制作了本书视频资源、例题及插图。

本教材获深圳大学教材出版资助，本教材为UOOC联盟指定参考书。

由于编者的经验和水平有限，本书还存在不少缺点甚至错误，敬请读者批评和指正，以便及时改进。

编　者

2019年1月

目录

第1章
绪论

1.1 结构的定义

广义上的结构,是指房屋建筑和土木工程的建筑物、构筑物及其他相关组成部分的实体。它由各种材料(砖、石、混凝土、钢材和木材等)建造的结构构件(梁、板、柱、墙、杆、壳等)通过正确的连接,能承受并传递自然界和人为的各种作用,并能形成使用空间的受力承重骨架。

结构在其使用年限内,要承受各种永久荷载和可变荷载,有些结构可能还要承受偶然荷载。除此之外,结构在其使用年限内,还将受到温度、收缩、徐变、地基不均匀沉降等影响。在地震区,结构还可能承受地震的作用。结构在上述各种因素的作用下,应具有足够的承载能力,不发生整体或局部的破坏或失稳;具有足够的刚度,不产生过大的挠度或侧移。对于混凝土结构而言,还应具有足够的抗裂性,满足对其提出的裂缝控制要求。除此之外,结构还应具有足够的耐久性,在其使用年限内,钢材不出现严重锈蚀,混凝土等材料不发生严重劈裂、腐蚀、风化、剥落等现象。

建筑结构按其用途可分为工业建筑结构和民用建筑结构;按其体型和高度可划分为单层结构(多用于单层工业厂房、单层空旷房屋等)、多层结构(2 ~ 9 层)、高层结构(一般 10 层以上)和大跨结构(跨度在 40m 以上)等;按其材料可分为混凝土结构、钢结构、砌体结构、木结构、混合结构等;按其主要结构形式可划分为排架结构、框架结构、墙体结构、筒体结构、拱结构、网架结构、壳体结构、索结构、膜结构等。建筑结构由竖向承重结构体系、水平承重结构体系和下部结构三部分组成。竖向承重结构由墙和柱等构件组成，承受竖向荷载和水平荷载的作用，主要有墙体结构、框架结构、框架-剪力墙结构和筒体结构等。水平承重结构由楼盖、屋盖、楼梯等组成，它将竖向荷载传递至竖向承重结构上，主要有梁板结构、平板结构、密肋结构等。下部结构包括地基和基础，基础主要采用钢筋混凝土，当荷载较小时也可采用砌体。

混凝土结构（concrete structure）是以混凝土为主要材料制成的结构，包括素混凝土结构、钢筋混凝土结构、预应力混凝土结构及配置各种纤维的混凝土结构等。与木结构、砌体结构及钢结构相比，混凝土结构的历史虽然很短，但是，由于它具有承载能力高的特点，所以不仅可以用于一般建筑结构，而且可以用于高层、大跨的土木工程结构。除此之外，它还具有节省钢材、可模性好、耐久、耐火等一系列其他结构难以比拟的优点。因此，它的发展速度最快，并且已经成为当今世界各国建筑物采用的主要结构。

1.2 结构设计的基本内容

建筑工程结构设计可分为概念设计、初步设计、技术设计和施工图设计。对一般的工程，可由初步设计直接进入施工图设计。结构设计的基本内容主要包括：结构方案设计、结构分析、作用或荷载效应组合、构件及其连接构造的设计和绘制施工图以及满足特殊要求的结构构件的专门性能设计等。对混凝土结构，还包括根据结构分析与计算的结果进行构件截面配筋计算和验算。设计流程如下：

（1）结构概念设计是在特定的建筑空间中用整体的概念来完成结构总体方案的设计。结构概念设计旨在有意识地处理构件与结构、结构与结构的关系，满足结构的功能要求和建筑功能的需要，确定最优的结构体系，选择适用的建筑材料和合理的关键部位构造，结合适宜的施工及合理的效益达到房屋设计的统一。对一般工程，可根据工程具体环境、地质条件，参照既有同类工程设计经验进行方案设计。

（2）由于结构概念设计形成的结构总体方案并非唯一，因此要求在初步设计阶段对各可能方案进行较为深入的分析，综合比较不同材料、不同结构体系和结构布置方案对工程建设的影响，在此基础上，初步确定结构整体和构件尺寸及采用的主要技术。

（3）确定结构分析简图，对各种组合下荷载和变形作用进行分析计算，得到结构整体受力性能和各部位受力、变形大小，根据工程所处环境估计环境介质对结构耐久性的影响。

（4）进行结构构件和连接的设计计算，如对混凝土构件的配筋计算，并进行适用性验算，考虑耐久性。

（5）提交施工图，并将设计过程中各项技术工作整理成设计计算书存档。

1.2.1 结构方案设计

结构方案（structural scheme）设计主要是配合建筑设计的功能和造型要求，结合所选结构材料的特性，从结构受力、安全、经济以及地基基础和抗震等方面出发，综合确定合理的结构形式。结构方案应在满足适用性的条件下，符合受力合理、技术可行和尽可能经济的原则。无论是初步设计阶段，还是技术设计阶段，结构方案都是结构设计中的一项重要工作，也是结构设计成败的关键。初步设计阶段和技术设计阶段的结构方案,所考虑的问题是相同的,只是随着设计阶段的深入,结构方案设计的深度不同。

结构方案对建筑物的安全有重要影响,其设计主要包括结构选型、结构布置和主要构件的截面尺寸估算等内容。

(1)结构选型

结构选型就是根据建筑的用途及功能、建筑高度、荷载情况、抗震等级和所具备的物质与施工技术条件等因素选用合理的结构体系,主要包括确定结构体系(上部主要承重结构、楼盖结构、基础的形式)和施工方案。在初步设计阶段,一般须提出两种以上不同的结构方案,然后进行方案比较,综合考虑,选择较优的方案。

(2)结构布置

结构布置就是在结构选型的基础上,选用构件形式和布置,确定各结构构件之间的相互关系和传力路径,主要包括定位轴线、构件布置和结构缝的设置等。结构的平、立面布置宜规则,各部分的质量和刚度宜均匀、连续;结构的传力途径应简捷、明确,竖向构件宜连贯、对齐;宜采用超静定结构,重要构件和关键传力部位应增加冗余约束或有多条传力途径。结构设计时,应通过设置结构缝将结构分割为若干相对独立的单元,结构缝包括伸缩缝、沉降缝、防震缝、构造缝、防连续倒塌的分割缝等,应根据结构受力特点及建筑尺度、形状、使用功能等要求,合理确定结构缝的位置和构造形式;宜控制结构缝的数量,应采取有效措施减少设缝对建筑功能、结构传力、构造做法和施工可行性等造成的影响,遵循"一缝多能"的设计原则,采取有效的构造措施;除永久性的结构缝以外,还应考虑设置施工接槎、后浇带、控制缝等临时性的缝以消除某些暂时性的不利影响。

1.2.2　结构分析方法

结构分析是指结构在各种作用(荷载)下的内力和变形等作用效应计算,其核心问题是确定结构计算模型,包括确定结构力学模型、计算简图和采用的计算方法。计算简图是进行结构分析时用以代表实际结构的经过简化的模型,是结构受力分析的基础。计算简图的选择应分清主次,抓住本质和主流,略去不重要的细节,使得所选取的计算简图既能反映结构的实际工作性能,又便于计算。计算简图确定后,应采取适当的构造措施使实际结构尽量符合计算简图的特点。计算简图的选取受较多因素的影响,一般来说,结构越重要,选取的计算简图应越精确;施工图设计阶段的计算简图应比初步设计阶段精确;静力计算可选择较复杂的计算简图,动力和稳定计算可选用较简略的计算简图。

1)结构分析基本原则

在结构设计中,必须先从结构的概念开始拟定一种结构形式,初步拟定构件尺寸,然后再进行分析,这样便能最终确定构件的尺寸以及所需要的钢筋,从而确保承受设计荷载而不致出现结构或结构构件的破坏(承载能力极限状态设计);或满足结构或结构构件达到正常使用或耐久性能的规定(正常使用极限状态设计)。

通常在工作荷载作用下,结构处于弹性状态,因此以弹性状态假设为基础的结构理论适用于正常使用状态。结构的倒塌通常在远远超出材料弹性范围,超出临界点后才会发生,因而建立在材料非弹性状态基础上的极限强度理论是合理确定结构安全性、防止倒塌所必需的。

对混凝土结构应进行整体作用效应分析,必要时尚应对结构中受力状况特殊的部分进行更详细的分析。当结构在施工和使用期的不同阶段有多种受力状况时，应分别进行结构分析，并确定其最不利的作用组合。结构在可能遭遇火灾、飓风、爆炸、撞击等偶然作用时，尚应按国家现行有关标准的要求进行相应的结构分析。

结构分析应符合下列要求：

(1)满足力学平衡条件。

(2)在不同程度上符合变形协调条件，包括节点和边界的约束条件。

(3)采用合理的材料本构关系或构件单元的受力-变形关系。

2)结构分析方法

结构分析时，宜根据结构类型、构件布置、材料性能和受力特点等选择下列方法：线弹性分析方法、考虑塑性内力重分布的分析方法、塑性极限分析方法、非线性分析方法、间接作用分析方法、试验分析方法。结构分析所采用的电算程序应经考核和验证，其技术条件应符合有关规范和标准的要求。对电算结果，应经判断和校核；在确认其合理有效后，方可用于工程设计。

(1)线弹性分析方法

①线弹性分析方法可用于混凝土结构的承载能力极限状态及正常使用极限状态的作用效应分析。

②杆系结构宜按空间体系进行结构整体分析，并宜考虑杆件的弯曲、轴向、剪切和扭转变形对结构内力的影响。

当符合下列条件时，可作相应简化：

a. 体形规则的空间杆系结构，可沿柱列或墙轴线分解为不同方向的平面结构分别进行分析，但宜考虑平面结构的空间协同工作。

b. 杆件的轴向、剪切和扭转变形对结构内力的影响不大时，可不计及。

c. 结构或杆件的变形对其内力的二阶效应影响不大时，可不计及。

③杆系结构的计算图形宜按下列方法确定：

a. 杆件的轴线宜取截面几何中心的连线。

b. 现浇结构和装配整体式结构的梁柱节点、柱与基础连接处等可作为刚接；梁、板与其支承构件非整体浇筑时，可作为铰接。

c. 杆件的计算跨度或计算高度宜按其两端支承长度的中心距或净距确定，并根据支承节点的连接刚度或支承反力的位置加以修正。

d. 杆件间连接部分的刚度远大于杆件中间截面的刚度时，可作为刚性区域插入计算图形。

④杆系结构中杆件的截面刚度应按下列方法确定：

a. 混凝土的弹性模量应按《混凝土结构设计规范》(GB 50010—2010)(2015 年版)(以下简称《规范》)表 4.1.5 采用。

b. 截面惯性矩可按匀质的混凝土全截面计算。

c. T 形截面杆件的截面惯性矩宜考虑翼缘的有效宽度进行计算，也可由截面矩形部分面积的惯性矩作修正后确定。

d. 端部加腋的杆件，应考虑其刚度变化对结构分析的影响。

e. 同受力状态杆件的截面刚度，宜考虑混凝土开裂、徐变等因素的影响予以折减。

⑤杆系结构宜采用解析法、有限元法或差分法等分析方法。对体形规则的结构，可根据其

受力和作用的种类采用有效的简化分析方法。

⑥对与支承构件整体浇筑的梁端,可取支座或节点边缘截面的内力值进行设计。

⑦各种双向板按承载能力极限状态计算和按正常使用极限状态验算时,均可采用线弹性方法作用效应分析。

⑧非杆系的二维或三维结构可采用弹性理论分析、有限元分析或试验方法确定其弹性应力分布,根据主拉应力图形的面积确定所需的配筋量和布置,并按多轴应力状态验算混凝土的强度。混凝土的多轴强度和破坏准则可按《规范》的规定计算。

结构按承载能力极限状态计算时,其荷载和材料性能指标可取为设计值;按正常使用极限状态验算时,其荷载和材料性能指标可取为标准值。

(2)考虑塑性内力重分布的分析方法

房屋建筑中的钢筋混凝土连续梁和连续单向板,宜采用考虑塑性内力重分布的分析方法,其内力值可由弯矩调幅法确定。

框架、框架-剪力墙结构及双向板等,经过弹性分析求得内力后,也可对支座或节点弯矩进行调幅,并确定相应的跨中弯矩。

按考虑塑性内力重分布的分析方法设计的结构和构件,尚应满足正常使用极限状态的要求或采取有效的构造措施。

对于直接承受动力荷载的构件,以及要求不出现裂缝或处于侵蚀环境等情况下的结构,不应采用考虑塑性内力重分布的分析方法。

(3)塑性极限分析方法

对于承受均布荷载的周边支承的双向矩形板,可采用塑性铰线法或条带法等塑性极限分析方法进行承载能力极限状态设计,同时应满足正常使用极限状态的要求。

对于承受均布荷载的板柱体系,根据结构布置和荷载的特点,可采用弯矩系数法或等代框架法计算承载能力极限状态的内力设计值。

(4)非线性分析方法

特别重要的或受力状况特殊的大型杆系结构和二维、三维结构,必要时尚应对结构的整体或其部分进行受力全过程的非线性分析。

结构的非线性分析宜遵循下列原则:

①结构形状、尺寸和边界条件,以及所用材料的强度等级和主要配筋量等应预先设定。

②材料的性能指标宜取平均值。

③材料的、截面的、构件的或各种计算单元的非线性本构关系宜通过试验测定;也可采用经过验证的数学模型,其参数值应经过标定或有可靠的依据。混凝土的单轴应力-应变关系、多轴强度和破坏准则也可按《规范》采用。

④宜计入结构的几何非线性对作用效应的不利影响。

⑤进行承载能力极限状态计算时,应取作用效应的基本组合,并应根据结构构件的受力特点和破坏形态作相应的修正;正常使用极限状态验算时,可取作用效应的标准组合和准永久组合。

(5)间接作用分析方法

当混凝土的收缩、徐变以及温度等变化间接作用在结构中产生的作用效应可能危及结构的安全或正常使用时,宜进行间接作用效应的分析,并应采取相应的构造措施和施工措施。

对混凝土结构进行间接作用效应的分析,可采用《规范》5.5 节的弹塑性分析方法;也可考虑裂缝和徐变对构件刚度的影响,按弹性方法进行近似分析。

(6)试验分析方法

对体型复杂或受力状况特殊的结构或其部分,可采用试验分析方法对结构的正常使用极限状态和承载能力极限状态进行分析或复核。

当结构所处环境的温度和湿度发生变化,以及混凝土的收缩和徐变等因素在结构中产生的作用效应可能危及结构的安全和正常使用时,应进行专门的结构试验分析。

1.2.3 荷载效应组合

荷载效应组合是指按照结构可靠度理论把各种荷载效应按一定规律加以组合,以求得在各种可能同时出现的荷载作用下结构构件控制截面的最不利内力。通常,在各种单项荷载作用下分别进行结构分析,得到结构构件控制截面的内力和变形后,根据在使用过程中结构上各种荷载同时出现的可能性,按承载能力极限状态和正常使用极限状态用分项系数与组合值系数加以组合,并选取各自的最不利组合值作为结构构件和基础设计的依据。

1.2.4 结构构件及其连接构造的设计

根据结构荷载效应组合结果,选取对配筋起控制作用的截面不利组合内力设计值,按承载能力极限状态和正常使用极限状态分别进行截面的配筋计算和裂缝宽度、变形验算,计算结果尚应满足相应的构造要求。构件之间的连接构造设计就是保证连接节点处被连接构件之间的传力性能符合设计要求,保证不同材料结构构件之间的良好结合,选择可靠的连接方式以及保证可靠传力所采取可靠的措施等。

1.3 本书的主要内容及学习重点

1.3.1 本书的主要内容

"混凝土结构设计"的先修课程是"混凝土结构设计原理"以及其他相关的专业和技术基础课程。"混凝土结构设计"是土木工程专业学生的主干专业课,由于该课程综合性较强,为了能较好地掌握混凝土结构的设计方法,要求学生不仅要熟练地掌握混凝土结构设计原理以及材料力学、结构力学等相关课程的基本理论,而且应对土力学、基础工程等课程与混凝土结构设计的关系也有一定了解,特别注意相关规范的区别和联系,以便在实际工作中能灵活、综合地应用各种知识。

本书具体内容为:

(1)梁板结构

混凝土梁板结构是由梁和板所组成,在房屋建筑中作为水平承重结构体系,主要介绍钢筋混凝土整体式单向板肋梁楼盖、整体式双向板肋梁楼盖、整体式无梁楼盖、装配式混凝土楼盖和楼梯等结构布置的原则和设计计算方法,给出了整体式肋梁楼盖、楼梯的设计实例及工程施工图表达方法。

(2)单层厂房结构

重点介绍了单层厂房的结构类型和结构体系、结构组成、荷载传递、结构布置、构件选型和截面尺寸的确定、排架结构内力分析、柱的设计等内容,并给出一个装配式单层厂房结构设计实例。

(3)框架结构

重点介绍了结构布置方法、截面尺寸估计、计算简图的确定、荷载和内力计算、内力组合、侧移验算以及结构的配筋和构造要求等,并给出多层框架结构计算实例。

(4)钢筋混凝土结构平法施工图简介

重点介绍了"混凝土结构施工图平面整体表示方法制图规则和构造详图"的系列图集(16G101-1 ~2)中梁、板、柱及楼梯的平法设计方法。

1.3.2 本书的学习重点

本书的学习重点主要包括:①了解各类结构特性,以便正确选用;②熟悉结构布置方法,确保结构荷载传递路线明确、安全可靠、经济合理和整体性好;③掌握结构计算简图确定方法、构件截面尺寸的估算方法和各种荷载的计算方法;④掌握结构在各种荷载作用下的内力计算和内力组合方法;⑤掌握结构的配筋计算和构造要求。

本课程具有很强的工程背景,学习建筑结构设计基本理论和方法的目的是为了更好地进行混凝土结构设计。本课程具有以下特点,在学习中应特别予以注意:

(1)本课程有较强的实践性,有利于学生工程实践能力的培养。一方面要通过课堂学习、习题和作业来掌握混凝土结构设计的基本理论和方法,通过课程设计和毕业设计等实践性教学环节,学习工程结构计算、设计说明书的整理和编写,施工图纸的绘制等基本技能,逐步熟悉和正确运用这些知识来进行结构设计和解决工程中的技术问题;另一方面,要通过到现场参观,了解实际工程的结构布置、配筋构造、施工技术等,积累感性认识,增加工程设计经验,加强对基础理论知识的理解,培养学生综合运用理论知识解决实际工程问题的能力。

(2)结构设计是一项综合性很强的工作,有利于学生设计工作能力的培养。在形成结构方案、构件选型、材料选用、确定结构计算简图和分析方法以及配筋构造和施工方案等过程中,除应遵循安全适用和经济合理的设计原则外,尚应综合考虑各方面的因素。同一工程设计有多种方案和设计数据,不同的设计人员会有不同的选择,因此设计的结构不是唯一的。设计时应综合考虑使用功能、材料供应、施工条件、造价等各项指标的可行性,通过对各种方案的分析比较,选择最佳的设计方案。

(3)结构设计工作是一项创造性的工作,有利于学生创新精神的培养。结构设计时,须按照我国现行《规范》以及其他相关规范和标准进行设计;由于混凝土结构是一门发展很快的学科,其设计理论及方法在不断地更新,结构设计工作者可在有足够的理论根据及实践经验的基础上,充分发挥主动性和创造性,采取先进的结构设计理论和技术。

(4)对于结构方案和布置以及构造措施,在结构设计中应给予足够重视。结构设计由结构方案和布置、结构计算、构造措施三部分组成。其中,结构方案和布置的确定是结构设计合理的关键。混凝土结构设计固然离不开计算,但现行的实用计算方法一般只考虑了结构的荷载效应,其他因素影响,如混凝土收缩、徐变、温度影响及地基不均匀沉降等,难以用计算来考虑。《规范》根据长期的工程实践经验,总结出了一些考虑这些影响的构造措施,同时计算中的某些条件须有相应的构造措施来保证，所以在设计时应检查各项构造措施是否得到满足。

作为一名土木工程专业的大学生，应在熟练、扎实掌握建筑结构的基本概念和基本理论的基础上，通过反复的设计训练和实践，不断培养分析问题、解决问题的能力和创新意识，成为一名未来优秀的结构工程师。

第2章

梁板结构

2.1 概　　述

梁板结构是土木工程中常见的结构形式。它是由梁和板组成的水平承重结构体系,其支撑体系一般为墙、柱等竖向构件。梁板结构广泛应用于房屋建筑结构,例如:楼(屋)盖、楼梯、阳台、雨篷、地下室底板和挡土墙等,如图2.1所示。同时可应用于桥梁工程中的桥面结构、特种结构中水池的顶盖、池壁和底板等。

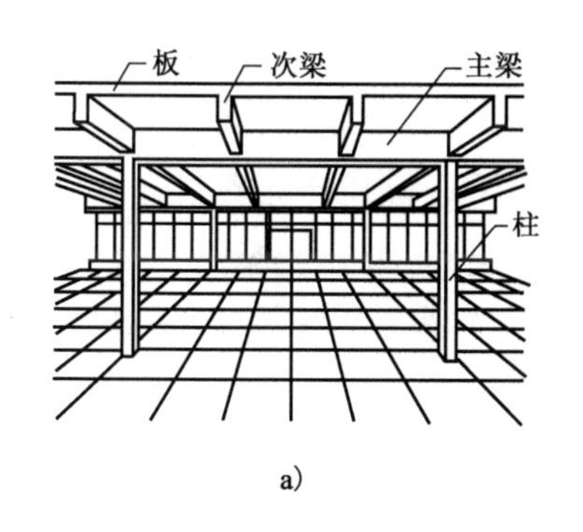

a)

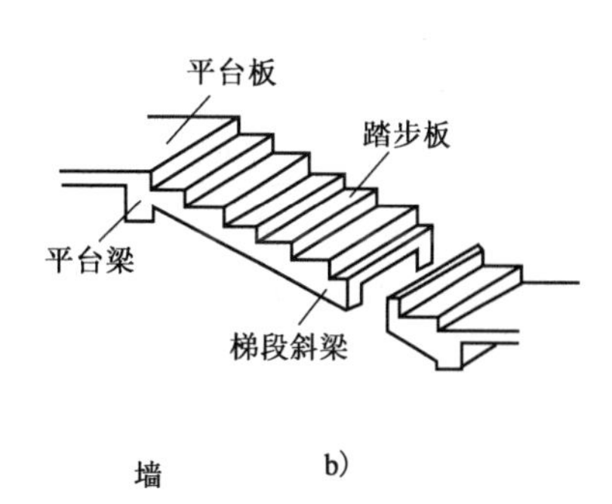

墙　b)

图　2.1

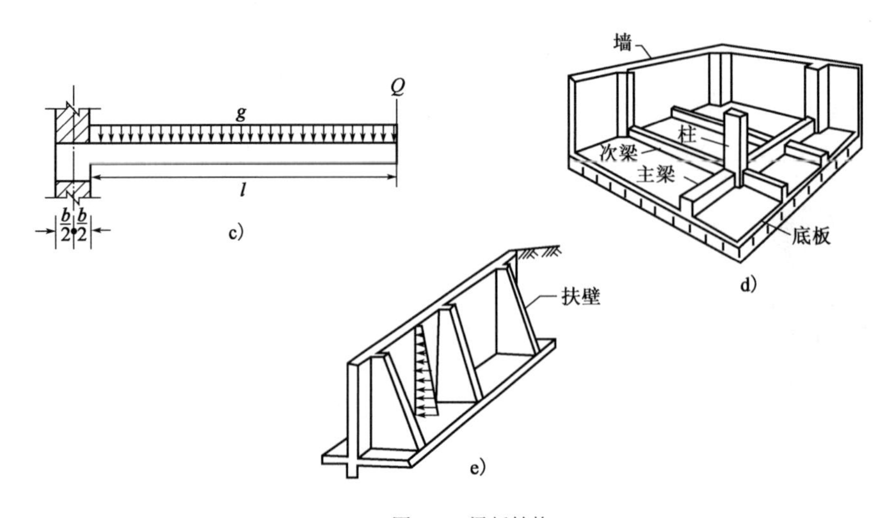

图 2.1　梁板结构

a)肋梁楼盖;b)梁式楼梯;c)雨篷;d)地下室底板;e)带扶壁挡土墙

楼盖是建筑结构中的重要组成部分,混凝土楼盖在整个房屋的材料用量和造价方面所占的比例是相当大的,因此合理选择楼盖的形式,正确地进行设计计算,将对整个房屋的使用和技术经济指标具有一定的影响,因此钢筋混凝土楼盖设计原理具有普遍意义。

2.1.1　楼盖类型

1)按施工方法分类

(1)现浇整体式楼盖

现浇整体式楼盖具有整体性好、刚度大、防水性好、抗震性强、适用于特殊布局的楼盖等优点,因而被广泛应用于多层工业厂房、平面布置复杂的楼面、公共建筑的门厅、设备管道、荷载或施工条件比较特殊的情况。其缺点是费工,费模板,工期长,施工受季节的限制。

(2)装配式楼盖

装配式楼盖的楼板采用混凝土预制构件,便于工业化生产,在多层民用建筑和多层工业厂房中得到了广泛应用。其不足是这种楼面由于整体性、防水性和抗震性较差,不便于开设孔洞,故对于高层建筑、有抗震设防要求的建筑以及使用上要求防水和开设孔洞的楼面,均不宜采用。

(3)装配整体式楼盖

装配整体式楼盖是将各种预制构件(包括梁和板)在吊装就位后,通过一定的措施使之成为整体的一种楼盖形式。目前常用的整体措施有板面作配筋现浇层、叠合梁以及各种焊接连接等。因此,这种楼盖仅适用于荷载较大的多层工业厂房、高层民用建筑及有抗震要求的建筑。装配整体式楼盖兼具现浇楼盖和装配式楼盖的优点。

目前国家及各省(自治区、直辖市)都从政策上制定了装配式建筑的发展目标。住房和城乡建设部于 2015 年《建筑产业现代化发展纲要》中提到“2020 年装配式建筑占新建建筑比例 20% 以上,到 2025 年达到 50% 以上。”深圳市住建局、市规划国土委、市发展改革委联合发布《关于〈深圳市装配式建筑发展专项规划(2018—2020)〉的通知》,提出立足习近平总书记“世界眼光、国际标准、中国特色、高点定位”的要求,以“深圳建造”为核心,给出了 2018—2020 年深圳装配式建筑发展多项目标与阶段性任务,超前规划 2025 年、2035 年的发展目标,建立全方位指标体系。到2020年,全市装配式建筑占新建建筑面积的比例达到30%以上,其中政府投资工程装配式建筑面积占比达到50%以上;到2025年,全市装配式建筑占新建建筑面积的比例达到50%以上,装配式建筑成为深圳主要建设模式之一;到2035年,全市装配式建筑占新建建筑面积的比例力争达到70%以上,建成国际水准、领跑全国的装配式建筑示范城市;提前5年达到"力争用10年时间使装配式建筑占新建建筑面积的比例达到30%"。

2)按预加应力分类

按预加应力的情况可分为钢筋混凝土楼盖和预应力混凝土楼盖。钢筋混凝土楼盖施工简便,但刚度和抗裂性能不如预应力混凝土楼盖。

使用最普遍的预应力混凝土楼盖是无黏结预应力混凝土平板楼盖。当柱网尺寸较大时,它可有效减小板厚,降低建筑层高。

3)按结构形式分

按结构形式可分为肋梁楼盖和无梁楼盖。肋梁楼盖包括单向板肋梁楼盖、双向板肋梁楼盖、井式楼盖和密肋楼盖。无梁楼盖又称板柱楼盖。如图2.2所示。

(1)肋梁楼盖:肋梁楼盖一般由板、次梁和主梁组成,如图2.2a)和b)所示。其主要传力途径为板→次梁→主梁→柱或墙→基础→地基。肋梁楼盖的特点是用钢量较低,楼板上留洞方便,但支模较复杂。肋梁楼盖是现浇楼盖中使用最普遍的一种。

(2)井式楼盖:井式楼盖是一种特殊的肋梁楼盖,如图2.2c)所示。其主要特点是两个方向梁高相等,跨度相近,梁布置成井字形,两个方向的梁不分主次,共同承担板传来的荷载。由于是两个方向受力,梁的高度比肋梁楼盖小,故宜用于跨度较大且柱网呈方形的结构。井式楼盖的跨度较大,某些公共建筑门厅及要求设置多功能大空间的大厅,常采用井式楼盖。

(3)密肋楼盖:密肋楼盖由薄板和间距较小的肋梁组成,如图2.2d)所示。密肋可以是单向的,也可以是双向的。这种楼盖的优点是重量较轻,肋间板便于开孔洞,因此多用于跨度大而梁高受限制的情况,如筒体结构的角区楼板往往采用双向密肋楼盖。密肋楼盖中的梁肋间距一般为0.9~1.5m。在使用荷载较大的情况下,采用密肋楼盖可以取得较好的经济效果。

(4)无梁楼盖:无梁楼盖是指混凝土板直接支承于柱上的楼盖,如图2.2e)所示。其荷载传力途径是由板传至柱或墙。无梁楼盖的结构高度小,净空大,支模简单,但用钢量较大,常用于书库、仓库、商业建筑和地下车库等柱网布置接近方形的建筑。

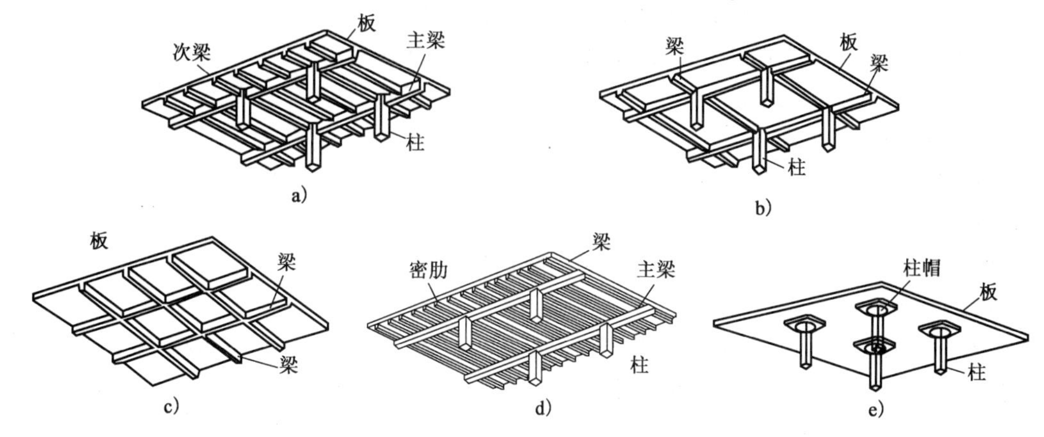

图2.2 现浇楼盖结构的主要类型

a)单向板肋梁楼盖;b)双向板肋梁楼盖;c)井式楼盖;d)密肋楼盖;e)无梁楼盖

无梁楼盖分为有柱帽和无柱帽两种形式。当柱网较小(3～4m)时,柱顶可不设柱帽;当柱网较大（6～8m）且荷载较大时,柱顶设柱帽以提高板的抗冲切能力。

由于楼盖结构是建筑结构的主要组成部分,在具体的实际工程中究竟采用何种楼盖形式,应根据房屋的性质、用途、平面尺寸、荷载大小、采光以及技术经济等因素进行综合考虑。

本章内容主要为现浇混凝土楼盖的设计。

2.1.2　单向板和双向板

肋梁楼盖中每一区格的板一般在四边都有梁或墙支承,形成四边支承板。荷载将通过板的双向受弯作用传到四边支承的构件(梁或墙)上,荷载向两个方向传递的多少,将随着板区格的长边与短边长度的比值而变化。

根据板的支承形式及在长、短边的比值,板可以分为单向板和双向板两种类型,其受力性能及配筋构造都各有其特点。

在荷载作用下,只在一个方向弯曲或者主要在一个方向弯曲的板称为单向板,如图 2.3a)所示。

在荷载作用下,在两个方向弯曲,且不能忽略任一方向弯曲的板称为双向板,如图 2.3b)所示。

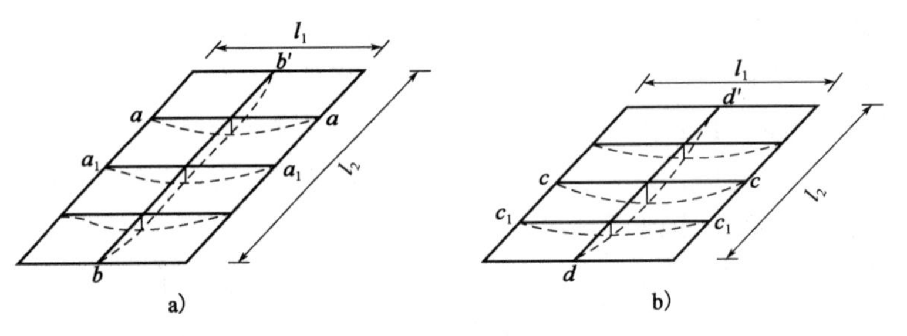

图 2.3　板的弯曲变形

a)单向板($2<l_2/l_1<3$ 或 $l_2/l_1\geqslant3$);b)双向板($l_2/l_1\leqslant2$)

1)单向板和双向板的判断原则

《规范》中有如下规定:

(1)两对边支承的板和单边嵌固的悬臂板,应按单向板计算。

(2)四边支承的板(或两邻边支承或三边支承)应按下列规定计算:

①当长边与短边长度之比不小于 3($l_2/l_1\geqslant3$)时,宜按沿短边方向受力的单向板计算,并应沿长边方向布置构造钢筋。

②当长边与短边长度之比不大于 2($l_2/l_1\leqslant2$)时,应按双向板计算。

③当长边与短边长度之比大于 2.0,但小于 3 时,宜按双向板计算。当按沿短边方向受力的单向板计算时,应沿长边方向布置足够的构造钢筋。

2)板的受力分析

板可以为四边支承、三边支承或两邻边支承板。在肋梁楼盖中,每一区格板的四边一般都有梁或墙支承,所以是四边支承的板。由弹性薄板理论得知,其内力分布主要取决于它的支承条件、几何条件(板的两邻边边长比及板厚等)、荷载形式等。板上的荷载主要通过板的受弯作用传到四边支承的构件上。双向板的受力特征与单向板不同,在两个方向的横截面上均作用有弯矩和剪力，沿长边方向和短边方向同时传递荷载。荷载向两个方向传递的多少，将随着区格板的长边和短边的比值而变化。

以均布荷载作用下四边简支的板为例进行内力分析，如图2.4所示。在板中心点A处，取出两个单位宽度（板宽$b=1000$mm）的正交板带，板带的计算跨度分别为l_{01}和l_{02}。设单位面积总荷载为P，沿x方向和y方向分配的荷载分别为P_1和P_2，则：

$$P = P_1 + P_2 \tag{2.1}$$

忽略板带与相邻板带之间的影响，根据两个板带在跨中A处挠度相等的条件，可将板上的均布荷载在两个方向进行分配：

$$f_A = \frac{5P_1 l_{01}^4}{384E_c I_1} = \frac{5P_2 l_{02}^4}{384E_c I_2} \tag{2.2}$$

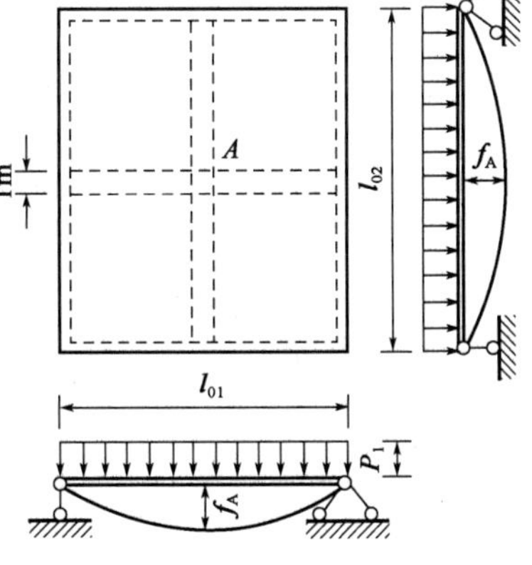

图2.4 板受力的近似分析

式中：P_1、P_2——分配给l_{01}、l_{02}方向板带的均布荷载；

I_1、I_2——l_{01}、l_{02}方向板带的换算截面惯性矩。

忽略两个方向钢筋位置和数量不同产生的误差，取$I_1=I_2=I$。

由式（2.2）得：

$$\frac{P_1}{P_2} = \left(\frac{l_{02}}{l_{01}}\right)^4 \tag{2.3}$$

解式（2.1）、式（2.3），得：

$$P_2 = \frac{P}{1+\left(\frac{l_{02}}{l_{01}}\right)^4} \tag{2.4}$$

$$P_1 = P - P_2 \tag{2.5}$$

分别取不同的l_{02}/l_{01}值代入式（2.4）、式（2.5），计算P_1、P_2。

当$l_{02}/l_{01}=1$时，得：

$$P_1 = P_2 = P/2 = 50\%P \tag{2.6}$$

当$l_{02}/l_{01}=2$时，得：

$$P_2 = P/17 \qquad P_1 = 16P/17 = 94\%P \tag{2.7}$$

当$l_{02}/l_{01}=3$时，得：

$$P_2 = P/81 \qquad P_1 = 80P/81 = 99\%P \tag{2.8}$$

由此可见，随着l_{02}/l_{01}值的增大，大部分的荷载将沿板的短方向传递，主要在短跨方向发生弯曲变形。因此，当$l_{02}/l_{01}\geqslant 3$时，按单向板计算；而当$l_{02}/l_{01}\leqslant 2$时，按双向板计算。

应当注意，式（2.6）~式（2.8）是按四边支承板的分析结果得出的，如果板仅是两个对边支承，而另两个对边为自由边，则这样的板无论平面两个方向的长度如何，均属于单向板，板的荷载全部单向传递到两对边的支座上。

3）梁板的内力计算方法

梁、板内力计算方法有两种：

(1)按弹性理论计算。按弹性理论计算内力的方法一般是按结构力学所述的方法进行计算,计算结果配筋偏于安全。

(2)按塑性理论计算。按塑性理论计算内力,并进行配筋,可节省钢筋、便于施工。

2.1.3 楼盖设计的基本内容

肋梁楼盖设计的基本内容一般包括以下几个方面:

(1)结构方案布置。确定柱网和梁系,并对构件进行分类编号。

(2)确定梁板及柱的构件尺寸,建立梁板的计算简图。

(3)根据不同的楼盖类型,选择合理的计算方法分析梁板内力。

(4)进行梁板内力组合及截面配筋计算。

(5)按构造要求绘制梁板结构施工图。

2.2 现浇单向板肋梁楼盖设计

2.2.1 结构平面布置

在肋梁楼盖中,结构布置主要包括柱网、承重墙、梁格和板的布置。单向板肋梁楼盖中,次梁的间距决定了板的跨度,主梁的间距决定了次梁的跨度,柱距则决定了主梁的跨度。在进行结构平面布置时,应综合考虑建筑功能、造价及施工条件等,合理确定梁、柱的平面布置。

1)柱网布置

柱网布置应与梁格布置统一考虑。柱网尺寸(即梁的跨度)过大,将使梁的截面过大而增加材料用量和工程造价;反之,柱网尺寸过小,又会使柱和基础的数量增多,有时也会使造价增加,并将影响房屋的使用。因此,在柱网布置中,应综合考虑房屋的使用要求和梁的合理跨度。根据工程实践,单向板、次梁和主梁的常用经济跨度如下:

单向板为1.7~2.7m,荷载较大时取较小值,一般不宜超过3m;

次梁以4~6m、主梁以5~8m为宜。

2)梁格布置

除需确定梁的跨度外,还应考虑主、次梁的方向和次梁的间距,并与柱网布置相协调。

主梁:可沿房屋横向布置,它与柱构成横向刚度较强的框架体系,但因次梁平行侧窗,而使顶棚上形成次梁的阴影。主梁也可沿房屋纵向布置,便于通风等管道通过,并且因次梁垂直侧窗而使顶棚明亮,但横向刚度较差,在布置时应根据工程具体情况选用。

次梁:次梁间距(即板的跨度)增大,可使次梁数量减少,但会增大板厚,对板厚每增加10mm,整个楼盖的混凝土用量会增加很多,因此在确定次梁间距时,应使板厚较小为宜。

3)梁格及柱网布置

应力求简单、规整、统一,以减少构件类型、便利设计和施工。为此,梁板应尽量布置成等跨,板厚及梁截面尺寸在各跨内尽量统一。以下为单向板肋梁楼盖结构布置的几个例子。

(1)主梁横向布置,次梁纵向布置

如图2.5a)所示,其优点是主梁和柱可形成横向框架,房屋的横向刚度大,而各榀横向框架之间由纵向次梁相连,故房屋的纵向刚度亦大,整体性较好。此外,由于主梁与外纵墙垂直,在外纵墙上可开较大的窗口,对室内采光有利。

(2)主梁纵向布置,次梁横向布置

如图2.5b)所示,这种布置适用于横向柱距比纵向柱距大得多的情况。它的优点是减小了主梁的截面高度,增大了室内净高。

(3)只布置次梁,不设主梁

如图2.5c)所示,这种布置仅适用于有中间走道的纵墙承重的楼盖。

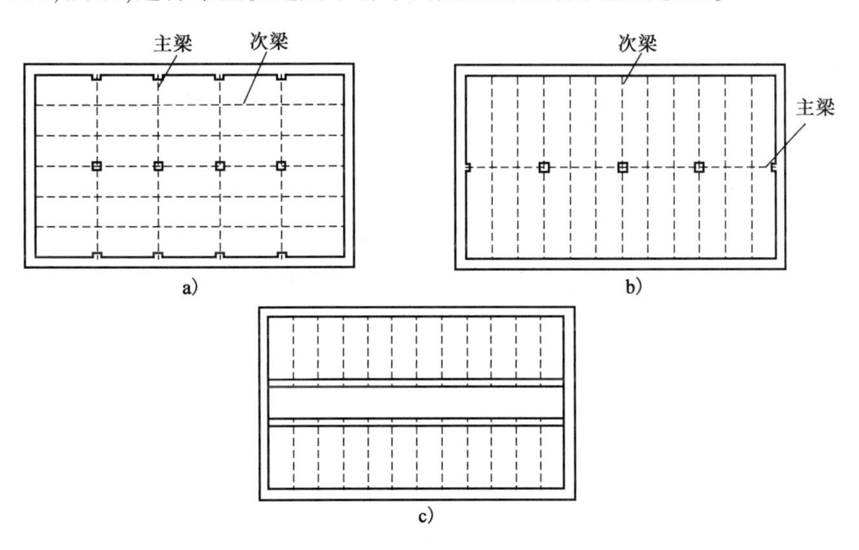

图2.5　梁的布置

a)主梁沿横向布置;b)主梁沿纵向布置;c)有中间走道

4)结构平面布置时的注意问题

在进行楼盖的结构平面布置时,应注意以下问题。

(1)受力合理

荷载传递要简捷,梁宜拉通;主梁跨间最好不要只布置一根次梁(有时根据建筑功能及施工要求主梁跨度内布置一根较经济),以减小主梁跨间弯矩的不均匀;尽量避免把梁特别是主梁搁置在门、窗过梁上;在楼、屋面上有机器设备、冷却塔、悬挂装置等荷载比较大的地方,宜设次梁;楼板上开有较大尺寸(大于800mm)的洞口时,应在洞口周边设置加劲的小梁。

(2)满足建筑要求

不封闭的阳台、厨房和卫生间的楼板面标高宜低于其他部位20~50mm。目前,有室内地面装修的,也常做平。

(3)方便施工

梁的截面种类不宜过多,梁的布置应尽可能规则,梁截面尺寸应考虑设置模板的方便,特别是采用钢模板时。

2.2.2　计算简图

结构构件的计算简图包括计算模型和计算荷载两个方面。

1)计算模型

(1)支座

在现浇单向板肋梁楼盖中,板、次梁和主梁的计算模型一般为连续板或连续梁。其中,板一般可视为以次梁和边墙(或梁)为铰支承的多跨连续板;次梁一般可视为以主梁和边墙(或梁)为铰支承的多跨连续梁;对于支承在混凝土柱上的主梁,其计算模型应根据梁柱线刚度比而定,当主梁与柱的线刚度比不小于3时,主梁可视为以柱和边墙(或梁)为铰支承的多跨连续梁,否则应按梁、柱刚接的框架模型(框架梁)计算。

(2)计算假定

①板、次梁的支座可以转动,但没有竖向位移。

②在确定板传给次梁的荷载以及次梁传给主梁的荷载时,分别忽略板、次梁的连续性,按简支构件计算竖向反力。

(3)计算单元

在进行结构内力分析时,为减少计算工作量,一般不是对整个结构进行分析,而是从实际结构中选取有代表性的一部分作为计算的对象,称为计算单元。

①单向板。可取1m宽度的板带作为其计算单元。如图2.6a)所示,用阴影线表示的楼面均布荷载便是该板带承受的荷载,这一负荷范围称为从属面积,即计算构件负荷的楼面面积。

②次梁和主梁。次梁和主梁取具有代表性的一根梁作为其计算单元。次梁承受板传来的均布线荷载,主梁承受次梁传来的集中荷载。一根次梁的负荷范围以及次梁传给主梁的集中荷载范围如图2.6a)所示。由于主梁的自重所占比例不大,为了计算方便,可将其换算成集中荷载加到次梁传来的集中荷载内。

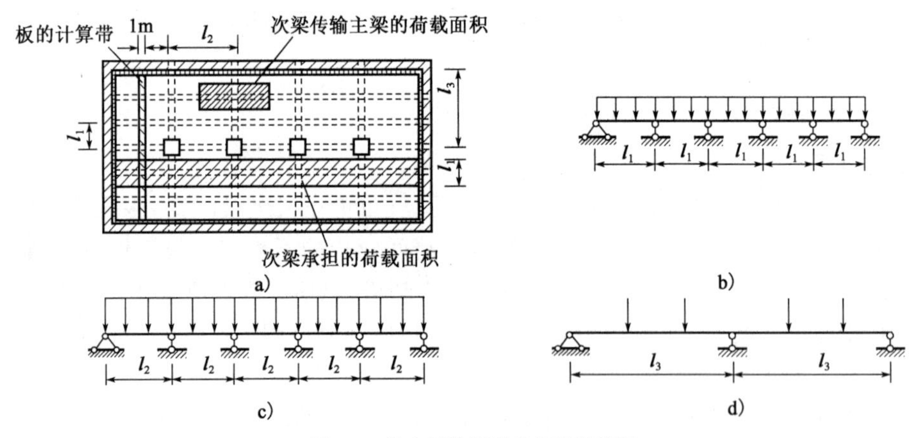

图2.6 单向板肋梁楼盖的计算简图

a)板、梁的计算单元及荷载计算范围;b)板计算简图;c)次梁计算简图;d)主梁计算简图

(4)计算跨数

跨数超过五跨的连续板、梁,当各跨荷载、刚度相同,且跨度相差不超过10%时,可按五跨的等跨连续梁、板计算,如图2.7所示;当连续梁、板跨数小于或等于五跨时,应按实际跨数计算。

(5)计算跨度

梁、板的计算跨度是指在计算弯矩时所采用的跨间长度。其值与支座情况有关。

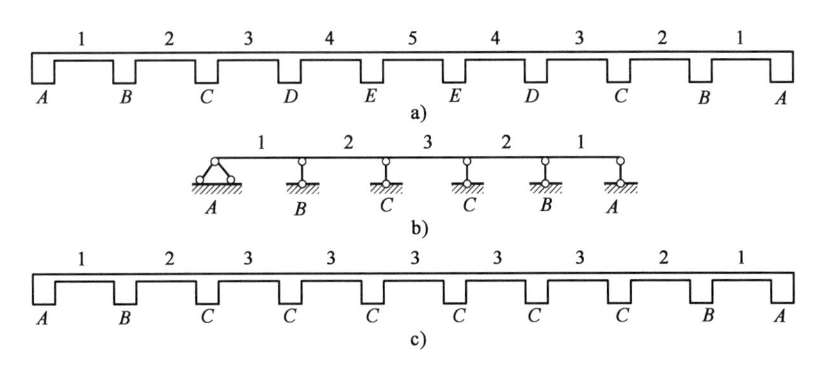

图 2.7 连续板、梁的计算简图

a)实际简图;b)计算简图;c)构造简图

①当按弹性理论计算时,计算跨度取两支座反力之间的距离,即中间各跨取支承中心线之间的距离;边跨根据支承情况确定,见表 2.1。

②当按塑性理论计算时,计算跨度则由塑性铰的位置确定,见表 2.1。

梁、板的计算跨度 表 2.1

计算理论	跨数	支 座 情 况	计 算 跨 度
按弹性理论计算	单跨	两端支承在墙上	$l_0 = l_n + a \leq l_n + h$ (板) $l_0 = l_n + a \leq 1.05l_n$ (梁)
		一端支承在墙上,一端与梁整体连接	$l_0 = l_n + b/2 + a/2 \leq l_n + b/2 + h/2$ (板) $l_0 = l_n + a/2 + b/2 \leq 1.025l_n + b/2$ (梁)
		两端与支承构件整浇	$l_0 = l_c$ (梁)
	多跨	两端支承在墙上	$l_0 = l_n + a \leq l_n + h$ (板) $l_0 = l_n + a \leq 1.05l_n$ (梁)
		一端支承在墙上,一端与梁整体连接	$l_0 = l_n + b/2 + a/2 \leq l_n + b/2 + h/2$ (板) $l_0 = l_n + b/2 + a/2 \leq 1.025l_n + b/2$ (梁)
		两端支承在梁上	$l_0 = l_c$ (板和梁)
按塑性理论计算	多跨	两端支承在墙上	$l_0 = l_n + a \leq l_n + h$ (板) $l_0 = l_n + a \leq 1.05l_n$ (梁)
		一端支承在墙上,一端与梁整体连接	$l_0 = l_n + a/2 \leq l_n + h/2$ (板) $l_0 = l_n + a/2 \leq 1.025l_n$ (梁)
		两端与支承构件整浇	$l_0 = l_n$ (板和梁)

注:l_0-板、梁的计算跨度;l_c-支座中心线间距离;l_n-板、梁的净跨;h-板厚;a-板、梁在墙上的支承长度;b-板、梁在梁或柱上的支承长度。

(6)梁板截面尺寸的确定

梁、板的截面尺寸根据承载力、刚度等要求确定。初步设计时,可根据工程经验确定其高跨比、截面尺寸,一般可参考表 2.2 确定。满足表 2.2 要求时可不验算梁板挠度。

混凝土梁、板截面的尺寸参考值 表 2.2

构件种类		高跨比 h/l	备注
单向板	简支 两端连续	≥1/35 ≥1/40	最小板厚： 屋面板：当 l < 1.5m 时，h≥50mm 当 l ≥ 1.5m 时，h≥60mm 民用建筑楼板：h≥60mm 工业建筑楼板：h≥70mm 行车道下的楼板：h≥80mm
双向板	单跨简支 多跨连续	≥1/45 ≥1/50 （按短向跨度）	板厚一般取 80mm≤h≤160mm
密肋板	单跨简支 多跨连续	≥1/20 ≥1/25	板厚：当肋间距≤700 时，h≥40mm 当肋间距＞700mm 时，h≥50mm
悬臂板		≥1/12 （h 为肋高）	板的悬臂长度≤500mm 时，h≥60mm 板的悬臂长度＞500mm 时，h≥80mm
无梁楼板	无柱帽 有柱帽	≥1/30 ≥1/35	h≥150mm 柱帽宽度 $c=(0.2\sim0.3)l$
多跨连续次梁 多跨连续主梁 单跨简支梁		1/18～1/12 1/14～1/8 1/14～1/8	最小梁高：次梁，h≥l/25 主梁，h≥l/15 宽高比 b/h 一般为 1/3～1/2，并以 50mm 为模数
高层建筑		1/10～1/18	

2）荷载

（1）荷载分类

楼盖上的荷载有恒荷载和活荷载两类。

①恒荷载：包括结构自重、构造层重和固定设备重量等。

②活荷载：包括人群、堆料和临时设备等的重量，对于屋盖还有雪荷载和积灰荷载等。

（2）承载能力极限状态的荷载效应组合的设计值 S

对于承载能力极限状态，结构构件应按荷载效应的基本组合或偶然组合，并应采用式（2.9）和式（2.10）设计表达式进行设计。

$$\gamma_0 S \leqslant R \tag{2.9}$$

$$R = R(f_c, f_s, a_k, \cdots) = R(\cdot) \tag{2.10}$$

式中：γ_0——结构重要性系数，在持久设计状况和短暂设计状况下，对安全等级为一级的结构构件不应小于 1.1，对安全等级为二级的结构构件不应小于 1.0，对安全等级为三级的结构构件不应小于 0.9，对地震设计状况应取 1.0。

对于基本组合，荷载效应组合的设计值 S 应从式（2.11）和式（2.12）组合值中取最不利值确定：

①由可变荷载效应控制的组合：

$$S = \sum_{i>1}\gamma_{G_i} \cdot S_{G_{ik}} + \gamma_{Q_1} \cdot \gamma_{L_1} \cdot S_{Q_{ik}} + \sum_{j>1}\psi_{cj} \cdot \gamma_{Q_j} \cdot \gamma_{L_j} \cdot S_{Q_{jk}} \tag{2.11}$$

式中：ψ_{cj}——可变荷载的组合值系数，其值不应大于1。

②由永久荷载效应控制的组合：

$$S = \sum_{i\geqslant1}\gamma_{G_i} \cdot S_{G_{ik}} + \gamma_L\sum_{j\geqslant1}\psi_{cj} \cdot \gamma_{Q_j} \cdot S_{Q_{jk}} \tag{2.12}$$

基本组合的荷载分项系数，应按下列规定采用：

永久荷载的分项系数 γ_G：当其效应对结构不利时，对可变荷载效应控制的组合，应取1.2；对永久荷载效应控制的组合，应取1.35。当其效应对结构有利时，一般情况下应取1.0；对结构的倾覆、滑移或飘浮验算应取0.9。

可变荷载的分项系数 γ_Q：当其效应对结构不利时，一般情况下应取1.4；对标准值大于 $4kN/m^2$ 的工业房屋楼面结构的活荷载应取1.3。当其效应对结构有利时，应取0。

荷载调整系数 γ_L：当设计使用年限为5年时，应取0.9；当设计使用年限为50年时，应取1.0；当设计使用年限为100年时，应取1.1。

正常使用极限状态采用标准组合或准永久组合设计表达式，请参见《建筑结构可靠度统一标准》(GB 50068—2001)。

(3)折算荷载

上述中将板与梁整体联结的支承视为铰支座，这对于等跨连续板，当荷载沿各跨均为满布时(如只有恒载)是可行的。因为此时板在中间支座发生的转角很小($\theta\approx0$)，按铰支座计算与实际情况几乎接近。但是，当活荷载隔跨布置时，情况则不相同，如图2.8a)所示，支承在次梁上的连续板，当按铰支座计算时，板绕支座的转角 θ 值较大。实际上，由于板与次梁整浇在一起，当板受荷弯曲使支座发生转动时，将带动次梁一起转动。同时，次梁具有一定的抗扭刚度，且两端又受主梁约束，将阻止板自由转动，使板在支承处的转角由铰支承时的 θ 减小为 θ'，如图2.8b)所示，这使板的跨内弯矩有所降低，支座负弯矩相应地有所增加，但不会超过两相邻跨满布活荷载时的支座负弯矩。为了减小这一误差，使板、次梁的内力计算值更接近于实际，在保持总荷载不变的条件下用加大恒载、减小活荷载的方法进行适当的调整，即以折算荷载代替计算荷载，如图2.8c)所示，这样活荷载产生的支座转角 θ 减小到 θ'，接近实际转角，相当于考虑了次梁抗扭刚度的影响。类似的情况也发生在次梁与主梁之间，但主梁对次梁的约束作用相对次梁对板的约束作用小。调整后的折算荷载取值为：

连续板：

$$g' = g + \frac{q}{2}, q' = \frac{q}{2} \tag{2.13}$$

连续次梁：

$$g' = g + \frac{q}{4}, q' = \frac{3q}{4} \tag{2.14}$$

式中：g、q——单位长度上恒荷载、活荷载设计值；

g'、q'——单位长度上折算恒荷载、折算活荷载设计值。

在连续主梁和支座均为砖墙(或砖柱)的连续板、梁中，上述影响较小，因此不需要对荷载进行调整。

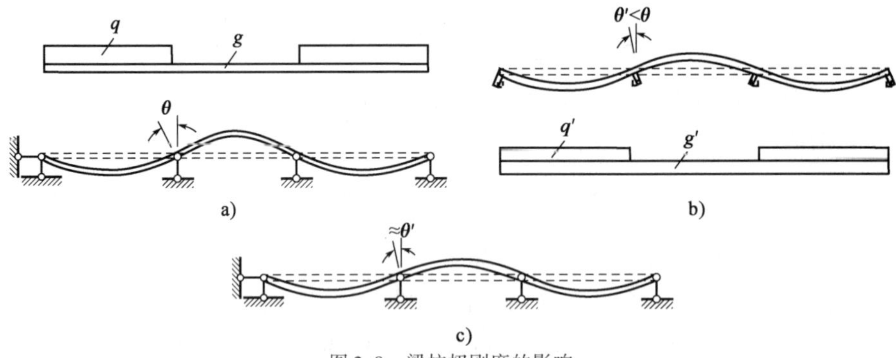

图 2.8　梁抗扭刚度的影响

a)理想铰支座的变形；b)支座弹性约束时的变形；c)采用折算荷载时的变形

2.2.3　连续梁、板按弹性理论方法的内力计算

1)活荷载的最不利布置

楼盖所受荷载包括恒荷载和活荷载两部分，其中活荷载的位置是变化的。对于单跨梁，当全部恒荷载和活荷载同时作用时将产生最大内力；但对于多跨连续梁的某一指定截面，当所有荷载同时布满梁上各跨时引起的内力不是最大。欲使设计的连续梁在各种可能的荷载布置下都能可靠使用，就必须求出在各截面上可能产生的最不利内力，即必须考虑活荷载的最不利布置。

如图 2.9 所示五跨连续梁在不同跨间布置荷载时梁的弯矩图和剪力图，从中可以看出内力变化规律。例如，当活荷载作用在某跨时，该跨跨中为正弯矩，邻跨跨中为负弯矩，然后正负弯矩相间。分析其变化规律和不同组合后的效果，可以得出连续梁各截面活荷载最不利布置。

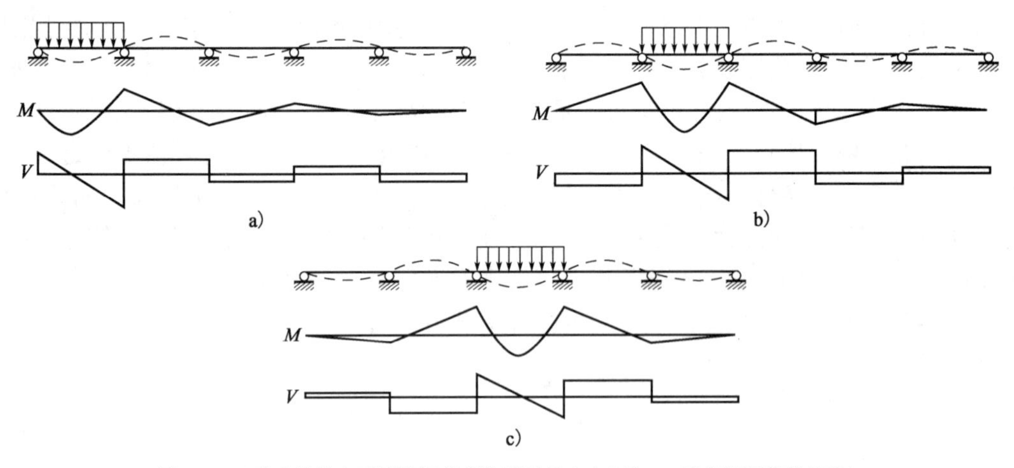

图 2.9　五跨连续梁在不同跨间荷载作用下的内力(对 4、5 跨布置活荷载从略)

活荷载最不利布置的原则：

(1)求某跨跨内最大正弯矩时，应在本跨布置活荷载，然后隔跨布置。

(2)求某跨跨内最大负弯矩时，本跨不布置活荷载，而在其左右邻跨布置，然后隔跨布置。

(3)求某支座最大负弯矩或支座左、右截面最大剪力时，应在该支座左右两跨布置活荷载，然后隔跨布置。

以五跨连续梁为例，说明该连续梁活荷载最不利布置组合方式，如图 2.10 所示。

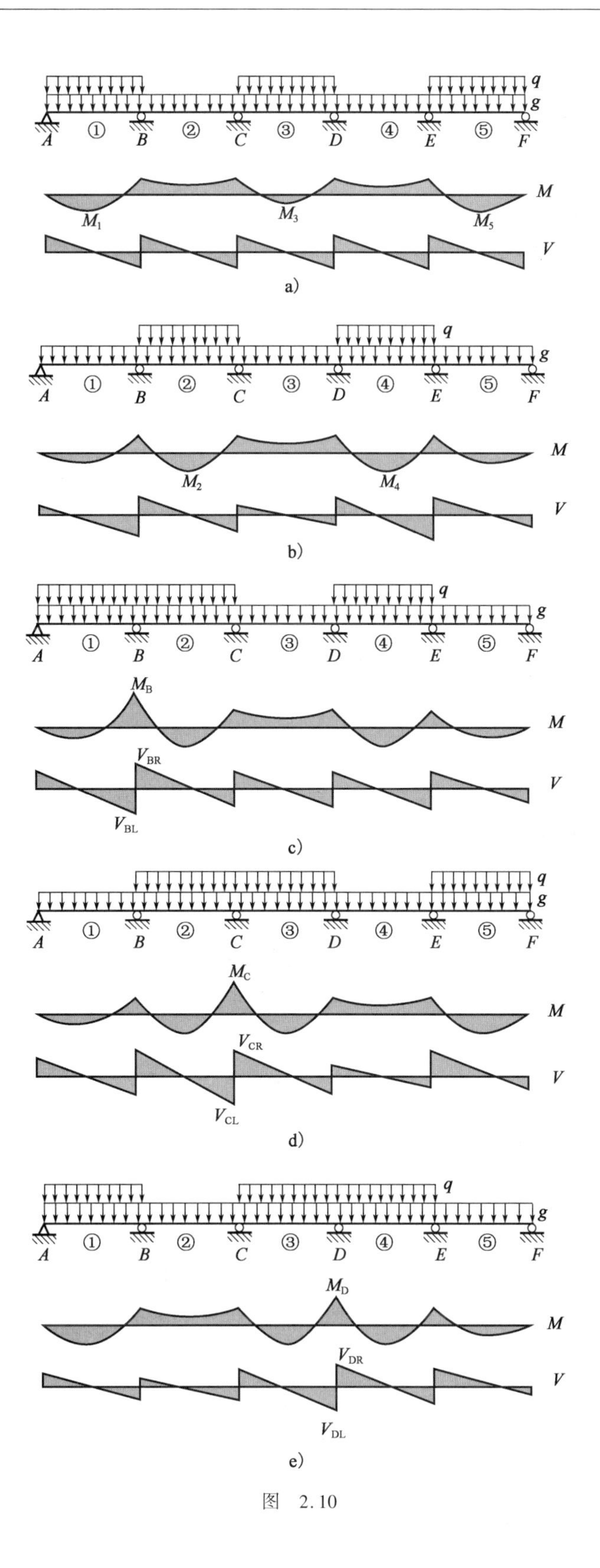
q
g
A
①
B
②
C
③
D
④
E
⑤
F
M
M_1
M_3
M_5
V
a)
b)
M_2
M_4
M_B
V_{BR}
V_{BL}
c)
M_C
V_{CR}
V_{CL}
d)
M_D
V_{DR}
V_{DL}
e)

图 2.10

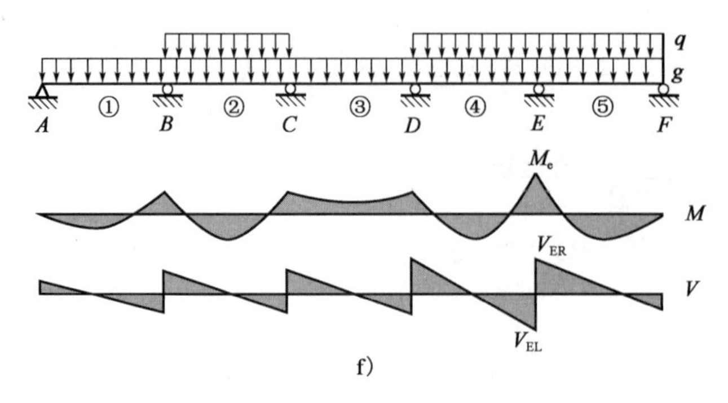

图2.10　五跨连续梁六种组合的最不利荷载组合及内力图

a)情况1;b)情况2;c)情况3;d)情况4;e)情况5;f)情况6

情况1:$g+q$(1、3、5跨)——产生 $M_{1\max}$、$M_{3\max}$、$M_{5\max}$、$M_{2\min}$、$M_{4\min}$、$V_{\mathrm{AR}\max}$、$V_{\mathrm{FL}\max}$。

情况2:$g+q$(2、4跨)——产生 $M_{2\max}$、$M_{4\max}$、$M_{1\min}$、$M_{3\min}$、$M_{5\min}$。

情况3:$g+q$(1、2、4跨)——产生 $M_{\mathrm{B}\max}$、$V_{\mathrm{BL}\max}$、$V_{\mathrm{BR}\max}$。

情况4:$g+q$(2、3、5跨)——产生 $M_{\mathrm{C}\max}$、$V_{\mathrm{CL}\max}$、$V_{\mathrm{CR}\max}$。

情况5:$g+q$(1、3、4跨)——产生 $M_{\mathrm{D}\max}$、$V_{\mathrm{DL}\max}$、$V_{\mathrm{DR}\max}$。

情况6:$g+q$(2、4、5跨)——产生 $M_{\mathrm{E}\max}$、$V_{\mathrm{EL}\max}$、$V_{\mathrm{ER}\max}$。

2)荷载的最不利组合及内力计算

根据以上原则可以确定活荷载最不利布置的各种情况,将它们分别与恒荷载组合在一起,就得到荷载的最不利组合。不同荷载作用下的内力可按结构力学的方法进行计算。对于等跨连续梁、板,可由附表1查出相应的弯矩、剪力系数,利用式(2.15)~式(2.18)计算跨内或支座截面的最大内力。

(1)在均布及三角形荷载作用下

$$M = 表中系数 \times ql^2 \tag{2.15}$$

$$V = 表中系数 \times ql \tag{2.16}$$

(2)在集中荷载作用下

$$M = 表中系数 \times Ql \tag{2.17}$$

$$V = 表中系数 \times Q \tag{2.18}$$

式中:q——单位长度上的均布荷载设计值;

Q——集中荷载设计值;

l——计算跨度。

对于跨度相对差值小于10%的不等跨连续梁、板,其内力也可近似按等跨度结构进行分析。计算跨内截面弯矩时,采用各自跨的计算跨度;而计算支座截面弯矩时,采用相邻两跨计算跨度的平均值。

3)内力包络图

将同一结构在各种荷载的最不利组合作用下的内力图(弯矩图或剪力图)以同一比例叠画在同一张图上,其外包线所形成的图形称为内力包络图。它反映出各截面可能产生的最大内力值,是确定连续梁纵筋、弯起钢筋、箍筋的布置和绘制配筋图的依据。图2.11所示为承受均布荷载的五跨连续梁的弯矩包络图和剪力包络图。

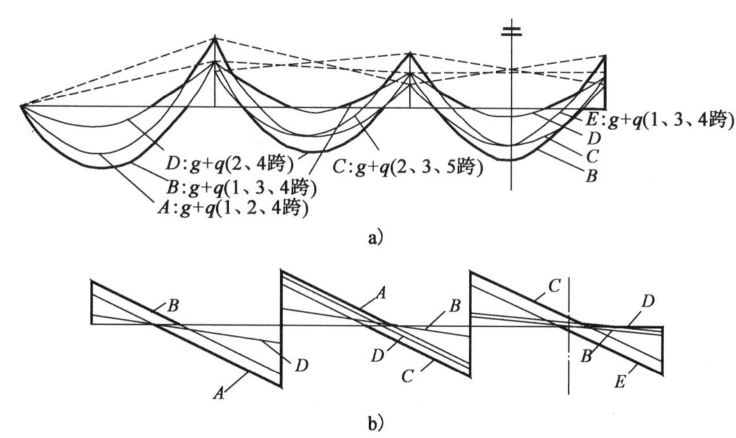

图 2.11 均布荷载下五跨连续梁的内力包络图

a)弯矩包络图;b)剪力包络图

4)支座弯矩和剪力设计值

按弹性理论计算连续梁、板内力时,中间跨的计算跨度取支座中心线间的距离,这样求出的支座弯矩和支座剪力均指支座中心处的弯矩和剪力。当梁、板与支座整浇时,支座边缘处的截面高度比支座中心处的小得多。为了使梁、板结构的设计更加合理,控制截面应取支座边缘处,取支座边缘的内力作为设计依据,并按以下公式计算:

弯矩设计值:

$$M_B = M - V \cdot \frac{b}{2} \approx M - V_0 \cdot \frac{b}{2} \tag{2.19}$$

剪力设计值:

均布荷载

$$V_B = V - (g + q) \cdot \frac{b}{2} \tag{2.20}$$

集中荷载

$$V_B = V \tag{2.21}$$

式中:M_B、V_B——支座边缘处的弯矩、剪力设计值;

M、V——支座中心处的弯矩、剪力设计值;

V_0——按简支梁计算的支座中心处的剪力设计值,取绝对值;

b——支座宽度。

支座处弯矩、剪力图见图 2.12。

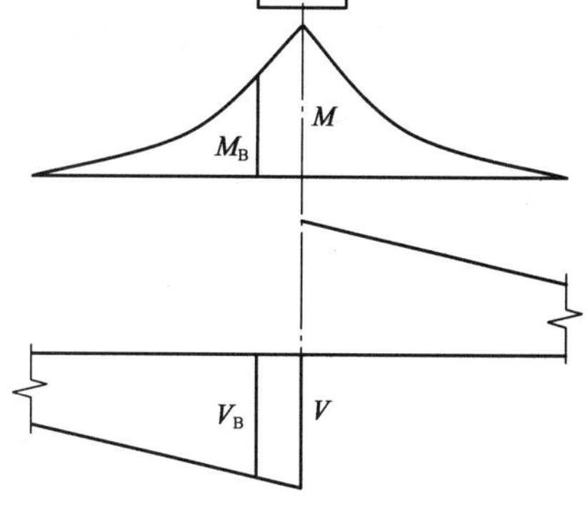

图 2.12 支座处弯矩、剪力图

2.2.4 连续梁、板按塑性理论方法的内力计算

1)按弹性理论方法计算存在的问题

(1)钢筋混凝土不是均质弹性体,按弹性理论计算不能反映结构内材料的实际工作状况。

(2)按弹性理论方法计算连续梁,根据内力包络图进行配筋,没考虑各种最不利荷载组合不能同时出现的特点,使部分截面纵筋的配筋量过大,钢筋不能充分发挥作用。

(3)按弹性理论方法计算的支座弯矩一般大于跨中弯矩,使支座处钢筋用量较多,造成拥

挤现象,不便施工。

为解决上述问题,充分考虑钢筋混凝土构件的塑性性能,挖掘结构潜在的承载力,达到节省材料和改善配筋的目的,提出了按塑性内力重分布的计算方法。

2)塑性内力重分布的基本原理

(1)钢筋混凝土受弯构件的塑性铰

①塑性铰。受拉钢筋的屈服使截面在承受的弯矩几乎不变的情况下,发生较大的转动,构件在弯矩屈服的截面犹如一个能够转动的铰,这个铰称为塑性铰,如图 2.13d)所示。

如图 2.13 所示,一适筋梁在跨中作用集中荷载 P,其跨中截面从加荷到破坏经历了三个阶段,如图 2.13f)所示。在裂缝出现前,M-φ 关系呈直线;随着裂缝出现,M-φ 关系渐呈曲线;当受拉纵筋达到屈服(B 点)后,M-φ 曲线的斜率急剧减小,这意味着在截面弯矩 M 增加很少的情况下,截面曲率 φ 增加很大,形成截面受弯"屈服"现象。构件中塑性变形较集中的区域[相应于图 2.13b)中 $M>M_y$ 的部分]表现得犹如一个能够转动的铰,如图 2.13d)所示。塑性铰的形成主要是由于纵筋屈服后的塑性变形。当 φ 增加到使混凝土受压边缘的应变 ε 达到其极限压应变 ε_{cu}时,混凝土压坏,截面达到其极限弯矩 M_u,这时的截面曲率为 φ_u。塑性铰形成于截面应力状态的第Ⅱ$_a$阶段,转动终止于第Ⅲ$_a$阶段。

②塑性铰区。处于梁跨中最大弯矩图中 $M_y \sim M_u$ 弯矩两侧变化范围的长度 $l_y/2$ 称为塑性铰区,其中 l_y称为塑性铰长度,如图 2.13b)所示。

图 2.13c)中实线为曲率的实际分布,虚线为计算时假定的曲率分布,将曲率分为弹性部分和塑性部分(图中的阴影部分)。塑性铰的转角 θ 理论上可由塑性曲率的积分来计算,若将

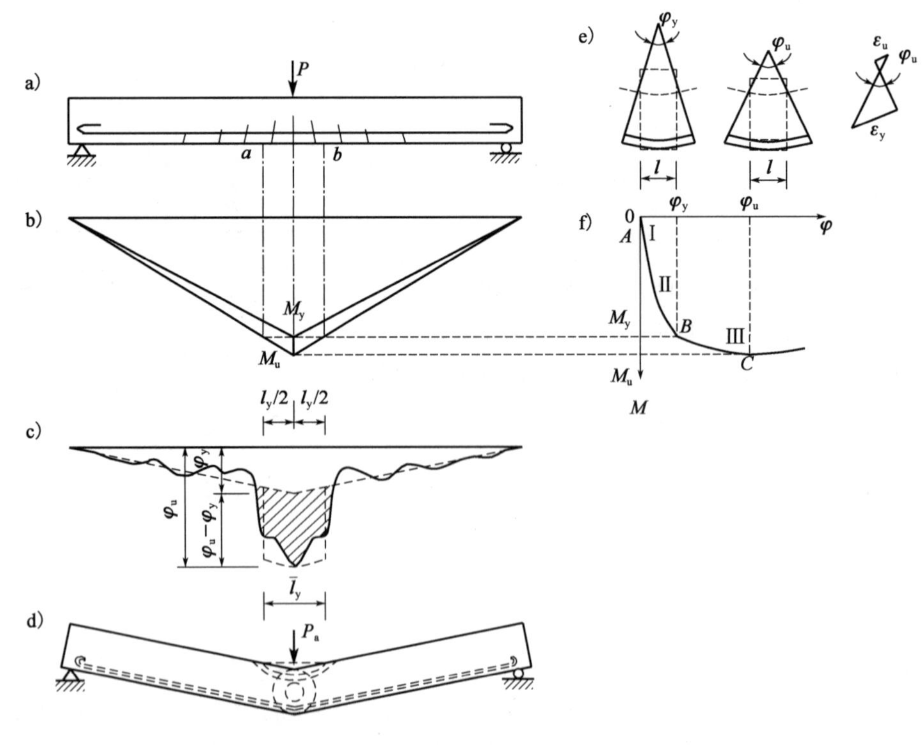

图 2.13　混凝土受弯构件的塑性铰

a)受弯构件;b)弯矩图;c)曲率分布线;d)梁跨中塑性铰;e)曲率;f)M-φ 曲线

其分布用等效矩形来代替,其高度为塑性曲率($\varphi_u-\varphi_y$),则宽度(或等效区域长度)$\bar{l}_y<l_y$,塑性铰的转角θ为:

$$\theta=(\varphi_u-\varphi_y)\bar{l}_y \tag{2.22}$$

式中:φ_y——截面钢筋屈服时曲率;

φ_u——截面的极限曲率。

③塑性铰与理想铰的区别。

a. 理想铰不能承受任何弯矩,而塑性铰则能承受弯矩,其值为M_u。

b. 理想铰可自由转动,而塑性铰则只能在弯矩作用方向有限的单向转动,所以也称单向铰。

c. 理想铰集中于一点,而塑性铰则为有一定的长度区域,即为塑性铰区,如图2.13b)所示。

(2)超静定结构的塑性内力重分布

超静定结构的内力不仅与荷载有关,而且还与结构的计算简图以及各部分抗弯刚度的比值有关。如果计算简图或抗弯刚度的比值发生变化,内力也要随之变化。

超静定混凝土结构的内力重分布可概括为两个过程。

第一过程:发生在受拉区混凝土开裂到第一个塑性铰形成以前,主要是由于结构各部分抗弯刚度比值的改变而引起内力重分布,称为弹塑性内力重分布。

第二过程:发生于第一个塑性铰形成以后直到形成几何可变体系结构破坏,由于结构计算简图的改变而引起的内力重分布,称为塑性内力重分布。本节主要讨论第二过程。

在静定结构中,任一截面出现塑性铰后,即可使其变成几何可变体系而丧失承载力,如图2.13d)所示。但超静定结构中,构件某一截面出现塑性铰,该截面弯矩不再增加,只是转动继续增加,相当于超静定结构减少了一个多余约束,并不能使其立即成为可变体系,构件仍能继续承受增加的荷载,直到其他截面也出现塑性铰,使结构成为几何可变体系,才丧失承载力。所以,塑性内力重分布法只适合于超静定结构。

现以图2.14所示各跨内作用有两个集中荷载的两跨连续梁为例说明如下:

为了说明内力重分布的概念,现以承受集中荷载的两跨连续梁为例,研究其从开始加载直到破坏的全过程。假定支座截面和跨内截面的截面尺寸和配筋相同,梁的受力全过程如图2.14所示。

当集中力P小时,弯矩分布由弹性理论方法确定,$M_1=0.156Pl$,$M_B=-0.188Pl$,如图2.14a)所示。当加载至B支座截面受拉钢筋屈服,支座形成塑性铰,塑性铰能承担的弯矩为M_u,$M_u=0.188P_1l$,相应的荷载值为P_1,$P_1=5.32\dfrac{M_u}{l}$,所以按弹性理论计算,$P_1=5.32\dfrac{M_u}{l}$就是此连续梁所能承受的最大荷载。此时,荷载作用点处的弯矩M_1为:

$$M_1=0.156P_1l=0.156\times5.32\frac{M_u}{l}l=0.83M_u<M_u$$

由于两跨连续梁为一次超静定结构,支座截面出现塑性铰时,梁并未形成破坏机构,跨中截面承载力还有$\Delta M=M_u-0.83M_u=0.17M_u$的余量,仍能继续受荷。当继续加载时,梁的受力如两跨简支梁,如图2.14c)所示。在荷载增量作用下,其支座弯矩M_B不再增加,维持在

M_u支座截面处于屈服状态，转角继续增大；而跨内弯矩 M_1 却成倍地增加，直至跨中受拉钢筋屈服也出现塑性铰，梁成为几何可变体系而告破坏。此时，$\Delta M = \frac{1}{4}P_2 l = 0.17M_u$，相应的荷载增量为 P_2，$P_2 = 0.68\frac{M_u}{l}$，则梁承受的总荷载为：

$$P_u = P_1 + P_2 = 5.32\frac{M_u}{l} + 0.68\frac{M_u}{l} = 6\frac{M_u}{l}$$

P_u就是此连续梁按塑性理论计算所能承受的最大荷载。将图 2.14b）和 c）中弯矩图相叠加，即为考虑塑性内力重分布后的弯矩图，如图 2.14e）所示。

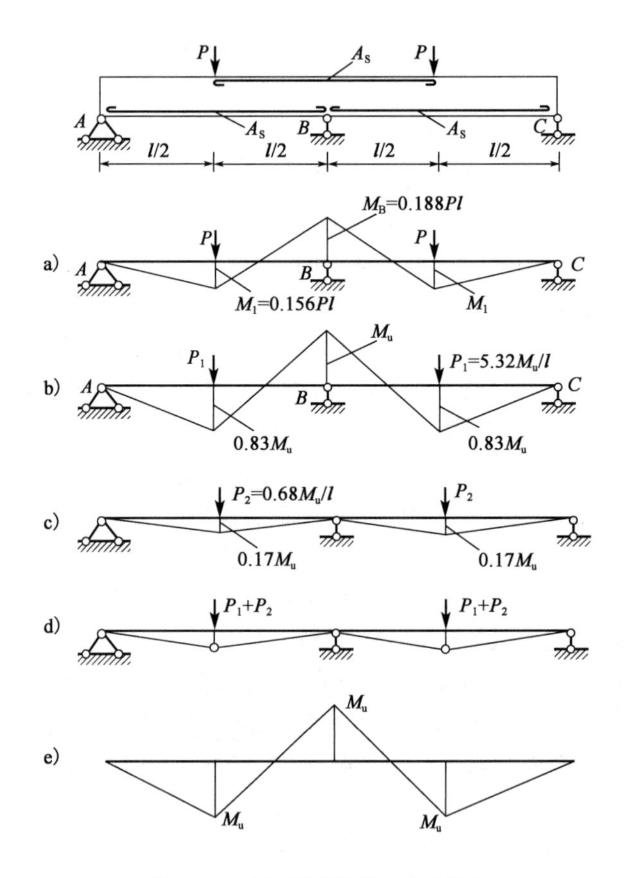

图 2.14　两跨连续梁塑性内力重分布

若图 2.14 中两跨连续梁在 P_u作用下按弹性理论计算，则支座弯矩 M_{Be} 为：

$$M_{Be} = -0.188P_u l = -0.188 \times 6\frac{M_u}{l} \times l = -1.128M_u$$

而按塑性理论计算支座弯矩 $M_{BP} = M_u$，其效果是将支座弯矩系数下调了，调整幅度为：

$$\beta = \frac{M_{Be} - M_{BP}}{M_{Be}} = \frac{1.128M_u - M_u}{1.128M_u} = 0.113 = 11.3\%$$

从上述例子中，可得出一些具有普遍意义的结论：

①对静定混凝土结构，塑性铰出现，即导致结构破坏。但对于超静定混凝土结构，某一截

面出现塑性铰并不一定表明该结构丧失承载能力，只有当结构上出现足够数目的塑性铰，以致使结构成为几何可变体系或局部破坏，整个结构才丧失承载能力。

②在形成破坏机构时，结构的内力分布规律和塑性铰出现前按弹性理论方法计算的内力分布规律不同。也就是在塑性铰出现后的加载过程中，由于计算图示的改变，使结构的内力经历了一个重新分布的过程，这个过程称为塑性内力重分布。

③按弹性理论方法计算，上述连续梁所承受的极限荷载为 P_1；但考虑塑性内力重分布后，结构的极限荷载增大为 $P_u = P_1 + P_2$。这表明超静定混凝土结构从出现第一个塑性铰到破坏机构形成，其间还有相当的承载潜力可以利用，在设计中利用这部分承载储备，可以取得一定的经济效益。

④内力重分布的最后结果是：支座弯矩减小，跨内弯矩增加。所以，若按弹性理论方法计算，连续梁的内支座截面弯矩通常较大，造成配筋拥挤，施工不便。若按塑性内力重分布方法设计，可降低支座截面弯矩的设计值。若按降低的支座弯矩选择受力钢筋，将使支座配筋拥挤的状况得到改善而便于施工。

⑤塑性铰出现的位置、次序及内力重分布程度可以根据需要人为地控制。因为按塑性内力重分布理论计算，梁的弯矩系数不是定值，而是随截面的配筋比而变化。通过控制支座截面和跨中截面的配筋比，可以控制连续梁中塑性铰出现的早晚和位置，控制弯矩调幅的大小。

⑥塑性铰的转动能力主要取决于纵向钢筋的配筋率 ρ、钢材的品种和混凝土的极限压应变。截面的极限曲率 $\varphi_u = \varepsilon_u / x$，配筋率越低，受压区高度 x 就越小，故 φ_u 越大，塑性铰转动能力越大；混凝土的极限压应变 ε_u 越大，φ_u 越大，塑性铰转动能力也越大。混凝土强度等级高时，极限压应变 ε_u 减小，转动能力下降；普通热轧钢筋具有明显的屈服台阶，延伸率较大，塑性铰转动能力也越大。

因此，若最初形成的塑性铰转动能力不足，在其塑性铰尚未全部形成之前，已因某些截面受压区混凝土过早被压坏而导致构件破坏，则使其不能达到完全内力重分布的目的，在设计中应予避免。

⑦按弹性理论计算内力分布不但符合平衡条件，而且符合变形协调条件，按塑性内力重分布理论计算虽然仍符合平衡条件，但变形协调关系在塑性铰截面处已不再适用。因此，钢筋混凝土构件在内力重分布过程中，梁的变形及塑性铰区各截面的裂缝开展值都较大。所以经弯矩调整后，构件在使用阶段不应出现塑性铰，这一点可通过控制极限荷载与使用荷载的比值达到。

3)连续梁、板考虑塑性内力重分布的内力计算——弯矩调幅法

弯矩调幅法是在弹性理论计算的弯矩包络图基础上，将选定的某些支座截面较大的弯矩值，按内力重分布的原理加以调整，然后按调整后的内力进行截面设计和配筋计算，是一种适用的设计方法。

弯矩调幅法的优点：

(1)能正确估计结构的裂缝和变形。

(2)能合理调整钢筋用量，方便施工。

(3)可人为控制弯矩分布，简化结构计算。

(4)能充分发挥材料的作用，提高经济性。

4)考虑塑性内力重分布计算的一般原则

根据理论和试验研究结果及工程实践,采用弯矩调幅法应遵循以下原则:

(1)为了保证塑性铰具有足够的转动能力,避免受压区混凝土“过早”被压坏,以实现完全的内力重分布,必须控制受力钢筋用量,即应满足$\xi \leqslant 0.35$的限制条件要求,而且不宜$\xi < 0.1$,即满足$0.1 \leqslant \xi \leqslant 0.35$;受力钢筋宜采用HRB500级、HRBF500级、HRB400级、HRB400F级(梁)和HRB400级、HRBF400级、HPB300级(板)热轧钢筋,混凝土强度等级宜在C25～C45范围。

(2)为了避免塑性铰出现过早、转动幅度过大,使梁的裂缝宽度及变形过大,应控制支座或节点边缘截面的弯矩调整幅度,梁的调幅系数不宜超过25%,板的调幅系数不宜超过20%。调幅系数用β来表示,有如下关系:

$$梁:\beta = \frac{M_e - M_p}{M_e} \leqslant 0.25,板:\beta = \frac{M_e - M_p}{M_e} \leqslant 0.20 \quad (2.23)$$

$$梁:M_p \geqslant (1-\beta)M_e \geqslant 0.75M_e,板:M_p \geqslant (1-\beta)M_e \geqslant 0.8M_e \quad (2.24)$$

式中:β——调幅系数;

M_e——按弹性方法计算的弯矩值;

M_p——调幅后按塑性方法计算的弯矩值。

(3)连续梁、板各跨中截面的弯矩不宜调整,其弯矩设计值M可取考虑荷载最不利布置并按弹性方法计算的结构的弯矩设计值和按式(2.25)计算的弯矩设计值的较大者:

$$M = 1.02M_0 - \left|\frac{M'_A + M'_B}{2}\right| \quad (2.25)$$

式中:M_0——按简支梁计算的跨中弯矩设计值;

M'_A、M'_B——连续梁或连续单向板的左、右支座截面弯矩调幅后的设计值。

(4)调幅后支座及跨中控制截面的弯矩值均不宜小于M_0的1/3。

【例2.1】 两端固定的单跨钢筋混凝土梁如图2.15所示,截面尺寸$b \times h = 200\text{mm} \times 500\text{mm}$,梁的计算的跨度为$l_0 = 6\text{m}$,混凝土采用C30,钢筋HRB400级,跨中配3⌀20($A_s = 942\text{mm}^2$)、支座配3⌀22($A_s = 1140\ \text{mm}^2$),环境类别为一类,设计使用年限为50年。

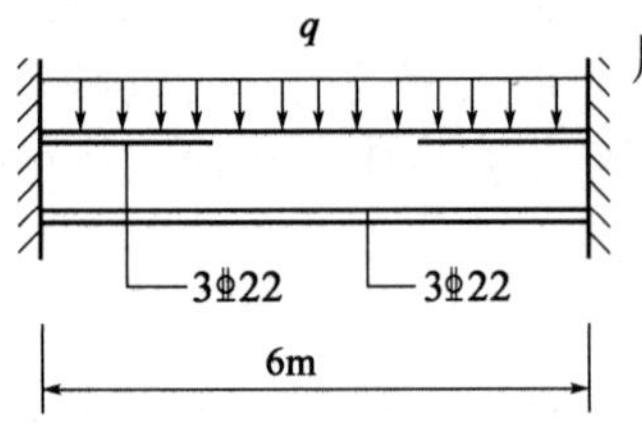

图2.15 【例2.1】图

求:(1)哪个截面首先出现塑性铰?

(2)梁按塑性理论计算可承受多大均布荷载q_u?

(3)调幅值β为多少?

($f_y = 360\text{N/mm}^2$,$f_c = 14.3\ \text{N/mm}^2$,$a_s = 40\ \text{mm}$,按弹性理论计算的跨中弯矩$M_中 = \frac{1}{24}ql^2$,支座弯矩$M_支 = -\frac{1}{12}ql^2$)

解:(1)确定首先出现塑性铰的位置

支座、跨中均按单筋截面计算。

$$支座:\xi = \frac{f_y A_s}{\alpha_1 f_c b h_0} = \frac{360 \times 1140}{1 \times 14.3 \times 200 \times 460} = 0.31 < 0.35$$

$$M_u = \alpha_1 f_c b h_0^2 \xi (1 - 0.5\xi)$$

$=1\times14.3\times200\times460^2\times0.31\times(1-0.5\times0.31)$

$=158.5\times10^6(\text{N}\cdot\text{mm})=158.5(\text{kN}\cdot\text{m})$

$$M_u=\frac{1}{12}q_1l_0^2,q_{1支}=\frac{158.5\times12}{6^2}=52.8(\text{kN/m})$$

跨中：$\xi=\frac{f_yA_s}{\alpha_1f_cbh_0}=\frac{360\times942}{1\times14.3\times200\times460}=0.26<0.35$

$M_u=\alpha_1f_cbh_0^2\xi(1-0.5\xi)$

$=1\times14.3\times200\times460^2\times0.26\times(1-0.5\times0.26)$

$=136.9\times10^6(\text{N}\cdot\text{mm})=136.9(\text{kN}\cdot\text{m})$

$$M_u=\frac{1}{24}q_1l_0^2,q_{1中}=\frac{136.9\times24}{6^2}=91.3(\text{kN/m})$$

由上可知 $q_{1支}<q_{1中}$，因此，支座截面首先出现塑性铰。

(2)计算均布荷载 q_u

取 $q_1=52.8(\text{kN/m})$，此时：

$$M_中=\frac{1}{24}q_1l_0^2=\frac{1}{24}\times52.8\times6^2=79.2(\text{kN}\cdot\text{m})$$

$\Delta M=M_u-M_中=136.9-79.2=57.7(\text{kN}\cdot\text{m})$

支座截面出现塑性铰后，两端固定梁变为简支梁。

$$\Delta M=\frac{1}{8}q_2l_0^2$$

$$q_2=\frac{8\Delta M}{l_0^2}=\frac{8\times57.7}{6^2}=12.8(\text{N/m})$$

$q_u=q_1+q_2=52.8+12.8=65.6(\text{kN/m})$

(3)计算调幅值 β

$$\beta=\frac{M_{Be}-M_{Bu}}{M_{Be}}=\frac{q_2}{q_1+q_2}=\frac{12.8}{65.6}=19.5\%<25\%$$

故 β 满足要求。

【例 2.2】 一单跨连续梁，如图 2.16 所示。截面尺寸 $b\times h=200\text{mm}\times400\text{mm}$，混凝土采用 C30，钢筋 HRB400 级，跨中、支座均已配 2 ⌀ 18，$A_s=509\text{mm}^2$，其余如图 2.16 所示。已知 $f_y=360\text{N/mm}^2$，$f_c=14.3\ \text{N/mm}^2$，$a_s=40\ \text{mm}$，按弹性理论计算的跨中弯矩 $M_中=\frac{5}{32}PL$，支座 B 的弯矩 $M_B=-\frac{3}{16}PL$。环境类别为一类，设计使用年限为 50 年。

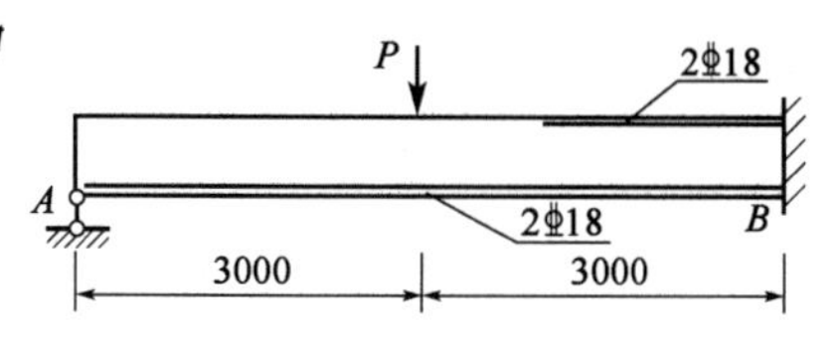

图 2.16 【例 2.2】图(尺寸单位:mm)

求：(1)哪个截面首先出现塑性铰？为什么？

(2)梁按塑性理论计算可承受多大集中力 P_u？

(3)调幅值 ρ 为多少？

解：(1)确定首先出现塑性铰的位置

因为支座、跨中截面配筋相同，均按单筋截面计算，所以支座、跨中截面极限弯矩相同。

由于按弹性理论计算 $M_B = -\frac{3}{16}PL > M_{中} = \frac{5}{32}PL$，所以支座截面先出现塑性铰。

(2)计算集中力 P_u

$$x = \frac{f_y A_s}{\alpha_1 f_c b} = \frac{360 \times 509}{1 \times 14.3 \times 200} = 64.1 < 0.35h_0 = 0.35 \times 360 = 126(\text{mm})$$

可实现塑性内力重分布。

$$M_{Bu} = M_{中u} = f_y A_s\left(h_0 - \frac{x}{2}\right) = 360 \times 509 \times \left(360 - \frac{64.1}{2}\right) = 60.1(\text{kN} \cdot \text{m})$$

$$M_{Bu} = \frac{6P_1 L}{32}$$

$$P_1 = \frac{32 \times 60.1}{6 \times 6} = 53.4(\text{kN})$$

支座截面出现塑性铰后，计算简图变为简支梁。

$$\Delta M = \frac{P_2 L}{4} = M_{Bu} - \frac{5P_1 L}{32}$$

$$P_2 = 4 \times (60.1 - 5 \times 53.4 \times 6/32)/6 = 6.7(\text{kN})$$

$$P_u = P_1 + P_2 = 53.4 + 6.7 = 60.1(\text{kN})$$

(3)计算调幅值 β

$$\beta = \frac{M_{Be} - M_{Be}}{M_{Be}} = \frac{P_2}{P_1 + P_2} = \frac{6.7}{60.1} = 11.15\% < 25\%$$

故满足工程要求。

5)用调幅法计算均布荷载作用下等跨、等截面连续梁、板内力

(1)等跨连续梁

承受均布荷载时：

$$M = \alpha_M (g + q) l_0^2 \tag{2.26}$$

$$V = \alpha_V (g + q) l_n \tag{2.27}$$

(2)等跨连续板

$$M = \alpha_M (g + q) l_0^2 \tag{2.28}$$

式中：α_M——连续梁、板的弯矩计算系数，按表 2.3 取值；

α_V——连续梁的剪力计算系数，按表 2.4 取值；

g、q——作用在梁、板上的均布恒荷载和活荷载设计值；

l_0——计算跨度，按塑性理论方法计算时的计算跨度见表 2.1；

l_n——净跨度。

连续梁和连续单向板的弯矩计算系数 α_M 表2.3

<table>
<tr><td rowspan="3" colspan="2">支 承 情 况</td><td colspan="6">截 面 位 置</td></tr>
<tr><td>端支座</td><td>边跨跨中</td><td>离端第二支座</td><td>离端第二跨跨中</td><td>中间支座</td><td>中间跨跨中</td></tr>
<tr><td>A</td><td>Ⅰ</td><td>B</td><td>Ⅱ</td><td>C</td><td>Ⅲ</td></tr>
<tr><td colspan="2">梁、板搁置在墙上</td><td>0</td><td>$\frac{1}{11}$</td><td rowspan="4">两跨连续：
$-\frac{1}{10}$
三跨以上连续：
$-\frac{1}{11}$</td><td rowspan="4">$\frac{1}{16}$</td><td rowspan="4">$-\frac{1}{14}$</td><td rowspan="4">$\frac{1}{16}$</td></tr>
<tr><td>板</td><td rowspan="2">与梁整浇连接</td><td>$-\frac{1}{16}$</td><td rowspan="2">$\frac{1}{14}$</td></tr>
<tr><td>梁</td><td>$-\frac{1}{24}$</td></tr>
<tr><td colspan="2">梁与柱整浇连接</td><td>$-\frac{1}{16}$</td><td>$\frac{1}{14}$</td></tr>
</table>

注：表中弯矩系数适用于荷载比 $q/g>3$ 的等跨连续板。

连续梁的剪力计算系数 α_V 表2.4

<table>
<tr><td rowspan="3">支 承 情 况</td><td colspan="5">截 面 位 置</td></tr>
<tr><td>端支座内侧</td><td colspan="2">离端第二支座</td><td colspan="2">中间支座</td></tr>
<tr><td>α_{VA}^{r}</td><td>α_{VB}^{l}</td><td>α_{VB}^{r}</td><td>α_{VC}^{l}</td><td>α_{VC}^{r}</td></tr>
<tr><td>搁置在墙上</td><td>0.45</td><td>0.60</td><td rowspan="2">0.55</td><td rowspan="2">0.55</td><td rowspan="2">0.55</td></tr>
<tr><td>与梁或柱整浇连接</td><td>0.50</td><td>0.55</td></tr>
</table>

相同均布荷载作用下的等跨度、等截面连续梁、板的弯矩系数 α_M 和剪力系数 α_v 是根据五跨连续梁、板，活荷载和恒荷载比值 $q/g=3$，弯矩调幅系数为20%左右等条件确定的。如果结构荷载 $q/g=1/3\sim5$，结构跨数大于或小于五跨，各跨跨度相对差值小于10%时，上述系数 α_M、α_V 原则上仍适用。但对于超出上述范围的连续梁、板，结构内力应按考虑塑性内力重分布的一般分析方法自行调幅计算，并确定结构内力包络图。

(3)按塑性内力重分布分析方法的内力系数确定

现以均布荷载作用下五跨等跨度、等截面连续梁为例，说明采用弯矩调幅法求解截面弯矩系数的方法。

设连续梁边支座为铰接，可变荷载与永久荷载值比 $q/g=3$，则：

$$g+q=\frac{4}{3}q, g+q=4g$$

折算永久荷载

$$g'=g+\frac{1}{4}q=0.437(g+q)$$

折算可变荷载

$$q'=\frac{3}{4}q=0.563(g+q)$$

①第一跨梁截面弯矩计算系数确定。

按弹性理论分析方法，当结构 B 支座截面产生最大负弯矩(绝对值)时，可变荷载应布置在1、2、4跨，其值为：

$$M_{B,\max}=-0.105g'l_0^2-0.119q'l_0^2=-0.1129(g+q)l_0^2$$

按《规范》，B 支座截面弯矩调幅系数 $\beta = 19.5\%$，塑性弯矩值为：

$$M'_{B} = (1-\beta)M_{B,\max} = -0.0909(g+q)l_0^2 \approx -\frac{1}{11}(g+q)l_0^2$$

等跨连续梁 B 支座截面塑性弯矩 M'_B 已知后，超静定连续梁的第一跨梁则成为静定梁（简支梁），在均布荷载 $(g'+q')$ 与 B 支座截面弯矩 M'_B 共同作用下，根据第一跨梁静力平衡条件，相应跨内最大正弯矩出现在距端支座 $x=0.409l_0$ 截面处，其值为：

$$M_1 = 0.0836(g+q)l_0^2$$

按弹性理论分析方法，当第一跨梁跨中截面产生最大正弯矩时，可变荷载布置在1、3、5跨，其值为：

$$M_{1,\max} = 0.078g'l_0^2 + 0.10q'l_0^2 = 0.0903(g+q)l_0^2 > M_1$$

《规范》规定：按弹性和塑性理论计算跨内弯矩较大者作为调幅弯矩值，则取 $M'_1 = M_{1,\max} \approx \frac{1}{11}(g+q)l_0^2$，使结构偏于安全。

②第二跨梁截面弯矩计算系数确定。

按弹性理论分析方法，当 C 支座截面产生最大负弯矩（绝对值）时，可变荷载应布置在2、3、5跨，其值为：

$$M_{C,\max} = -0.079g'l_0^2 - 0.11q'l_0^2 = -0.097(g+q)l_0^2$$

按《规范》，C 支座截面弯矩调幅系数 $\beta = 26.4\%$，塑性弯矩值为：

$$M'_{C} = (1-\beta)M_{C,\max} = -0.0714(g+q)l_0^2 \approx -\frac{1}{14}(g+q)l_0^2$$

等跨连续梁 B、C 支座截面塑性弯矩 M'_B、M'_C 已知后，超静定连续梁的第二跨梁则成为静定梁（简支梁），分别在均布荷载 g'，$(g'+q')$ 与 B、C 支座截面塑性弯矩 M'_B、M'_C 共同作用下，根据第二跨梁静力平衡条件，相应跨内最小、最大正弯矩出现在距 B 支座 $x=0.545l_0$，$x=0.520l_0$ 截面处，其值为：

$$M'_{2,\min} = -0.0261(g+q)l_0^2,\ M'_{2,\max} = -0.0440(g+q)l_0^2$$

按弹性理论分析方法，当第二跨梁跨内截面产生最小、最大正弯矩时，其可变荷载布置在1、3、5跨及2、4跨，其值为：

$$M_{2,\max} = -0.0113(g+q)l_0^2,\ M_{2,\max} = 0.0588(g+q)l_0^2$$

《规范》规定：为便于记忆，取跨内正弯矩值为 $M'_2 = \frac{1}{16}(g+q)l_0^2 > M_{2,\max}$；跨内负弯矩值建议取 $M'_2 = -\frac{1}{24}(g+q)l_0^2$，使结构偏于安全。

均布荷载作用下五跨等跨度、等截面连续梁其他截面弯矩计算系数按类似方法确定。

6）考虑内力重分布的适用范围

考虑内力重分布的计算方法是以形成塑性铰为前提的，因此下列情况不宜采用：

（1）在使用阶段不允许出现裂缝或对裂缝开展控制较严的混凝土结构。

（2）处于严重侵蚀性环境中的混凝土结构。

（3）直接承受动力和重复荷载的混凝土结构。

（4）配置延性较差的受力钢筋的混凝土结构。

（5）要求有较高承载力储备的混凝土结构。

例如,梁楼盖中的主梁一般按弹性理论设计,这是因为主梁是比较重要的构件,需要有较大的承载力储备,并希望严格控制在使用荷载下的挠度及裂缝。如果主梁作为框架结构的横梁,它除受弯外,还承受轴向压力,而轴向压力会降低截面塑性转动能力,因此,在计算主梁内力时一般不宜考虑塑性内力重分布。

2.2.5 单向板肋梁楼盖的截面设计与构造要求

当求得连续板、梁的内力后,要进行截面承载力(即配筋)计算,并应满足其构造要求。

1)板的截面设计要点与构造要求

(1)板的截面设计要点

①板的计算单元通常取为1m,按单筋矩形截面设计。

②板一般能满足斜截面受剪承载力要求,设计时可不进行受剪承载力验算。

③考虑板的内拱作用。

连续板受荷进入极限状态时,支座截面在负弯矩作用下上部开裂,而跨内截面则由于正弯矩的作用在下部开裂,这就使板中未开裂部分形成拱状,如图2.17所示,从支座到跨中各截面受压区合力作用点形成具有一定拱度的压力线。当板的周边具有足够的刚度(如板四周有限制水平位移的边梁)时,在竖向荷载作用下,周边将对它产生水平推力,形成内拱作用。所以,作用于板上的一部分荷载将通过拱的作用直接传给边梁,而使板的最终弯矩降低。考虑这一有利作用,《规范》规定,对四周与梁整体连接的单向板,其中间跨的跨中截面及中间支座截面(即现浇连续板的内区格板)的计算弯矩可减少20%,其他截面如板的角区格、边跨的跨中截面及第一支座截面的计算弯矩则不折减,因为边梁侧向刚度不大(或无边梁),难以提供水平推力。

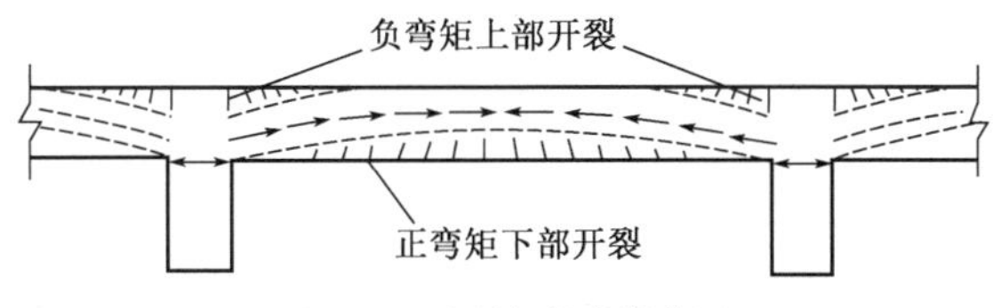

图2.17 连续板的内拱作用

(2)构造要求

①板的厚度:应满足表2.2的规定,板的配筋率一般为0.4%~0.8%。

②板的支承长度:应满足其受力钢筋在支座内锚固的要求,且一般不小于板厚,现浇板在砌体墙上的支承长度不宜小于120mm。

③简支板或连续板下部纵向受力钢筋伸入支座的锚固长度不应小于$5d$,d为下部纵向受力钢筋的直径。当连续板内温度、收缩应力较大时,伸入支座的锚固长度宜适当增加。

④板的配筋方式。

a.弯起式配筋:将一部分跨中正弯矩钢筋在适当的位置(反弯点附近)弯起,并伸过支座后作负弯矩钢筋使用;延伸长度应满足覆盖负弯矩图和锚固的要求,如图2.18a)、b)所示。由于施工比较麻烦,目前弯起式配筋已很少应用。

弯起式配筋可先按跨内正弯矩的需要确定所需钢筋的直径和间距,然后在支座附近弯起1/2(隔一弯一)以承受负弯矩,但最多不超过2/3(隔一弯二)。如果弯起钢筋的截面面积还不满足所要求的支座负弯矩钢筋的需要,可另加直钢筋;通常取相同的钢筋间距。弯起角一般为30°,当板厚>120 mm时,可采用45°。采用弯起式配筋,应注意相邻两跨跨中及中间支座钢筋直径和间距互相配合，间距变化应有规律，钢筋直径种类不宜过多，以利于施工。

为了保证锚固可靠，当采用光面钢筋时，板内伸入支座的下部正弯矩钢筋采用半圆弯钩。对于上部负钢筋，为了保证施工时钢筋的设计位置，宜做成直抵模板的直钩。

单向板配筋

b. 分离式配筋：跨中正弯矩钢筋宜全部伸入支座锚固；而在支座处另配负弯矩钢筋，其范围应能覆盖负弯矩区域并满足锚固要求，如图2.18c）所示。由于施工方便，分离式配筋已成为工程中主要采用的配筋方式。

c. 钢筋的弯起和截断：对承受均布荷载的等跨连续单向板或双向板，受力钢筋的弯起和截断的位置一般可按图2.18直接确定。

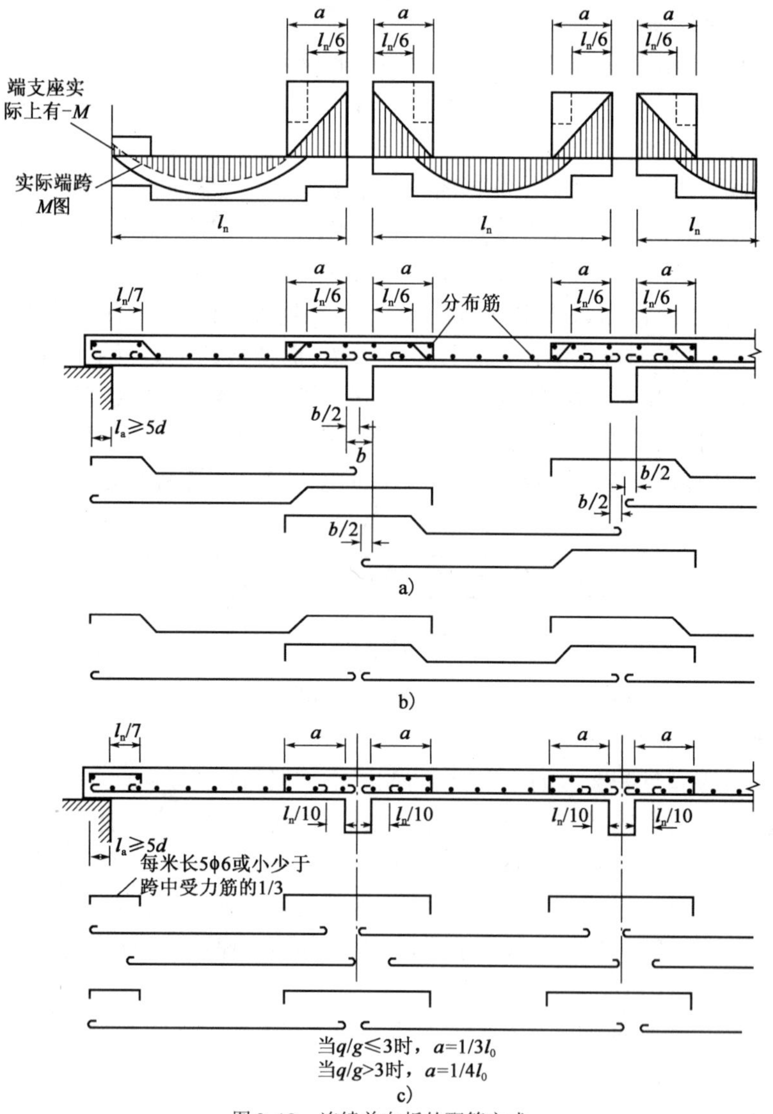

图2.18　连续单向板的配筋方式

a）一端弯起；b）两端弯起；c）分离式

采用弯起式配筋时，跨中正弯矩钢筋可在距支座边 $l_0/6$ 处弯起 1/2～2/3，以承受支座上的负弯矩。

支座处的负弯矩钢筋，可在距支座边不小于 a 的距离处截断，其取值如下：

当 $q/g \leq 3$ 时：

$$a = \frac{l_0}{4}$$

当 $q/g > 3$ 时：

$$a = \frac{l_0}{3}$$

式中：g、q——恒荷载和活荷载设计值；

l_0——板的计算跨度。

图2.18所示的配筋要求，适用于承受均布荷载的等跨或相邻跨度相差不大于20%的多跨连续板，可不必绘制弯矩包络图进行钢筋布置。如果板相邻跨度差超过20%，或各跨荷载相差较大，受力钢筋的弯起和截断的位置则应按弯矩包络图确定。

⑤对与支承结构整体浇筑或嵌固在承重砌体墙内的现浇混凝土板，应沿支承周边配置上部构造钢筋，其直径不宜小于8mm，间距不宜大于200mm，并应符合下列规定：

a.现浇楼盖周边与混凝土梁或混凝土墙整体浇筑的单向板或双向板。应在板边上部设置垂直于板边的构造钢筋，其截面面积不宜小于板跨中相应方向纵向钢筋截面面积的1/3；该钢筋自梁边或墙边伸入板内的长度，在单向板中不宜小于受力方向板计算跨度内的1/5，在双向板中不宜小于板短跨方向计算跨度的1/4；在板角处该钢筋应沿两个垂直方向布置或按放射状布置；当柱角或墙的阳角突出到板内且尺寸较大时，亦应沿柱边或墙角边布置构造钢筋，该构造钢筋伸入板内的长度应从柱边或墙边算起。上述上部构造钢筋应按受拉钢筋锚固在梁内、墙内或柱内，如图2.19所示。

b.嵌入承重墙内的板面构造钢筋。嵌固在承重墙内的单向板，由于墙的约束作用，板在墙边也会产生一定的负弯矩；垂直于板跨度方向，有部分荷载将就近传给支承墙，也会产生一定的负弯矩，使板面受拉开裂。在板角部分，除因传递荷载使板在两个正交方向引起负弯矩外，由于温度收缩影响产生的角部拉应力，也促使板角发生斜向裂缝。

为避免这种裂缝的出现和开展，《规范》规定，对于嵌固在承重砌体墙内的现浇混凝土板，应沿支承周边配置上部构造钢筋，其直径不宜小于8mm，间距不宜大于200mm，其伸入板内的长度，从墙边算起不宜小于板短边跨度的1/7；在两边嵌固于墙内的板角部分，应配置双向上部构造钢筋，该钢筋伸入板内的长度从墙边算起不宜小于板短边跨度的1/4；沿板的受力方向配置的上部构造钢筋，其截面面积不宜小于该方向跨中受力钢筋截面面积的1/3；沿非受力方向配置的上部构造钢筋，可根据经验适当减少，如图2.20所示。

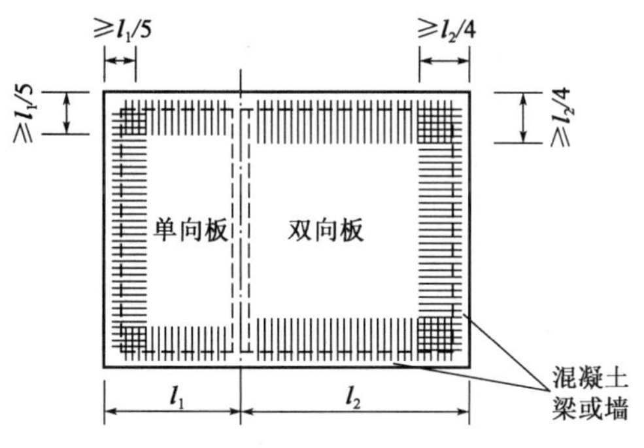

图2.19 板与钢筋混凝土边梁或墙连接时板边上部构造钢筋的设置

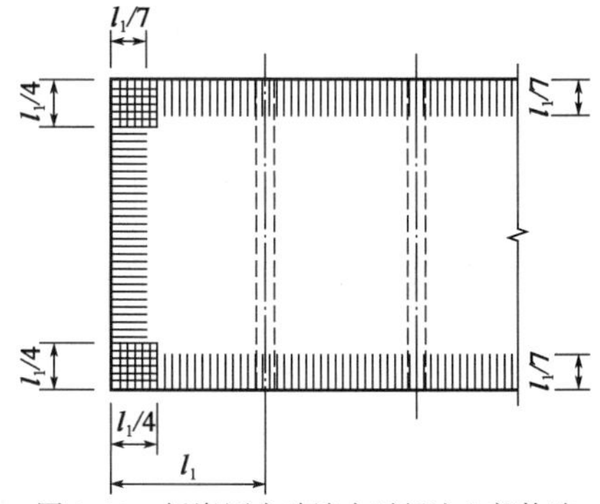

图2.20 板嵌固在砖墙内时板边上部构造钢筋的配置

⑥垂直于主梁的板面构造钢筋：

当现浇板的受力钢筋与主梁平行时，靠近主梁梁肋的板面荷载将直接传给主梁而引起负弯矩，这样将引起板与主梁相接的板面产生裂缝，有时甚至开展较宽。因此，《规范》规定：应沿主梁长度方向配置间距不大于 200mm 且与主梁垂直的上部构造钢筋，其直径不宜小于 8mm，且单位长度内的总截面面积不宜小于板中单位宽度内受力钢筋截面面积的 1/3。该构造钢筋伸入板内的长度从梁边算起每边不宜小于板计算跨度 l_0 的 1/4，如图 2.21 所示。

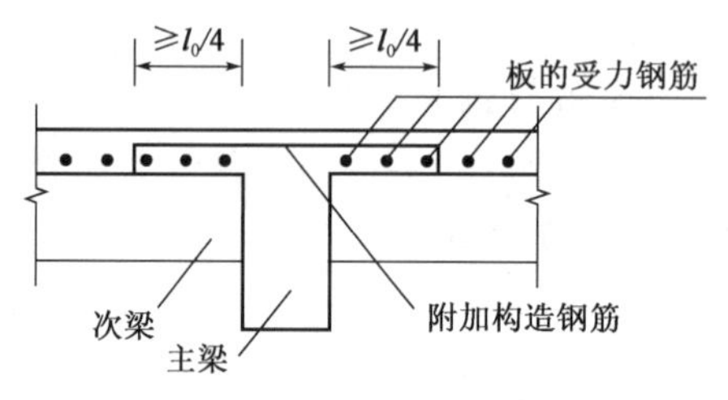

图 2.21　板中与主梁垂直的构造钢筋

主梁钢筋

2）梁的截面设计要点与构造要求

（1）梁的截面设计要点

①按正截面受弯承载力确定纵向受拉钢筋时，通常跨中按 T 形截面计算，其翼缘计算宽度 b_f' 可按《混凝土结构设计原理》中有关规定确定；支座因翼缘位于受拉区，按矩形截面计算。

②次梁内力可按塑性理论方法计算，而主梁内力则应按弹性理论方法计算。在承载力计算中应取支座边缘截面的内力作为支座截面配筋的依据。

③按斜截面受剪承载力确定受剪钢筋（箍筋、弯起钢筋），一般优先采用箍筋抗剪，当荷载、跨度较大时，可在支座附近设置弯起钢筋，以减少箍筋用量。

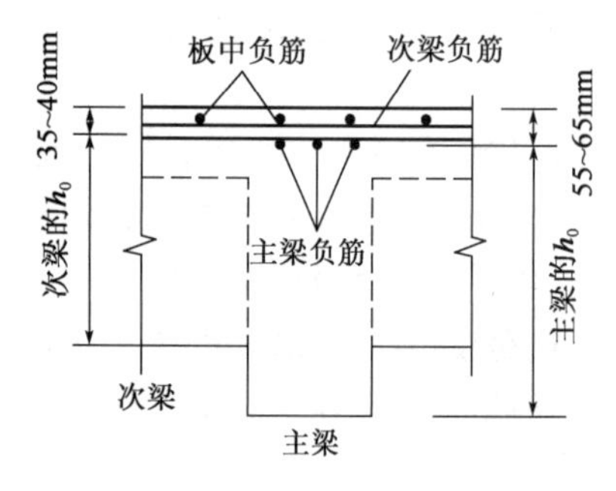

图 2.22　主梁支座处截面的有效高度

④在主梁支座处，由于板、次梁和主梁截面的上部纵向钢筋相互交叉重叠，如图 2.22 所示，且主梁负筋位于板和次梁的负筋之下，因此主梁支座截面的有效高度减小。在计算主梁支座截面纵筋时，当板的保护层厚度为 $c=15$mm 时，截面有效高度 h_0 可近似取为：

单排钢筋时，$h_0=h-(55\sim65)$mm；

双排钢筋时，$h_0=h-(75\sim85)$mm。

当板的保护层厚度有增量时，在上两式结果的基础上加保护层厚度的增量即可。

（2）构造要求

①支承长度：次梁在砌体墙上的支承长度一般为 $a\geq240$mm，主梁在砌体墙上的支承长度一般为 $a\geq370$mm。

②配筋方式：

a. 弯起式配筋。对于相邻跨度相差不超过 20%，且均布活荷载和恒荷载的比值 $q/g\leq3$ 的连续次梁，其纵向受力钢筋的弯起和截断，可按图 2.23 进行，否则应按弯矩包络图确定。

按图 2.23，中间支座负弯矩钢筋的弯起，第一排的上弯点距支座边缘一般取 50mm；第二排、第三排的上弯点分别距支座边缘 h、$2h$。

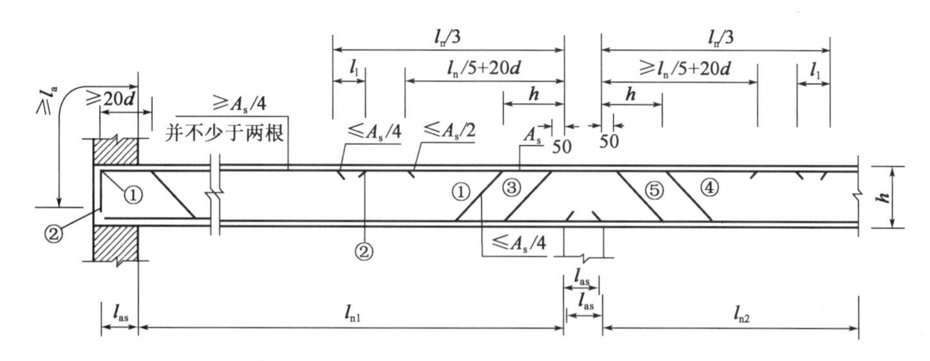

图 2.23 不必画材料图的次梁配筋构造规定(尺寸单位:mm)

支座处上部受力钢筋总面积为 A_s,则第一批截断的钢筋面积不得超过 $A_s/2$,延伸长度从支座边缘起不小于 $l_n/5+20d$(d 为截断钢筋的直径);第二批截断的钢筋面积不得超过 $A_s/4$,延伸长度不小于 $l_n/3$。所余下的纵筋面积不小于 $A_s/4$,且不少于两根,可用来承担部分负弯矩并兼作架立钢筋,其伸入边支座的锚固长度不得小于 l_a。

位于次梁下部的纵向钢筋,除弯起的外,应全部伸入支座,不得在跨间截断。

b. 分离式配筋。跨中正弯矩钢筋宜全部伸入支座锚固,而在支座处另配负弯矩钢筋,其余构造要求同弯起式。

主次梁节点 1

c. 主梁附加横向钢筋。主梁和次梁相交处,次梁顶部在负弯矩作用下将产生裂缝,在主梁高度范围内受到次梁传来的集中荷载的作用,其腹部可能出现斜裂缝,如图 2.24a)所示。因此,应在集中荷载影响区 s 范围内加设附加横向钢筋(箍筋、吊筋),以防止斜裂缝出现而引起局部破坏。位于梁下部或梁截面高度范围内的集中荷载,应全部由附加横向钢筋承担,并应布置在长度为 $s=2h_1+3b$ 的范围内。附加横向钢筋宜优先采用箍筋,如图 2.24b)所示。当采用吊筋时,其弯起段应伸至梁上边缘,且末端水平段长度在受拉区不应小于 $20d$,在受压区不应小于 $10d$,此处 d 为吊筋的直径。

主次梁节点 2

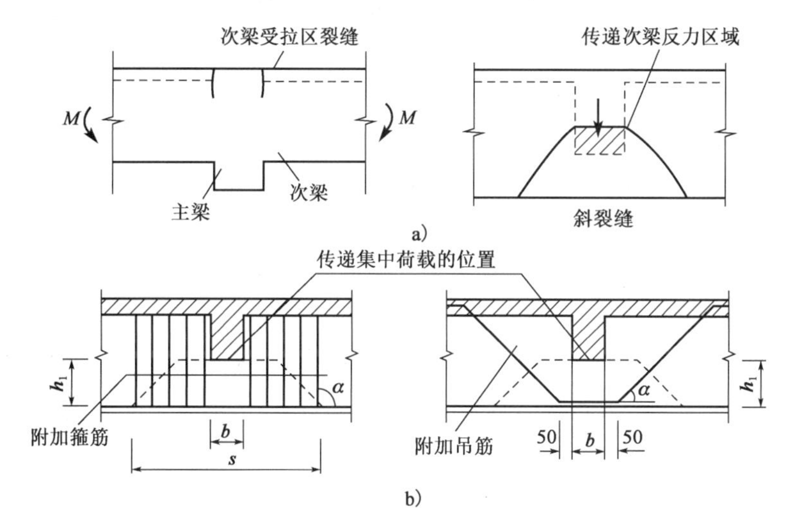

图 2.24 附加横向钢筋的位置(尺寸单位:mm)

a)次梁与主梁相交处的裂缝形态;b)承受集中荷载处附加横向钢筋的位置

采用附加吊筋时：

$$F \leqslant 2A_{sb}f_y\sin\alpha, A_{sb} \geqslant \frac{F}{2f_y\sin\alpha} \tag{2.29}$$

采用附加箍筋时：

$$F \leqslant mnf_{yv}A_{sv1}, m \geqslant \frac{F}{nf_{yv}A_{sv1}} \tag{2.30}$$

同时采用附加箍筋和吊筋时：

$$F \leqslant 2f_yA_{sb}\sin\alpha + mnf_{yv}A_{sv1} \tag{2.31}$$

式中：F——由次梁传递的集中力设计值；

f_y——附加吊筋的抗拉强度设计值；

f_{yv}——附加箍筋的抗拉强度设计值；

A_{sb}——附加吊筋的截面面积；

A_{sv1}——附加单肢箍筋的截面面积；

n——在同一截面内附加箍筋的肢数；

m——附加箍筋的排数；

α——附加吊筋与梁轴线间的夹角，一般为45°，当梁高$h>800$mm时，采用60°。

计算附加箍筋和吊筋用量时，先假定箍筋和吊筋中的其中一种钢筋用量，然后计算另一种钢筋的用量。

2.2.6　整体式单向板肋梁楼盖设计例题

【例2.3】　设计资料：某设计使用年限为50年的厂房用仓库楼盖，采用现浇整体式钢筋混凝土结构，四周为承重墙，楼盖梁格布置如图2.25所示。

(1)楼面构造层做法：楼面面层用20mm厚水泥砂浆抹面($\gamma = 20\text{kN/m}^3$)，板底及梁用15mm厚混合砂浆抹底($\gamma = 17\text{kN/m}^3$)。

(2)楼面均布荷载标准值：$q_k = 5\text{kN/m}^2$。

(3)恒载分项系数取1.2。

(4)材料选用：混凝土采用C30($f_c = 14.3\text{N/mm}^2$，$f_t = 1.43\text{N/mm}^2$)。梁中受力纵筋采用HRB400级($f_y = 360\text{N/mm}^2$)，其余钢筋采用HPB300级($f_y = 270\text{N/mm}^2$)。

试设计整体式单向板肋梁楼盖。

解：(1)楼盖结构布置及梁、板截面尺寸的确定

楼盖结构平面布置图如图2.25所示，符合单向板肋梁楼盖构件的经济跨度要求。板的$\frac{l_2}{l_1} = \frac{6000}{2500} = 2.4 < 3(>2)$，因此宜按双向板设计，按沿短边方向受力的单向板计算时，应沿长边方向布置足够数量的构造钢筋。本例题按单向板设计。

板厚：$h \geqslant \frac{l}{40} = \frac{2500}{40} = 62.5\text{mm}$，对于工业建筑楼盖板，要求$h \geqslant 70\text{mm}$，故可取板厚$h = 90\text{mm}$。

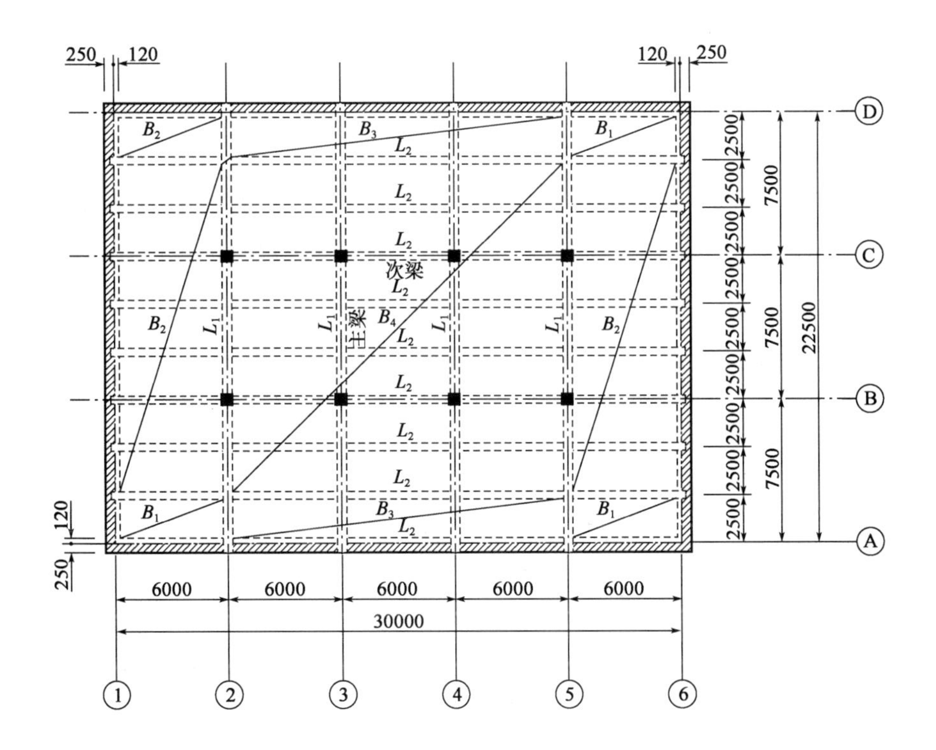

图2.25 梁板平面布置(尺寸单位:mm)

次梁:$h=\left(\frac{1}{18}\sim\frac{1}{12}\right)l=\left(\frac{1}{18}\sim\frac{1}{12}\right)\times6000=(333\sim500)\text{mm}$,取 $h=450\text{mm}$,$b=\left(\frac{1}{3}\sim\frac{1}{2}\right)h$,取 $b=200\text{mm}$。

主梁:$h=\left(\frac{1}{14}\sim\frac{1}{8}\right)l=\left(\frac{1}{14}\sim\frac{1}{8}\right)\times7500=(536\sim938)\text{mm}$,取 $h=650\text{mm}$,$b=\left(\frac{1}{3}\sim\frac{1}{2}\right)h$,取$b=250\text{mm}$。

柱截面:$b\times h=300\text{mm}\times300\text{mm}$。

(2)板的计算——按考虑塑性内力重分布方法计算

板的计算简图如图2.26所示,取1m板宽作为计算单元,现浇板在墙上的支承长度 $a=120\text{mm}$,按考虑塑性内力重分布方法计算。

①荷载计算。

因为可变荷载较大,可变荷载起控制作用,又因是工业建筑且楼面活荷载标准值大于5kN/m^2,所以可变荷载分项系数取1.3。

永久荷载标准值:

20mm 水泥砂浆面层 $0.02\times20=0.4(\text{kN/m}^2)$

90mm 钢筋混凝土板 $0.09\times25=2.25(\text{kN/m}^2)$

15mm 混合砂浆顶棚抹灰 $0.015\times17=0.255(\text{kN/m}^2)$

$g_k=2.91\text{kN/m}^2$

永久荷载设计值:$g=1.2\times2.91=3.5(\text{kN/m}^2)$

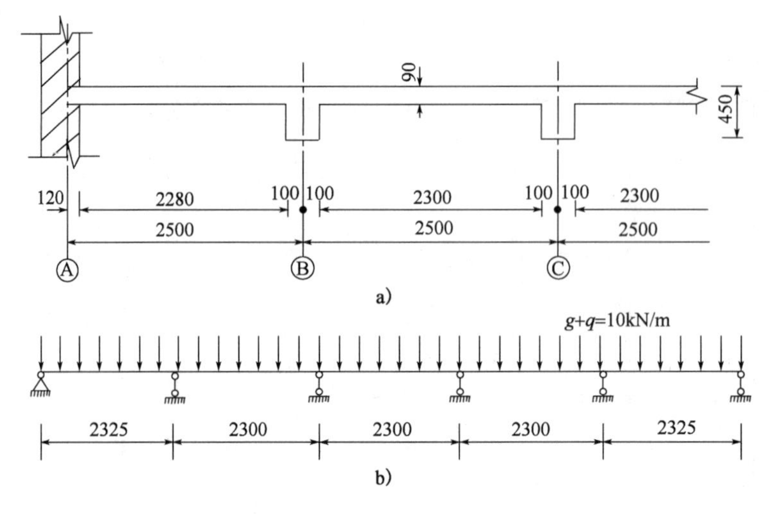

图 2.26　板的构造和计算简图(尺寸单位:mm)

a)构造;b)计算简图

可变荷载设计值:$q=1.3\times5=6.5(\mathrm{kN/m^2})$

取 1m 宽板带,板的线荷载为 $g+q=3.5+6.5=10(\mathrm{kN/m})$,且$\frac{q}{g}=\frac{6.5}{3.5}=1.86<3$,因此可按图 2.18 的要求进行配筋。

②内力计算。

计算跨度:

边跨

$$l_0=l_n+0.5h=2.5-0.12-\frac{0.2}{2}+0.5\times0.09=2.325(\mathrm{m})$$

$$\leqslant l_n+0.5a=2.5-0.12-\frac{0.2}{2}+0.5\times0.12=2.34(\mathrm{m})$$

中间跨

$l_0=l_n=2.5-0.2=2.3(\mathrm{m})$

跨度差

$(2.325-2.3)/2.3=1.08\%<10\%$

说明可按等跨连续板计算内力。取 1m 宽板带作为计算单元,其计算简图如图 2.26b)所示。各截面的弯矩计算见表 2.5。

连续板各截面弯矩计算　　表 2.5

截面	边跨跨中	离端第二支座	离端第二跨跨中、中间跨跨中	中间支座
弯矩计算系数 α_M	$\frac{1}{11}$	$-\frac{1}{11}$	$\frac{1}{16}$	$-\frac{1}{14}$
$M(\mathrm{kN\cdot m})$	$\frac{1}{11}\times10\times2.325^2=$ 4.92	$-\frac{1}{11}\times10\times2.325^2=$ −4.92	$\frac{1}{16}\times10\times2.3^2=$ 3.31	$-\frac{1}{14}\times10\times2.3^2=$ −3.78

③截面承载力计算。

$b=1000\text{mm}, h=90\text{mm}, h_0=90-20=70(\text{mm}), \alpha_1=1.0$，连续板各截面的配筋计算见表2.6。中间区板带②-⑤轴线间，其各内区格板的四周与梁整体连接，故各跨跨中和中间支座考虑板的内拱作用，其计算弯矩降低20%。

各截面的配筋计算 表2.6

板带部位截面	边区板带(①-②,⑤-⑥轴线间)				中间区板带(②-⑤轴线间)			
	边跨跨内	离端第二支座	离端第二跨跨内、中间跨跨内	中间支座	边跨跨内	离端第二支座	离端第二跨跨内、中间跨跨内	中间支座
$M(\text{kN}\cdot\text{m})$	4.92	−4.92	3.31	−3.78	4.92	−4.92	−3.31×0.8=−2.65	−3.78×0.8=−3.03
$\alpha_s=\dfrac{M}{\alpha_1 f_c b h_0^2}$	0.070	0.070	0.047	0.054	0.070	0.070	0.038	0.043
$\xi=1-\sqrt{1-2\alpha_s}$	0.073	0.073	0.048	0.056	0.073	0.073	0.039	0.044
$A_s=\xi b h_0 \alpha_1 f_c/f_y\ (\text{mm}^2)$	271	271	178	208	271	271	145	163
$A_{s,\min}=0.002bh=0.45f_t/f_y bh$	180	180	180	180	180	180	180	180
选配钢筋	Φ8@180	Φ8@180	Φ8@200	Φ8@200	Φ8@180	Φ8@180	Φ8@200	Φ8@200
实配钢筋面积(mm^2)	279	279	251	251	279	279	251	251

(3)次梁计算——按考虑塑性内力重分布方法计算

梁在墙上的支承长度取 $a=250\text{mm}$，有关尺寸及支承情况如图2.27a)所示。

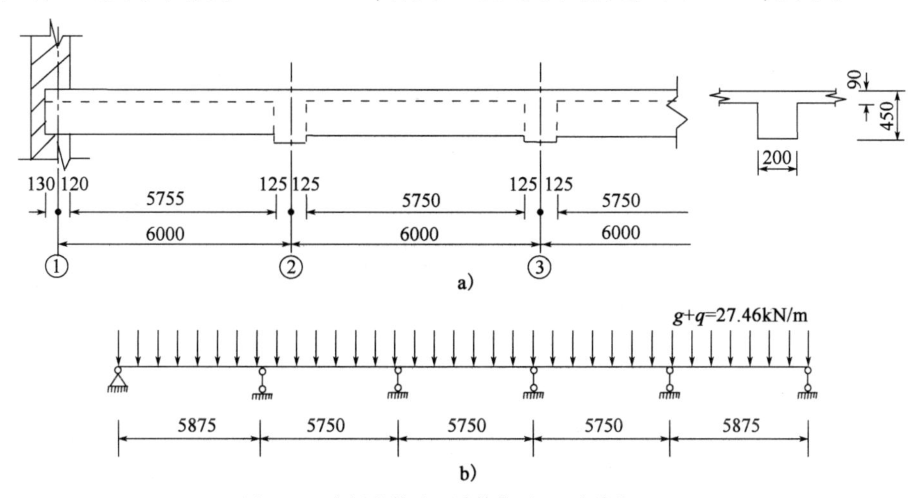

图2.27 次梁的构造和计算简图(尺寸单位:mm)

a)构造;b)计算简图

①荷载计算。

永久荷载设计值:

由板传来 $3.5\times2.5=8.75(\text{kN/m})$

次梁自重 $1.2\times25\times(0.45-0.09)\times2.0=2.16(\mathrm{kN/m})$

梁侧抹灰 $1.2\times17\times(0.45-0.09)\times0.02\times2=0.36(\mathrm{kN/m})$

$g=11.21(\mathrm{kN/m})$

可变荷载设计值：

由板传来 $q=6.5\times2.5=16.25(\mathrm{kN/m})$

合计 $g+q=16.25+11.21=27.46(\mathrm{kN/m})$

②内力计算。

计算跨度：

边跨

$$l_n=6.0-0.12-\frac{0.25}{2}=5.755(\mathrm{m})$$

$$l_0=l_n+\frac{a}{2}=5.755+\frac{0.25}{2}=5.88(\mathrm{m})$$

$$<1.025l_n=1.025\times5.755=5.899(\mathrm{m})$$

中间跨

$$l_0=l_n=6.0-0.25=5.75(\mathrm{m})$$

跨度差

$$(5.88-5.75)/5.75=2.08\%<10\%$$

说明可按等跨连续梁计算内力，分别见表2.7、表2.8，计算简图如图2.27b)所示。

次梁弯矩计算　　表2.7

截面	边跨跨中	离端第二支座	离端第二跨跨中、中间跨跨中	中间支座
弯矩计算系数 α_M	$\frac{1}{11}$	$-\frac{1}{11}$	$\frac{1}{16}$	$-\frac{1}{14}$
$M=\alpha_M(g+q)l_0^2$ (kN·m)	$\frac{1}{11}\times27.46\times5.88^2=86.16$	$-\frac{1}{11}\times27.46\times5.88^2=-86.16$	$\frac{1}{16}\times27.46\times5.75^2=56.75$	$-\frac{1}{14}\times27.46\times5.75^2=-64.85$

次梁剪力计算　　表2.8

截面	端支座右侧	离端第二支座左侧	离端第二支座右侧	中间支座左侧、右侧
剪力计算系数 α_V	0.45	0.6	0.55	0.55
$V=\alpha_V(g+q)l_n$ (kN)	$0.45\times27.46\times5.755=71.12$	$0.6\times27.46\times5.755=94.82$	$0.55\times27.46\times5.75=86.84$	$0.55\times27.46\times5.75=86.84$

③截面承载力计算。

其翼缘计算宽度：

边跨

$$b_f'=\frac{1}{3}l_0=\frac{1}{3}\times5880=1958(\mathrm{mm})$$

$b + s_n = 200 + (2500 - 200) = 2500(\mathrm{mm})$

$h'_f/h_0 = 90/410 = 0.2 \geq 0.1$，不考虑此项影响。

故取最小值 $b'_f = 1958\mathrm{mm}$。

离端第二跨、中间跨

$$b'_f = \frac{1}{3}l_0 = \frac{1}{3} \times 5750 = 1917(\mathrm{mm})$$

$b + s_n = 200 + (2500 - 200) = 2500(\mathrm{mm})$

$h'_f/h_0 = 90/410 = 0.2 \geq 0.1$，不考虑此项影响。

故取最小值 $b'_f = 1917\mathrm{mm}$。

判别T形截面类型：

$$\alpha_1 f_c b'_f h'_f\left(h_0 - \frac{h'_f}{2}\right) = 1.0 \times 14.3 \times 1917 \times 90 \times \left(410 - \frac{90}{2}\right)$$

$$= 900(\mathrm{kN \cdot m}) > 86.16\mathrm{kN \cdot m}$$

$$> 56.75\mathrm{kN \cdot m}(\text{离端第二跨跨中、中间跨跨中})$$

故各跨跨中截面均属于第一类T形截面。

支座截面按矩形截面计算，支座按布置一排纵筋考虑：$h_0 = h - 40 = 450 - 40 = 410(\mathrm{mm})$。

次梁正截面及斜截面承载力计算分别见表2.9、表2.10。

次梁正截面承载力计算 表2.9

截面	边跨跨中	离端第二支座	离端第二跨跨中、中间跨跨中	中间支座
$M(\mathrm{kN \cdot m})$	86.16	-86.16	56.75	-64.85
$\alpha_s = \frac{M}{\alpha_1 f_c b h_0^2}$	$\frac{86.16 \times 10^6}{1.0 \times 14.3 \times 1958 \times 410^2} = 0.018$	$\frac{86.16 \times 10^6}{1.0 \times 14.3 \times 200 \times 410^2} = 0.179$	$\frac{56.75 \times 10^6}{1.0 \times 14.3 \times 1917 \times 410^2} = 0.012$	$\frac{64.85 \times 10^6}{1.0 \times 14.3 \times 200 \times 410^2} = 0.135$
$\xi = 1 - \sqrt{1 - 2\alpha_s}$	0.019	0.199 < 0.35	0.011	0.146
γ_s	0.991	0.901	0.994	0.927
$A_s = \xi b h_0 \alpha_1 f_c / f_y$ $(\mathrm{mm^2})$	$\frac{86.16 \times 10^6}{360 \times 0.991 \times 410} = 589$	$\frac{86.16 \times 10^6}{360 \times 0.901 \times 410} = 648$	$\frac{56.75 \times 10^6}{360 \times 0.994 \times 410} = 387$	$\frac{64.85 \times 10^6}{360 \times 0.927 \times 410} = 474$
$A_{smin} = 0.002bh = 0.45 f_t / f_y bh$	180	180	180	180
选配钢筋	3⌽16	2⌽18 + 1⌽16	2⌽18	2⌽18
实配钢筋面积$(\mathrm{mm^2})$	603	710	509	509

次梁斜截面承载力计算 表 2.10

截面	端支座右侧	离端第二支座左侧	离端第二支座右侧	中间支座左侧、右侧
V(kN)	71.12	94.82	86.84	86.84
$0.25\beta_c f_c bh_0$ (kN)	$0.25\times1.0\times14.3\times200\times410=293.2>V$	$0.25\times1.0\times14.3\times200\times410=293.2>V$	$0.25\times1.0\times14.3\times200\times410=293.2>V$	$0.25\times1.0\times14.3\times200\times410=293.2>V$
$0.7f_t bh_0$(kN)	$0.7\times1.43\times200\times410=82.08>V$	$0.7\times1.43\times200\times410=82.08<V$	$0.7\times1.43\times200\times410=82.08<V$	$0.7\times1.43\times200\times410=82.08<V$
选用箍筋	2Φ8	2Φ8	2Φ8	2Φ8
$A_{sv}=nA_{sv1}$(mm^2)	101	101	101	101
$S=\dfrac{f_{yv}A_{sv}h_0}{V-0.7f_t bh_0}$(mm)	按构造配筋	$\dfrac{270\times101\times410}{94820-82080}=877$	$\dfrac{270\times101\times410}{86840-82080}=2348$	$\dfrac{270\times101\times410}{86840-82080}=2348$
实配箍筋间距 s(mm)	200	200	200	200
$\rho_{sv}=\dfrac{nA_{sv1}}{bs}$	0.25%	0.25%	0.25%	0.25%
$\rho_{sv,min}=\dfrac{0.24f_t}{f_{yv}}$	0.13%	0.13%	0.13%	0.13%

注：次梁各截面配箍率均满足最小配箍率要求。

(4)主梁计算——按弹性理论计算

主梁在墙上的支承长度取 $a=370$mm，中间支承在 300mm × 300mm 的混凝土柱上，柱高 $H=4.5$m。主梁的有关尺寸及支承情况如图 2.28a)所示。

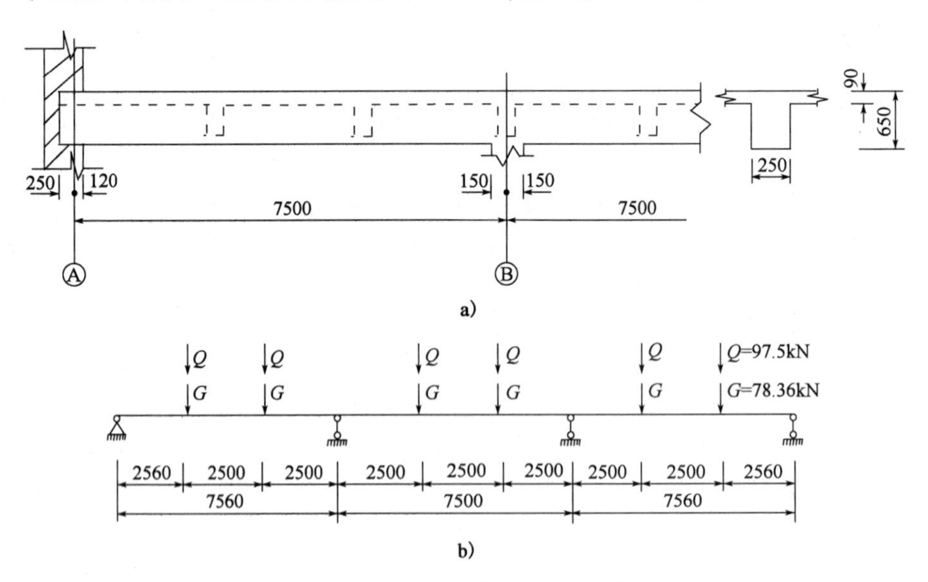

图 2.28 主梁的构造及计算简图(尺寸单位：mm)
a)构造；b)计算简图

①荷载计算。

永久荷载设计值：

由次梁传来 $11.21\times6.0=67$(kN)

主梁自重(折算为集中荷载)$1.2\times25\times0.25\times(0.65-0.09)\times2.5=10.5$(kN)
梁侧抹灰(折算为集中荷载)$1.2\times17\times0.015\times(0.65-0.09)\times2.5\times2=0.86$(kN)
$G=78.36\text{kN}$
可变荷载设计值：
由次梁传来 $Q=16.25\times6=97.5$(kN)
合计 $G+Q=78.36+97.5=175.86$(kN)
②内力计算。
计算跨度：
边跨
$l_n=7.5-0.12-0.15=7.23$(m)
$l_0=1.025l_n+0.5b=1.025\times7.23+0.5\times300=7.561$(m)
取 $l_0=7.56\text{m}$，且 $l_n+0.5a+0.5b=7.23+0.5\times370+0.5\times300=7.56$(m)
中间跨
$l_n=7.5-0.3=7.2$(m)
$l_0=l_n+b=7.2+0.3=7.5$(m)
平均跨度
$l_0=(7.56+7.5)/2=7.53$(m)(计算支座弯矩时取值)
跨度差
$(7.56-7.5)/7.5=0.8\%<10\%$
则可按等跨连续梁计算。

由于主梁线刚度较柱的线刚度大得多($i_{梁}/i_{柱}=5.8>4$)，故主梁可视为铰支柱顶上的连续梁，计算简图如图2.28b)所示。在各种不同分布的荷载作用下的内力计算可采用等跨连续梁的内力系数表进行，跨中和支座截面最大弯矩及剪力按下列公式计算，即：

$$M=KGl_0+KGl_0$$
$$V=KG+KQ$$

式中：K——系数，由附表1查得；
l_0——计算跨度，对边跨取 $l_0=7.56\text{m}$，对中间跨取 $l_0=7.5\text{m}$，对支座取 $l_0=7.53\text{m}$，具体计算结果以及最不利内力组合，见表2.11、表2.12。

主梁弯矩计算(kN·m)　　表2.11

序号	荷载简图	边跨跨中	中间支座	中间跨跨中
		$\frac{K}{M_1}$	$\frac{K}{M_B(M_C)}$	$\frac{K}{M_2}$
①		$\frac{0.244}{144.55}$	$\frac{-0.267}{-157.54}$	$\frac{0.067}{39.38}$
②		$\frac{0.289}{213.02}$	$\frac{-0.133}{-97.65}$	$\frac{M_B}{-97.65}$

续上表

序号	荷载简图	边跨跨中 $\frac{K}{M_1}$	中间支座 $\frac{K}{M_B(M_C)}$	中间跨跨中 $\frac{K}{M_2}$
③		$\approx\frac{1}{3}M_B=-32.55$	$\frac{0.133}{-97.65}$	$\frac{0.2}{146.25}$
④		$\frac{0.229}{168.80}$	$\frac{-0.311(-0.089)}{-228.33(-65.34)}$	$\frac{0.170}{124.31}$
⑤		$\approx\frac{1}{3}M_B=-21.78$	$\frac{-0.089(-0.311)}{-65.34(-228.33)}$	$\frac{0.170}{124.31}$
最不利内力组合	①+②	357.57	-255.19	-58.27
	①+③	112	-255.19	185.63
	①+④	313.35	-385.87(-222.88)	163.69
	①+⑤	122.8	-222.88(-385.87)	163.69

主梁剪力计算(kN) 表2.12

序号	荷载简图	端支座 $\frac{K}{V_A^r}$	中间支座 $\frac{K}{V_B^l(V_C^l)}$	中间支座 $\frac{K}{V_B^r(V_C^r)}$	端支座 $\frac{K}{V_D^l}$
①		$\frac{0.733}{57.44}$	$\frac{-1.267(-1.000)}{-99.28(-78.36)}$	$\frac{1.000(1.267)}{78.36(99.28)}$	$\frac{-0.733}{-57.44}$
②		$\frac{0.866}{84.44}$	$\frac{-1.134(0)}{-110.57(0)}$	$\frac{0(1.134)}{0(110.57)}$	$\frac{-0.866}{-84.44}$
④		$\frac{0.689}{67.18}$	$\frac{-1.311(-0.778)}{-127.83(-75.86)}$	$\frac{1.222(0.089)}{119.15(8.68)}$	$\frac{0.089}{8.68}$
⑤		$\frac{-0.089}{-8.68}$	$\frac{-0.089(-1.222)}{-8.68(-119.15)}$	$\frac{0.778(1.311)}{75.86(127.83)}$	$\frac{-0.689}{-67.18}$
最不利内力组合	①+②	141.88	-209.85(-78.36)	78.36(209.85)	-141.88
	①+④	124.62	-227.11(-154.22)	197.51(107.96)	-48.76
	①+⑤	48.76	-107.96(-197.51)	154.22(227.11)	-124.62

将以上最不利内力组合下的弯矩图及剪力图分别叠画在同一坐标图上，即可得主梁的弯矩包络图及剪力包络图，如图 2.29 所示。

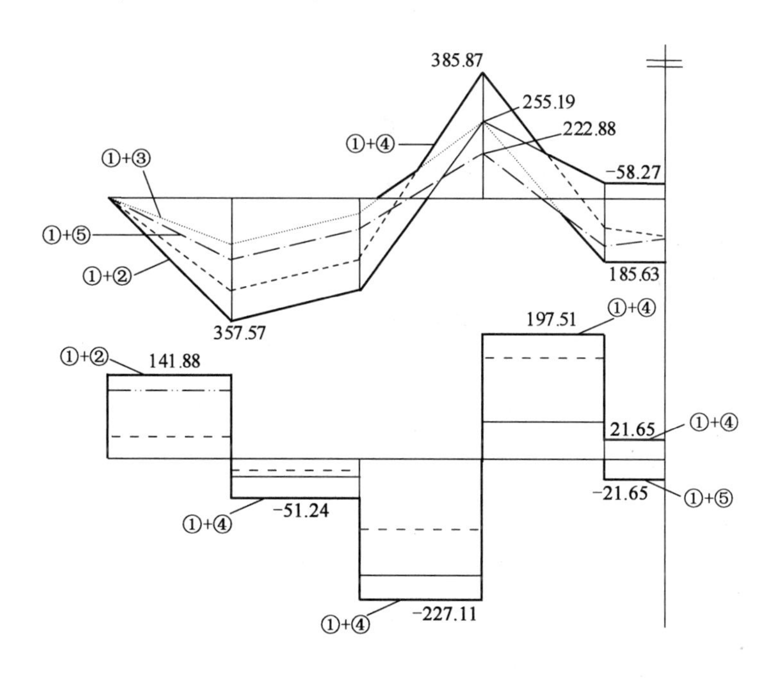

图 2.29　主梁的弯矩包络图及剪力包络图

③截面承载力计算。

主梁跨中截面按 T 形截面计算，边跨跨中按两排纵筋考虑，$h_0 = 650 - 65 = 585(\text{mm})$，支座截面按矩形截面计算，取 $h_0 = 650 - 85 = 565(\text{mm})$（因支座弯矩较大，考虑布置两排纵筋，并布置在次梁主筋下面）；中间跨跨中下部按一排纵筋考虑，$h_0 = 650 - 40 = 610(\text{mm})$，上部按一排筋考虑，$h_0 = 650 - 60 = 590(\text{mm})$（因有次梁主筋）。

T 形截面翼缘计算宽度：

边跨

$$b'_f = \frac{1}{3}l_0 = \frac{1}{3} \times 7560 = 2520(\text{mm})$$

$$b + s_n = 200 + (6000 - 200) = 6000(\text{mm})$$

$h'_f/h_0 = 90/585 = 0.15 \geqslant 0.1$，不考虑此项要求。

取最小值 $b'_f = 2520\text{mm}$。

中间跨

$$b'_f = \frac{1}{3}l_0 = \frac{1}{3} \times 7500 = 2500(\text{mm})$$

$$b + s_n = 250 + (6000 - 250) = 6000(\text{mm})$$

$h'_f/h_0 = 90/585 = 0.15 \geqslant 0.1$，不考虑此项要求。

取最小值 $b_f' = 2500\text{mm}$。

判别 T 形截面类型：

$$\alpha_1 f_c b_f' h_f' \left(h_0 - \frac{h_f'}{2}\right) = 1.0 \times 14.3 \times 2520 \times 90 \times \left(585 - \frac{90}{2}\right)$$

$$= 1751.3(\text{kN} \cdot \text{m}) > M_1 = 357.57\text{kN} \cdot \text{m}$$

$$> M = 185.63\text{kN} \cdot \text{m}(跨中)$$

故属于第一类 T 形截面。

主梁正截面及斜截面承载力计算分别见表 2.13、表 2.14。

主梁正截面承载力计算 表 2.13

截　面	边跨跨中	中间支座	中间跨跨中	
M (kN·m)	357.57	−385.87	185.63	−58.27
$V_0 \times \frac{b}{2}$ (kN·m)		$(78.36+97.5)\times\frac{0.3}{2}$ =26.38		
$M - V_0 \times \frac{b}{2}$ (kN·m)		−359.5		
$\alpha_s = \frac{M}{\alpha_1 f_c b h_0^2}$ 或 $\alpha_s = \frac{M}{\alpha_1 f_c b_f' h_0^2}$	$\frac{357.57\times10^6}{1.0\times14.3\times2520\times585^2}$ =0.029	$\frac{359.5\times10^6}{1.0\times14.3\times250\times565^2}$ =0.315	$\frac{185.63\times10^6}{1.0\times14.3\times2500\times610^2}$ =0.013	$\frac{58.27\times10^6}{1.0\times14.3\times250\times590^2}$ =0.047
$\xi = 1 - \sqrt{1-2\alpha_s}$	0.03	$0.392 < \xi_b$	0.012	0.048
γ_s	0.985	0.804	0.994	0.976
$A_s = M/f_y\gamma_s h_0$ (mm²)	$\frac{357.57\times10^6}{360\times0.985\times585}=1724$	$\frac{359.5\times10^6}{360\times0.804\times565}=2198$	$\frac{185.63\times10^6}{360\times0.994\times610}=861$	$\frac{58.27\times10^6}{360\times0.976\times590}=280$
$A_{smin} = 0.002bh$ $= 0.45f_t/f_y bh$	325	325	325	325
选配钢筋	2⌀22+4⌀18	6⌀22	4⌀18	2⌀22(通长)
实配钢筋面积 (mm²)	1777	2281	1017	760

主梁斜截面承载力计算　　表 2.14

截面	支座 A^r	支座 B^l	支座 B^r
V(kN)	141.88	227.11	197.51
$0.25\beta_c f_c bh_0$ (kN)	$0.25\times1.0\times14.3\times250\times585$ $=523>V$	$0.25\times1.0\times14.3\times250\times565$ $=505>V$	$0.25\times1.0\times14.3\times250\times565$ $=505>V$
$0.7f_t bh_0$ (kN)	$0.7\times1.43\times250\times585$ $=146.4>V$	$0.7\times1.43\times250\times565$ $=141.4<V$	$=141.4<V$
选用箍筋	2Φ8@200	2Φ8@200	2Φ8@200
$\rho_{sv}=\frac{nA_{sv1}}{bs}$	0.20%	0.20%	0.20%
$\rho_{sv,min}=0.24f_t/f_{yv}$	0.13%	0.13%	0.13%
$V_{cs}=0.7f_t bh_0+f_{yv}\frac{A_{su}}{s}h_0$ (kN)	226.2	218.4	218.4
$A_{sv}\geqslant\frac{V-V_{cs}}{0.8f_y\sin45^\circ}$ (mm^2)		42.77	
实配弯起钢筋		1Φ18	

注:主梁各截面配箍率均满足最小配箍率要求。

④主梁吊筋计算。

由次梁传至主梁的全部集中力:

$$G+Q=78.36+97.5=175.86(\text{kN})$$

次梁两侧采用附加箍筋时:

$$m\geqslant\frac{F}{nf_{yv}A_{sv1}}=\frac{175.86\times10^3}{2\times270\times50.3}=6.47$$

取 $m=8$,次梁两侧每侧附加 4 排箍筋。

⑤施工图。

板、次梁配筋图和主梁配筋图,分别如图 2.30 ~ 图 2.32 所示。

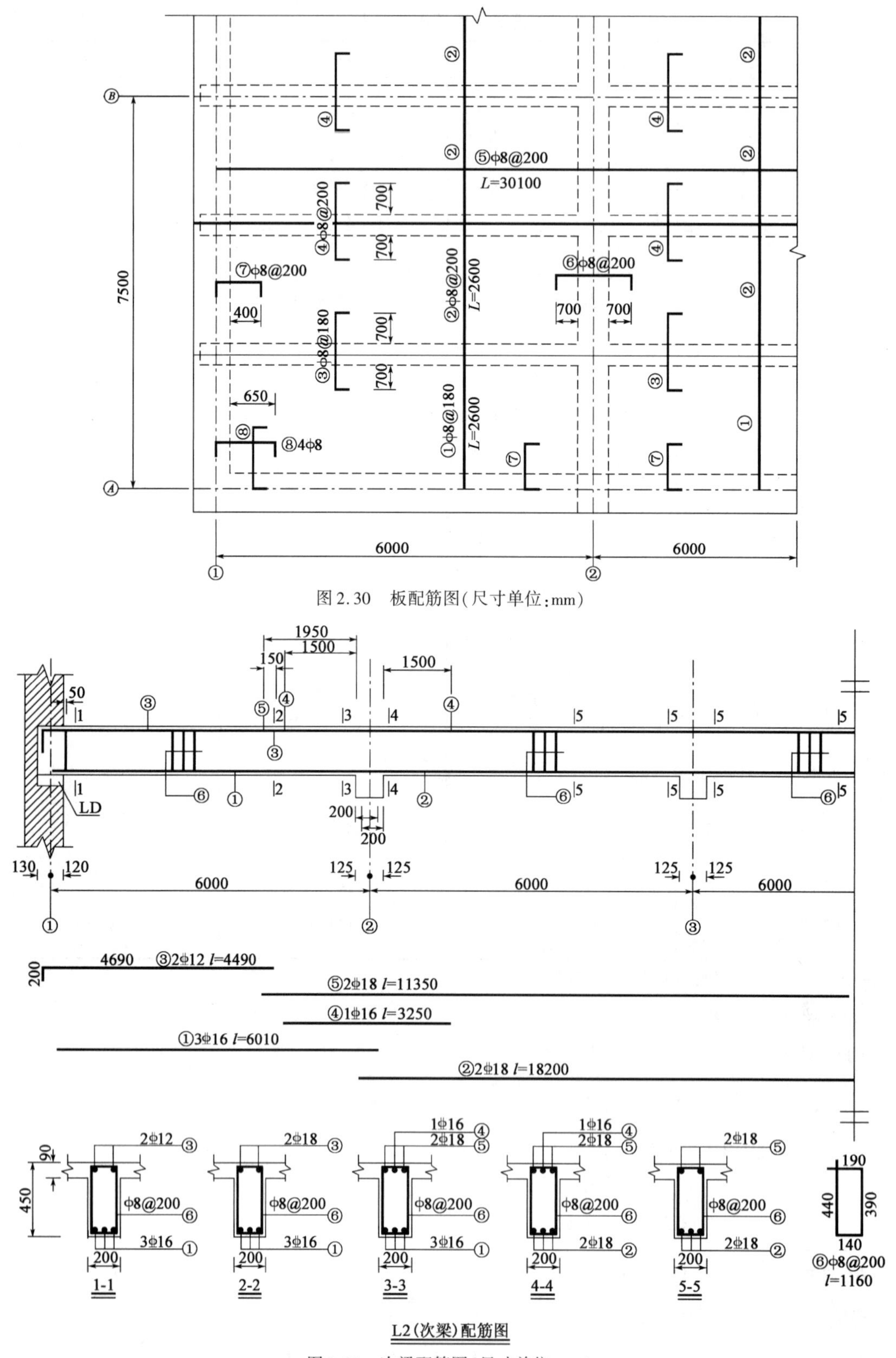

图 2.30　板配筋图(尺寸单位:mm)

图 2.31　次梁配筋图(尺寸单位:mm)

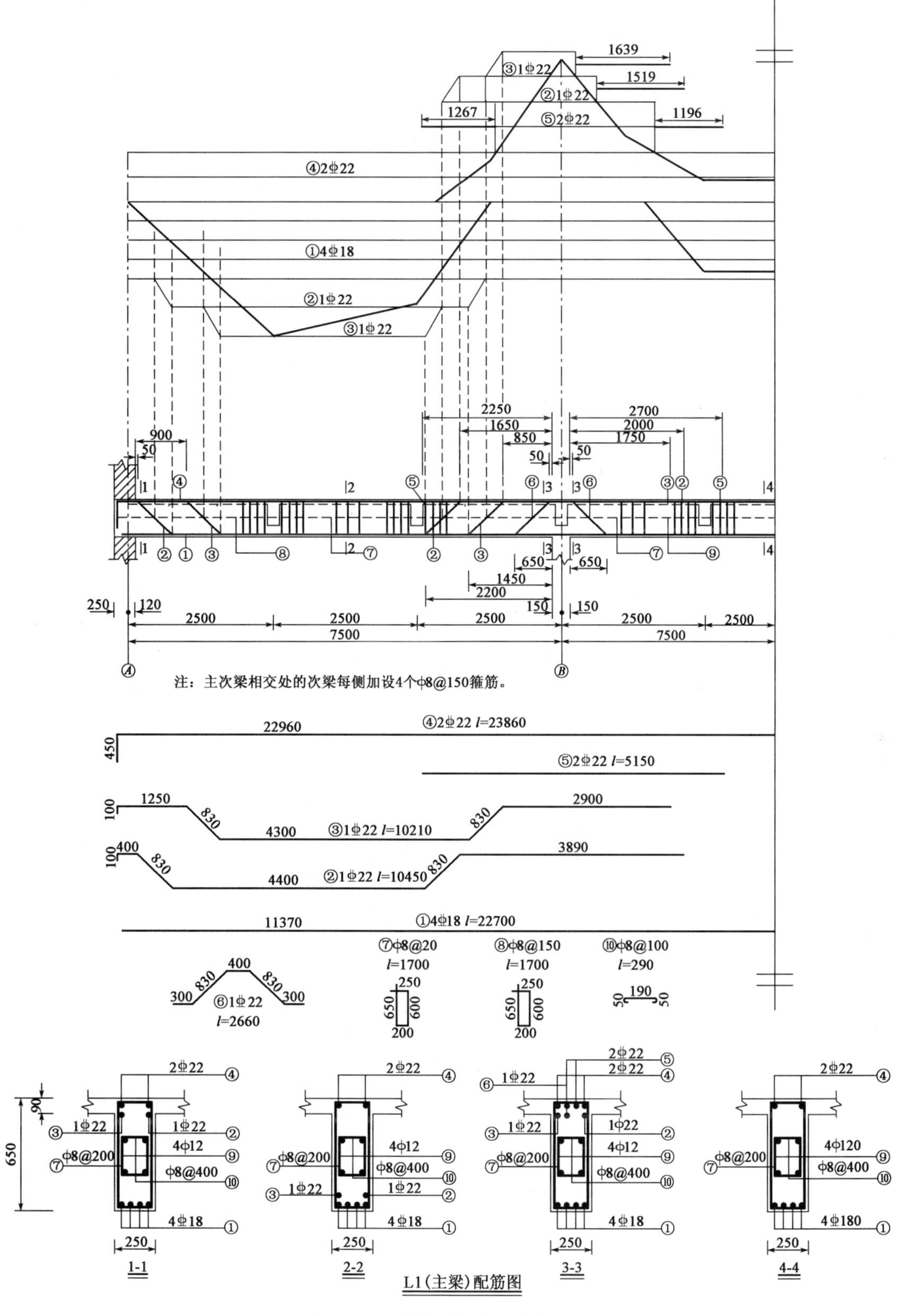

图2.32 主梁配筋图(尺寸单位:mm)

2.3 整体式双向板肋梁楼盖

在肋梁楼盖中，如果梁格布置使各区格板的长边与短边之比 $l_2/l_1 \leqslant 2$，则按双向板设计；若 $2 < l_2/l_1 < 3$，则宜按双向板设计，也可按单向板设计，这种楼盖称为双向板肋梁楼盖。

双向板肋梁楼盖受力性能较好，可以跨越较大跨度，梁格布置使顶棚整齐美观，常用于民用房屋跨度较大的房间以及门厅等处。当梁格尺寸及使用荷载较大时，双向板肋梁楼盖比单向板肋梁楼盖经济，所以也常用于工业房屋楼盖。

2.3.1 双向板试验结果

双向板可以为四边支承、三边支承或两邻边支承板。在肋梁楼盖中，每一区格板的四边一般都有梁或墙支承，所以是四边支承的双向板。板上的荷载主要通过板的受弯作用传到四边支承的构件上。双向板的受力特征与单向板不同，在两个方向的横截面上均作用有弯矩和剪力，沿长边方向和短边方向同时传递荷载。

1）双向板破坏时板底、板顶裂缝

试验表明，在均布荷载作用下四边简支的钢筋混凝土双向板（方板和矩形板），在裂缝出现之前，板基本上处于弹性工作阶段。随着荷载的增加，**正方形板**沿板底中央出现第一批裂缝，之后向两个正交的对角线方向发展且裂缝宽度不断加宽；继续增加荷载，钢筋应力达到屈服点，裂缝显著开展；即将破坏时，板顶面靠近四角处，出现垂直对角线方向、大体呈环状的裂缝，这种裂缝的出现，促使板底裂缝进一步开展；此后，板随即破坏。**矩形板**板底中部且平行于长边方向出现第一批裂缝；随着荷载的不断增加，裂缝宽度不断开展，并分向四角延伸，伸向四角的裂缝大体与板边成45°；即将破坏时，板顶角区也产生与方板类似的环状裂缝。双向板破坏时板底、板顶裂缝如图 2.33 所示。

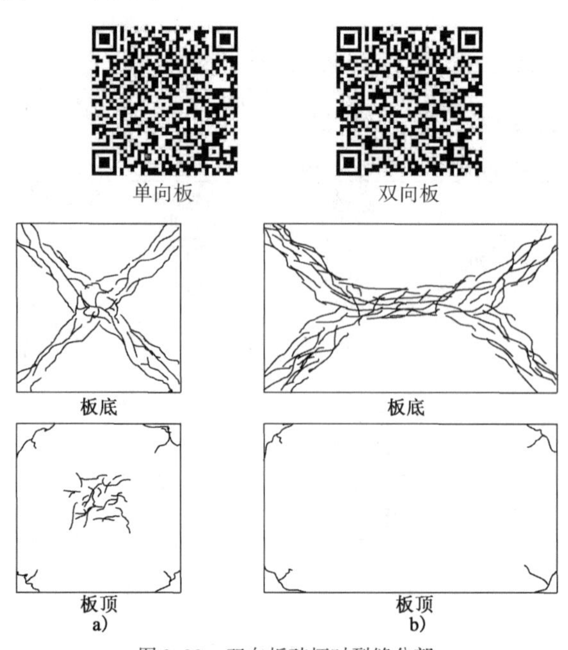

图 2.33　双向板破坏时裂缝分部

2)板面出现环状裂缝的原因

双向板在弹性工作阶段,板的四角有翘起的趋势,若周边没有可靠固定,将产生如图2.34所示犹如碗形的变形。在双向板肋形楼盖中,由于板顶面实际会受墙或支承梁约束,且板传给支座的压力沿边长不是均匀分布的,中间大、两边小,因此,破坏时就会出现如图2.35所示的板底及板顶裂缝。

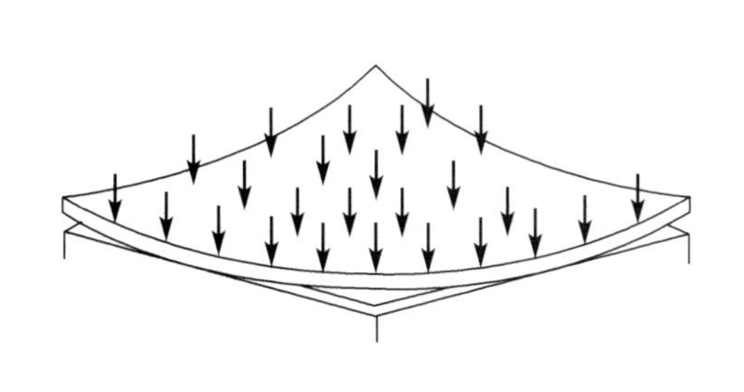

图2.34 双向板的变形

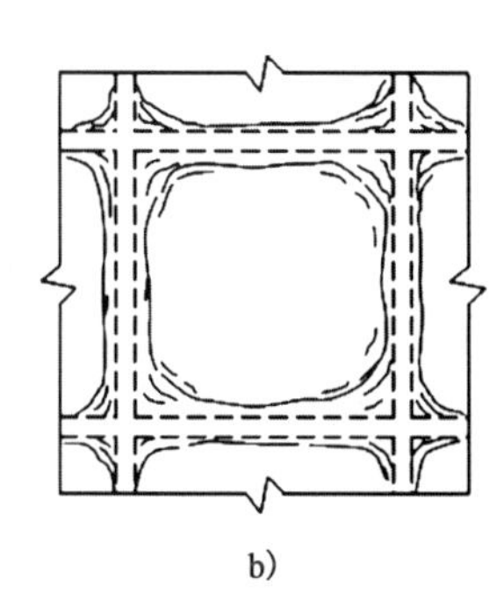

图2.35 肋形楼盖中双向板的裂缝分布
a)板底面裂缝分布;b)板顶面裂缝分布

2.3.2 按弹性理论方法进行内力计算

1)单区格双向板的内力计算

精确计算双向板的内力是比较复杂的。所以,目前一般采用根据弹性薄板理论计算公式编制的实用计算表格进行计算单区格双向板。附表2中列出了六种不同边界条件的矩形板在均布荷载作用下的挠度及弯矩系数。计算时,取单位板宽 $b=1000\text{mm}$,根据边界条件和短跨与长跨的比值,可直接查出弯矩系数,算其相应的弯矩值:

$$m = \text{表中系数} \times (g+q)l^2 \tag{2.32}$$

$$\upsilon = \text{表中系数} \times (g+q)/B_c \tag{2.33}$$

式中:m——跨中或支座单位板宽内的弯矩设计值(kN·m/m);

g——作用在板上的均布恒载设计值(kN/m²);

q——作用在板上的均布活载设计值(kN/m²);

l——短跨方向的计算跨度(m),即 l_x 和 l_y 中的较小值;

υ——挠度;

B_c——板的抗弯刚度。

附表2是根据材料的波桑比 $\nu=0$ 制定的。当 $\nu\neq0$ 时,对于跨内弯矩尚需考虑横向变形影响的,可按下列公式计算跨中弯矩:

$$m_x^{(\nu)} = m_x + \nu m_y \tag{2.34}$$

$$m_y^{(\nu)} = m_y + \nu m_x \tag{2.35}$$

式中:$m_x^{(\nu)}$、$m_y^{(\nu)}$——考虑 ν 的影响时 l_x 及 l_y 方向的跨内弯矩;

m_x、m_y——$\nu=0$ 时,l_x 及 l_y 方向的跨内弯矩;

ν——波桑比,钢筋混凝土材料取 $\nu=0.2$。

2)多区格等跨连续双向板的内力计算

精确计算等跨连续双向板内力通常相当复杂,因此,为简化计算,工程中采用实用计算法。

该法通过对双向板上可变荷载的最不利布置及支承情况等的合理简化，将多区格连续板转化为单区格板，然后通过查内力系数表来进行计算，方法简单实用。当连续双向板在同一方向相邻跨的最大跨度差不大于20%时，可按该法进行内力计算。

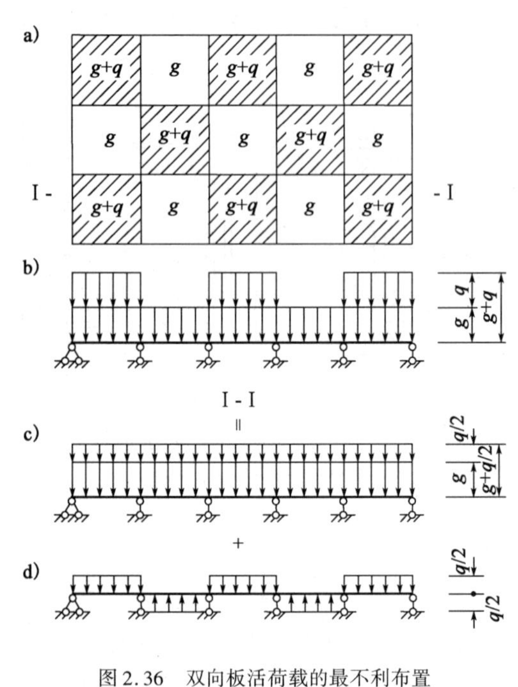

图2.36　双向板活荷载的最不利布置

(1)计算时采用的基本假定

①支承梁的抗弯刚度很大，其竖向变形可忽略不计。

②支承梁的抗扭刚度很小，可以自由转动。

根据上述假定可将梁视为双向板的不动铰支座，从而使计算简化。

(2)各区格板跨中最大弯矩的计算

①可变荷载的最不利布置。当求某区格板跨中最大弯矩时，在该区格及其前后左右每隔一区格布置活荷载，即为棋盘式布置，如图2.36a)所示。此时在活荷载作用的区格内，将产生跨中最大弯矩。

②分解可变荷载。为了利用单区格双向板的内力计算系数表计算内力，将按棋盘式布置的可变荷载[图2.36b)]分解成各跨满布对称荷载 $q/2$ 和各跨向上向下相间作用的反对称荷载 $\pm q/2$，如图2.36c)、d)所示。

对称荷载：

$$g' = g + \frac{q}{2}$$

反对称荷载：

$$q' = \pm\frac{q}{2}$$

③跨中最大弯矩的计算。

a.对称荷载 $g' = g + q/2$ 作用下弯矩的计算。当多区格双向连续板在对称荷载 $g' = g + q/2$ 作用下时，可将所有中间支座近似看作固定支座，所有中间区格均可视为四边固定的双向板。由于内区格板中间支座两边结构对称且中间支座两侧荷载相同，忽略远跨荷载的影响，可以近似地认为支座不转动或发生很小的转动，因此可将所有中间支座近似看作固定支座，从而所有中间区格均可视为四边固定的双向板，这样即可利用附表2求其跨中弯矩。

b.反对称荷载 $q' = \pm q/2$ 作用下弯矩的计算。当所求区格板作用有反对称荷载 $q' = \pm q/2$ 时，可近似地将中间支座视为简支支座，从而中间各区格板均可视为四边简支板的双向板。这是因为，此时相邻区格板在支座处的转角方向一致，大小相同，中间支座的弯矩为零或很小，故可近似地将中间支座视为简支支座，从而中间各区格板均可视为四边简支板的双向板，这样也可利用附表2求其跨中弯矩。

c.跨中弯矩相叠加。将各区格板在两种荷载作用下的跨中弯矩相叠加，即得到各区格板的跨中最大弯矩。

对于边、角区格板，跨中最大弯矩仍采用上述方法计算，但外边界条件按实际情况确定。

(3)支座最大弯矩的计算

求支座最大弯矩时，为了简化计算，将永久荷载和可变荷载都满布连续双向板所有区格作为可变荷载的最不利布置。中间支座均视为固定支座，内区格板均可按四边固定的双向板计算其支座弯矩。对于边、角区格，边界条件应按实际情况考虑。

对中间支座，由相邻两个区格求出的支座弯矩值常常会不相等，在进行配筋计算时可近似地取其平均值。

(4)支座处内力取值

连续双向板按弹性理论计算时，与单向板一样，计算跨度取轴线尺寸，虽然在支座中心线处求得的内力可能是最大的，但此处的截面高度由于与支承梁(或柱)整体连接而增大，通常并不是最危险的截面，因此，计算时应采用支座边缘截面的内力进行设计。

2.3.3 按塑性理论方法进行内力计算

混凝土为弹塑性材料，因而双向板按弹性理论的分析方法的计算与试验结果有较大差异，双向板是超静定结构，在受力过程中将产生塑性内力重分布，因此只有考虑混凝土的塑性性能求解双向板问题，才能符合双向板的实际受力状态，获得较好的经济效益。

双向板塑性理论的分析方法有很多，常用的有能量法(亦称虚功法和机动法)、极限平衡法及条带法等。能量法属于极限荷载的上限值，即偏于“不安全”，但实际上由于内拱作用的有利影响，所求得的值并非真的“上限值”。许多试验也指出，实际的破坏荷载都大大超过计算值。板带法属于下限值，偏于“安全”。当荷载形式确定之后，对已知的双向板，结构极限荷载值是唯一的。无论双向板采用何种塑性理论的分析方法，由于双向板属于高次静定结构，所以求解极限荷载的精度是很困难的。目前，应用范围较广、至今仍占首位的当属极限平衡法。

钢筋混凝土双向板在均布荷载作用下，裂缝不断展开，最后破坏时的裂缝分布如图2.33所示。在最大裂缝线上，受拉钢筋达到屈服强度时，其承受的内力为屈服弯矩或极限弯矩，同时此裂缝线具有较强的转动能力，常称为塑性铰线。

极限平衡法又称塑性铰线法，是在塑性铰线位置切开，利用每个板块满足各自的内外力平衡条件，计算时仅考虑塑性铰线上的弯矩值，并依此对各截面进行配筋计算的一种方法。下面介绍利用极限平衡法求解双向板问题。

1)极限平衡法基本假定

(1)双向板达到承载能力极限状态时，在荷载作用下的最大弯矩处形成塑性铰线，将整体板分割为若干板块，并形成几何可变体系。

(2)双向板在均布荷载作用下塑性铰线是直线。塑性铰线的位置与板的形状、尺寸、边界条件、荷载形式、配筋位置及数量有关。通常板的负塑性铰线发生在板上部的固定边界处，板的正塑性铰线发生在板下部的正弯矩处，正塑性铰线则通过相邻板块转动轴的交点，如图2.37所示。

(3)双向板的板块弹性变形远小于塑性铰线处的变形，故板块可视为刚性体，整体双向板的变形集中于塑性铰线上，当板达到承载能力极限状态时，各板块均绕塑性铰线转动。

(4)双向板满足几何条件及平衡条件的塑性铰线位置，有许多组可能性，但其中必定有一组最危险、极限荷载值为最小的结构塑性铰线破坏模式。

(5)双向板在上述塑性铰线处,钢筋达到屈服点,混凝土达到抗压强度,截面具有一定数值的塑性弯矩。板的正弯矩塑性铰线处,扭矩和剪力很小,可忽略不计。

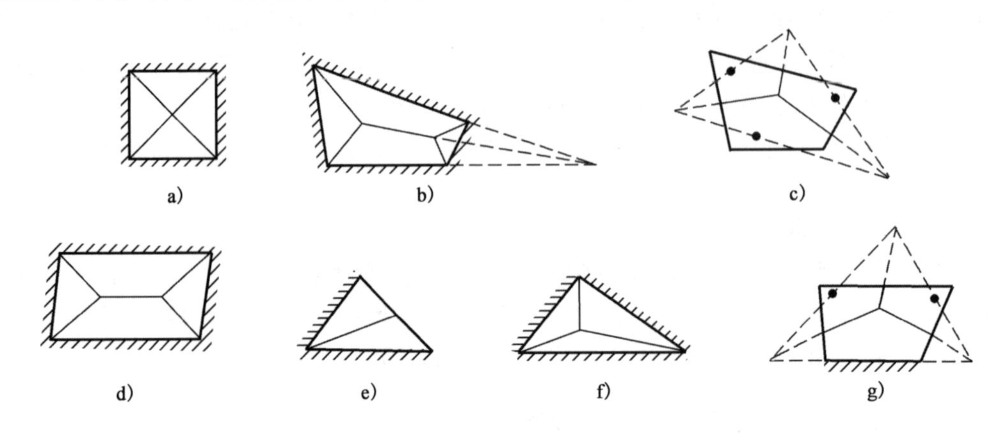

图 2.37　板块的塑性铰线

2)四边支承矩形双向板内力计算

(1)四周固定双向板

四周固定双向板,承受均布恒荷载 g 和均布活荷载 q 的作用,设长向和短向跨度分别为 l_x、l_y。当不计四边支承矩形双向板的角部和边界效应时,其破坏模式主要有倒锥形、倒棱台形和正棱台形三种,其中倒锥形破坏模式是通过计算满足,其余两种通过可靠的构造措施可以避免。现以倒锥形破坏模式建立内力计算公式。为简化计算,可将倒锥形破坏模式近似看作是对称的,跨中斜向塑性铰线与邻边夹角均取为 45°。简化后的倒锥形破坏模式如图 2.38 所示,其中在四周固定边处产生负塑性铰线,跨内产生正塑性铰线。一般双向板的破坏不仅与其平面形状、尺寸、边界条件、荷载形式有关,也与配筋方式和数量有关。

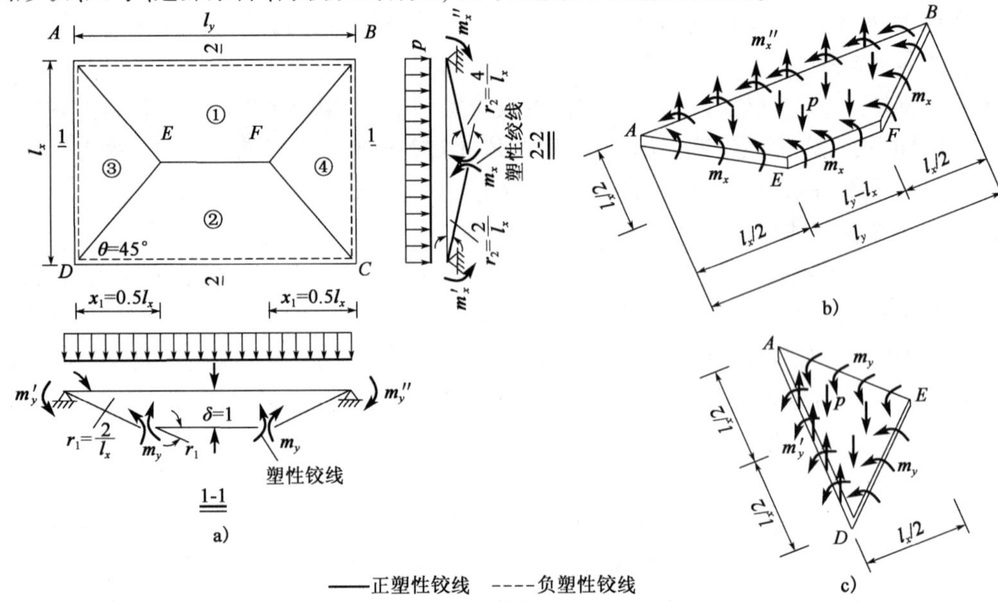

图 2.38　四边固定或连续双向板塑性铰线及脱离体图

双向板配筋方式常用的有两种：分离式和弯起式。

①采用通长钢筋——分离式配筋。

如图 2.39 所示，假设板内配筋沿两个方向均等间距布置，沿短跨和长跨方向单位板宽的跨中极限弯矩分别为 m_x、m_y，支座弯矩分别为 m'_x、m''_x、m'_y、m''_y，如图 2.38b）所示。

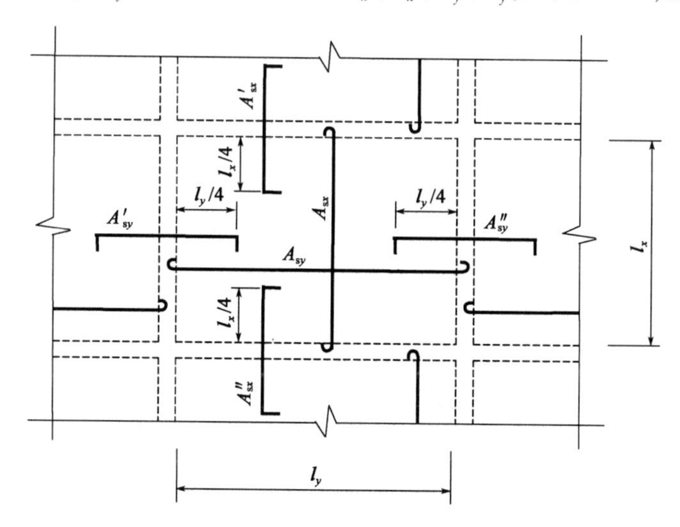

图 2.39　双向板分离式配筋布置

对 $ABFE$ 板块，根据平衡方程：

$$M_{AB}=0\quad l_y m_x+l_y m''_x=P(l_y-l_x)\frac{l_x}{2}\cdot\frac{l_x}{4}+2P\cdot\frac{1}{2}\cdot\left(\frac{l_x}{2}\right)^2\cdot\frac{1}{3}\cdot\frac{l_x}{2}$$

$$l_y m_x+l_y m''_x=Pl_x^2\left(\frac{l_y}{8}-\frac{l_x}{12}\right)\tag{2.36}$$

同理，对 $DCFE$ 板块，根据平衡方程：

$$M_{DC}=0\quad l_y m_x+l_y m'_x=Pl_x^2\left(\frac{l_y}{8}-\frac{l_x}{12}\right)\tag{2.37}$$

对 ADE 板块，根据平衡方程：

$$M_{AD}=0\quad l_x m_y+l_x m'_y=P\cdot\frac{1}{2}\cdot\frac{l_x}{2}\cdot l_x\cdot\frac{1}{3}\cdot\frac{l_x}{2}=P\frac{l_x^3}{24}\tag{2.38}$$

同理，对 BCF 板块，根据平衡方程：

$$M_{CB}=0\quad l_x m_y+l_x m''_y=P\cdot\frac{1}{2}\cdot\frac{l_x}{2}\cdot l_x\cdot\frac{1}{3}\cdot\frac{l_x}{2}=P\frac{l_x^3}{24}\tag{2.39}$$

将以上 4 式相加，即得：

$$2l_y m_x+2l_x m_y+l_y m'_x+l_y m''_x+l_x m_y+l_x m''_y=\frac{Pl_x^2}{12}(3l_y-l_x)\tag{2.40}$$

设 $M_x=l_y m_x, M'_x=l_y m'_x, M''_x=l_y m''_x, M_y=l_x m_y, M'_y=l_x m'_y, M''_y=l_x m''_y$，可得双向板按塑性铰线法计算的基本公式：

$$2M_x+2M_y+M'_x+M''_x+M'_y+M''_y=\frac{Pl_x^2}{12}(3l_y-l_x)\tag{2.41}$$

式中： M_x、M_y——对应于 l_x、l_y 方向整块板内的跨中塑性铰线上总的极限弯矩；

M'_x、M''_x、M'_y、M''_y——对应于 l_x、l_y 方向整块板内两对支座塑性铰线上总的极限弯矩；

P——板上作用的均布荷载设计值；

l_y——双向板短跨长度；

l_x——双向板长跨长度。

利用式(2.41)具体计算时，有6个未知数，即 M_x、M_y、M'_x、M'_y、M''_x和 M''_y，不可能求解，此时应事先选定各弯矩之间的比值。

设：

$$\alpha = \frac{m_y}{m_x} = \left(\frac{l_x}{l_y}\right)^2 = \frac{1}{n^2}, \beta = \frac{m'_x}{m_x} = \frac{m''_x}{m_x} = \frac{m'_y}{m_y} = \frac{m''_y}{m_y} \tag{2.42}$$

取 $n = l_y/l_x$，β 值宜在1.5～2.5之间选用，通常取 $\beta = 2.0$。因此，式(2.41)中左边各项皆可通过 α、β 换算成：

$$M_x = l_y m_x \tag{2.43}$$

$$M_y = l_x m_y = \alpha l_x m_x \tag{2.44}$$

$$M'_x = M''_x = l_y m'_x = \beta l_y m_x \tag{2.45}$$

$$M'_y = M''_y = l_x m'_y = \beta l_x m_y = \alpha\beta l_x m_x \tag{2.46}$$

将上述公式代入式(2.41)可解出 m_x、m_y、m'_x、m'_y、m''_x和 m''_y，然后作截面配筋计算。

②采用弯起钢筋——弯起式配筋。

为了充分利用钢筋，通常将两个方向承受跨中正弯矩的钢筋，在距支座不大于 $l_x/4$ 范围内将它们弯起，充当部分承受支座负弯矩的钢筋；此时在距支座 $l_x/4$ 以内的跨中塑性铰线上单位板宽的极限弯矩可分别取为 $m_x/2$、$m_y/2$。如图2.40所示。

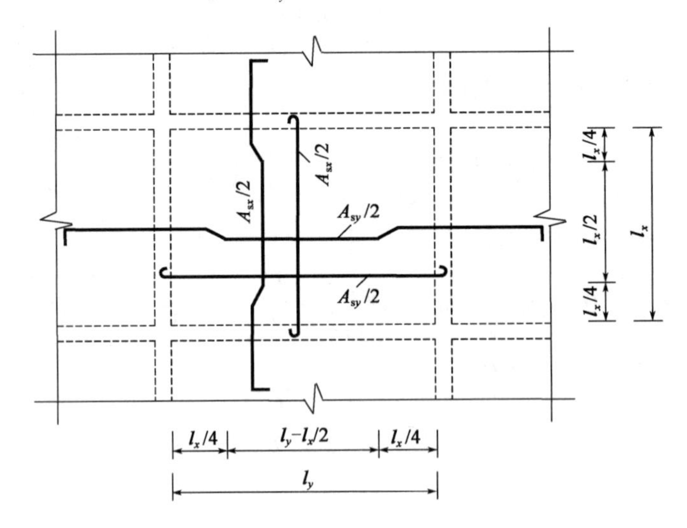

图2.40　双向板弯起式配筋布置

对连续双向板，可以首先从中间区格板开始，按四边固定的单区格板进行计算，则塑性铰线上总弯矩的计算公式为：

$$M_x = \left(l_y - \frac{l_x}{2}\right)m_x + 2 \cdot \frac{l_x}{4} \cdot \frac{m_x}{x} = \left(l_y - \frac{l_x}{4}\right)m_x \tag{2.47}$$

$$M_y = \frac{l_x}{2}m_y + 2 \cdot \frac{l_x}{4} \cdot \frac{m_y}{2} = \frac{3}{4}l_x m_y = \frac{3}{4}\alpha l_x m_x \tag{2.48}$$

$$M'_x = M''_x = l_y m'_x = \beta l_y m_x \tag{2.49}$$

$$M'_y = M''_y = l_x m'_y = \beta l_x m_y = \alpha\beta l_x m_x \tag{2.50}$$

注:无论是采用分离式还是弯起式配筋的双向板,对中间区格的内力计算完毕后,可将中间区格板计算得出的各支座弯矩值,作为计算相邻区格板支座的已知弯矩值。这样,由内向外直至外,区格依次解出。

对边、角区格板,按边界的实际支承情况进行计算。

比较弹性理论计算方法,用塑性铰线方法计算双向板一般可节省钢筋20%~30%。

(2)四边简支双向板

当双向板周边为简支时,总的极限弯矩值按实际情况计算,即 $M'_x = M''_x = M'_y = M''_y = 0$。

基本公式为:

$$M_x + M_y = \frac{Pl_x^2}{24}(3l_y - l_x) \tag{2.51}$$

3)按塑性理论方法计算的适用范围

由于按塑性理论计算方法简单,计算结果更符合结构的实际工作情况,且能节省材料,合理调整钢筋布置,克服了支座处钢筋的拥挤现象,故在设计混凝土连续梁、板时,应尽量采用这种方法。但塑性理论方法是以形成塑性铰或塑性铰线为前提的,因此,并不是在任何情况下都适用。按塑性理论方法计算的适用范围同单向板。

2.3.4 双向板的截面设计与构造要求

1)双向板的截面设计要点

(1)双向板的空间内拱作用

试验研究表明,双向板的实际承载能力往往大于其计算值。双向板也在荷载作用下由于裂缝不断地出现与展开,同时由于支座的约束,在板的平面内逐渐产生相当大的水平推力,整块板存在着内拱的作用,使板的跨中弯矩减小,提高了板的承载力。因此,截面设计时,为了考虑这一有利影响,《规范》规定:四边与梁整体连接板的弯矩可乘以下列折减系数:

①连续板中间区格的跨中及中间支座截面,折减系数为0.8。

②边区格的跨中及自楼板边缘算起的第二支座截面,当 $l_b/l<1.5$ 时,折减系数为0.8;当 $1.5 \leq l_b/l<2.0$ 时,折减系数为0.9。l_b 为区格沿楼板边缘方向的跨度,l 为区格垂直于楼板边缘方向的跨度,如图2.41所示。

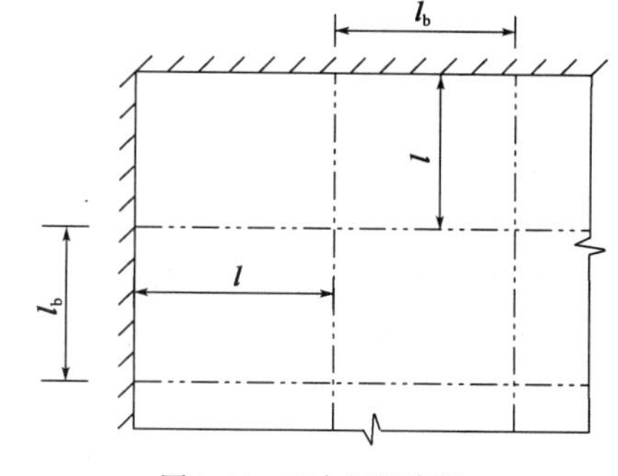

图2.41 双向板的跨度

③角区格的各截面不折减。

(2)截面有效高度的确定

考虑到短跨方向的弯矩比长跨方向的大,因此应将短跨方向的跨中受拉钢筋放在长跨方向的外侧,以得到较大的截面有效高度。截面有效高度 h_0 通常分别取值如下:

短跨方向，$h_0 = h - a_s$(mm)；

长跨方向，$h_0 = h - a_s - d$(mm)。

其中，h 为板厚(mm)；d 为短向钢筋直径(mm)。

(3)配筋计算

在求得板各跨跨中及各支座截面的弯矩设计值后，可根据正截面受弯承载力的计算来确定配筋。双向板在两个方向的配筋都应按计算确定。

板的计算宽度取 $b=1000$mm，按单筋矩形截面设计，则截面配筋计算公式为：

$$A_s = \frac{m}{\gamma_s f_y h_0} \tag{2.52}$$

式中：m、h_0——板的任意方向跨中和支座弯矩、有效高度；

γ_s——内力臂系数，可近似地取 $\gamma_s = 0.90 \sim 0.95$。

2)双向板的构造要求

(1)双向板的厚度

一般不宜小于80mm，也不大于160mm。为了保证板的刚度，板的厚度 h 还应符合表2.2的要求。

(2)钢筋的配置

双向板配筋的分区和配筋量规定，如图2.42所示。

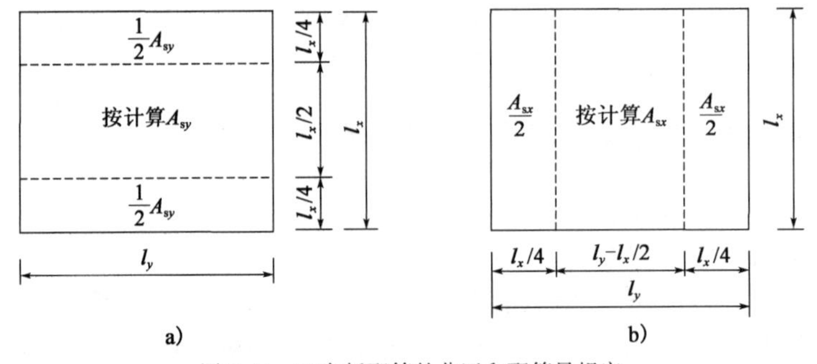

图2.42　双向板配筋的分区和配筋量规定

a)平行于 l_y 方向的钢筋；b)平行于 l_x 方向的钢筋

(3)为防止发生"倒锥台形"破坏，跨中钢筋保证距支座 $l_x/4$(l_x 是较小跨度)处弯起，见图2.40；为防止发生"正锥台形"破坏，支座负弯矩钢筋保证距支座边 $l_x/4$ 处切断(下弯)，见图2.40。

按弹性理论计算时，其跨中弯矩不仅沿板长变化，而且沿板宽向两边逐渐减小；而板底钢筋是按中间板带跨中最大弯矩求得的，故可在两边边缘板带予以减少。将板按纵、横两个方向各划分为两个宽为 $l_x/4$(l_x为较小跨度)的边缘板带和一个中间板带(图2.42)。边缘板带的配筋为中间板带配筋的50%。连续板支座上的负弯矩钢筋，应沿全支座均匀布置。受力钢筋的直径、间距、弯起点及截断点的位置等均可参照单向板配筋的有关规定。

按塑性铰线法计算时，板的跨中钢筋全板均匀配置；支座上的负弯矩钢筋按计算值沿支座均匀配置。沿墙边、墙角处的构造钢筋，与单向板楼盖中相同。

2.3.5　双向板支承梁的设计

作用在双向板上的荷载一般会向最近的支座方向传递，对于支承梁承受的荷载范围，可近似认为,以45°等分角线为界,分别传至两相邻支座。这样,沿短跨方向的支承梁,承受板面传来的三角形分布荷载;沿长跨方向的支承梁,承受板面传来的梯形分布荷载,如图2.43所示。

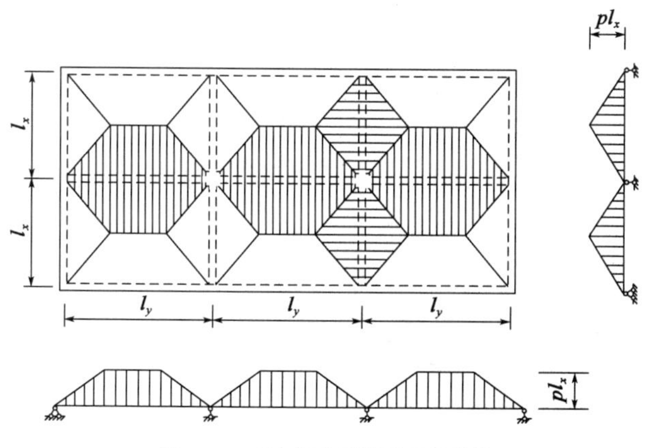

图2.43 双向板支承梁承受的荷载

(1)按弹性理论计算时,可采用支座弯矩等效的原则,取等效均布荷载 q 代替三角形荷载和梯形荷载(图2.44),然后按结构力学方法计算支承梁的支座弯矩。q 的取值如下:

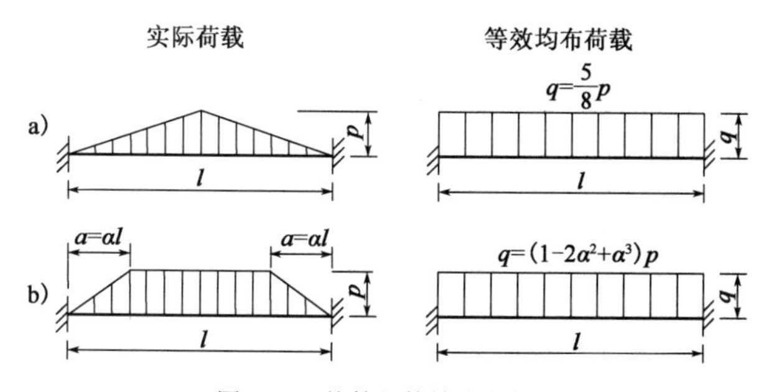

图2.44 换算的等效均布荷载

当三角形荷载作用时:

$$q = \frac{5}{8}p \tag{2.53}$$

当梯形荷载作用时:

$$q = (1 - 2\alpha^2 + \alpha^3)p \tag{2.54}$$

$$\alpha = a/l, a = l_x/2$$

(2)考虑塑性内力重分布计算支承梁内力时,可在弹性理论求得的支座弯矩基础上,进行调幅,选定支座弯矩(通常取支座弯矩绝对值降低20%),再按实际荷载求出跨中弯矩。

2.3.6 现浇双向板肋梁楼盖板设计实例

【例2.4】 设计资料:设计使用年限为50年,某现浇钢筋混凝土双向板肋梁楼盖结构布置如图2.45所示。

材料:混凝土强度等级为C25,板内受力钢筋采用HPB300级。

梁截面尺寸:XLL1 $b \times h = 200\text{mm} \times 450\text{mm}$;

XLL2 $b \times h = 250\text{mm} \times 500\text{mm}$。

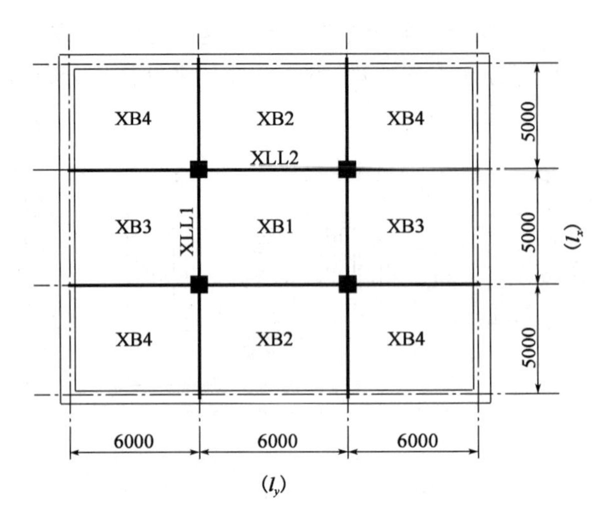

图 2.45　某厂房双向板肋梁楼盖结构布置(尺寸单位:mm)

建筑作法:20mm 厚水泥砂浆抹面,100mm 厚钢筋混凝土现浇板,板底抹 20mm 厚混合砂浆。

活荷载:承受非动力荷载标准值 $q_k = 5.38\text{kN/m}^2$。

试设计该现浇双向板肋梁楼盖板。

解:(1)荷载计算

恒荷载:

20mm 厚水泥砂浆面层 $0.02 \times 20 = 0.4(\text{kN/m}^2)$

100mm 厚钢筋混凝土现浇板 $0.1 \times 25 = 2.5(\text{kN/m}^2)$

20mm 厚混合砂浆天棚抹灰 $0.02 \times 17 = 0.34(\text{kN/m}^2)$

恒荷载标准值:$g_k = 3.24\ \text{kN/m}^2$

恒荷载设计值:$g = 1.2 \times 3.24 = 3.89(\text{kN/m}^2)$

活荷载标准值:$q_k = 5.38\ \text{kN/m}^2$

活荷载设计值:$q = 1.3 \times 5.38 = 7(\text{kN/m}^2)$

总荷载设计值:$p = g + q = 10.89(\text{kN/m}^2)$

(2)按弹性理论设计

计算跨度:

XB1:$l_x = 5.0\text{m}$, $l_y = 6.0\text{m}$

XB2:$l_{xn} = 5.0 - 0.12 - 0.125 = 4.755(\text{m})$

$l_x = 4.755 + 0.125 + 0.05 = 4.93(\text{m}) < 4.755 + 0.125 + 0.06 = 4.94(\text{m})$

$l_y = 6.0\text{m}$

XB3:$l_x = 5.0\text{m}$

$l_{yn} = 6.0 - 0.12 - 0.1 = 5.78(\text{m})$

$l_y = 5.78 + 0.1 + 0.05 = 5.93(\text{m}) < 5.78 + 0.1 + 0.06 = 5.94(\text{m})$

XB4:$l_x = 4.93\text{m}$

$l_y = 5.93\text{m}$

①跨中正弯矩——恒荷载满布及活荷载棋盘式布置。

$$g' = g + \frac{q}{2} = 3.89 + \frac{7}{2} = 7.39(\text{kN/m}^2)$$

$$q' = \frac{q}{2} = \frac{7}{2} = 3.5(\text{kN/m}^2)$$

②支座负弯矩——恒荷载及活荷载满布各区格板。

$$p = g + q = 10.89(\text{kN/m}^2)$$

按附表2进行内力计算,计算简图及计算结果见表2.15。

弯矩计算(kN·m/m)　　表2.15

<table>
<tr><td colspan="3">区格</td><td>XB1</td><td>XB2</td></tr>
<tr><td colspan="3">l_x/l_y</td><td>5/6 = 0.83</td><td>4.930/6 = 0.82</td></tr>
<tr><td rowspan="5">跨中</td><td colspan="2">计算简图</td><td>g'　q'</td><td>g'　q'</td></tr>
<tr><td rowspan="2">$\mu = 0$</td><td>m_x</td><td>$(0.0256 \times 7.39 + 0.0528 \times 3.5) \times 5^2 = 9.35$</td><td>$(0.03 \times 7.39 + 0.0539 \times 3.5) \times 4.925^2 = 9.95$</td></tr>
<tr><td>m_y</td><td>$(0.015 \times 7.39 + 0.0342 \times 3.5) \times 5^2 = 5.782$</td><td>$(0.0227 \times 7.39 + 0.034 \times 3.5) \times 4.925^2 = 6.96$</td></tr>
<tr><td rowspan="2">$\mu = 0.2$</td><td>$m_x^{(\mu)}$</td><td>$9.35 + 0.2 \times 5.782 = 10.51$</td><td>$9.95 + 0.2 \times 6.96 = 11.342$</td></tr>
<tr><td>$m_y^{(\mu)}$</td><td>$5.782 + 0.2 \times 9.35 = 7.652$</td><td>$5.28 + 0.2 \times 9.95 = 7.27$</td></tr>
<tr><td rowspan="3">支座</td><td colspan="2">计算简图</td><td>$g+q$</td><td>$g+q$</td></tr>
<tr><td colspan="2">m'_x</td><td>$0.0641 \times 10.89 \times 5^2 = 17.45$</td><td>$0.0748 \times 10.89 \times 4.925^2 = 19.76$</td></tr>
<tr><td colspan="2">m'_y</td><td>$0.0554 \times 10.89 \times 5^2 = 15.083$</td><td>$0.0697 \times 10.89 \times 4.925^2 = 18.41$</td></tr>
<tr><td colspan="3">区格</td><td>XB3</td><td>XB4</td></tr>
<tr><td colspan="3">l_x/l_y</td><td>5/5.93 = 0.84</td><td>4.93/5.93 = 0.83</td></tr>
<tr><td rowspan="5">跨中</td><td colspan="2">计算简图</td><td>g'　q'</td><td>g'　q'</td></tr>
<tr><td rowspan="2">$\mu = 0$</td><td>m_x</td><td>$(0.0297 \times 7.39 + 0.0517 \times 3.5) \times 5^2 = 10.01$</td><td>$(0.0341 \times 7.39 + 0.0528 \times 3.5) \times 4.93^2 = 10.62$</td></tr>
<tr><td>m_y</td><td>$(0.0153 \times 7.39 + 0.0345 \times 3.5) \times 5^2 = 5.85$</td><td>$(0.0225 \times 7.39 + 0.0342 \times 3.5) \times 4.93^2 = 6.95$</td></tr>
<tr><td rowspan="2">$\mu = 0.2$</td><td>$m_x^{(\mu)}$</td><td>$10.01 + 0.2 \times 5.85 = 11.18$</td><td>$10.62 + 0.2 \times 6.95 = 12.01$</td></tr>
<tr><td>$m_y^{(\mu)}$</td><td>$5.85 + 0.2 \times 10.01 = 7.85$</td><td>$6.95 + 0.2 \times 10.62 = 9.07$</td></tr>
</table>

续上表

区格		XB3	XB4
l_x/l_y		5/5.93 = 0.84	4.93/5.93 = 0.83
支座	计算简图	g+q	g+q
	m'_x	$0.0699 \times 10.89 \times 5^2 = 19.03$	$0.0851 \times 10.89 \times 4.93^2 = 22.52$
	m'_y	$0.0568 \times 10.89 \times 5^2 = 15.46$	$0.0739 \times 10.89 \times 4.93^2 = 19.56$

由表2.15可见，板间支座弯矩是不平衡的。实际应用时可近似取相邻两区格板支座弯矩的平均值，即：

支座XB1-XB2：$m'_x = (-17.45 - 19.76) \times \dfrac{1}{2} = -18.61(\text{kN} \cdot \text{m/m})$

支座XB1-XB3：$m'_y = (-15.08 - 15.46) \times \dfrac{1}{2} = -15.27(\text{kN} \cdot \text{m/m})$

支座XB2-XB4：$m'_y = (-18.41 - 19.56) \times \dfrac{1}{2} = -18.99(\text{kN} \cdot \text{m/m})$

支座XB3-XB4：$m'_x = (-19.03 - 22.52) \times \dfrac{1}{2} = -20.78(\text{kN} \cdot \text{m/m})$

各跨中、支座弯矩既已求得(考虑XB1区格板四周与梁整体连接，乘以折减系数0.8)即可近似按$A_s = \dfrac{m}{0.95 f_y h_0}$算出相应的钢筋截面面积，取跨中及支座截面$h_{0x} = 75\text{mm}$、$h_{0y} = 65\text{mm}$，具体计算不叙述。

(3)按塑性理论设计

①弯矩计算。

a.中间区隔板XB1。

$$l_x = 5 - 0.25 = 4.75(\text{m})$$

$$l_y = 6 - 0.2 = 5.8(\text{m})$$

$$n = \frac{l_y}{l_x} = \frac{5.8}{4.75} = 1.22$$

取$\alpha = 0.7 \approx \dfrac{1}{n^2}$，$\beta = 2$，采用分离式配筋，故得跨中及支座塑性铰线上的总弯矩为：

$$M_x = l_y m_x = 5.8 m_x$$

$$M_y = \alpha l_x m_x = 0.7 \times 4.75 m_x = 3.325 m_x$$

$$M'_x = M''_x = \beta l_y m_x = 2 \times 5.8 m_x = 11.6 m_x$$

$$M'_y = M''_y = \beta \alpha l_x m_x = 2 \times 0.7 \times 4.75 m_x = 6.65 m_x$$

代入式(2.41)，因XB1四周与梁整浇，考虑内拱影响，内力折减系数为0.8。

$$2M_x + 2M_y + M'_x + M''_x + M'_y + M''_y = \frac{pl_x^2}{12}(3l_y - l_x)$$

$$2 \times 5.8m_x + 2 \times 3.325m_x + 2 \times 11.6m_x + 2 \times 6.65m_x = \frac{0.8 \times 10.89 \times 4.75^2 \times (3 \times 5.5 - 4.75)}{12}$$

故得：

$m_x = 3.78\text{kN} \cdot \text{m/m}$

$m_y = \alpha m_x = 0.7 \times 3.78 = 2.65(\text{kN} \cdot \text{m/m})$

$m'_x = m''_x = \beta m_x = 2 \times 3.78 = 7.65(\text{kN} \cdot \text{m/m})$

$m'_y = m''_y = \beta m_y = 2 \times 2.65 = 5.3(\text{kN} \cdot \text{m/m})$

b. 边区隔板 XB2。

$$l_x = 5 - \frac{0.25}{2} - 0.12 + \frac{0.1}{2} \approx 4.8(\text{m})$$

$l_y = 6 - 0.2 = 5.8(\text{m})$

$$n = \frac{l_y}{l_x} = \frac{5.8}{4.8} = 1.21, \alpha = 0.7 \approx \frac{1}{n_2}, \beta = 2.0$$

因 XB2 区格板三边连续，一边简支，无边梁，不考虑水平推力影响，内力不折减，又由于长边支座弯矩已知：

$m'_x = 7.56\text{kN} \cdot \text{m/m}$

$M_x = l_y m_x = 5.8m_x$

$M_y = \alpha l_x m_x = 0.7 \times 4.8m_x = 3.36m_x$

$M'_x = 7.56 \times 5.8 = 43.85$

$M''_x = 0$

$M'_y = M''_y = \beta\alpha l_x m_x = 2 \times 0.7 \times 4.8m_x = 6.72m_x$

代入式(2.41)，得：

$$2 \times 5.8m_x + 2 \times 3.36m_x + 43.85 + 2 \times 6.72m_x = \frac{10.89 \times 4.8^2(3 \times 5.8 - 4.8)}{12}$$

故得：

$m_x = 6.91\text{kN} \cdot \text{m/m}$

$m_y = \alpha m_x = 0.7 \times 6.91 = 4.84(\text{kN} \cdot \text{m/m})$

$m'_y = m''_y = \beta m_y = 2 \times 4.84 = 9.68(\text{kN} \cdot \text{m/m})$

c. 边区隔板 XB3。

$l_x = 5000 - 250 = 4750(\text{mm}) = 4.75\text{m}$

$$l_y = 6000 - 120 - \frac{250}{2} + \frac{100}{2} = 5805(\text{mm}) = 5.805\text{m}$$

$n = \dfrac{l_y}{l_x} = \dfrac{5.805}{4.75} = 1.22, \alpha = 0.7 \approx \dfrac{1}{n^2}, \beta = 2.0$

XB2 与 XB3 一样,内力不折减,支座弯矩已知:

$m'_y = 5.3\text{kN} \cdot \text{m/m}$

$M_x = l_y m_x = 5.805 m_x$

$M_y = \alpha l_x m_x = 0.7 \times 4.75 m_x = 3.325 m_x$

$M'_x = M''_x = \beta M_x = 2 \times 5.805 m_x = 11.61 m_x$

$M'_y = 5.3 \times 4.75 = 25.18, M''_y = 0$

代入式(2.41),得:

$$2 \times 5.805 m_x + 2 \times 3.325 m_x + 2 \times 11.61 m_x + 25.18 = \frac{10.89 \times 4.75^2 (3 \times 5.805 - 4.75)}{12}$$

故得:

$m_x = 5.64\text{kN} \cdot \text{m/m}$

$m_y = \alpha m_x = 0.7 \times 5.64 = 3.95(\text{kN} \cdot \text{m/m})$

$m'_x = m''_x = \beta m_x = 2 \times 5.64 = 11.28(\text{kN} \cdot \text{m/m})$

d. 角区隔板 XB4。

$l_x = 5000 - \dfrac{250}{2} - 120 + \dfrac{100}{2} \approx 4.8(\text{m})$

$l_y \approx 5.8\text{m}$

$n = \dfrac{l_y}{l_x} = \dfrac{5.8}{4.8} = 1.21, \alpha = 0.7 \approx \dfrac{1}{n^2}, \beta = 2.0$

XB4 为内区隔板,内力不折减,支座弯矩已知:

$m'_x = 11.28\text{kN} \cdot \text{m/m}$

$m'_y = 9.68\text{kN} \cdot \text{m/m}$

$m''_x = 0$

$m''_y = 0$

$M_x = l_y m_x = 5.8 m_x$

$M_y = \alpha l_x m_x = 0.7 \times 4.8 m_x = 3.36 m_x$

代入式(2.41),得:

$$2 \times 5.8 m_x + 2 \times 3.36 m_x + 11.28 + 9.68 = \frac{10.89 \times 4.8^2 (3 \times 5.8 - 4.8)}{12}$$

$m_x = 13.24\text{kN} \cdot \text{m/m}$

$m_y = \alpha m_x = 0.7 \times 13.24 = 9.27(\text{kN} \cdot \text{m/m})$

②配筋计算。

各区格板跨中及支座弯矩已求得,取截面有效高度 $h_{0x} = 75\text{mm}$、$h_{0y} = 65\text{mm}$,近似按 $A_s = \dfrac{m}{0.95 f_y h_0}$ 计算钢筋截面面积,计算结果见表 2.16,配筋图如图 2.46 所示。

双向板配筋计算　　表 2.16

	截面		m(kN·m)	k_0(mm)	A_s(mm^2)	A_{smin} = 0.002bh = 0.45$f_t/f_y bh$ (mm^2)	选配钢筋	实配面积 (mm^2)
跨中	XB1	l_x 方向	3.78	78	197	212	ф8@200	251
		l_y 方向	2.65	65	159	212	ф8@200	251
	XB2	l_x 方向	6.91	75	359	212	ф8@130	387
		l_y 方向	4.84	65	290	212	ф8@160	314
	XB3	l_x 方向	5.64	75	293	212	ф8@170	296
		l_y 方向	3.95	65	237	212	ф8@200	251
	XB4	l_x 方向	13.24	75	688	212	ф10@110	714
		l_y 方向	9.27	65	556	212	ф10@140	561
支座	XB1-XB2		7.56	75	393	212	ф10@190	413
	XB1-XB3		5.3	65	318	212	ф10@200	393
	XB2-XB4		9.68	65	581	212	ф10@130	604
	XB3-XB4		11.28	75	587	212	ф10@130	604

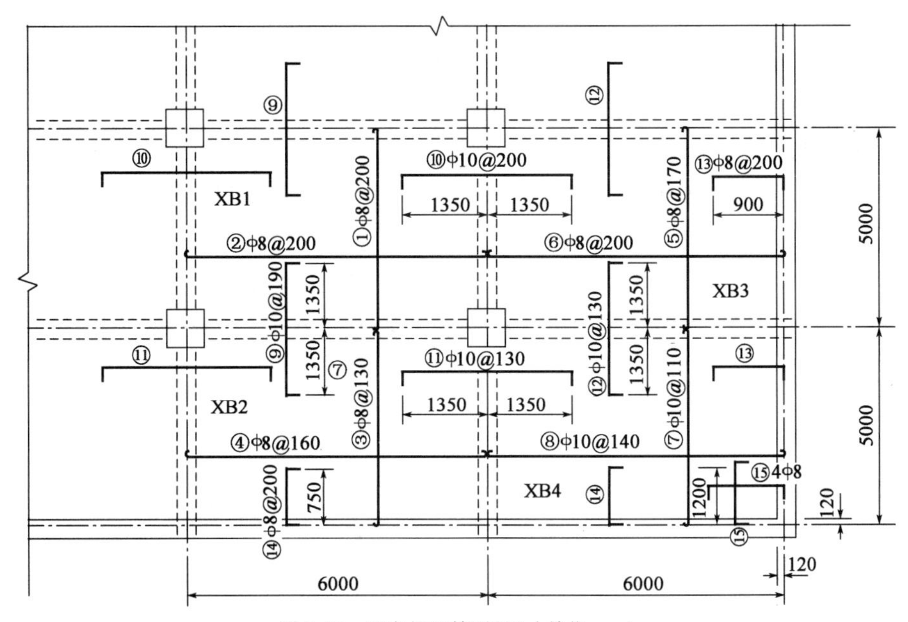

图 2.46　双向板配筋图(尺寸单位:mm)

2.4　无梁楼盖

2.4.1　概述

无梁楼盖,是指在楼盖中不设肋梁,而将板直接支承在柱上,是一种“板、柱”框架体系,如图 2.47 所示。

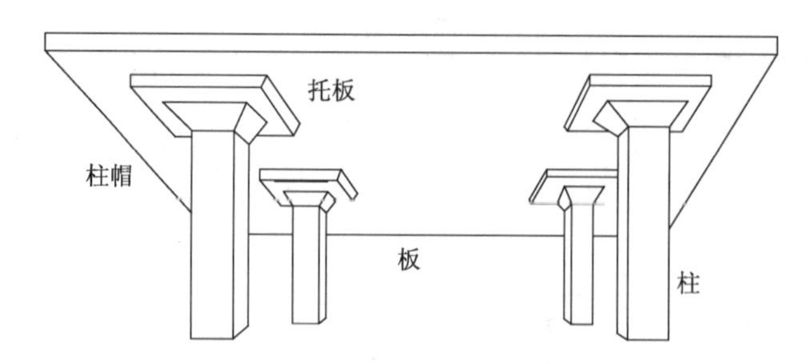

图 2.47　设置柱帽、托板的无梁楼盖

无梁楼盖是一种双向受力楼盖，楼面荷载直接传给柱子，再传给基础。因此，它的柱网都采用正方形或矩形，正方形最为经济。板内钢筋沿两个方向布置。楼盖的四周可支承在墙上或边梁上，或悬臂伸出边柱以外。悬臂板挑出适当的距离，能减小边跨的跨中弯矩。

无梁楼盖的特点是传力体系简化，又没有梁，因此扩大了楼层净空，并且底面平整，模板简单，便于施工。根据经验，当楼面可变荷载标准值在 5kN/m² 以上、跨度在 6m 以内时，无梁楼盖较肋梁楼盖经济，因而无梁楼盖常用于多层厂房、商场、库房等建筑。

无梁楼盖的主要缺点是由于取消了肋梁，无梁楼盖的抗弯刚度减小、挠度增大；柱子周边的剪应力高度集中，可能会引起局部板的冲切破坏。所以，通过在柱的上端设置柱帽、托板（图 2.47）可以减小板的挠度，提高板柱连接处的受冲切承载力；当不设置柱帽、托板时，一般需在板柱连接处配置剪切钢筋来满足受冲切承载力的要求。通过施加预应力或采用密肋板也能有效地增加刚度、减小板的挠度，而不增加自重。

无梁板与柱构成的板柱结构体系，由于侧向刚度较差，只有在层数较少的建筑中才靠板柱结构本身来抵抗水平荷载。当层数较多或要求抗震时，一般需设剪力墙来增加侧向刚度，构成板柱-剪力墙结构。

无梁楼盖按楼面结构形式分为平板和密肋板。按有无柱帽分为无柱帽轻型无梁楼盖和有柱帽无梁楼盖。按施工程序分为现浇式无梁楼盖和装配整体式无梁楼盖。

2.4.2　无梁楼盖的内力计算

1）破坏特征

试验研究表明：如图 2.48 所示，在均布荷载作用下，第一批裂缝出现在柱帽顶面上；继续

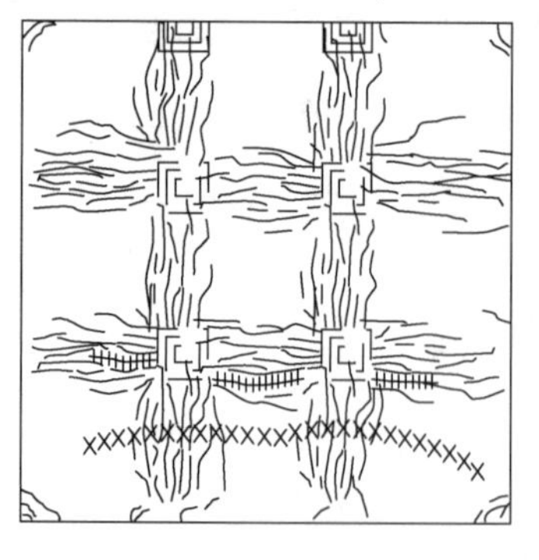

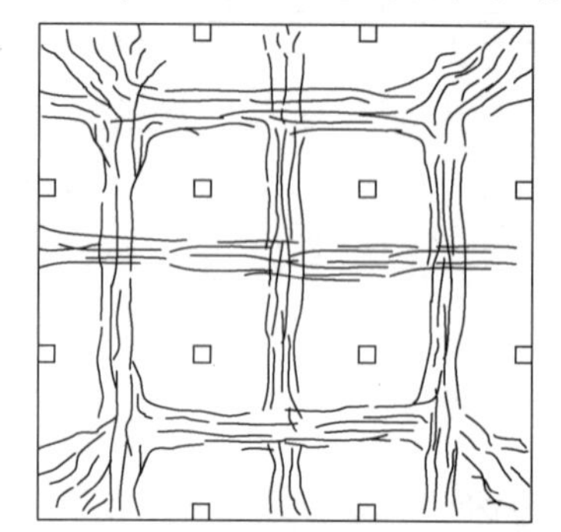

—— 新出现的裂缝　　++++++ 很宽的裂缝　　XXXXX 混凝土压碎

图 2.48　无梁楼盖的破坏裂缝分布

加载,在板顶出现沿柱列轴线的裂缝。随着荷载的不断增加,顶板裂缝不断发展,在板底跨中出现互相垂直且平行于柱列轴线的裂缝。当即将破坏时,在柱帽顶面上和柱列轴线的顶板以及跨中板底的裂缝中出现一些特别大的主裂缝。在这些裂缝处,受拉钢筋达到屈服,受压区混凝土被压碎,此时楼板即告破坏。

2)无梁楼盖的板带划分

无梁楼盖可按柱网划分成若干区格,将其视为由支承在柱上的"柱上板带"和弹性支承于柱上板带的"跨中板带"组成的水平结构,如图 2.49 所示。

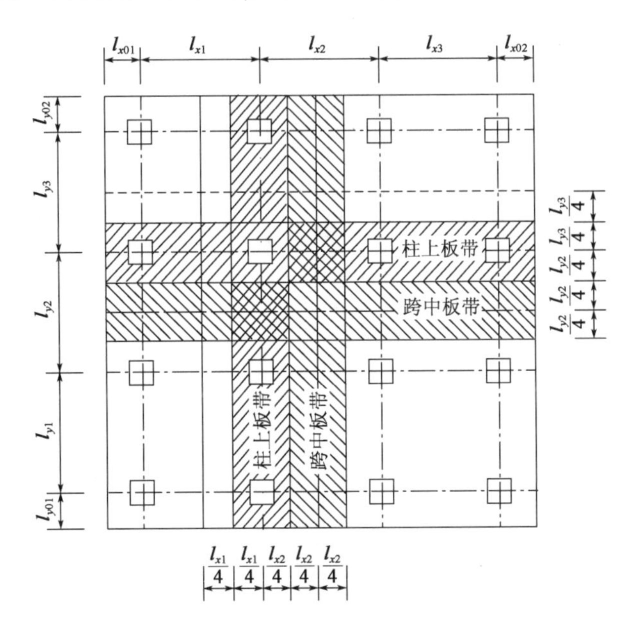

图 2.49 无梁楼盖柱上板带的划分

(1)柱上板带:柱中心线两侧各 1/4 跨度范围内的板带称为柱上板带。

(2)跨中板带:是柱上板带之间的部分,其宽度是跨度的 1/2。

考虑到钢筋混凝土板具有内力重分布的能力,可以假定在同一种板带宽度内,内力的数值是均匀的,钢筋也可以均匀地布置。

3)内力计算

无梁楼盖既可按弹性理论计算,也可按塑性理论计算。下面介绍的是两种应用较广的弹性理论计算方法:弯矩系数法和等代框架法。

(1)弯矩系数法

弯矩系数法:是在弹性薄板理论的分析基础上,给出柱上板带和跨中板带在跨中截面、支座截面上的弯矩计算系数;计算时,先算出总弯矩,再乘以相应的弯矩计算系数即可得到各截面的弯矩。

①采用弯矩系数法时,必须符合下列条件:

a. 每个方向至少有三个连续跨;

b. 任一区格板的长跨和短跨之比值不大于 1.5;

c. 可变荷载与永久荷载设计值之比值 $q/g \leqslant 3$;

d. 同一方向上的最大跨度与最小跨度之比应不大于 1. 2,且两端跨不大于相邻的内跨;

e. 为了保证无梁楼盖本身不承受水平荷载，在楼盖的结构体系中应设有抗侧力支撑或剪力墙。

②两个方向板的总弯矩设计值。

用该法计算时，板面荷载取全部均布荷载，而不必考虑活荷载的不利组合。根据力学原理，对于均布荷载作用下的多跨连续板，任一跨端支座负弯矩的平均值的绝对值加上该跨的跨中弯矩应等于按简支板计算的跨中最大弯矩。所以，在一个区格板中，两个方向的总弯矩（简支板的最大跨中弯矩）设计值分别为：

$$M_{0x} = \frac{1}{8}(g+q)l_y\left(l_x - \frac{2}{3}c\right)^2$$

$$M_{0y} = \frac{1}{8}(g+q)l_x\left(l_y - \frac{2}{3}c\right)^2 \qquad (2.55)$$

式中：g、q——板面永久荷载和可变荷载设计值（kN/m^2）；

l_x、l_y——沿纵、横两个方向的柱网轴线尺寸；

c——柱帽计算宽度，按图 2.50 确定。

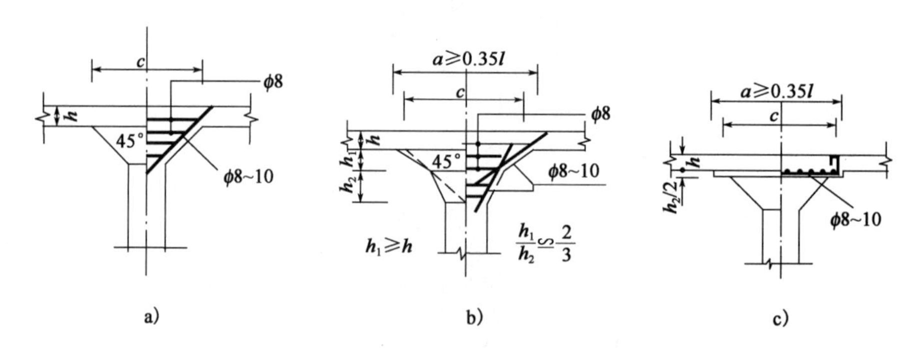

图 2.50　各种形式的柱帽和有效跨度

a）台锥形柱帽；b）折线形柱帽；c）带托板柱帽

③不同截面板的弯矩计算。

在一般情况下，当求得两个方向总弯矩后，连续板的弯矩分配原则为：支座截面负弯矩为 2/3 总弯矩；跨中截面正弯矩为 1/3 总弯矩。

而柱上板带的支座截面刚度大很多，故支座负弯矩在柱上和跨中板带间可按 3∶1 分配，跨中正弯矩则按 0.55∶0.45 分配。

根据上述弯矩分配原则，表 2.17 汇总了无梁板在不同截面的弯矩计算系数，用于承受均布荷载的钢筋混凝土连续平板的计算。

无梁板的弯矩计算系数 α　　表 2.17

截面位置	端　　跨			内　　跨	
	边支座	跨中	内支座	跨中	支座
柱上板带	-0.48	0.22	-0.50	0.18	-0.50
跨中板带	-0.05	0.18	-0.17	0.15	-0.17

注：端跨外有悬臂板且悬臂板端部的负弯矩大于端跨边支座弯矩时，需考虑悬臂弯矩对边支座和内跨弯矩的影响。

不同截面的弯矩表达式：

$$M_i = \alpha M_{0i} \tag{2.56}$$

式中：α——无梁板的弯矩计算系数；

M_{0i}——x 或 y 方向的总弯矩，i 代表 x 或 y 方向。

④支柱内力计算。

无梁楼盖的支柱可按轴心受压构件计算。楼盖传给支柱的轴心压力为：

$$N = (g + q) l_x l_y \tag{2.57}$$

(2)等代框架法

等代框架法是把整个结构分别沿纵、横柱列划分为具有“等代框架柱”和“等代框架梁”的纵向等代框架和横向等代框架。

等代框架的划分如图 2.51 所示。

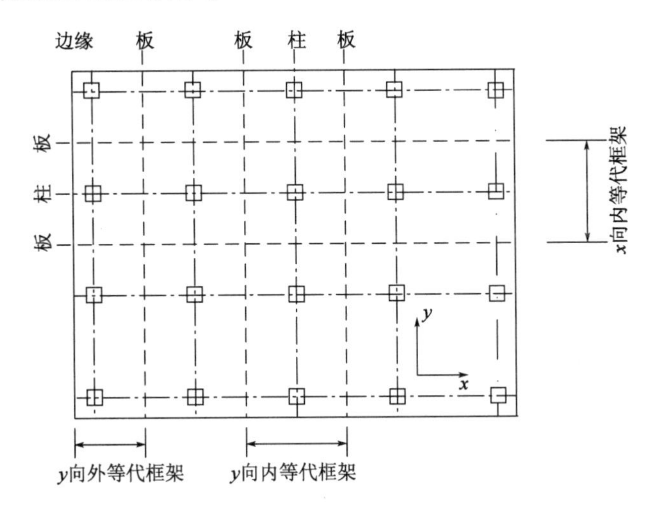

图 2.51　等代框架的划分

①采用等代框架计算时的假定。

a. 等代框架梁的高度取板厚；等代框架梁的宽度在竖向荷载作用下取与梁跨方向相垂直的板跨中心线间的距离；在水平荷载作用下，则取为板跨中心线间距离的一半。等代框架梁的跨度，在两个方向分别取 $l_x - \dfrac{2}{3}c$、$l_y - \dfrac{2}{3}c$，c 是柱帽的计算宽度。

b. 等代框架柱的截面取柱本身的截面；柱的计算高度，对于一般层，取层高减去柱帽的高度；对于底层，取基础顶面至底层楼面的高度减去柱帽高度。

c. 当仅有竖向荷载作用时，框架可按分层法简化计算，即所计算的上、下层楼板均视为上层柱与下层柱的固定远端。

②不同截面板的弯矩计算。

按等代框架计算内力时，应考虑可变荷载的最不利布置。但当可变荷载值不超过永久荷载值的 75% 时，可变荷载可按各跨满布考虑。

柱内力：按框架内力分析得出的柱内力，可以直接用于柱的截面设计。

梁内力：将最后算得的等代框架梁的弯矩值，按表 2.18 所列弯矩分配系数分配给柱上板带和跨中板带。

等代框架计算的弯矩分配比值 表 2.18

项目	端跨			内跨	
	边支座	跨中	内支座	跨中	支座
柱上板带	0.90	0.55	0.75	0.55	0.75
跨中板带	0.10	0.45	0.25	0.45	0.25

注:本表适用于周边连续板。

等代框架法的适用范围为:任一区格的长跨与短跨之比不大于 2 的无梁楼盖。

对设置柱帽的无梁楼盖,考虑到楼盖中存在的内拱作用外,可参照前述对肋梁楼盖中与梁整体连接的板的规定,对计算所得的弯矩值予以折减。

2.4.3 无梁楼盖的板柱节点设计

无梁楼盖全部楼面荷载是通过板、柱连接面上的剪力传给柱的。由于板柱连接面积较小,而楼面荷载很大,可能因抗剪能力不足而发生冲切破坏,如图 2.52 所示,将沿柱周边产生 45° 方向的斜裂缝,板柱之间发生错位。为了增大板柱连接面积,提高抗冲切承载力,在柱顶可设置柱帽。柱帽除上述作用外,还可以减小板的计算跨度以及增加楼面的刚度。

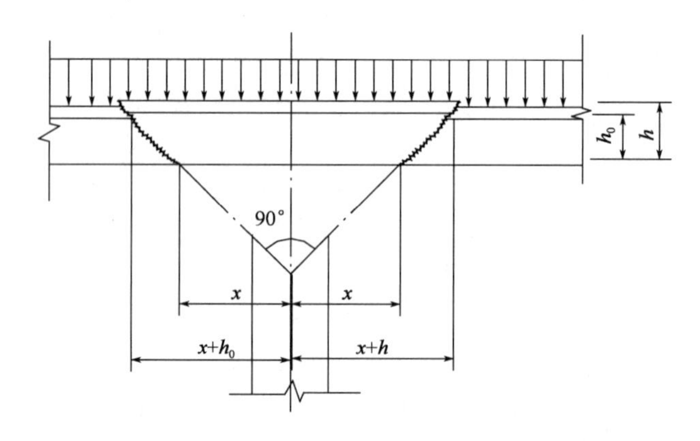

图 2.52 柱帽冲切破坏

(1)受冲切承载力计算公式

在局部荷载或集中反力作用下的混凝土板可能会发生冲切破坏,根据混凝土板中心冲切的试验结果并参考了国外的有关资料,《规范》对混凝土板的受冲切承载力计算作出了如下规定:

对不配置受冲切箍筋或弯起钢筋的混凝土板,其受冲切承载力可按式(2.58)计算:

$$F_l \leqslant (0.7\beta_h f_t + 0.15\sigma_{pc,m})\eta u_m h_0 \tag{2.58}$$

式(2.58)中的系数 η 应按式(2.59)、式(2.60)计算,并取其中较小值:

$$\eta_1 = 0.4 + \frac{1.2}{\beta_s} \tag{2.59}$$

$$\eta_2 = 0.5 + \frac{\alpha_s h_0}{4u_m} \tag{2.60}$$

计算无梁楼盖柱帽处的受冲切承载力时,取柱所受的轴向力设计值减去柱顶冲切破坏锥体范围内的荷载设计值。如图 2.52 所示(x、y 为两个互相垂直的短边及长边尺寸),可按

式(2.61)计算:

$$F_l = g + q[l_x l_y - 4(x + h_0)(y + h_0)] \tag{2.61}$$

式中:F_l ——局部荷载设计值或集中反力设计值;

β_h ——截面高度影响系数,当 $h \leq 800$mm 时,取 $\beta_h = 1.0$;当 $h \geq 2000$mm 时,取 $\beta_h = 0.9$,其间按线性内插法取用;

f_t ——混凝土轴心抗拉强度设计值;

$\sigma_{pc,m}$ ——截面上混凝土有效的平均预压应力,其值应控制在 1.0~3.5N/mm² 范围内;对于非预应力混凝土板,取 $\sigma_{pc,m} = 0$;

u_m ——临界周长,即距局部荷载或集中反力作用面积 $h_0/2$ 处的平均周长;

h_0——截面有效高度,取两个配筋方向的截面有效高度的平均值;

η_1——局部荷载或集中反力作用面积形状的影响系数;

η_2——临界截面周长与板截面有效高度之比的影响系数;

β_s ——局部荷载或集中反力作用面积为矩形时的长边与短边尺寸的比值,β_s 不宜大于 4;当 $\beta_s < 2$ 时,取 $\beta_s = 2$;当面积为圆形时,取 $\beta_s = 2$;

α_s ——板柱结构中柱类型的影响系数,对中柱,取 $\alpha_s = 40$;对边柱,取 $\alpha_s = 30$;对角柱,取 $\alpha_s = 20$。

若板的冲切承载力不满足式(2.58)要求,且板厚受到限制时,亦可配置抗冲切箍筋或弯起钢筋,其计算和构造要求详见《规范》。

(2)柱帽

在无梁板下层柱的顶端设置柱帽,可以增大板柱连接面积,提高板的冲切承载力。设置柱帽还可以减小板的计算跨度和柱的计算长度。但是设置柱帽可能会减少室内的有效空间,给施工也带来诸多不便。

常用柱帽有三种形式,如图 2.50 所示:①台锥形柱帽;②折线形柱帽;③带托板柱帽。此外,还可将柱帽做成各种艺术形式。柱帽的计算宽度按 45°压力线确定,一般取 $c = (0.2 \sim 0.3)l$,l 为板区格的边长;托板宽度一般取 $a \geq 0.35l$,托板厚度一般取板厚的一半。

柱帽内的应力值通常很小,钢筋按构造要求配置。

2.4.4 无梁楼盖的配筋和构造

(1)板的厚度

精确计算无梁楼盖的挠度是比较复杂的,当板厚 h 的取值符合表 2.2 的规定时,一般可不予计算。

当采用无柱帽时,柱上板带可适当加厚,加厚部分的宽度可取相应板跨的 0.3 倍左右。

(2)板的配筋

根据柱上和跨中板带截面弯矩算得的钢筋,可沿纵、横两个方向均匀布置于各自的板带上。钢筋的直径和间距,与一般双向板的要求相同,对于承受负弯矩的钢筋,其直径不宜小于 12mm,以保证施工时具有一定的刚性。

无梁楼盖中的配筋形式也有弯起式和分离式两种。钢筋弯起或切断的位置应满足图 2.53 所示的要求。如果将柱网轴线上一定数量的钢筋连通起来,对于防止因整块板掉落而引起的结构连续性倒塌是有利的。

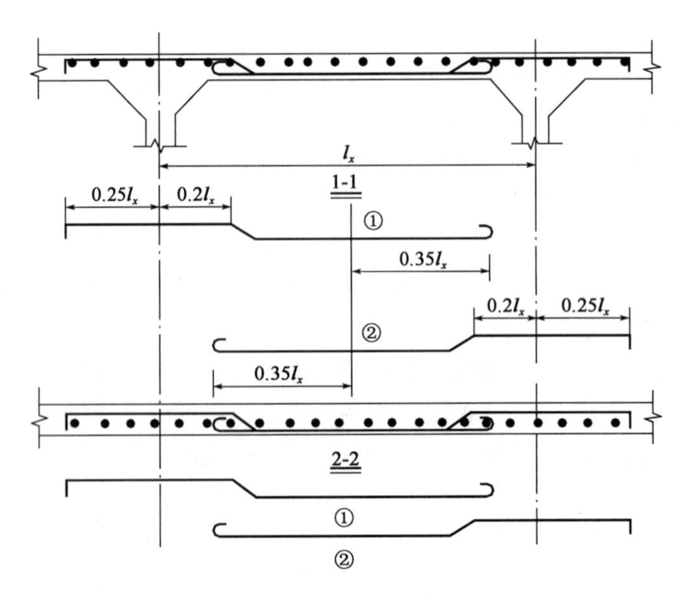

图 2.53　无梁楼盖的配筋构造

(3)边梁

无梁楼盖的周边应设置边梁,其截面高度应不小于板厚的 2.5 倍,与板形成倒 L 形截面。边梁除了与边柱上的板带一起承受弯矩外,还要承受垂直于边梁轴线方向的扭矩,所以应配置必要的抗扭构造钢筋。

2.5　装配式混凝土楼盖

装配式混凝土楼盖主要由搁置在承重墙或梁上的预制混凝土铺板组成,故又称为装配式铺板楼盖。

设计装配式楼盖时,一方面应注意合理地进行楼盖结构布置和预制构件选型,另一方面要处理好预制构件间的连接以及预制构件和墙(柱)的连接。

装配式楼盖主要有铺板式、密肋式和无梁式等,其中铺板式应用最广。铺板式楼盖的主要构件是预制板和预制梁。各地大量采用的是本地区的通用定型构件,由各地预制构件厂供应,当有特殊要求,或施工条件受到限制时,才进行专用的构件设计。因此,本书着重介绍铺板的形式、优缺点及其适用范围。对这种楼盖的连接构造和装配式构件的计算特点也作简要的介绍。

2.5.1　预制铺板的形式、特点及其适用范围

常用的预制铺板有实心板、空心板、槽形板、T 形板等,其中以空心板的应用最为广泛。我国各省(区、市)一般均有自编的标准图,其他铺板大多数也编有标准图。随着建筑业的发展,预制的大型楼板(平板式或双向肋形板)也日益增多。

(1)实心板

实心板如图 2.54a)所示,上下表面平整,制作简单,但材料用量较多,适用于荷载及跨度

较小的走道板、管沟盖板、楼梯平台板等。

常用板长 $l=1.8\sim2.4\text{m}$，板厚 $h\geq l/30$，常用 50 ~ 100mm；板宽 $b=500\sim1000\text{mm}$。

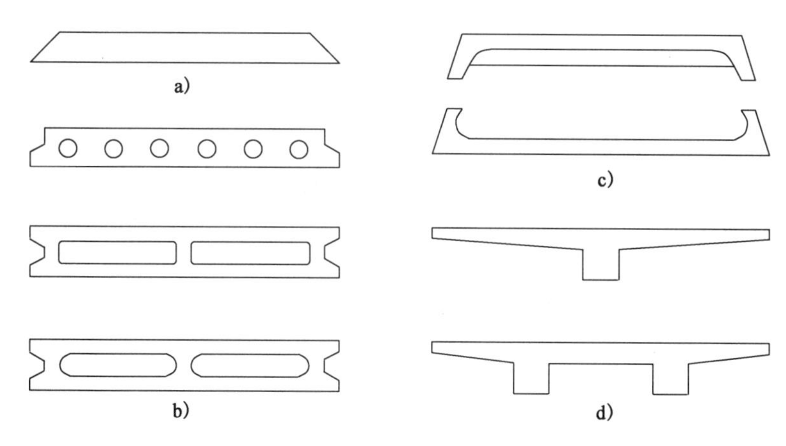

图 2.54 预制铺板的截面形式

a)实心板；b)空心板；c)槽形板；d)T 形板

(2)空心板

空心板自重比实心板轻，截面高度可取较实心板大，故其刚度较大，隔音、隔热效果亦较好，其顶棚或楼面均较槽形板易于处理，因而在装配式楼盖中应用甚为广泛。空心板的缺点是板面不能任意开洞，自重也较槽形板大。

空心板截面的孔形有圆形、方形、矩形或长圆形，如图 2.54b）所示，孔形视截面尺寸及抽芯设备而定，孔数视板宽而定。扩大和增加孔洞对节约混凝土减轻自重和隔音有利，但若孔洞过大，其板面需按计算配筋时反而不经济，此外，大孔洞板在抽芯时，易造成尚未结硬的混凝土坍落。为避免空心板端部压坏，在板端应塞混凝土堵头。

空心板截面高度可取为跨度的 1/25 ~ 1/20（普通钢筋混凝土）或 1/35 ~ 1/30（预应力混凝土），其取值宜符合砖的模数。通常有 120mm、180mm、240mm 三种。空心板的宽度主要根据当地制作、运输和吊装设备的具体条件而定，常用 500mm、600mm、900mm、1200mm。应尽可能地采取宽板以加快安装进度。板的长度视房间或进深的大小而定，一般有 3.0m、3.3m、3.6m……6m，一般按 300 为模数。目前，非预应力空心板的最大长度为 4.8m，预应力的可达 7.5m。

(3)槽形板

槽形板有肋向下（正槽板）和肋向上（倒槽板）两种，如图 2.54c）所示。正槽板可以较充分地利用板面混凝土抗压，但不能直接形成平整的天棚，倒槽板则反之。槽形板较空心板轻，但隔音、隔热性能较差。

槽形板由于开洞较自由，承载能力较大，故在工业建筑中采用较多。此外，也可用于对天花板要求不高的民用建筑屋盖和楼面结构。

(4)T 形板

T 形板有单 T 板和双 T 板两种，如图 2.54d）所示。这类板受力性能良好，布置灵活，能跨越较大的空间，且开洞也较自由，但整体刚度不如其他类型的板。双 T 板比单 T 板有较好的整体刚度，但自重较大，对吊装能力要求较高。T 形板适用于板跨在 12m 以内的楼面和屋盖结构。

T 形板的翼缘宽度为 1500 ~ 2100mm，截面高度为 300 ~ 500mm，视其跨度大小而定。

2.5.2 楼盖梁

在装配式混凝土楼盖中，有时需设置楼盖梁。楼盖梁可为预制或现浇，视梁的尺寸和吊装能力而定。

一般混合结构房屋中的楼盖梁多为简支梁或带悬挑的简支梁，有时也做成连续梁。梁的截面多为矩形。当梁较高时，为满足建筑净空要求，往往做成花篮梁、十字梁。此外，为便于布板和砌墙，还设计成 T 形梁。如图 2.55 所示。

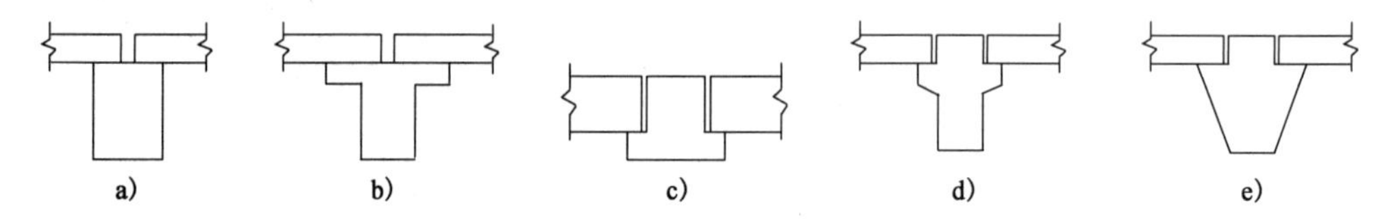

图 2.55 预制梁截面形式

a）矩形；b）T 形；c）倒 T 形；d）十字形；e）花篮形

简支梁的高跨比一般为 1/14 ~ 1/8。

2.5.3 装配式构件的计算要点

装配式梁板构件，其使用阶段承载力、变形和裂缝开展验算与现浇整体式结构完全相同。但是，这种构件在制作、运输和吊装阶段的受力与使用阶段不同，故还需要进行施工阶段的验算（包括吊环、吊钩的计算）。

1）施工阶段的验算

对于装配式钢筋混凝土梁板构件，必须进行运输和吊装验算。对于预应力混凝土构件，还应进行张拉（后张法构件）和放松（先张法构件）预应力钢筋时构件承载力和抗裂度的验算。这时，应注意下列各点：

（1）按构件实际堆放情况和吊点位置确定计算简图。

（2）考虑运输、吊装时的动力作用，构件自重应乘以 1.5 的动力系数。

（3）对于预制楼板、挑檐板、雨篷板等构件，应考虑在其最不利位置作用 1kN 的施工集中荷载（当计算挑檐、雨篷承载力时，沿板宽每隔 1m 考虑一个集中荷载，在验算其倾覆时，沿板宽每隔 2.5 ~ 3m 考虑一个集中荷载），该集中荷载与使用活荷载不同时考虑。

2）吊环的计算与构造

在吊装过程中，每个吊环可考虑两个截面受力，故吊环截面面积可按式(2.62)计算：

$$A = \frac{G}{2m[\sigma_s]} \tag{2.62}$$

式中：G——构件自重（不考虑动力系数）的标准值；

m——受力吊环数，当构件设有 4 个吊环时，最多只能考虑 3 个，即取 $m = 3$；

$[\sigma_s]$——吊环钢的容许设计应力，考虑动力作用之后，规范规定 $[\sigma_s] = 50\text{N/mm}^2$。

吊环应采用 HPB300 钢筋，并严禁冷拉，以保持吊环具有良好的塑性。吊环锚固深度应不小于 $30d$，并宜焊接或绑扎在构件钢筋的骨架上。

2.5.4 装配式混凝土楼盖的连接构造

楼盖除承受竖向荷载外，它还作为纵墙的支点，起着将水平荷载传递给横墙的作用。因此，要求铺板与铺板之间、铺板与墙之间以及铺板与梁之间的连接应能承受这些荷载，以保证这种楼盖在水平方向的整体性。此外，增强铺板之间的连接，也可增加楼盖在垂直方向受力时的整体性，改善各独立铺板的工作条件。因此，在装配式混凝土楼盖设计中，应处理好各构件之间的连接构造。

(1)板与板的连接

板与板的连接，一般采用强度不低于C20的细石混凝土或砂浆灌缝，如图2.56a)所示。

当楼面有振动荷载或房屋有抗震设防要求时，板缝内应设置拉接钢筋，如图2.56b)、c)、d)所示。此时，板间缝应适当加宽。

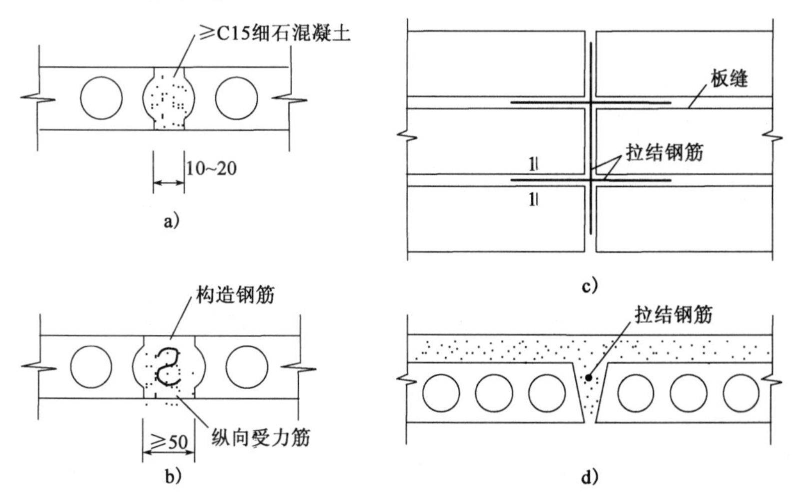

图2.56 板与板的连接构造(尺寸单位:mm)

(2)板与墙和板与梁的连接

板与墙和梁的连接，分支承与非支承两种情况。

板与其支承墙和梁的连接，一般采用在支座上坐浆(厚度为10~20mm)。板在砖墙上支承宽应大于或等于100mm，在钢筋混凝土梁上支承宽应大于或等于60~80mm(图2.57)，方能保证可靠地连接。

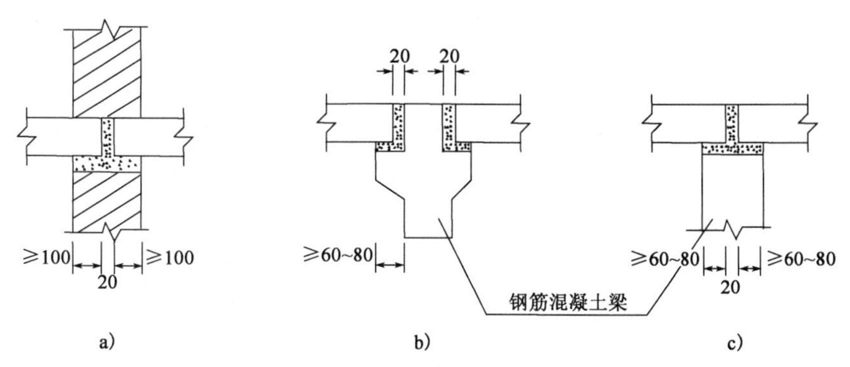

图2.57 板与支承墙和板与支承梁的连接构造(尺寸单位:mm)

a)板与墙的连接;b)、c)板与钢筋混凝土梁的连接板与非支承墙和梁的连接，一般采用细石混凝土灌缝，如图 2.58a）所示。当板长大于或等于 5m 时，应在板的跨中设置两根直径为 8mm 的联系筋，如图 2.58b）所示，或将钢筋混凝土圈梁设置于楼盖平面处，如图 2.58c）所示，以增强其整体性。

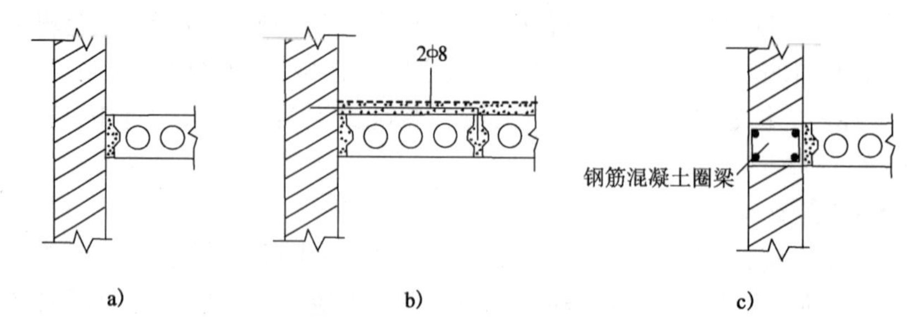

图 2.58　板与非支承墙的连接构造

a）板长 <5m 时；b）、c）板长≥5m 时

（3）梁与墙的连接

梁在砖墙上的支承长度，应满足梁内受力钢筋在支座处的锚固要求和支座处砌体局部抗压承载力的要求。当砌体局部抗压承载力不足时，应按砌体结构设计规范设置梁下垫块。

预制梁也应在支承处坐浆 10 ~ 20mm；必要时，在梁端设置拉结钢筋。

2.6　楼梯设计计算与构造

楼梯是多层及高层房屋的竖向通道，是房屋的重要组成部分。钢筋混凝土楼梯由于经济耐用，耐火性能好，因而被广泛采用。楼梯的平面布置，踏步尺寸、栏杆形式等由建筑设计确定。

2.6.1　楼梯的分类及结构设计内容

1）楼梯的分类

（1）按施工方法不同分为整体式楼梯和装配式楼梯。

（2）按梯段结构形式的不同分为板式楼梯和梁式楼梯。

板式楼梯和梁式楼梯是最常见的现浇楼梯。此外，宾馆和公共建筑有时也采用一些特种楼梯，如螺旋板式楼梯和剪刀悬挑式楼梯，如图 2.59 所示。

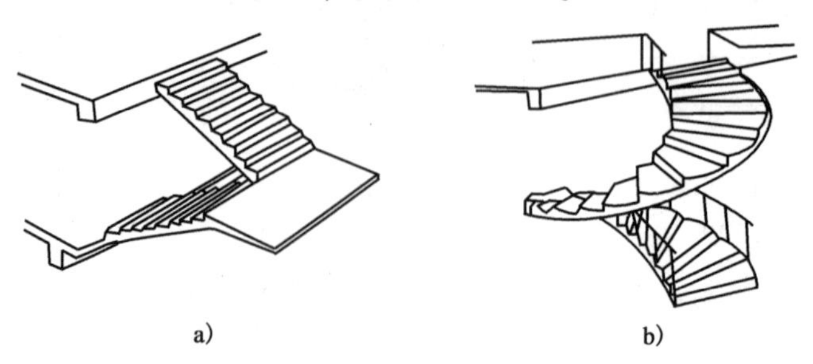

图 2.59　特种楼梯

a）剪刀悬挑式楼梯；b）螺旋板式楼梯

2)楼梯的结构设计内容

(1)根据建筑要求和施工条件,确定楼梯的结构形式和结构布置。

(2)根据建筑类别,按《建筑结构荷载规范》(GB 50009—2012)确定楼梯的活荷载标准值。需要注意的是,楼梯的活荷载往往比所在楼面的活荷载大。生产车间楼梯的活荷载可按实际情况确定,但不宜小于 3.5kN/m^2(按水平投影面计算),当人流可能密集时(防烟楼梯)不小于 3.5kN/m^2。除以上竖向荷载外,设计楼梯栏杆时尚应按规定考虑栏杆顶部水平荷载 0.5kN/m(对于住宅、医院、幼儿园等)或 1.0kN/m(对于学校、车站、展览馆等)。

(3)进行楼梯各构件的内力计算和截面设计。

(4)绘制施工图,特别应注意处理好连接部位的配筋构造。

2.6.2 现浇板式楼梯的计算与构造

板式楼梯由梯段板、休息平台和平台梁组成,如图 2.60 所示。梯段是斜放的齿形板,支承在平台梁上和楼层梁上。

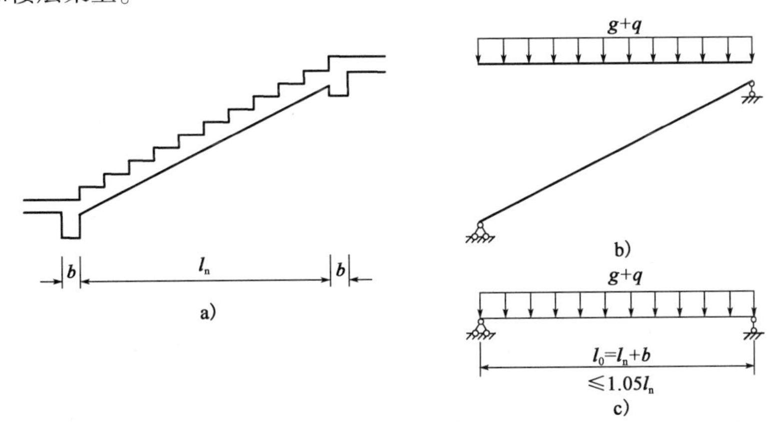

图 2.60 板式楼梯的梯段板及计算简图

a)构造简图;b)、c) 计算简图

板式楼梯的优点是下表面平整,施工支模较方便,外观比较轻巧。

板式楼梯的缺点是斜板较厚,当梯段跨度大于 3m 时,采用板式楼梯不够经济。所以,一般适用于梯段板的水平跨长不超过 3m 时。

1)梯段板

(1)计算单元:取 1m 宽梯段板带或以整个梯段板作为计算单元。

(2)计算简图:内力计算时梯段斜板按斜放的简支单向板计算,如图 2.60b)所示,为简化计算斜板又可化作水平板,计算跨度按斜板的水平投影长度取值,荷载亦同时化作沿斜板水平投影长度上的均布荷载,简化后的计算简图如图 2.60c)所示。

(3)内力计算:

①最大弯矩。

由结构力学可知,简支斜板在竖向均布荷载作用下(沿水平投影长度)的最大跨中弯矩与相应的简支水平板(荷载相同、水平跨度相同)的最大跨中弯矩是相等的,即:

$$M_{\max} = \frac{1}{8}(g + q)l_0^2 \tag{2.63}$$

②最大剪力。

简支斜板在竖向均布荷载作用下的最大剪力与相应的简支水平板的支座最大剪力有如下关系：

$$V_{max}=\frac{1}{2}(g+q)l_n\cos\alpha \tag{2.64}$$

式中：l_n——梯段斜板的水平净跨长；

g、q——作用于梯段板上，沿水平投影方向的恒荷载及活荷载设计值；

α——梯段板的倾角；

l_0——梯段斜板的水平计算跨度。

虽然斜板按简支板计算，但由于斜板与平台梁整浇，平台梁对斜板的变形有一定约束作用，考虑这一有利因素，可减小梯段板的跨中弯矩，计算时最大弯矩可取：

$$M_{max}=\frac{1}{10}(g+q)l_0^2 \tag{2.65}$$

(4)构造要求：

①梯段板厚度 h 应不小于$(1/30\sim1/25)l_0$。

②配筋可采用弯起式或分离式，配筋方式同普通板。

③为避免板在支座处产生裂缝，应在板上面配置一定量钢筋，一般取 $\phi8@200$mm，长度为 $l_n/4$。

④当楼梯下净高不够，将楼层梁向内移动(图2.61)，这样板式楼梯的梯段就成为折线形。对此设计中应注意两个问题：

a. 梯段中的水平段，其板厚应与梯段相同，不能处理成和平台板同厚。

楼梯钢筋

b. 折角处的下部受拉纵筋不允许沿板底弯折，以免产生向外的合力将该处的混凝土崩脱，应将此处水平钢筋与斜向钢筋分开，各自延伸至上面再行锚固。若板的弯折位置靠近楼层梁，板内可能出现负弯矩，则板上面还应配置承担负弯矩的短钢筋，如图2.62所示。其他具体构造做法详见国家建筑标准设计图集16G101-2。

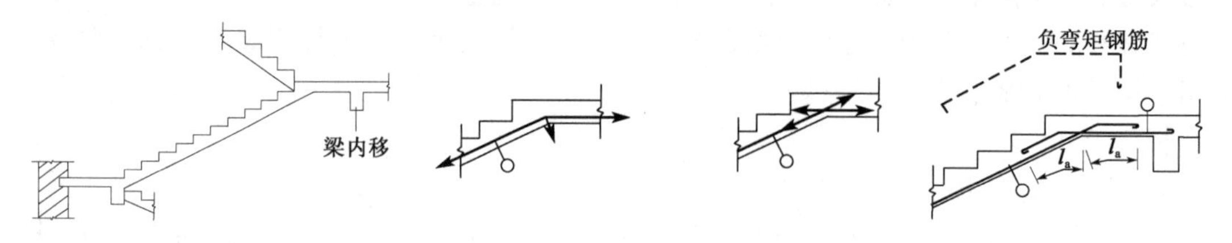

图2.61　楼层梁内移时　　图2.62　板内折角时的配筋

2)平台板

(1)计算单元：平台板一般为单向板(有时也可能是双向板)，单向板时取1m宽板带作为平台板计算单元。

(2)计算简图：按简支板，计算简图形式同梯段板。

(3)内力计算：

跨中最大弯矩计算公式如下。

①平台板一端与平台梁整体连接，另一端支承在砖墙上时：

$$M_{max} = \frac{1}{8}(g + q)l_0^2$$

②当板的两边均与梁整体连接时(考虑梁对板的约束作用):

$$M_{max} = \frac{1}{10}(g + q)l_0^2$$

式中:l_0——平台板的计算跨度。

3)平台梁

平台梁两端一般支承在楼梯间承重墙上(框架结构支撑在楼层梁上),承受梯段板、平台板传来的均布荷载和自重,可按简支的倒L形梁计算。平台梁截面高度,一般取 $h \geqslant l_0/12$ (l_0 为平台梁的计算跨度)。其他构造要求与一般梁相同。

2.6.3 现浇梁式楼梯的计算与构造

梁式楼梯由踏步板,斜梁和平台板、平台梁组成。踏步板支承在斜梁上,斜梁支撑在平台梁上和楼层梁上。当梯段跨度大于3m时,采用梁式楼梯较为经济。所以,一般适用于梯段板的水平跨长超过3m时。梁式楼梯缺点是施工支模较比板式楼梯复杂。

1)踏步板

(1)计算单元:一般取一个踏步作为计算单元。

(2)计算简图:踏步板按两端简支在斜梁上的单向板考虑,计算简图如图2.63所示。

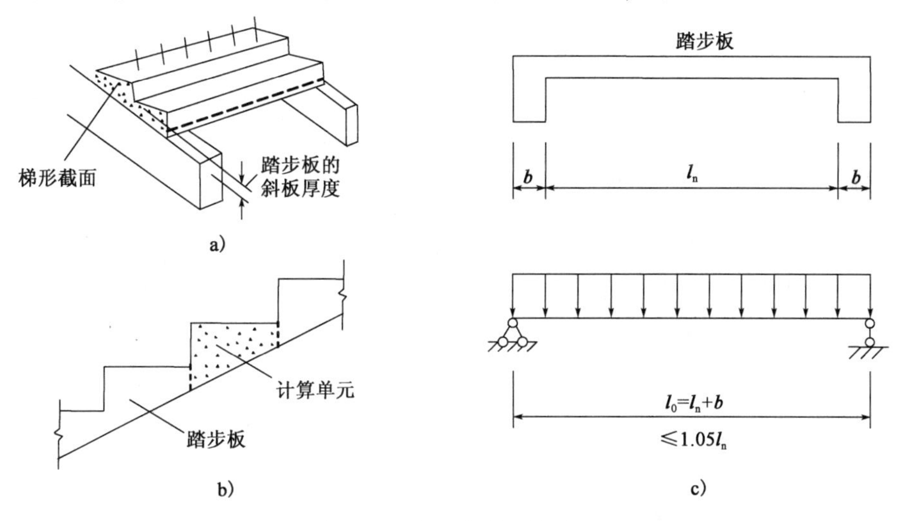

图2.63 梁式楼梯的踏步板

a)、b)构造简图;c)计算简图

(3)内力计算:计算时将梯形踏步板截面简化为与踏步板同宽的矩形截面简支板计算,板厚 δ 一般不小于30~40mm,板的计算高度可近似取平均高度,即 $h = d/2 + \delta/\cos\alpha$,其中,$d$ 为踏步高;α 为梯段板的倾角。

跨中最大弯矩为 $M_{max} = \frac{1}{8}(g + q)l_0^2$。

2)斜边梁

斜边梁的内力计算原理与梯段斜板相同。踏步板可能位于斜梁截面高度的上部,也可能位于下部,计算时可近似取为矩形截面。图 2.64 为梁式楼梯的斜边梁。

(1)最大弯矩

$$M_{\max} = \frac{1}{8}(g + q)l_0^2$$

(2)最大剪力

$$V_{\max} = \frac{1}{2}(g + q)l_n\cos\alpha$$

式中:l_n——楼梯斜梁的水平净跨长度;

g、q——作用于楼梯梁上,沿水平投影方向的恒荷载及活荷载设计值;

α——楼梯斜的倾角;

l_0——楼梯斜梁的水平计算跨度。

3)平台板、平台梁

梁式楼梯的平台板、平台梁计算与板式楼梯基本相同。

平台梁主要承受斜边梁传来的集中荷载(由上、下楼梯斜梁传来)和平台板传来的均布荷载,计算简图如图 2.65 所示,平台梁一般按简支梁计算,具体计算方法略。

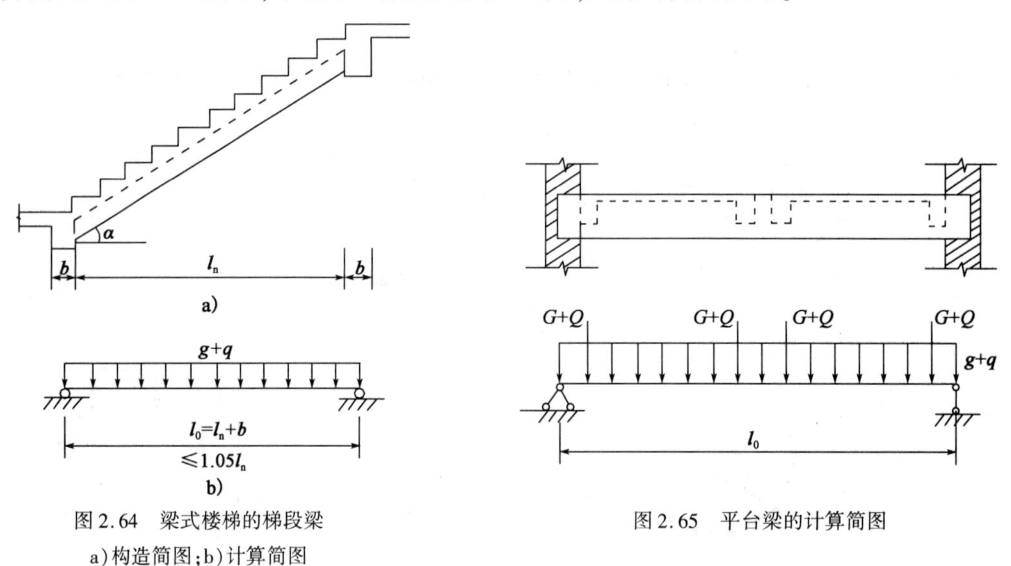

图 2.64 梁式楼梯的梯段梁

a)构造简图;b)计算简图

图 2.65 平台梁的计算简图

2.6.4 楼梯设计例题

【例 2.5】 设计资料:某办公楼楼梯,结构平面布置如图 2.66 所示,采用板式楼梯。

材料:混凝土强度等级 C25 (f_c = 11.9N/mm²,f_t = 1.27N/mm²),梯梁纵筋采用 HRB400(f_y = 360N/mm²) 钢筋,其他钢筋采用 HPB400(f_y = 270N/mm²) 钢筋。

建筑作法:20mm 厚水泥砂浆抹面,钢筋混凝土板,20mm 厚混合砂浆抹底,金属栏杆重 0.1kN/m,活荷载 q_k = 3.5kN/m² 。

试设计该楼梯。

解:(1) 斜板(AT1)计算

①板厚计算。

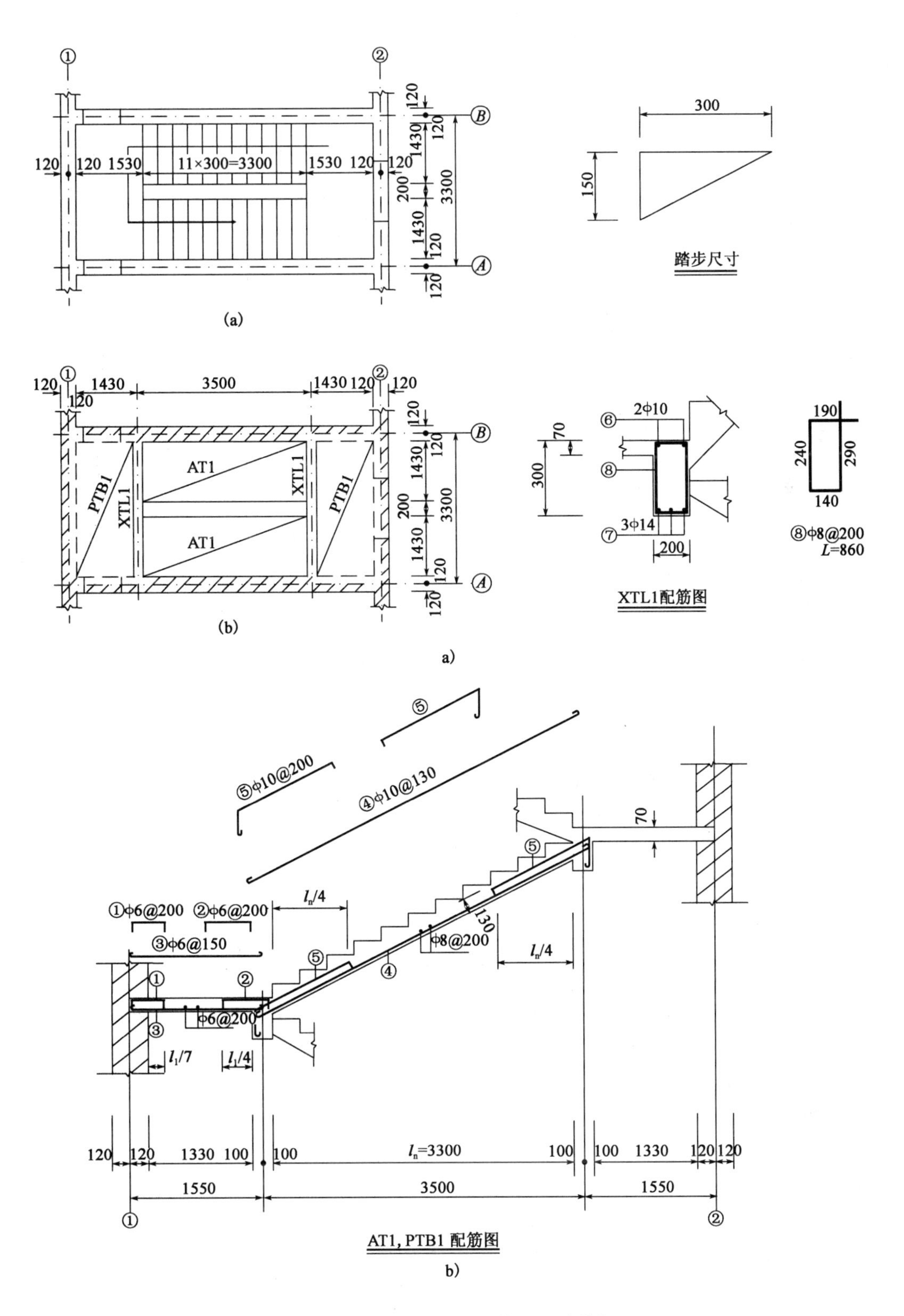

图 2.66　建筑平面板式楼梯配筋图(尺寸单位:mm)

a)楼梯平面图;b)板式楼梯结构布置图

$$h=\left(\frac{1}{30}\sim\frac{1}{25}\right)l_0=\left(\frac{1}{30}\sim\frac{1}{25}\right)\times 3500=140\sim 117(\text{mm})$$

取 $h=130\text{mm}$。

②荷载计算(取1m 宽板带作为计算单元)。

a. 恒荷载。

三角形踏步自重：$(1.0/0.30)\times(1/2)\times 0.3\times 0.15\times 25=1.875(\text{kN/m})$

斜板自重：$(1.0\times 0.894)\times 0.13\times 25=3.635(\text{kN/m})$

20mm 厚水泥砂浆抹面：$[(0.3+0.15)/0.3]\times 1.0\times 0.02\times 20=0.60(\text{kN/m})$

20mm 厚混合砂浆抹底：$(1.0/0.894)\times 0.02\times 17=0.38(\text{kN/m})$

金属栏杆重：$0.1\times\dfrac{1}{1.43}=0.07(\text{kN/m})$

标准值：$g_k=6.56\text{kN/m}$

设计值：$g=1.2\times 6.56=7.87(\text{kN/m})$

b. 活荷载。

标准值：$q_k=3.5\times 1=3.5(\text{kN/m})$

设计值：$q=1.4\times 3.5=4.9(\text{kN/m})$

总荷载：$g+q=7.87+4.9=12.77(\text{kN/m})$

③内力计算。

跨中弯矩：$M=\dfrac{(g+q)l_0^2}{10}=\dfrac{12.77\times 3.5^2}{10}=15.64(\text{kN}\cdot\text{m})$

④承载力计算。

$$h_0=h-25=130-25=105(\text{mm})$$

$$\alpha_s=\frac{M}{\alpha_1 f_c b h_0^2}=\frac{15.64\times 10^6}{11.9\times 1000\times 105^2}=0.119$$

$$\gamma_s=0.940$$

$$A_s=\frac{M}{f_y\gamma_s h_0}=\frac{15.64\times 10^6}{270\times 0.940\times 105}=586.9(\text{mm}^2)$$

$$>\rho_{\min}bh=0.45\frac{f_t}{f_y}bh=0.45\frac{1.27}{270}\times 1000\times 130=275(\text{mm}^2)$$

受力钢筋选ϕ10@130($A_s=604\ \text{mm}^2$)，分布钢筋ϕ8@200，垂直受力钢筋放置，且放于内侧。

(2)平台板(PTB1)计算

平台板厚度取 $h=70\text{mm}$，取1m 宽板带作为计算单元。

①荷载计算。

a. 恒荷载。

平台板自重：$0.07\times 25=1.75(\text{kN/m})$

20mm 厚水泥砂浆抹面：$0.02\times 1\times 20=0.40(\text{kN/m})$

20mm 厚混合砂浆抹底：$0.02\times 1\times 17=0.34(\text{kN/m})$

标准值：$g_k=2.49\text{kN/m}$

设计值：$g=1.2\times 2.49=2.99(\text{kN/m})$

b. 活荷载。

标准值：$q_k = 3.5 \times 1 = 3.5(\text{kN/m})$

设计值：$q = 1.4 \times 3.5 = 4.9(\text{kN/m})$

总荷载：$g + q = 2.99 + 3.5 = 7.89(\text{kN/m})$

②内力计算。

计算跨度：$l_0 = l_n + \dfrac{h}{2} + \dfrac{b}{2} = 1.33 + \dfrac{0.07}{2} + \dfrac{0.2}{2} = 1.47(\text{m})$

跨中弯矩：$M = (g + q)l_0^2/8 = 7.89 \times 1.47^2/8 = 12.13(\text{kN} \cdot \text{m})$

③承载力计算。

$$\alpha_s = \frac{M}{\alpha_1 f_c b h_0^2} = \frac{2.13 \times 10^6}{11.9 \times 1000 \times 105^2} = 0.088$$

$$\gamma_s = 0.954$$

$$A_s = \frac{M}{f_y \gamma_s h_0} = \frac{2.13 \times 10^6}{270 \times 0.954 \times 45} = 183.8(\text{mm}^2)$$

$$> \rho_{\min} bh = 0.45 \frac{f_t}{f_y} bh = 0.45 \times \frac{1.27}{270} \times 1000 \times 70 = 148\ (\text{mm}^2)$$

故按最小配筋率配筋，选 ϕ6@150（$A_s = 189\ \text{mm}^2$），分布钢筋 ϕ6@200 。配筋如图 2.66 所示。

(3)平台梁(XTL1)计算

由于：

$l_0 = l_n + a = 3.06 + 0.24 = 3.30(\text{m})$

$l_0 = 1.05 l_n = 1.05 \times 3.06 = 3.21(\text{m})$

取小者，$l_0 = 3.21\text{m}$。

构造要求：

$h \geqslant l_0/12 = 268(\text{mm})$

$h \geqslant 150 + 130/0.864 = 295(\text{mm})$

取大者，$h = 300\text{mm}$，则：

$b \times h = 200\text{mm} \times 300\text{mm}$

①荷载计算。

平台板传来均布荷载：$(2.99 + 4.9) \times (1.33/2 + 0.2) = 6.82(\text{kN/m})$

斜板传来均布荷载：$12.77 \times 3.3/2 = 21.07(\text{kN/m})$

梁自重：$1.2 \times 0.2 \times (0.3 - 0.07) \times 25 = 1.38(\text{kN/m})$

梁侧抹灰：$1.2 \times 0.02 \times (0.3 - 0.07) \times 2 \times 17 = 0.19(\text{kN/m})$

设计值：$g + q = 6.82 + 21.07 + 1.38 + 0.19 = 29.46(\text{kN/m})$

②内力计算。

计算跨度 $l_0 = 3.21\text{m}$，净跨度 $l_n = 3.06\text{m}$，则：

$$M = \frac{(g + q)l_0^2}{8} = \frac{29.46 \times 3.21^2}{8} = 37.94(\text{kN} \cdot \text{m})$$

$V = q l_n/2 = 29.46 \times 3.06/2 = 45.07(\text{kN})$

③承载力计算。

$h_0 = 300 - 45 = 255(\text{mm}), h'_f = 70\text{mm}$

a. 正截面承载力。

另侧无梁,按倒 L 形梁计算,即:

$$b'_f = \frac{1}{6}l_0 = \frac{1}{6} \times 3210 = 535(\text{mm})$$

$h'_f/h_0 = 70/225 = 0.275 > 0.1$, 不考虑此项对翼缘宽度的影响。

$$b'_f = b + \frac{S_n}{2} = 200 + 0.5 \times 3300 = 1850(\text{mm})$$

取 $b'_f = 535\text{mm}$, 所以属于第一类 T 形截面。

$$\alpha_1 f_c b'_f h'_f\left(h_0 - \frac{h'}{2}\right) = 1.0 \times 11.9 \times 535 \times 70 \times \left(255 - \frac{70}{2}\right) = 98(\text{kN}\cdot\text{m}) > 37.94\text{kN}\cdot\text{m}$$

$$\alpha_s = \frac{M}{\alpha_1 f_c b'_f h_0^2} = \frac{37.94 \times 10^6}{1.0 \times 11.9 \times 535 \times 255^2} = 0.092$$

$$\gamma_s = 0.959$$

$$A_s = \frac{M}{f_y \gamma_s h_0} = \frac{37.94 \times 10^6}{360 \times 0.952 \times 255} = 434(\text{mm}^2)$$

选 3 ф 14($A_s = 461\text{mm}^2$)。

$A_s = 461\text{mm}^2 > \rho_{\min} bh = 0.002 \times 200 \times 300 = 120(\text{mm}^2)$

b. 斜截面承载力。

$0.25\beta_c f_c bh_0 = 0.25 \times 1.0 \times 11.9 \times 200 \times 255 = 151.73(\text{kN}) > 39.69\text{kN}$

$0.7f_t bh_0 = 0.7 \times 1.27 \times 200 \times 255 = 45.34(\text{kN}) > 39.69\text{kN}$

按构造配筋ф8@200。

$$\rho_{sv} = \frac{2 \times 50.3}{200 \times 200} = 0.25\% > \rho_{sv,\min} = 0.24 f_t/f_{yv} = 0.24 \times \frac{1.27}{270} \times 100\% = 0.113\%$$

故配筋满足要求。

思考题

2.1 什么是单向板、双向板? 如何划分?

2.2 为什么按弹性理论计算连续板和次梁的内力时,需将计算荷载调整为折算荷载? 如何折算?

2.3 为什么在连续梁、板内力计算时,需进行活荷载最不利布置? 活荷载最不利布置的原则是什么?

2.4 什么是连续梁内力包络图? 为什么绘制它?

2.5 试述塑性铰的形成、塑性铰与理想铰的区别。

2.6 什么是超静定钢筋混凝土结构塑性内力重分布？试述考虑塑性内力重分布计算的一般原则。

2.7 什么是弯矩调幅法？均布荷载作用下等跨连续梁、板的弯矩系数是如何确定的？

2.8 连续双向板求跨内最大正弯矩和支座最大负弯矩时，活荷载各应如何布置？

2.9 双向板按塑性理论计算时，板块极限平衡法的计算原理是什么？简述计算步骤。

2.10 什么是连续板的内拱作用？在单向板和双向板肋梁楼盖设计中是如何考虑其影响的？

2.11 单、双向板中如何布置受力筋及构造筋？说明各筋在板中的作用。

2.12 板式及梁式楼梯的受力特点有何不同？各自如何确定计算简图及截面形式？

习题

2.1 某仓库的建筑平面尺寸：纵、横方向轴线长度分别为 34.2m、18m。平面内部不分割，四周均为 370 砖墙。试对此仓库楼盖进行柱网、梁格布置（单向板），并详细标注尺寸。

2.2 有一两跨连续梁，梁计算跨度均为 $l_0=3.9\text{m}$，其各跨跨中作用集中荷载 $G_k=18\text{kN}$、$Q_k=28\text{kN}$。试画出该梁的弯矩包络图。

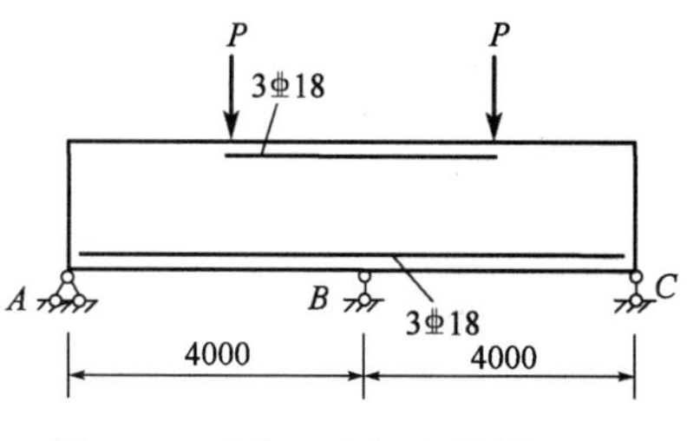

图2.67 习题2.3图（尺寸单位：mm）

2.3 一双跨连续梁，截面尺寸 $b\times h=200\text{mm}\times 450\text{mm}$，混凝土采用 C25，钢筋采用 HRB400 级，环境等级为二 a 类，设计使用年限为 50 年，跨中、支座均已配 3⌀18（$A_s=763\text{ mm}^2$），其余尺寸如图 2.67 所示。

试求：(1) 哪个截面首先出现塑性铰？

(2) 梁按塑性理论计算可承受多大集中力 P？

(3) 调幅值为多少？

（按弹性理论计算 $M_{中}=0.156Pl$，$M_B=-0.188Pl$）

2.4 某单跨梁尺寸如图 2.68 所示，截面尺寸 $b\times h=200\text{mm}\times 400\text{mm}$，混凝土采用 C25，钢筋采用 HRB400 级，环境等级为二 a 类，设计使用年限为 50 年，跨中、支座钢筋均配 2⌀16（$A_s=420\text{mm}^2$）。

试求：(1) 哪个截面先出现塑性铰？

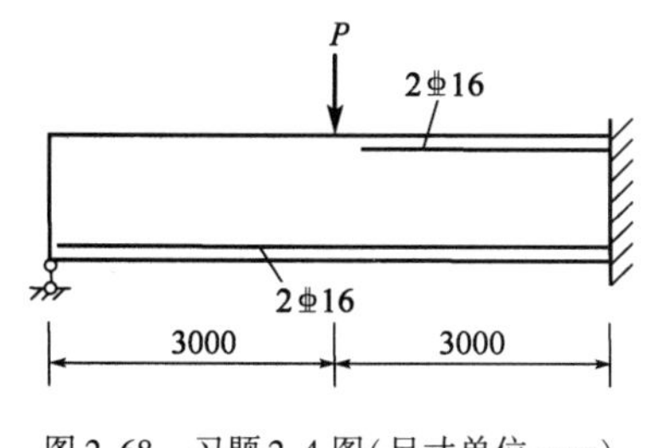

图2.68 习题2.4图（尺寸单位：mm）

(2) 按塑性理论计算梁破坏时的极限弯矩 P？

(3) 调幅值为多少？

（按弹性理论计算 $M_{中}=\dfrac{5}{32}Pl$，$M_{支}=-\dfrac{3}{16}Pl$）

2.5 某厂房双向板肋梁楼盖结构平面布置如图 2.69 所示，板厚 $h=100\text{mm}$，板面上作用均布荷载，恒荷载设计值为 $g=\text{kN/m}^2$，活荷载设计值为 $q=6\text{kN/m}^2$，混凝土采用

C20，钢筋采用 HPB300 级，环境等级为二 a 类，设计使用年限为 50 年。试分别按弹性、塑性理论计算板的配筋。

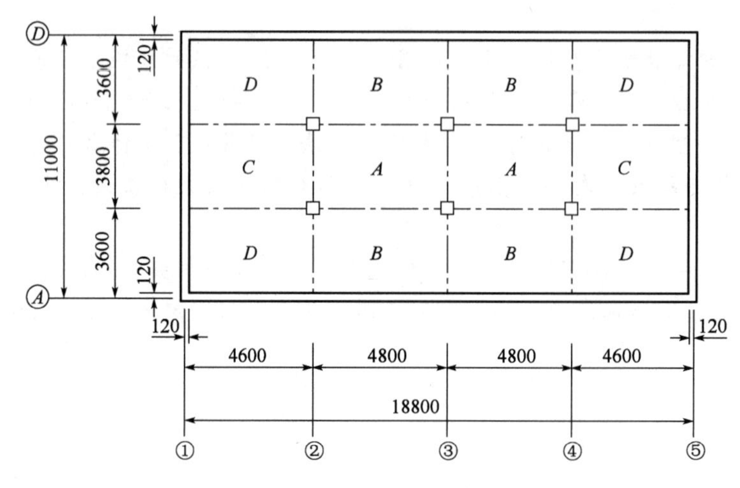

图 2.69　习题 2.5 图(尺寸单位:mm)

第3章

单层工业厂房结构

3.1 单层工业厂房的组成和布置

3.1.1 结构组成

单层厂房是目前工业建筑中应用范围比较广泛的一种建筑类型，冶金、机械制造等的炼钢、轧钢、铸造、金工、装配、机修等车间通常设计成单层厂房。

单层厂房只有屋盖，没有楼盖，室内几乎没有隔墙，一般仅在四周布置柱和墙，属于空旷结构；由于生产需要，单层厂房内一般安装有大型设备，所生产的零部件或产品的重量和体积较大，往往需要吊装和运输设备；同时单层厂房还应考虑采光、通风、保温等功能需要，设置天窗，采取屋面保温等措施；有时单层厂房还应考虑高温、高湿、腐蚀性气体或液体等影响。一般来说，单层厂房结构具有以下特点：①单层厂房结构具有较大的跨度和净空，承受的荷载大，致使结构构件的内力大，截面尺寸大，材料用量多；②单层厂房结构中常作用有吊车荷载、动力机械设备荷载等，因此结构设计时须考虑动力作用的影响；③单层厂房属空旷结构，柱是承受各种荷载的主要构件；④单层厂房中每种构件的应用较多，因而有利于构件设计标准化，生产工厂化和施工机械化。同时为缩短建造工期，单层厂房一般采用装配式或装配整体式结构。

钢筋混凝土单层工业厂房结构有两种基本类型，即排架结构与刚架结构，如图3.1所示。

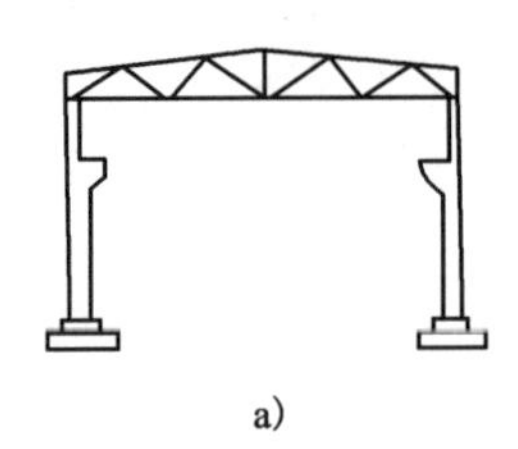

a)

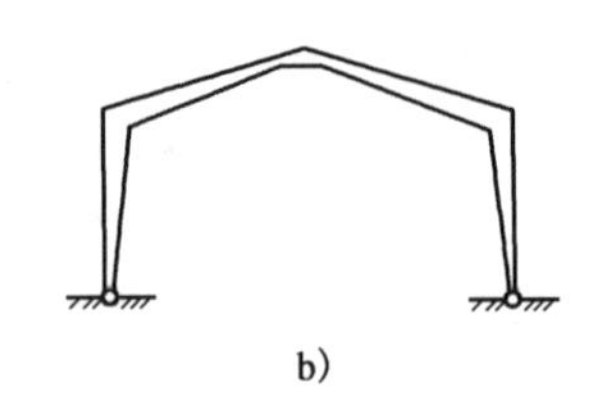

b)

图 3.1　钢筋混凝土单层工业厂房的两种基本类型

a) 排架结构；b) 刚架结构

排架结构是由屋架(或屋面梁)、柱、基础等构件组成，柱与屋架铰接，与基础刚接。此类结构能承担较大的荷载，在冶金和机械工业厂房中应用广泛，其跨度可达 30m，高度 20 ~ 30m，吊车吨位可达 150t 或 150t 以上。

刚架结构的主要特点是梁与柱刚接，柱与基础通常为铰接。因梁、柱整体结合，故受荷载后，在刚架的转折处将产生较大的弯矩，容易开裂；另外，柱顶在横梁推力的作用下，将产生相对位移，使厂房的跨度发生变化，故此类结构的刚度较差，仅适用于屋盖较轻的厂房或吊车吨位不超过 10t，跨度不超过 10m 的轻型厂房或仓库等。

单层工业厂房

本章主要讲述钢筋混凝土排架结构的单层厂房，这类厂房通常由屋盖系统、梁柱系统、基础、支撑系统和围护系统组成，如图 3.2 所示。

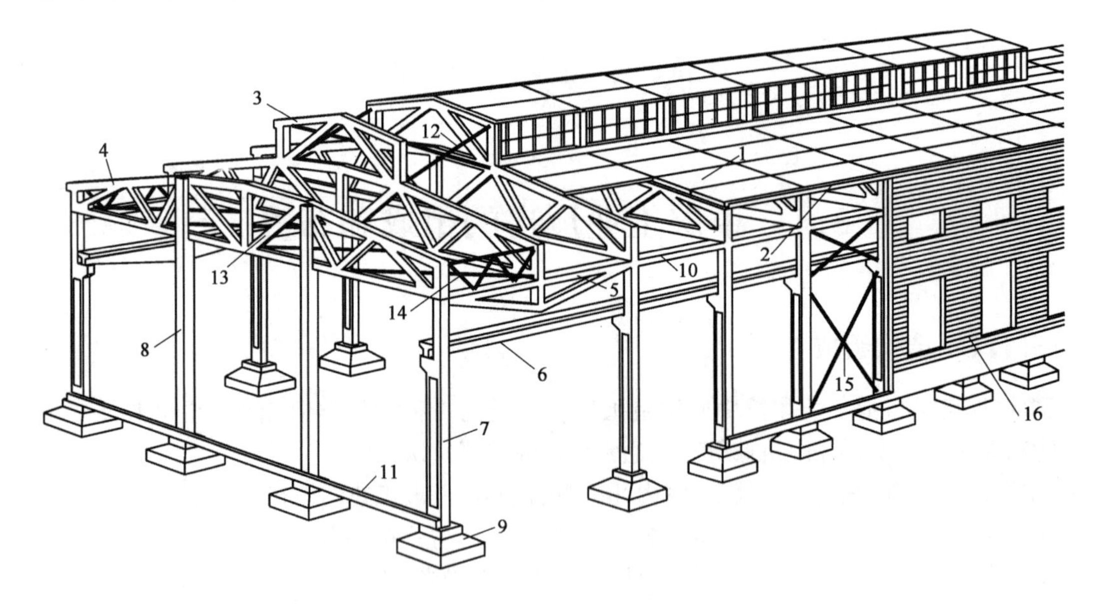

图 3.2　排架厂房结构构件组成

1-屋面板；2-天沟板；3-天窗架；4-屋架；5-托架；6-吊车梁；7-排架柱；8-抗风柱；9-基础；10-连系梁；11-基础梁；12-天窗架垂直支撑；13-屋架下弦横向水平支撑；14-屋架端部垂直支撑；15-柱间支撑；16-围护墙

1) 屋盖系统

屋盖系统由屋面板、天沟板、天窗架、屋架或屋面梁、托架和檩条组成。

屋盖系统作用：承受屋面上的竖向荷载，并与厂房柱组成排架承受结构的各种荷载。

单层工业厂房-有檩体系

屋盖系统分类：①有檩体系；②无檩体系。

有檩体系：由小型屋面板、檩条、屋架和屋盖支撑系统组成［图 3.3a）］。这种屋盖的构造和荷载传递均比较复杂，整体性和空间刚度较差，因此目前较少采用。

无檩体系：由大型屋面板（包括天沟板）、屋架及屋盖支撑系统组成［图 3.3b）］，有时还包括天窗架和托架等构件。这种屋盖的屋面刚度大，整体性好，构件数量和种类较少，施工速度快，适用范围广，是单层厂房中最常用的屋面形式。适用于具有较大吨位吊车或有较大振动的大、中型或重型工业厂房。

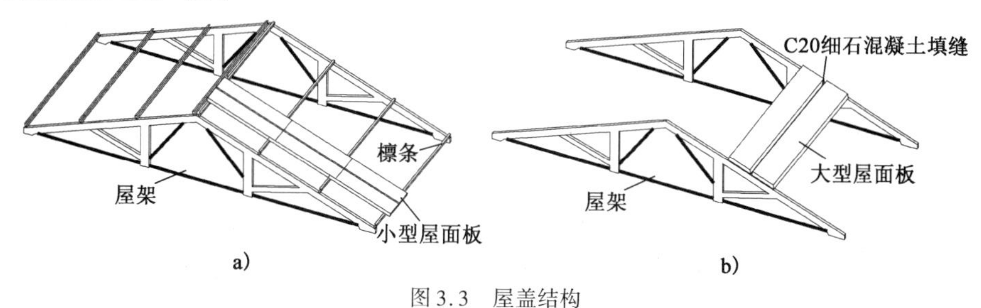

图 3.3 屋盖结构

a）有檩体系；b）无檩体系

2）梁柱系统

梁柱系统包括排架柱、抗风柱、吊车梁、基础梁、连系梁、圈梁和过梁。

梁柱系统作用：

（1）排架柱：承受屋盖系统、吊车梁、外墙和支撑传来的各种荷载，并将它们传给基础。

（2）抗风柱：承受山墙传来的风荷载，并将其传给屋盖结构和基础，它也是围护结构的一部分。

（3）吊车梁：主要承受吊车梁竖向荷载和水平荷载，并将它们传给排架结构。

（4）基础梁：承受墙体重量，并将其传给基础。

（5）连系梁：是纵向柱列的连系构件，承受梁上墙体重量，并将其传给柱子。

（6）圈梁、过梁：圈梁的作用是加强厂房的整体刚度和墙体的稳定性；过梁的作用是承受门窗洞口上部墙体的重量及上层楼面梁板传来的荷载。

3）基础

基础包括柱下独立基础和设备基础。

基础作用承受柱子和基础梁、设备传来的荷载，并将它们传给地基。

4）支撑系统

支撑系统包括屋盖支撑和柱间支撑。

支撑系统作用是加强厂房的空间刚度和整体性，保证结构构件在安装和使用时的稳定性和安全性，同时传递山墙风荷载、吊车水平荷载和地震作用等。

5）围护系统

围护系统包括纵墙、横墙（山墙）、门窗、屋面板、抗风柱等。

围护系统作用是承受风荷载，并经其传给柱子。

3.1.2 柱网布置

厂房承重柱的纵向和横向定位轴线在平面上形成的网格称为柱网。柱网尺寸确定了柱的位置，也同时确定了屋面板、屋架、吊车梁等构件的跨度，涉及厂房结构构件的布置。柱网布置是否合理，直接影响厂房结构的经济性和先进性，对生产使用也有密切关系。

1)柱网布置的原则

(1)应满足厂房生产工艺及使用要求、各种工艺流程所需的主要设备、产品尺寸和生产空间等,这些都是决定厂房跨度和柱距的主要因素。

(2)应满足国家有关厂房建筑统一模数的规定,以此为厂房的设计标准化、生产工业化、施工机械化创造条件。

2)具体布置方法

(1)柱距:横向定位轴线间的距离为柱距,一般取6m或6m的倍数,个别可以采用9m柱距。厂房柱距一般采用6m较为经济,但采用较大柱距可增加车间有效面积,提高设备布置和工艺布置的灵活性。

(2)跨度:纵向定位轴线间的距离为跨度,当跨度不小于18m时,以3m为模数,即9m、12m、18m。当跨度大于18m时,以6m为模数。即24m、30m、36m等。但当工艺布置和技术经济指标有明显优势时,也可采用21m、27m、33m等。

3.1.3 变形缝

变形缝包括伸缩缝、沉降缝、防震缝三种。各缝的设置原则及作法详见房屋建筑学。

3.1.4 厂房高度

决定厂房高度时主要考虑两个参数:轨顶标高和柱顶高程。

轨顶高程:根据生产需要由厂房工艺人员给出。

柱顶高程:轨顶高程 $+h_1+h_2$,并按照300mm的模数向上取整。

其中,h_1 为吊车轨顶至吊车顶面的高度;h_2 为吊车行驶安全高度,即吊车顶面至屋架或屋面梁底面的高度。一般不小于220mm。

牛腿顶面高程:吊车轨顶高程 - 吊车轨道高 - 吊车梁梁端高度,并按照300mm的模数向上取整。

3.1.5 支撑的布置

单层厂房是装配式结构,它是通过将预制构件在现场进行拼装、连接而组成。为了保证厂房在施工阶段和使用阶段结构的稳定性、整体性和整体刚度,并使厂房水平荷载沿最合理的传力路径传给主要受力构件或基础,应在厂房中合理布置支撑。实践证明:支撑布置不当,不仅会影响厂房的正常使用,甚至可能引起工程事故。所以必须引起高度重视。

支撑分为两大类:一是屋盖支撑;二是柱间支撑。本节主要介绍各类支撑的作用和布置原则。具体布置方法及其连接构造可参阅有关标准图集。

1)屋盖支撑

(1)屋架(屋面梁)上弦横向水平支撑

屋架(屋面梁)上弦横向水平支撑是厂房跨度方向用十字交叉角钢、直腹杆与屋架(屋面梁)上弦共同构成的水平桁架。

屋架(屋面梁)上弦横向水平支撑作用是保证屋架(屋面梁)上弦侧向稳定性,增强屋盖的整体刚度,同时可将抗风柱传来的风荷载和其他纵向水平荷载传至纵向排架柱顶。

屋架(屋面梁)上弦横向水平支撑布置原则:

①通常当大型屋面板与屋架(屋面梁)有三点焊接,屋面板纵筋的空隙用细石灌实,并能

保证屋盖平面的稳定并能传递山墙传来的水平力时,则认为大型屋面板能起到上弦水平支撑的作用,所以不必设置上弦横向水平支撑。

②屋盖为有檩体系或跨度较大的无檩体系屋盖,当屋面板与屋架(屋面梁)的连接质量不符合要求,且抗风柱与屋架的上弦连接时,应在伸缩缝区段两端第一或第二柱间各设一道上弦横向水平支撑,如图3.4所示。

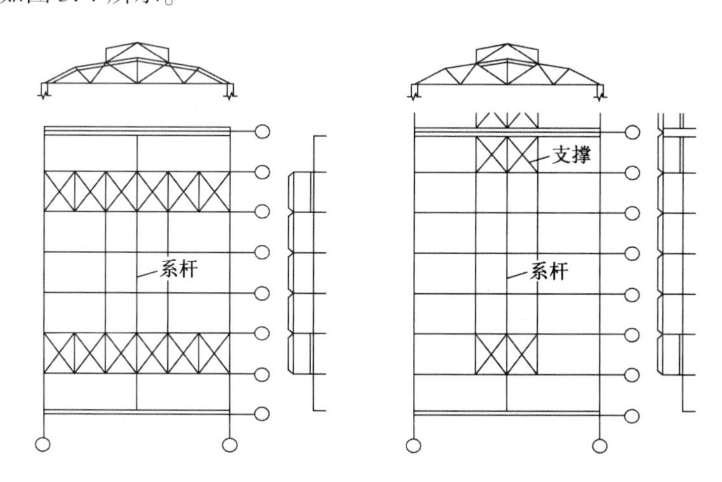

图3.4 屋架上弦横向水平支撑

③厂房设有天窗时,由于天窗区段内没有屋面板,屋盖纵向水平刚度不足,应在伸缩缝两端天窗架两端柱间的天窗架下面设置上弦横向水平支撑,并在天窗范围内沿纵向设置一至三道通长的受压系杆,如图3.4所示。

(2)屋架(屋面梁)间下弦横向水平支撑

屋架下弦横向水平支撑是由十字交叉角钢、直腹杆与屋架下弦组成的水平桁架。

屋架(屋面梁)间下弦横向水平支撑作用是将山墙抗风柱传来的风荷载及其纵向水平荷载传至纵向排架柱顶,同时防止屋架下弦的侧向颤动。

屋架(屋面梁)间下弦横向水平支撑布置原则:具有下列情况之一时,应设置横向水平支撑:

①山墙抗风柱与屋架下弦连接传递纵向水平力时;

②有纵向运行的悬挂吊车,且吊点设在屋架下弦时;

③厂房内有较大的振动设备时(如设有硬钩桥式吊车或50kN以上的锻锤时)。

屋架(屋面梁)间下弦横向水平支撑布置位置:厂房端部及伸缩缝区段两端的第一或第二柱间内设置如图3.5a)所示。并且宜与上弦横向水平支撑设置在同一柱间,以形成空间桁架体系。

(3)屋架(屋面梁)间下弦纵向水平支撑

屋架(屋面梁)间下弦纵向水平支撑是由交叉角钢等钢杆件和屋架下弦第一节间组成的纵向水平桁架。它与屋架下弦横向水平支撑可形成封闭的水平支撑系统如图3.5a)所示。

屋架(屋面梁)间下弦纵向水平支撑作用:加强屋盖的横向水平刚度,保证横向水平力的纵向分布,加强厂房的空间工作,同时保证托架上弦的侧向稳定。

屋架(屋面梁)间下弦纵向水平支撑布置原则:

①当厂房设有软钩桥式吊车,但柱顶高度和吊车起重量较大时(如厂房的柱高大于15m,中级工作制吊车,起重量大于300kN以上时);任何情况下设有托架支撑屋盖时;当采用有檩体系屋盖时沿纵向设置通长的纵向水平支撑,如图3.5a)、b)所示。

②如果只在部分柱间设置托架，则必须在设有托架的柱间和两端相邻的一个柱间设置纵向水平支撑，如图 3.5c）所示。

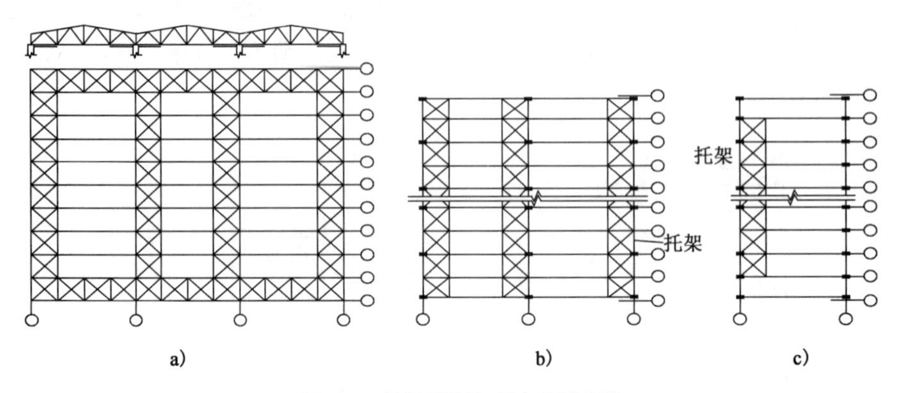

图 3.5 屋架下弦横、纵向水平支撑

a）屋架下弦纵横向水平支撑；b）带托架的下弦纵向水平支撑；c）一侧带托架的下弦纵向水平支撑

（4）屋架（屋面梁）间垂直支撑和水平系杆

屋架（屋面梁）间垂直支撑和水平系杆是由角钢与屋架中的直腹杆组成的垂直桁架。可做成十字交叉形或 M 形，由屋架高度而异。水平系杆一般为钢筋混凝土或钢杆件。

屋架（屋面梁）间垂直支撑和水平系杆作用：屋架垂直支撑和下弦水平系杆，可保证屋架的整体稳定，防止局部失稳。

屋架（屋面梁）间垂直支撑和水平系杆布置原则：

①当厂房跨度大于 18m 时，应在伸缩缝区段两端第一或第二柱间的跨中设置一道垂直支撑，并在跨中设置通常的下弦水平系杆，如图 3.6a）所示。

②当跨度大于 30m 时，则须增设一道垂直支撑和纵向水平系杆，如图 3.6b）所示。

③当采用梯形屋架时，还应在伸缩缝区段两端第一或第二柱间的屋架端部设置垂直支撑和通长下弦水平系杆，如图 3.6b）所示。

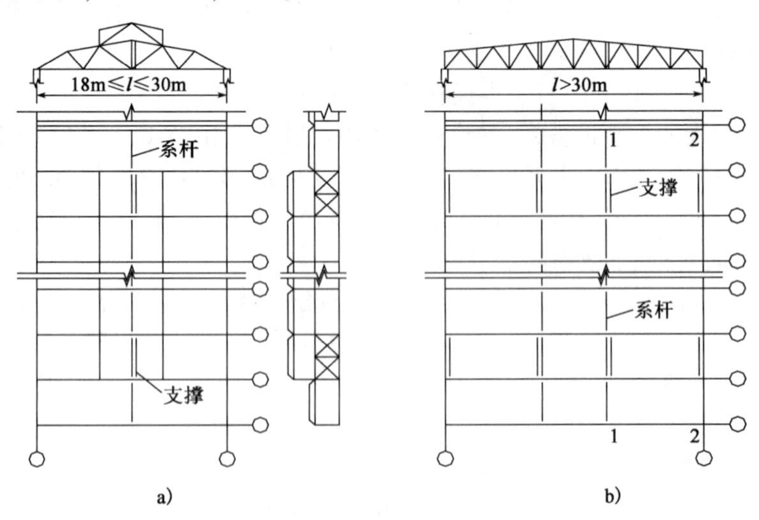

图 3.6 屋架间垂直支撑和水平系杆

a）$18m \leq l \leq 30m$；b）$l > 30$

④当屋架下弦设有悬挂吊车时,在悬挂吊车所在节点处,应设置屋架间纵向垂直支撑,如图3.7所示。一般屋架垂直支撑应与下弦横向水平支撑布置在同一柱间内。

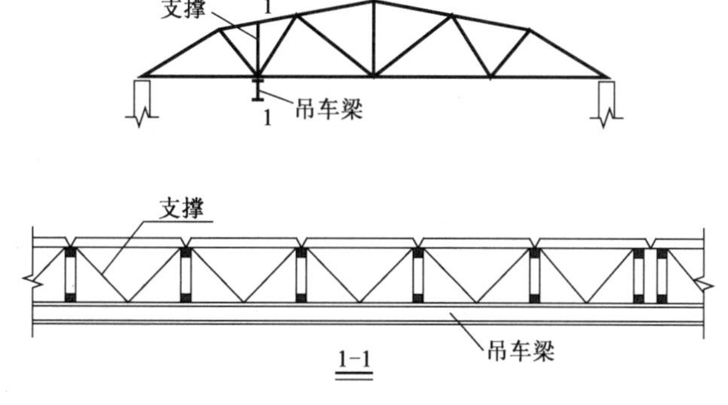

图3.7 悬挂吊车节点处垂直支撑

(5)天窗架间的支撑

天窗架间的支撑包括天窗上弦横向水平支撑和天窗架端部垂直支撑。其所用材料同屋架上弦横向水平支撑及屋架端部垂直支撑。

天窗架间的支撑作用是加强天窗系统的空间刚度,并将天窗端壁所承受的水平荷载传递给屋架系统。

天窗架间的支撑布置原则:具有下列情况之一时,应设置天窗架的支撑:

①当屋盖为有檩体系时;

②虽为无檩体系,但大型屋面板与天窗架的连接不符合要求时。

天窗架间的支撑布置位置:天窗范围内两端的第一柱间设置天窗架上弦横向水平支撑,天窗架端部垂直支撑。在未设有上弦横向水平支撑的天窗架间在上弦节点处布置柔性系杆,如图3.8所示,对有檩体系、檩条可以代替柔性系杆。

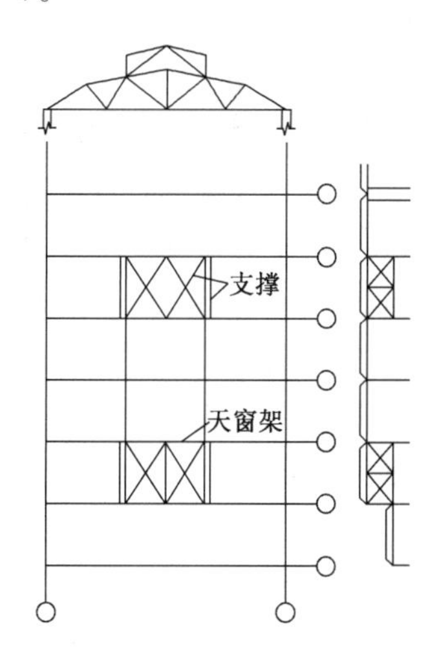

图3.8 天窗架支撑

2)柱间支撑

柱间支撑分为上柱柱间支撑和下柱柱间支撑。柱间支撑一般采用交叉角钢组成。当柱间因交通、设备布置成柱距大而不能采用交叉斜杆式支撑时,可采用门架式支撑如图3.9a)所示。

柱间支撑作用:主要是提高厂房的纵向刚度和稳定性,能承受山墙上的纵向风荷载及吊车纵向水平力,并传至纵向柱列。

柱间支撑布置原则:具有下列情况之一时,应设置柱间支撑:

(1)设有重级工作制的吊车或中、轻级工作制吊车起重量≥100kN时。

(2)厂房跨度≥18m,或柱高≥8m时。

(3)纵向柱的总数每排在7根以下时。

(4)设有悬臂式吊车或起重量≥30kN的悬挂吊车时。

(5)露天吊车的柱列。

柱间支撑设置位置：上柱柱间支撑位于吊车梁上部一般设在温度区段两端与屋盖横向水平支撑相对应的柱间，以及温度区段中部或接近中部柱间；下柱柱间支撑设在温度区段中部与上柱柱间支撑相应的位置，如图3.9b）所示。

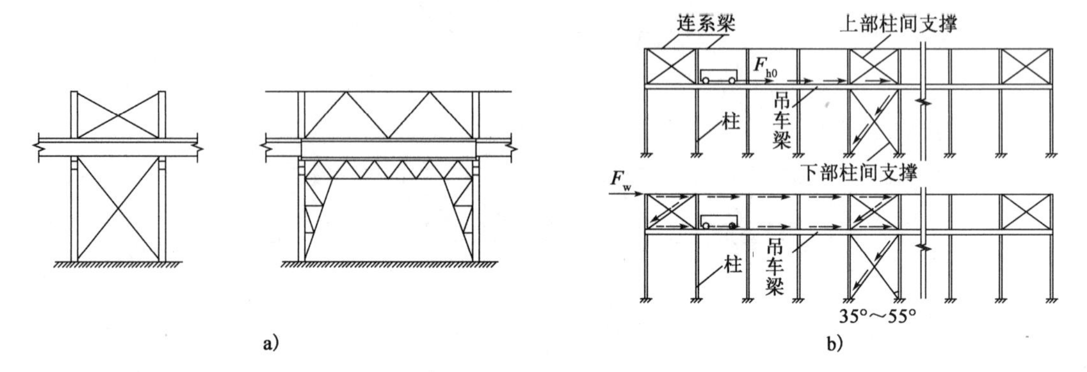

图3.9　柱间支撑

a）柱间支撑的形式；b）柱间支撑的设置位置

当厂房吊车起重量不大于50kN，且柱间设有强度和稳定性足够的墙体并能与柱起整体作用时，可不设柱间支撑。

3.1.6　围护结构的布置

围护结构的墙体一般沿厂房四周布置。墙体中一般还布置圈梁、连系梁、抗风柱、基础梁等。

1）抗风柱

厂房山墙的受风面积大，一般需设置抗风柱将山墙分为几个区格，使墙面受到的风荷载通过柱上传给柱列，通过柱下传给基础。

当厂房高度和跨度均不大（如柱顶高度小于或等于8m，跨度小于或等于12m）时，抗风柱可采用砖壁柱；当厂房高度较大时，一般均采用钢筋混凝土抗风柱，柱外侧再砌筑山墙；当厂房高度很大时，为了减少抗风柱的截面尺寸，可在山墙内侧加设水平抗风梁或钢抗风桁架，作为抗风柱的中间支座，如图3.10所示，同时抗风梁还可兼作吊车修理平台，一般设于吊车梁的水平面上，梁的两端与吊车梁上翼缘连接，使抗风梁所受到的风荷载通过吊车梁传递给纵向柱列。

抗风柱的间距一般为6m，但有时根据需要及屋架节间间距可采用4.5m、7.5m、9m等。

2）圈梁和连系梁

（1）圈梁

圈梁作用是增加厂房的整体性和稳定性，防止地基不均匀沉降和较大振动引起的不利影响。

圈梁布置原则：

①对无桥式吊车的厂房：

a.厂房的檐口高度小于8m时，宜在檐口适当部位增设一道圈梁。

b.厂房的檐口高度大于或等于8m时，宜在墙体适当部位增设一道圈梁。

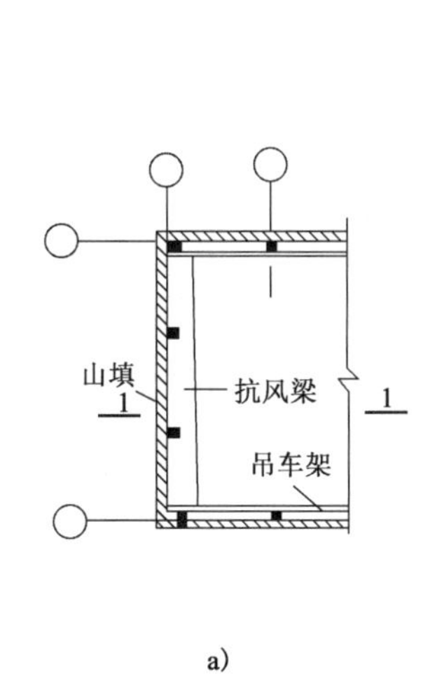

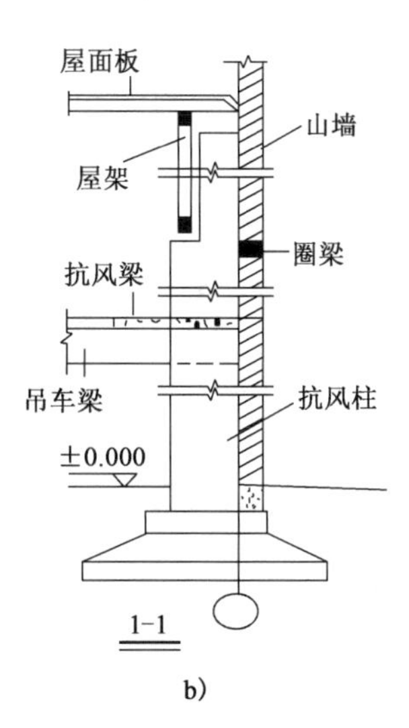

图3.10 山墙抗风柱与抗风梁

a)山墙抗风梁;b)山墙抗风柱

②对有桥式吊车的厂房:

a. 除檐口或窗顶处设置一道外,应在吊车梁标高或墙体适当部位增设一道圈梁。

b. 外墙高度在15m以上时,应根据墙体高度适当增设圈梁。

c. 有振动设备的厂房,除满足上述要求外,每隔4m距离,应有一道圈梁。

圈梁应连续设置在墙体的同一水平面内,除伸缩缝处断开外,其余部分应沿整个厂房形成封闭状。当圈梁被门窗洞口切断时,应在洞口上部设置一道附加圈梁,其截面不应小于被切断的圈梁,两者搭接长度如图3.11a)所示。圈梁宽度宜与墙体厚度相同,截面高度不小于120mm,纵向钢筋不小于4ϕ10,箍筋不小于ϕ6@250,圈梁与柱的拉结钢筋一般为2ϕ10～2ϕ12,如图3.11b)所示。

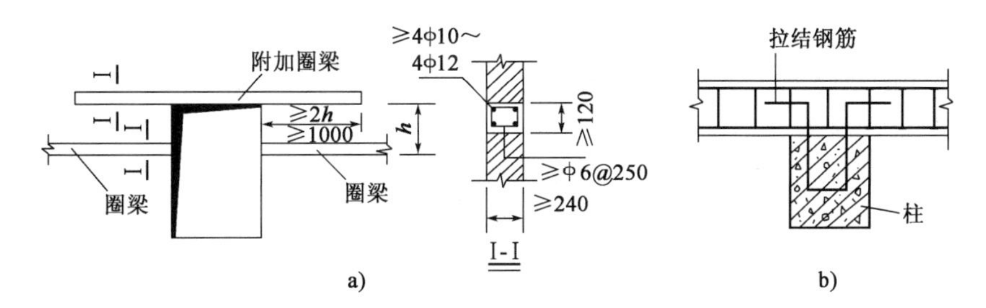

图3.11 圈梁搭接及圈梁与柱的拉结(尺寸单位:mm)

(2)连系梁

连系梁一般为预制构件,其截面形成有矩形和L形两种。连系梁两端支承在柱外侧的牛腿上。

连系梁作用:承受上部墙体传来的荷载,并传给柱,同时可增强厂房的纵向刚度。

连系梁布置原则:当厂房的高度超过一定限度(如大于15m)时,宜设置连系梁。

3)基础梁

基础梁用来承托围护墙体的重量,并将其传至柱基础顶面,而不另设墙体基础,这种做法使墙体和柱的沉降变形一致。

基础梁多为预制，两端直接放置在基础杯口上，当基础埋置较深时，可将基础梁放在混凝土垫块上如图3.12所示。基础梁底部距土层表面应留100mm左右的间隙，使基础梁随柱一起沉降，寒冷地区应在梁下设一层干砂或矿渣等松软材料，防止冬季冻土上升，使梁顶开裂。

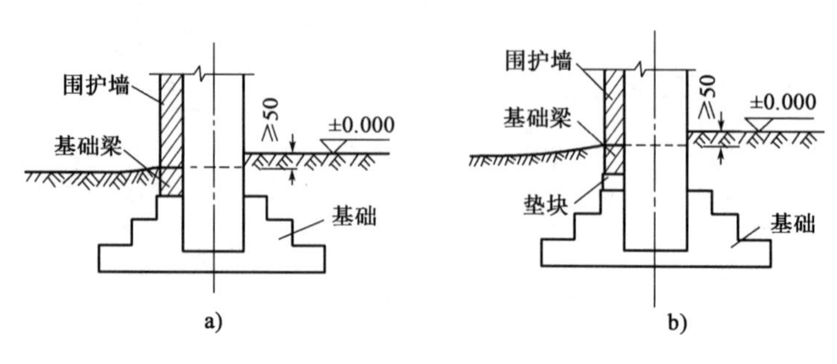

图3.12　基础梁布置图(尺寸单位：mm)

3.2　排架计算

厂房结构实际上是空间结构，为简化计算一般分别按纵向和横向平面排架近似地进行计算。但其中纵向平面排架的柱较多，通常其水平刚度较大，分配到每根柱的水平力较小，因而往往不必计算，所以厂房结构计算主要归结于横向平面排架的计算(以下简称排架计算)。当然，当纵向柱列较少(不多于7根)或需要考虑地震荷载时，仍应进行纵向平面排架的计算。

排架计算的主要内容：确定计算简图，荷载计算、内力分析和内力组合，必要时还应验算排架的侧移。

3.2.1　排架的计算简图

1)计算单元

排架上作用的荷载除了吊车等移动荷载之外，一般沿厂房的纵向是均匀分布的，而且柱距一般也相等，各横向排架的刚度基本相同。因此，除靠近两端山墙的少数排架外，其余大部分横向排架的受力和变形基本相同。故由厂房相邻柱距的中心线截取作为计算单元，如图3.13a)所示，这样除吊车等移动荷载外，阴影部分就是一个排架的负荷范围。

2)基本假设和计算简图

(1)基本假设

根据实践经验和构造特点，对于不考虑空间工作的平面排架，其计算简图可做如下假定：

①柱子上端与屋架(或屋面梁)为铰接。一般屋架或屋面梁顶部和上柱用预埋钢板焊接，抵抗弯矩能力很小，只能有效地传递竖向力和水平力，所以假定为铰接。

②柱子下端与基础顶面为刚接。柱下端插入杯形基础一定深度后，一般用高强度细石混凝土灌注成整体，且一般基础的转动很小，可传递弯矩、竖向力、水平力，所以假定为固接，如图3.13b)所示。但地基土质较差，变形较大或有较大的地面荷载时(如大面积堆料等)，则应考虑基础位移和转动对排架内力的影响。

③屋架或屋面梁为没有轴向变形的刚性杆。对于屋面梁或大多数刚度较大的屋架，受力

后的轴向变形很小，可视为无轴向变形的刚性杆，故横梁两端的水平位移相等。

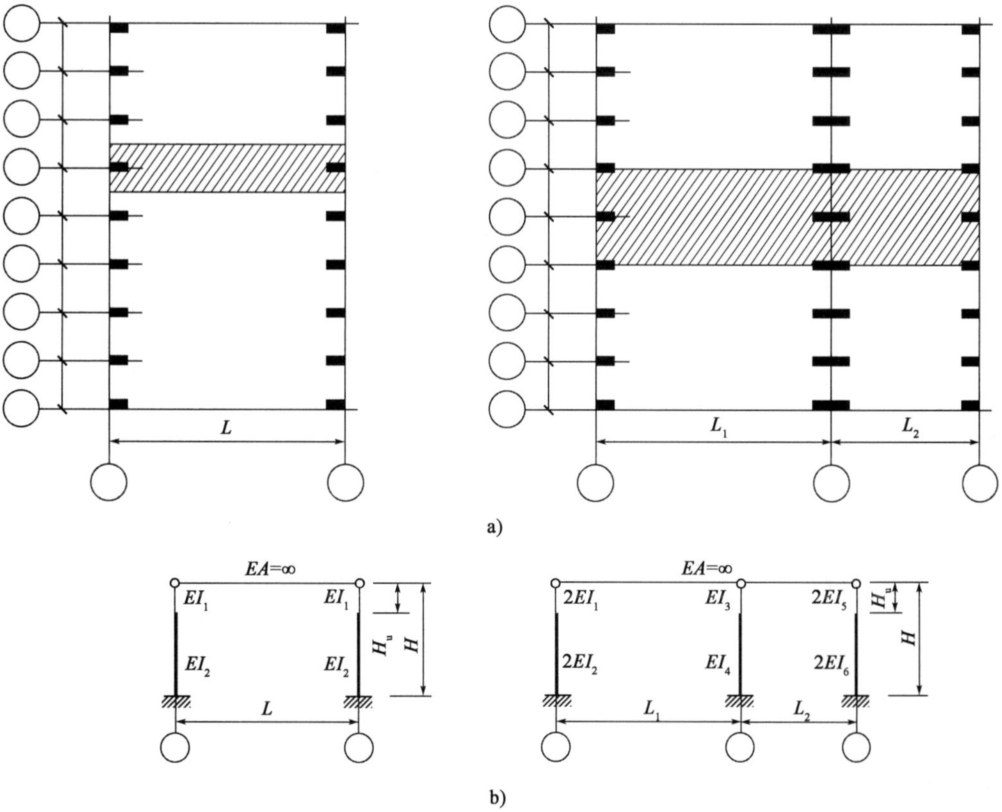

a)

b)

图 3.13 计算单元和计算简图

a）计算单元；b）计算简图

（2）计算简图

根据上述假定，横向排架的计算简图如图 3.13b）所示。柱的计算轴线取柱的几何中中心线，当为变截面柱时，柱的轴线应为折线，实际画图时取为直线。上段表示上柱几何中心线，下段表示下柱几何中心线，横梁（屋架或屋面梁）只起将左右两柱连在一起的作用，因此可用一根链杆代替。

上柱高 H_u = 柱顶高程 − 轨顶高程 + 轨道构造高度 + 吊车梁在支承处梁高

柱总高 H = 柱顶高程 + 基础底面高程的绝对值 − 初估的基础高度

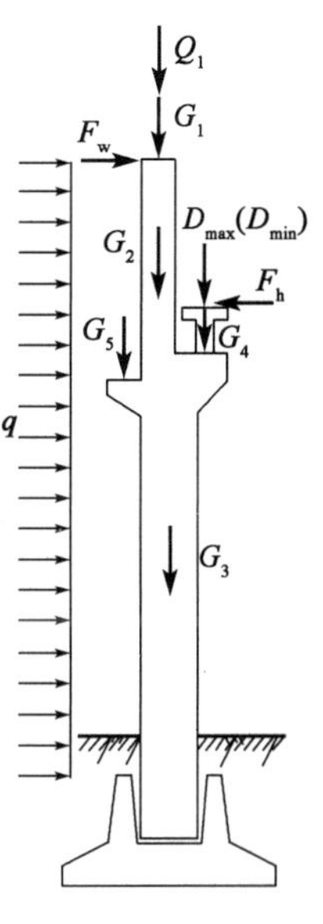

图 3.14 作用在柱子上的荷载

3.2.2 排架荷载计算及各种荷载作用下的计算简图

作用在排架上的荷载可分为永久荷载、可变荷载。作用在柱上的荷载如图 3.14 所示。在地震区，还需考虑地震对排架的作用。除吊车荷载外，其他荷载均取自计算单元范围内。

1）永久荷载

（1）屋盖恒荷载 G_1

屋盖恒荷载包括屋面恒荷载、屋架、托架、天窗架及支撑等构件的自重。

屋盖恒荷载 G_1 的作用点：当采用屋架时，可认为 G_1 通过屋架上弦和下弦中心线的交点作用于柱顶。根据标准图中的构造规定，G_1 的作用点位于厂房纵向定位轴线内侧 150mm 处；当采用屋面梁时，可认为 G_1 通过梁端支承垫板的中心线作用于柱顶，如图 3.15 所示。G_1 作用下计算简图如图 3.16 所示。

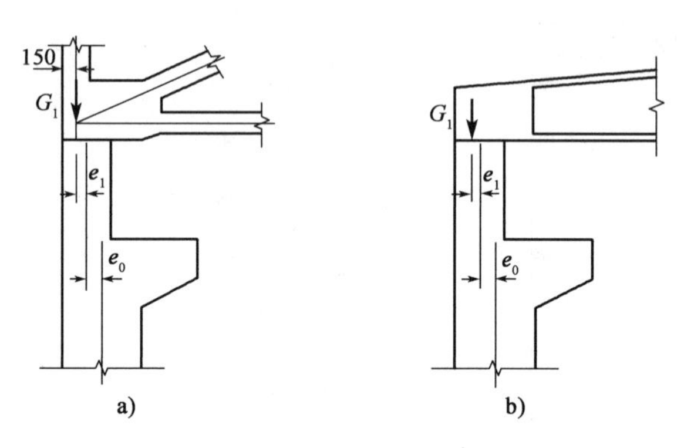

图 3.15 屋盖荷载作用点(尺寸单位:mm)

(2)柱的自重 G_2、G_3

对变截面柱可分为上柱自重 G_2、下柱自重 G_3，分别沿上下柱中心线作用。计算简图如图 3.17 所示。

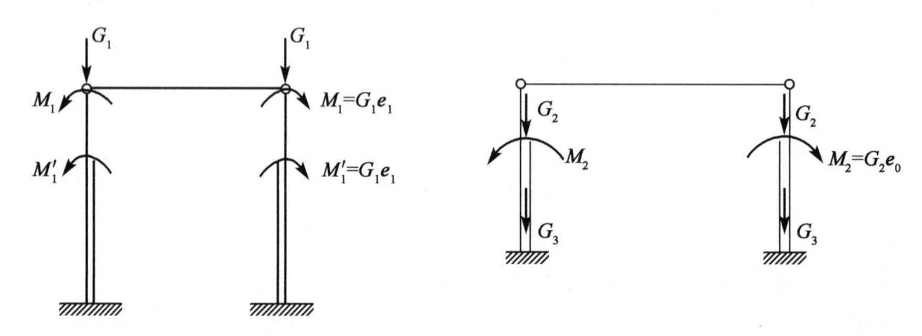

图 3.16 G_1 作用下的计算简图　　图 3.17 G_2、G_3 作用下的计算简图

(3)吊车梁、轨道联结件等自重 G_4

G_4 沿吊车梁中心线作用于牛腿顶面，如图 3.14 所示。G_4 作用下的计算简图如图 3.18 所示。

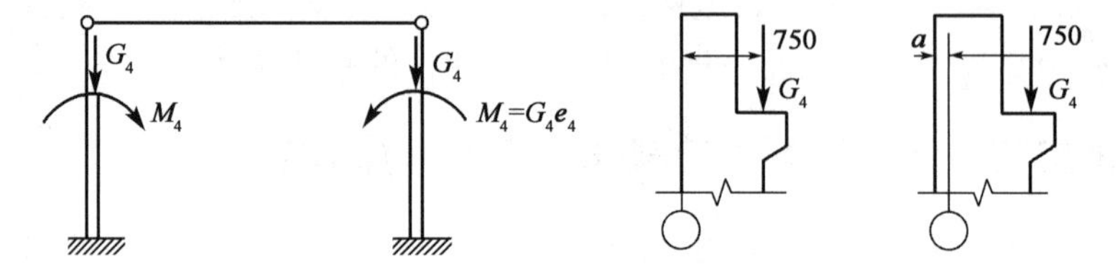

图 3.18 G_4 作用下的计算简图

采用封闭轴线时：

$$e_4 = 750 - \frac{h_2}{2}$$

采用非封闭轴线时：

$$e_4 = 750 + a - \frac{h_2}{2}$$

式中：h_2——下柱截面高；

a——插入距。

(4)悬墙重 G_5

若墙内设有托悬墙的连系梁和排架连接，则应考虑连系梁传给排架柱的墙重 G_5，如图3.14所示。$e_5 = \frac{h_2 + h_{墙}}{2}$，$G_5$ 作用下的计算简图如图3.19所示。

计算自重时，标准构件自重可从标准图集上直接查得。其他永久荷载可根据几何尺寸，材料重度等计算求得。

另外，考虑到施工中构件的安装顺序，柱和吊车梁等构件是在屋架或屋面梁没有吊装之前安装就位的。此时排架还没有形成，因此对柱和吊车梁自重的作用可不按排架计算，而按悬臂柱来分析内力。

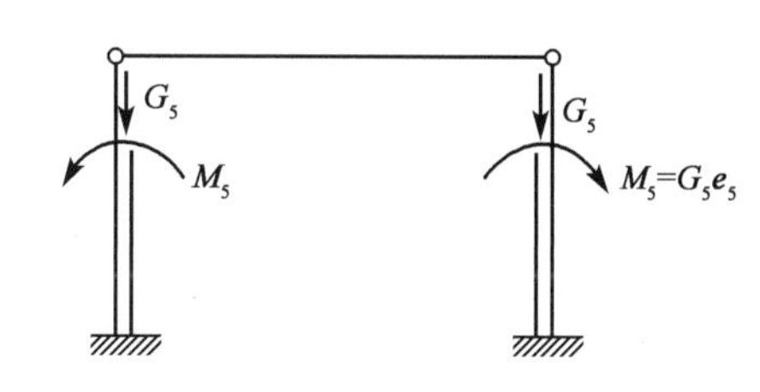

图3.19 G_5 作用下的计算简图

2)可变荷载

屋面活荷载包括：屋面均布活荷载、雪荷载、积灰荷载，均按屋面的水平投影面积计算。

(1)屋面均布活荷载：其值根据上人和不上人屋面两种情况，均按《建筑结构荷载规范》(GB 50009—2012)采用。但是施工荷载较大时，按实际情况采用。

(2)雪荷载：屋面水平投影面上的雪荷载标准值 S_k 按式(3.1)计算：

$$S_k = \mu_r s_0 \tag{3.1}$$

式中：S_k——雪荷载标准值；

μ_r——屋面积雪分布系数，根据不同屋面形式，由《建筑结构荷载规范》(GB 50009—2012)查得；

s_0——基本雪压(kN/m^2)，是以当地一般空旷平坦地面上由概率统计所得的50年一遇最大积雪自重确定的，其值由《建筑结构荷载规范》(GB 50009—2012)查得。

(3)积灰荷载：查阅《建筑结构荷载规范》(GB 50009—2012)。

注意：在排架计算时，屋面均布活荷载一般不与雪荷载同时考虑，取两者中较大值。当有积灰荷载时，它应与屋面均布活荷载及雪荷载中较大值进行组合。其屋面活荷载作用下的计算简图，参见屋面恒荷载作用下的计算简图。

3)风荷载

风荷载是作用在厂房外表面通过围护结构的墙身及屋面传递到排架柱上去的。垂直作用在建筑物表面上的风荷载标准值按式(3.2)计算：

$$w_k = \beta_z \mu_s \mu_z w_0 \tag{3.2}$$

对于单层厂房，$\beta_z = 1$。

风荷载实际是以均布荷载的形式作用于屋面及外墙面上。在计算排架时，柱顶以上的均布风荷载通过屋架，考虑以集中荷载 F_w 的形式作用于柱顶。F_w 值为屋面风荷载合力的水平分力和屋架、天窗架高度范围内墙体迎风面和背风面风荷载的总和。

$$F_w = \gamma_Q(\sum \mu_{si}\mu_{zi}h_i)w_0B \tag{3.3}$$

对柱顶以下外墙面上的风荷载以均布荷载的形式通过外墙作用于排架的边柱,故按沿边柱高度均布风荷载考虑,风压高度变化系数可按柱顶标高处取值。

在平面排架计算时,其迎风面和背风面的荷载设计值,q_1 和 q_2 应按式(3.4)计算。

$$q = \gamma_Q w_k \cdot B \tag{3.4}$$

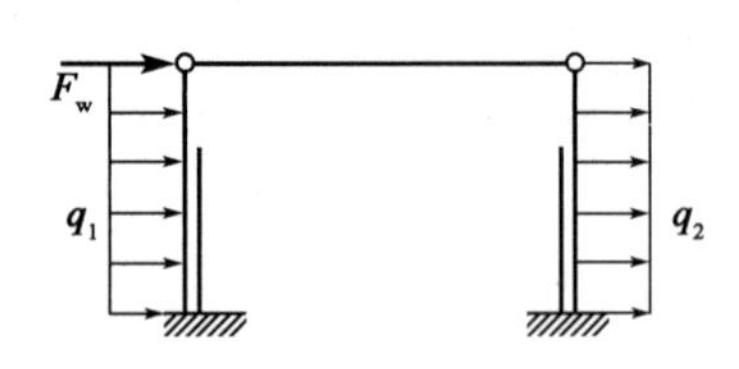

图 3.20 风荷载作用下的计算简图

式中:γ_Q——可变荷载分项系数,$\gamma_Q = 1.4$;

B——计算单元宽度。

风荷载作用下的计算简图如图 3.20 所示。

【例 3.1】 某厂房处于大城市郊区,各部尺寸如图 3.21 所示,纵向柱距为 6m,基本风压 $w_0 = 0.65\text{kN/m}^2$,地面粗糙度为 B 类,求作用在排架上的风荷载设计值。

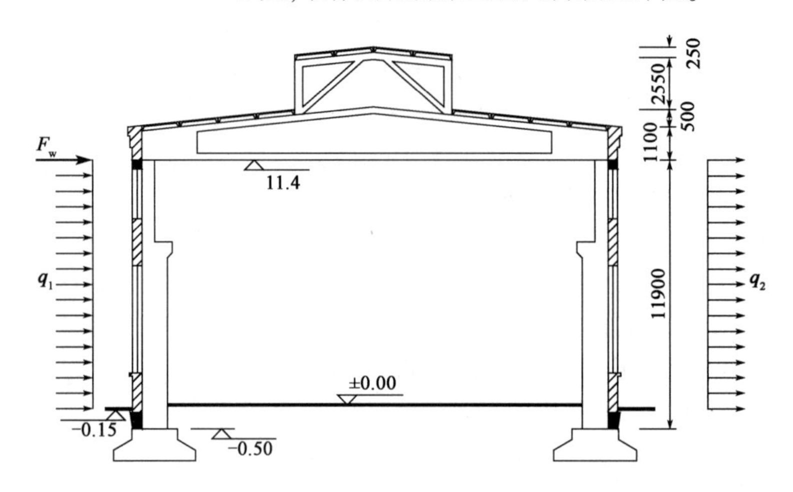

图 3.21 厂房剖面图(尺寸单位:mm)

解:风荷载体型系数,由附表 3.1 确定。

风压高度变化系数,由附表 3.2 确定。

柱顶(高程 11.4m 处),$z = 11.55\text{m}$:

$$\mu_z = 1.13 - \frac{1.13 - 1.0}{15 - 10} \times (15 - 11.55) = 1.040$$

屋顶(高程 12.5m 处),$z = 12.65\text{m}$:$\mu_z = 1.069$

高程 13.0m 处,$z = 13.15\text{m}$:$\mu_z = 1.082$

高程 15.55m 处,$z = 15.70\text{m}$:$\mu_z = 1.144$

高程 15.8m 处,$z = 15.95\text{m}$:$\mu_z = 1.149$

垂直作用在纵墙的风荷载标准值:

迎风面:$w_{1k} = \mu_{s1}\mu_z w_0 = 0.8 \times 1.040 \times 0.65 = 0.541(\text{kN/m}^2)$

背风面:$w_{2k} = \mu_{s2}\mu_z w_0 = 0.5 \times 1.040 \times 0.65 = 0.338(\text{kN/m}^2)$

作用在厂房排架柱上的均布风荷载设计值:

迎风面:$q_1 = \gamma_Q w_{1k} B = 1.4 \times 0.541 \times 6 = 4.54(\text{kN/m})$

背风面:$q_2 = \gamma_Q w_{2k} B = 1.4 \times 0.338 \times 6 = 2.839(\text{kN/m})$

作用在柱顶的集中风荷载设计值：

$$
\begin{aligned}
F_{w} &= \gamma_{Q}(\sum\mu_{si}\mu_{zi}h_{i})w_{0}B \\
&= 1.4\times[(0.8+0.5)\times1.069\times1.10+(-0.5+0.6)\times1.082\times0.5+ \\
&\quad (0.6+0.6)\times1.144\times2.55+(-0.7+0.7)\times1.149\times0.25]\times0.65\times6 \\
&= 28.64(\mathrm{kN})
\end{aligned}
$$

4)吊车荷载

单层厂房中一般常采用桥式吊车,常用桥式吊车按其吊车起重量、工作频繁程度及其他因素分为轻级、中级、重级、超重级4个工作制等级,见表3.1。

吊车工作制等级 表3.1

吊车工作制	频 繁 程 度
轻级	运行时间占全部生产时间不足15%
中级	运行时间占全部生产时间在15%~40%之间
重级	运行时间占全部生产时间超过40%
超重级	运行极为频繁的吊车

我国按吊车在使用期内要求的总工作循环次数和载荷状态将吊车分为8个工作级别,作为吊车设计的依据。吊车的工作制等级与工作等级的对应关系见表3.2,电动双钩桥式吊车数据见表3.3。

吊车的工作制等级与工作级别的对应关系 表3.2

工作制等级	轻级	中级	重级	超重级
工作级别	A1~A3	A4、A5	A6、A7	A8

电动双钩桥式吊车数据表 表3.3

<table>
<tr><th rowspan="2">起重量
Q</th><th rowspan="2">跨度
L_k</th><th rowspan="2">起升高度</th><th colspan="4">中级工作制</th><th colspan="6">主要尺寸(mm)</th><th rowspan="2">吊车钢轨单位长度重量</th></tr>
<tr><th>P_{max}</th><th>P_{min}</th><th>小车重
Q_1</th><th>吊车总重</th><th>吊车最大宽度
B</th><th>大车轮距
K</th><th>大车底面至轨道顶面的距离
F</th><th>轨道顶面至吊车顶面的距离
H</th><th>轨道中心至吊车外缘的距离
B_1</th><th>操纵室地面至主梁底面的距离
h_3</th></tr>
<tr><td>t
(kN)</td><td>m</td><td>m</td><td>kN</td><td>kN</td><td>kN</td><td>kN</td><td>mm</td><td>mm</td><td>mm</td><td>mm</td><td>mm</td><td>mm</td><td>kN/m</td></tr>
<tr><td rowspan="4">15/3
(150/30)</td><td>10.5</td><td rowspan="4">12/14</td><td>136</td><td></td><td rowspan="4">73.2</td><td>203</td><td rowspan="4">5600</td><td rowspan="4">4400</td><td>80</td><td rowspan="3">2047</td><td rowspan="4">230</td><td>2290</td><td rowspan="4">0.43</td></tr>
<tr><td>13.5</td><td>145</td><td></td><td>220</td><td>80</td><td>2290</td></tr>
<tr><td>16.5</td><td>155</td><td></td><td>244</td><td>180</td><td>2170</td></tr>
<tr><td>22.5</td><td>176</td><td></td><td>312</td><td>390</td><td>2137</td><td>2180</td></tr>
<tr><td rowspan="4">20/5
(200/50)</td><td>10.5</td><td rowspan="4"></td><td>158</td><td></td><td rowspan="4">77.2</td><td>209</td><td rowspan="4">5600</td><td rowspan="4">4400</td><td>80</td><td rowspan="3">2046</td><td rowspan="3">230</td><td>2280</td><td rowspan="4">0.43</td></tr>
<tr><td>13.5</td><td>169</td><td></td><td>228</td><td>84</td><td>2280</td></tr>
<tr><td>16.5</td><td>180</td><td></td><td>253</td><td>184</td><td>2170</td></tr>
<tr><td>22.5</td><td>202</td><td></td><td>324</td><td>392</td><td>2136</td><td>260</td><td>2180</td></tr>
</table>

桥式吊车由大车(桥架)和小车组成。大车在吊车梁的轨道上沿厂房纵向行驶,带有吊钩的小车在大车上的轨道上沿厂房横向运行。

吊车作用于排架上的荷载有竖向荷载和水平荷载两种。

(1)吊车竖向荷载 D_{max}、D_{min}

吊车通过轮压作用在吊车梁上，再由吊车梁传给排架柱。当小车吊有额定最大起重量开到大车一端的极限位置时，这一端的每个大车轮压称为吊车的最大轮压 P_{max}，同时另一端的大车轮压称为吊车的最小轮压 P_{min}，如图 3.22 所示。P_{max}、P_{min}及有关吊车基本参数主要尺寸由产品目录或有关资料手册查得。对四轮吊车 P_{min}也可由式(3.5)计算：

吊车行走-俯视

$$P_{min} = \frac{1}{2}(G + Q_1 + Q) - P_{max} \tag{3.5}$$

式中：G、Q_1——大车和小车的自重的标准值(kN)；

Q——吊车的额定起重量。

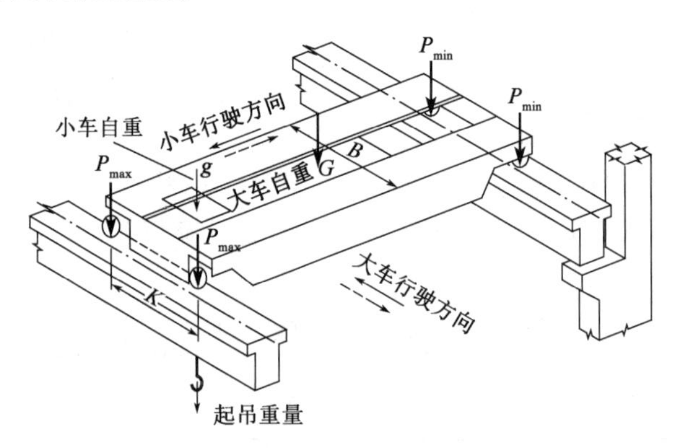

图 3.22 最大轮压与最小轮压

吊车是移动的，当大车在轨道上行驶到一定位置时，由 P_{max}与 P_{min}对排架柱所产生的最大与最小竖向压力，即 D_{max}、D_{min}。

《建筑结构荷载规范》(GB 50009—2012)规定计算排架考虑多台吊车竖向荷载时，对一层吊车单跨厂房的每个排架，参与组合的吊车台数不宜多于 2 台；对一层吊车的多跨厂房的每个排架不宜多于 4 台。

吊车在纵向运行位置，直接影响其轮压对柱子所产生的竖向荷载。由于吊车是移动荷载，所以必须利用吊车梁的支座竖向反力影响线来求出由 P_{max}产生的支座最大竖向荷载 D_{max}及由 P_{min}产生的支座最小竖向荷载 D_{min}。计算 D_{max}的吊车位置及反力影响线，如图 3.23 所示。起重量较大的吊车 P_{max}位于排架柱中心线上。

吊车行走-正视

吊车行走-中柱

由于多台吊车同时满载，且小车同时处于极限位置的情况很少出现。因此计算中应考虑多台吊车的荷载折减系数 ψ_c。这样利用支座反力影响线计算：

①两台吊车起重量不同时：

$$D_{max}=\gamma_Q\psi_c[P_{1max}(y_1+y_2)+P_{2max}(y_3+y_4)] \tag{3.6}$$

$$D_{min}=\gamma_Q\psi_c[P_{1min}(y_1+y_2)+P_{2min}(y_3+y_4)] \tag{3.7}$$

式中：P_{1max}、P_{2max}——起重量不同的两台吊车最大轮压标准值，$P_{1max}>P_{2max}$；

P_{1min}、P_{2min}——起重量不同的两台吊车最小轮压标准值，$P_{1min}>P_{2min}$；

y_i——与吊车轮压相对应的支座反力影响线坐标；

ψ_c——多台吊车的荷载折减系数，见表3.4。

②两台吊车起重量完全相同时：

$$D_{max}=\gamma_Q\psi_c P_{max}\sum y_i \tag{3.8}$$

$$D_{min}=\gamma_Q\psi_c P_{min}\sum y_i=D_{max}\frac{P_{min}}{P_{max}} \tag{3.9}$$

吊车竖向荷载 D_{max}、D_{min} 的作用下，计算简图如图3.24所示。图中 M_{max}、M_{min} 为：

$$M_{max}=D_{max}e_4 \tag{3.10}$$

$$M_{min}=D_{min}e_4 \tag{3.11}$$

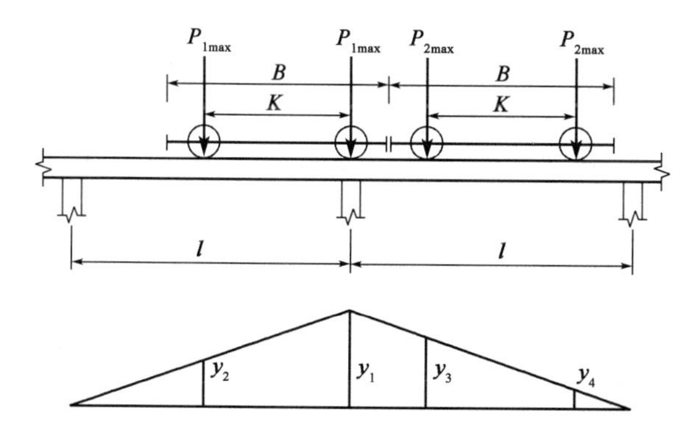

图3.23 吊车梁支反力影响线

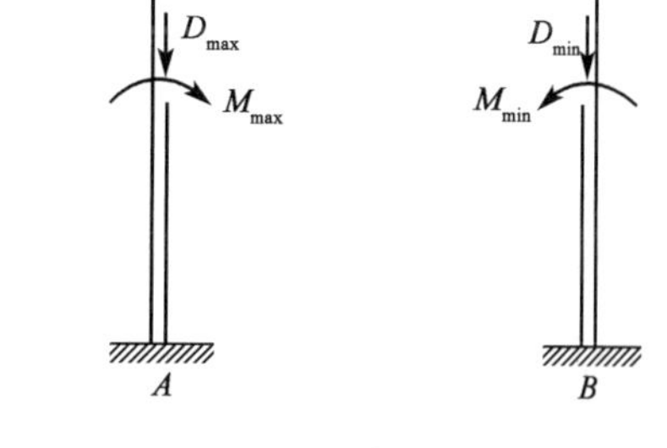

图3.24 吊车竖向荷载作用下计算简图

多台吊车的荷载折减系数 ψ_c 表3.4

参与组合的吊车台数	吊车工作级别	
	A1～A5(轻、中级)	A6～A8(重、超重级)
2	0.90	0.95
3	0.85	0.90
4	0.80	0.85

(2)吊车水平荷载

吊车水平荷载可分为横向水平荷载和纵向水平荷载两种。

①吊车横向水平荷载 F_h。吊车横向水平荷载是指载有额定最大起重量的小车，沿厂房横向运行时突然起动或制动时，引起的水平惯性力在厂房排架柱上所产生的横向水平制动力。它通过小车制动轮与桥架轨道之间的摩擦力传至大车，再由大车轮通过吊车梁轨道传给吊车梁，最后由吊车梁与柱的连接钢板传给排架柱，如图3.25所示。图中 F_h 作用点的位置根据标准图集通常取：牛腿顶面高＋吊车梁高＋10mm。

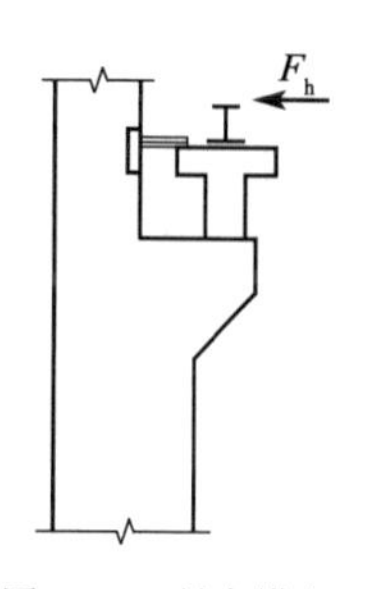

图3.25 吊车横向水平荷载的传递

吊车轮作用在轨道上的竖向压力很大，所产生的摩擦力足以承受横向水平制动力，故吊车横向水平制动力应按两侧柱的刚度大小分配。但为了简化计算,《建筑结构荷载规范》(GB 50009—2012)允许近似地将横向水平制动力平均分配给两侧排架柱。对于各类四轮桥式吊车,当小车满载时大车每一个轮子传递给吊车梁的横向水平制动力为:

$$F_{h1} = \gamma_Q \frac{\alpha}{4}(Q + Q_1) \tag{3.12}$$

式中:α——横向水平制动力系数,按下列规定取用。

对软钩吊车:

当 $Q \leqslant 100$kN 时,$\alpha = 0.12$;

当 $Q = 150 \sim 500$kN 时,$\alpha = 0.1$;

当 $Q = 750$kN 时,$\alpha = 0.08$。

对硬钩吊车:$\alpha = 0.20$。

软钩吊车是指吊车采用钢索通过滑轮组带动吊钩起吊重物的。这种吊车在操作时因有钢索缓冲作用,所以对结构所产生的冲击和振动力较小。硬钩吊车是指吊车采用刚臂操作或起吊重物的。这种吊车在操作时所产生的冲击和振动力都较大。

吊车每个轮子横向水平荷载 F_{h1} 对排架柱所产生的最大横向水平荷载 F_h 值,可用计算吊车竖向荷载 D_{max}、D_{min} 的同样方法进行计算。《建筑结构荷载规范》(GB 50009—2012)规定,考虑多台吊车水平荷载时无论是单跨厂房还是多跨厂房,最多考虑两台吊车同时制动,并考虑正反两个方向的制动可能性。计算时同样要考虑多台吊车的荷载折减系数 ψ_c。由图 3.26 可得吊车最大横向水平荷载。

a. 两台吊车起重量不同时:

$$F_h = \psi_c[F_{h11}(y_1 + y_2) + F_{h12}(y_3 + y_4)] \tag{3.13}$$

b. 两台吊车起重量完全相同时:

$$F_h = \psi_c F_{h1} \sum y_i \tag{3.14}$$

$$F_h = \frac{1}{\gamma_Q} F_{h1} \frac{D_{max}}{P_{max}} = F_{h1k} \frac{D_{max}}{P_{max}} \tag{3.15}$$

式中:F_{h11}、F_{h12}——起重量不同的两台吊车在每一个轮子的横向水平制动力,$F_{h11} > F_{h12}$;

其他符号含义同前。

F_h 作用下的排架计算简图如图 3.27 所示。

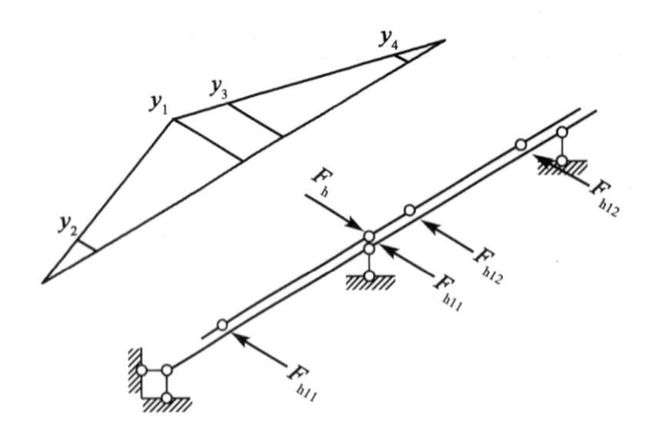

图 3.26 吊车横向水平荷载

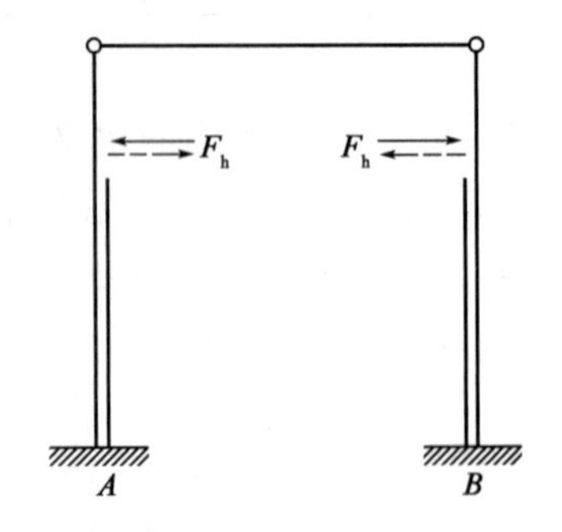

图 3.27 吊车横向水平荷载作用下计算简图

②吊车纵向水平荷载 F_{h0}。吊车纵向水平荷载是指:当吊车的大车沿厂房纵向运行时,突然起动和制动引起的纵向水平制动力。它通过吊车两端的制动轮与吊车轨道的摩擦力由吊车

梁传给纵向柱列或柱间支撑,如图3.28所示。一般排架计算时,由于厂房纵向刚度较大,纵向水平荷载可以不予计算,当需要计算时,可按式(3.16)确定(最多按两台计算):

$$F_{h0}=\gamma_Q\frac{n\cdot P_{max}}{10} \tag{3.16}$$

式中:n——吊车每侧制动轮数,一般制动轮数为每侧轮数的一半,故对四轮吊车,$n=1$。

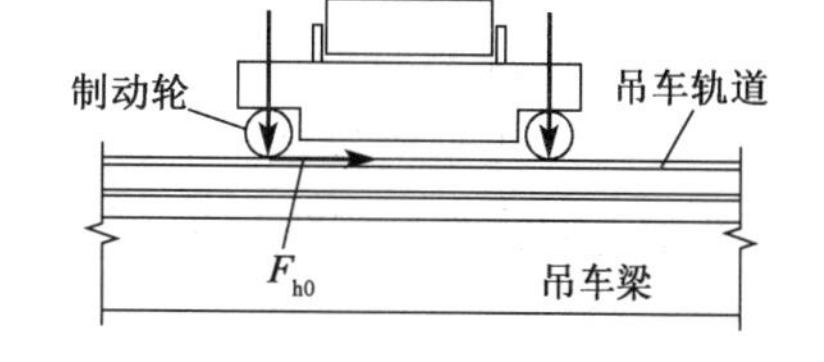

图3.28 吊车纵向水平面荷载

【例3.2】 已知某单跨厂房,跨度为18m,柱距为6m。设有两台中级工作制吊车、软钩起重量分别为200kN/50kN和150kN/30kN。吊车桥架跨度$L_k=16.5$m。求D_{max}、D_{min}、F_h等于多少。

解:由电动桥式吊车数据表3.3得,桥架宽均为$B=5600$m,轮距均为$K=4400$mm,小车自重Q_1分别为77.2kN和73.2kN。吊车最大轮压P_{max}分别为180kN和155kN,吊车总重分别为253kN和244kN。

$$P_{1min}=\frac{1}{2}(G+Q+Q_1)-P_{1max}=\frac{1}{2}(253+200)-180=46.5(\text{kN})$$

$$P_{2min}=\frac{1}{2}(G+Q+Q_1)-P_{2max}=\frac{1}{2}(244+150)-155=42(\text{kN})$$

根据图3.29所示的反力影响线可得:

$$D_{max}=\gamma_Q\psi_c[P_{1max}(y_1+y_2)+P_{2max}(y_3+y_4)]$$
$$=1.4\times0.9\times\left[180\times\left(1+\frac{1.6}{6}\right)+155\times\left(\frac{4.8}{6}+\frac{0.4}{6}\right)\right]=456.5(\text{kN})$$

$$D_{min}=\gamma_Q\psi_c[P_{1min}(y_1+y_2)+P_{2min}(y_3+y_4)]$$
$$=1.4\times0.9\times\left[46.5\times\left(1+\frac{1.6}{6}\right)+42\times\left(\frac{4.8}{6}+\frac{0.4}{6}\right)\right]=120.1(\text{kN})$$

查得α均为0.10。

$Q=200$kN时:$F_{h11}=\gamma_Q\frac{\alpha}{4}(Q+Q_1)=1.4\times\frac{0.1}{4}\times(200+77.2)=9.7(\text{kN})$

$Q=150$kN时:$F_{h12}=\gamma_Q\frac{\alpha}{4}(Q+Q_1)=1.4\times\frac{0.1}{4}\times(150+73.2)=7.81(\text{kN})$

$$F_h=\psi_c[F_{h11}(y_1+y_2)+F_{h12}(y_3+y_4)]=0.9\times\left[9.7\times\left(1+\frac{1.6}{6}\right)+7.81\times\left(\frac{4.8}{6}+\frac{0.4}{6}\right)\right]$$
$$=17.15(\text{kN})$$

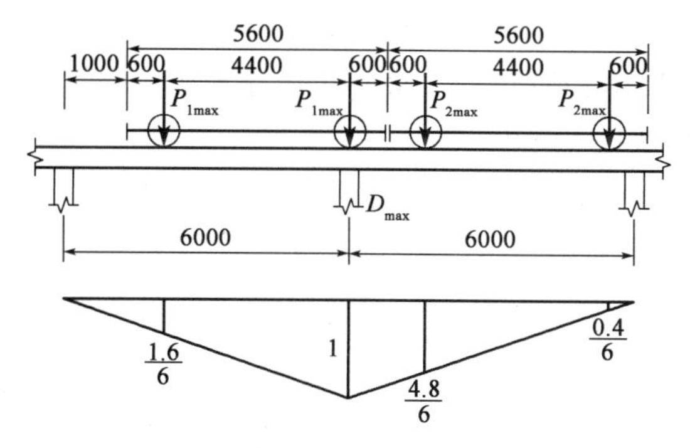

图3.29 【例3.2】图(尺寸单位:mm)

3.2.3 排架的内力计算

1)等高排架内力计算

等高排架是指排架计算简图中各柱的柱顶高程相同,或柱顶高程虽不相同,但柱顶由倾斜横梁相连的排架,如图 3.30 所示。

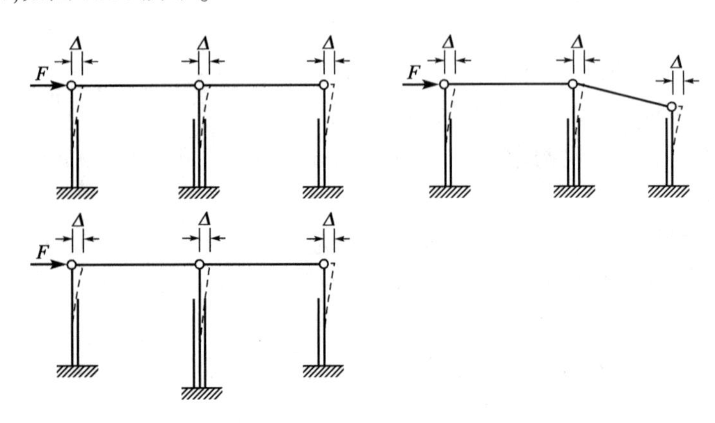

图 3.30　等高排架图计算简图

等高排架的特点:由于排架横梁可视为刚性连杆,故等高排架在任意荷载作用下各柱顶的水平位移相等。

计算内力的方法:根据等高排架的特点一般采用剪力分配法。采用剪力分配法求解排架时,各种不同荷载作用下,对排架的作用力主要分为两类:一类是作用于排架柱顶的水平集中力;另一类是作用在排架上的任意荷载。

(1)排架柱顶作用水平集中力时排架内力计算

图 3.31 为柱顶作用一水平集中力 F 的多跨等高排架。

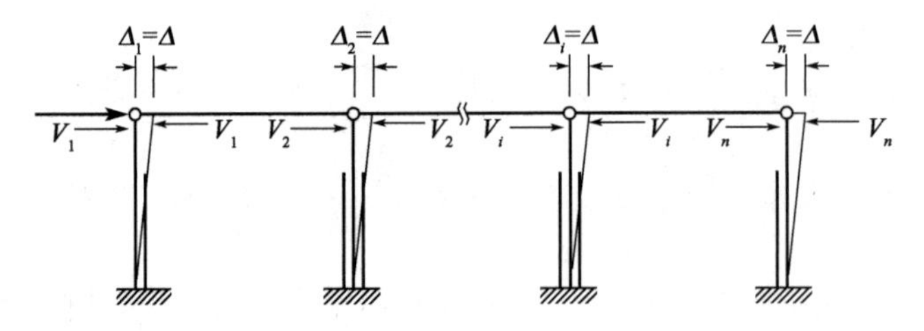

图 3.31　多跨等高排架计算简图

集中力 F 由几个柱子共同承担。如能确定各柱分担的柱顶剪力 V_i,则可按悬臂柱求解柱内力。所以,关键是如何求出柱顶剪力 V_i,而 V_i 的大小取决于柱的抗剪刚度。

根据平衡条件和变形条件可列出:

$$\Delta_1 = \Delta_2 = \cdots = \Delta_i = \cdots = \Delta_n \tag{3.17}$$

$$V_i = \frac{1}{\delta_i}\Delta_i \tag{3.18}$$

$$F = V_1 + V_2 + \cdots + V_i + \cdots + V_n = \sum_{i=1}^{n} V_i = \sum_{i=1}^{n} \frac{1}{\delta_i}\Delta_i = \Delta_i \sum_{i=1}^{n} \frac{1}{\delta_i} \tag{3.19}$$

$$\Delta_i = \frac{F}{\sum_{i=1}^{n} \frac{1}{\delta_i}}$$

将 Δ_i 代入式(3.18)得：

$$V_i = \frac{\frac{1}{\delta_i}}{\sum_{i=1}^{n} \frac{1}{\delta_i}} F = \mu_i F \tag{3.20}$$

$$\mu_i = \frac{\frac{1}{\delta_i}}{\sum_{i=1}^{n} \frac{1}{\delta_i}} \tag{3.21}$$

式中：Δ_i——第 i 柱柱顶水平位移；

V_i——第 i 柱柱顶剪力；

μ_i——第 i 柱的剪力分配系数；

δ_i——第 i 柱柱顶在单位力作用下的水平位移，如图3.32所示。δ_i 可用结构力学的方法求得。

$$\delta_i = \frac{H_2^3}{3EI_2}\left[1 + \lambda^3\left(\frac{1}{n} - 1\right)\right] = \frac{H_2^3}{C_0 EI_2} \tag{3.22}$$

$$C_0 = \frac{3}{1 + \lambda^3\left(\frac{1}{n} - 1\right)} \tag{3.23}$$

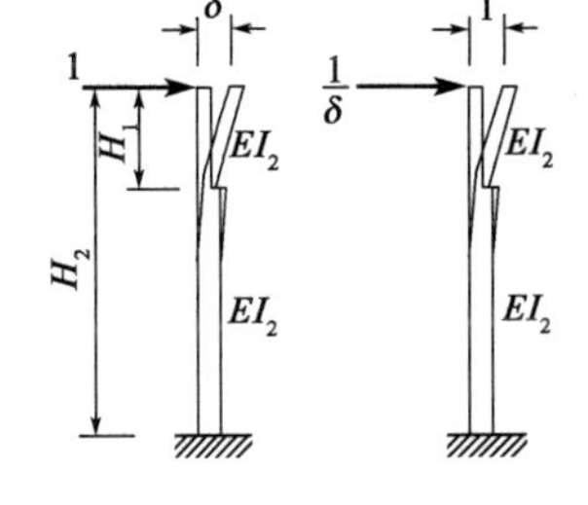

图3.32　柱的抗剪刚度

$$\lambda = \frac{H_1}{H_2} \qquad n = \frac{I_1}{I_2}$$

式中：H_1、H_2——上柱及全柱高度；

I_1、I_2——上、下柱的截面惯性矩。

由上式可知，只要求出排架各柱的剪力分配系数，便可算出各柱顶剪力 V_i，从而按悬臂柱求出柱各截面的内力。

(2)任意荷载作用下排架的内力计算

当在排架柱上作用任意荷载时[图3.33a)]，则可利用剪力分配系数，将计算过程分为如下两个步骤进行：首先在直接受荷柱顶端附加一个横向不动铰支座，阻止其水平侧移，求出其反力 R[图3.33b)]。然后将 R 反向作用于排架柱顶[图3.33c)]，以恢复到原来结构的受力情况，最后将上述两种情形所求得的内力相叠加，即可求出排架的实际内力。

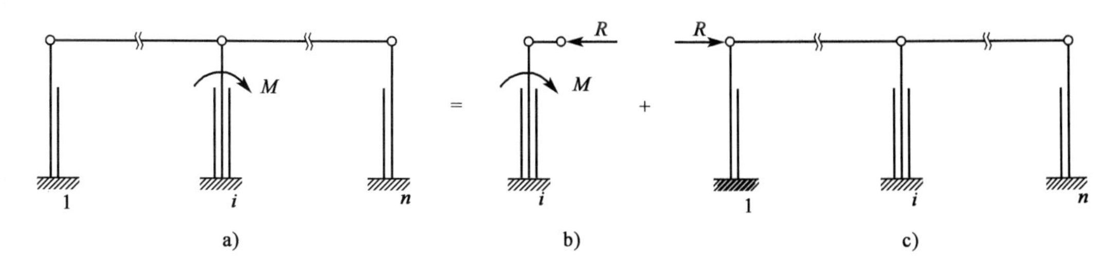

图3.33　多跨等高排架在任意荷载下的计算简图

上述第一步属于下端固定上端铰支变截面柱在任意荷载作用下柱顶反力的计算问题,均可按表3.5查得其不动铰支座反力系数,从而求得支反力 R 值[如图3.33b)的情况,可查表3.5,由 n、λ 查得反力系数 C_3,反力 $R=\frac{M}{H_2}C_3$,相应柱顶剪力即为 R],第二步属于排架柱顶作用有水平集中力时的计算问题,可求出各柱顶的分配剪力。

单阶柱柱顶反力与位移系数表 表3.5

序号	名　称	公　式	附　图
1	柱顶单位集中荷载作用下系数 C_0 的数值	$n=\frac{I_1}{I_2},\lambda=\frac{H_1}{H_2}$ $C_0=\frac{3}{1+\lambda^3\left(\frac{1}{n}-1\right)}$ $\delta=\frac{H_2^3}{EI_2C_0}$	δ 1 H_1 I_1 H_2 I_2
2	力矩作用在柱顶时系数 C_1 的数值	$C_1=\frac{3}{2}\cdot\frac{1-\lambda^2\left(1-\frac{1}{n}\right)}{1+\lambda^3\left(\frac{1}{n}-1\right)}$ $R=M\frac{\Delta}{\delta}=\frac{M}{H_2}C_1;\Delta=\delta\frac{C_1}{H_2}$	M R H_1 I_1 H_2 I_2 Δ 1
3	力矩作用在牛腿面时系数 C_3 的数值	$C_3=\frac{3}{2}\cdot\frac{1-\lambda^2}{1+\lambda^3\left(\frac{1}{n}-1\right)}$ $R=M\frac{\Delta}{\delta}=\frac{M}{H_2}C_3;\Delta=\frac{\delta}{H_2}C_3$	R H_1 I_1 M H_2 I_2 Δ 1
4	集中荷载作用在上柱($y=0.6H_1$)系数 C_5 的数值	$C_5=\frac{2-1.8\lambda+\lambda^3\left(\frac{0.416}{n}-0.2\right)}{2\left[1+\lambda^3\left(\frac{1}{n}-1\right)\right]}$ $R=F_h\frac{\Delta}{\delta}=F_hC_5;\Delta=\delta C_5$	$0.6H_1$ R H_1 I_1 T H_2 I_2 Δ 1
5	集中荷载作用在上柱($y=0.7H_1$)系数 C_5 的数值	$C_5=\frac{2-2.1\lambda+\lambda^3\left(\frac{0.243}{n}+0.1\right)}{2\left[1+\lambda^3\left(\frac{1}{n}-1\right)\right]}$ $R=F_h\frac{\Delta}{\delta}=F_hC_5;\Delta=\delta C_5$	$0.7H_1$ R H_1 I_1 T H_2 I_2 Δ 1
6	集中荷载作用在上柱($y=0.8H_1$)系数 C_5 的数值	$C_5=\frac{2-2.4\lambda+\lambda^3\left(\frac{0.112}{n}+0.4\right)}{2\left[1+\lambda^3\left(\frac{1}{n}-1\right)\right]}$ $R=F_h\frac{\Delta}{\delta}=F_hC_5;\Delta=\delta C_5$	$0.8H_1$ R H_1 I_1 T H_2 I_2 Δ 1

续上表

序号	名　称	公　式	附　图
7	均布荷载作用在整个上柱系数 C_9 的数值	$C_9 = \dfrac{8\lambda - 6\lambda^2 + \lambda^4\left(\dfrac{3}{n} - 2\right)}{8\left[1 + \lambda^3\left(\dfrac{1}{n} - 1\right)\right]}$ $R = q\dfrac{\Delta}{\delta} = qH_2C_9;\Delta = H_2\delta C_9$	
8	均布荷载作用在整个上、下柱系数 C_{11} 的数值	$C_{11} = \dfrac{3\left[1 + \lambda^4\left(\dfrac{1}{n} - 1\right)\right]}{8\left[1 + \lambda^3\left(\dfrac{1}{n} - 1\right)\right]}$ $R = q\dfrac{\Delta}{\delta} = qH_2C_{11};\Delta = H_2\delta C_{11}$	

【例3.3】 已知两跨等高排架如图3.34a)所示，作用在柱顶的风荷载集中力设计值 $F_w = 10.82\text{kN}$，作用在柱顶以下均布风荷载设计值分别为 $q_1 = 3.992\text{kN/m}$、$q_2 = 1.996\text{kN/m}$，上柱高度 $H_1 = 3.9\text{m}$，柱总高 $H_2 = 13.2\text{m}$，$I_{1A} = I_{1C} = 2.13\times10^9\text{mm}^4$，$I_{2A} = I_{2C} = 19.5\times10^9\text{mm}^4$，$I_{1B} = 7.2\times10^4\text{mm}^4$，$I_{2B} = 25.6\times10^9\text{mm}^4$，试计算排架各柱的内力。

解：(1)计算各柱剪力分配系数

$$\lambda = \frac{H_1}{H_2} = \frac{3.9}{13.2} = 0.295$$

$$A、C柱：n = \frac{I_{1A}}{I_{2A}} = \frac{2.13\times10^9}{19.5\times10^9} = 0.109$$

$$B柱：n = \frac{I_{1B}}{I_{2B}} = \frac{7.2\times10^9}{25.6\times10^9} = 0.281$$

C_0 可由公式 $C_0 = \dfrac{3}{1+\lambda^3\left(\dfrac{1}{n}-1\right)}$ 求得：

$A、C$ 柱：$C_0 = 2.48$

$$\delta_A = \delta_C = \frac{H_2^3}{EI_{2A}C_0} = \frac{(13.2\times10^3)^3}{2.48E\times19.5\times10^9} = 47.56\frac{1}{E}(\text{mm})$$

B 柱：$C_0 = 2.815$

$$\delta_B = \delta_C = \frac{H_2^3}{EI_{2B}C_0} = \frac{(13.2\times10^3)^3}{2.815E\times25.6\times10^9} = 31.92\frac{1}{E}(\text{mm})$$

剪力分配系数：

$$\mu_A = \mu_C = \frac{\dfrac{1}{\delta_A}}{2\times\dfrac{1}{\delta_A}+\dfrac{1}{\delta_B}} = \frac{\dfrac{1}{47.56}}{2\times\dfrac{1}{47.56}+\dfrac{1}{31.92}} = 0.286$$

$$\mu_B = 0.428$$

(2)求各柱柱顶剪力

将风荷载分成F_w、q_1、q_2三种情况,分别求出在各柱顶所产生的剪力,再叠加,即得各柱顶的总剪力。

q_1作用时,查表3.5计算得$C_{11}=0.33$,则柱顶不动铰支座反力为:

$$R_A = q_1H_2C_{11} = 3.992\times13.2\times0.33 = 17.39(\text{kN})$$

q_2作用时,其柱顶不动铰支座反力为:

$$R_C = R_A\frac{q_2}{q_1} = 17.39\times\frac{1.996}{3.992} = 8.70(\text{kN})$$

各柱顶的总剪力为:

$$V_A = \mu_A(F_w+R_A+R_C)-R_A$$
$$=0.286\times(10.82+17.39+8.70)-17.39=-6.83(\text{kN})(\leftarrow)$$

$$V_B=\mu_B(F_w+R_A+R_C)$$
$$=0.428\times(10.82+17.39+8.70)=15.8(\text{kN})(\rightarrow)$$

$$V_C=\mu_C(F_w+R_A+R_C)$$
$$=0.286\times(10.82+17.39+8.70)-8.70=1.856(\text{kN})(\rightarrow)$$

(3)求各柱内力

各柱的弯矩图见图3.34b)。

$$N_A=N_B=N_C=0$$

$V_{A下}=45.86\text{kN}(\rightarrow)$　　$V_{B下}=15.8\text{kN}(\rightarrow)$　　$V_{C下}=28.2\text{kN}(\rightarrow)$

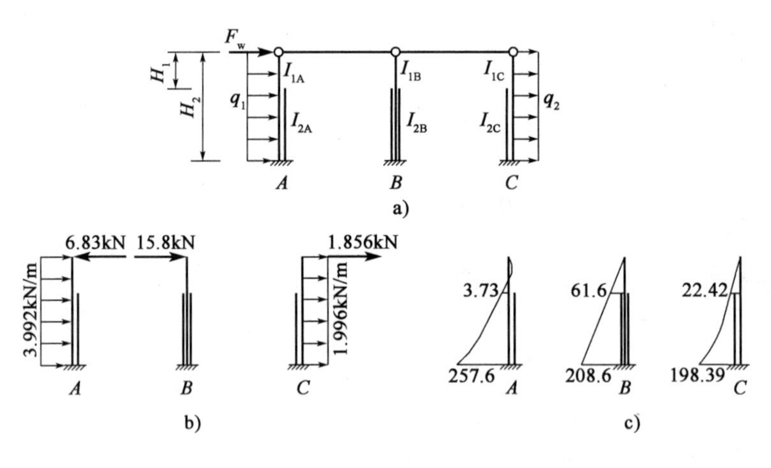

图3.34 【例3.3】图

2)不等高排架内力计算

不等高排架特点:相邻的高跨与低跨在一列柱处相搭接,两跨横梁不在同一高程上,在荷载作用下高低跨柱顶位移不相等。不等高排架内力分析通常采用力法。

下面以图3.35a)所示柱顶作用水平集中力时的两跨不等高排架为例,说明不等高排架内力计算的原理和方法。

在柱顶水平集中力F的作用下,高低跨排架横梁产生的内力分别为x_1、x_2,只要用力法求出x_1、x_2排架内力就可以按基本体系A、B、C三个单柱的受力情况确定,如图3.35b)所示。

由于横梁刚度无限大,因此同一横梁两端的柱顶位移相等,即

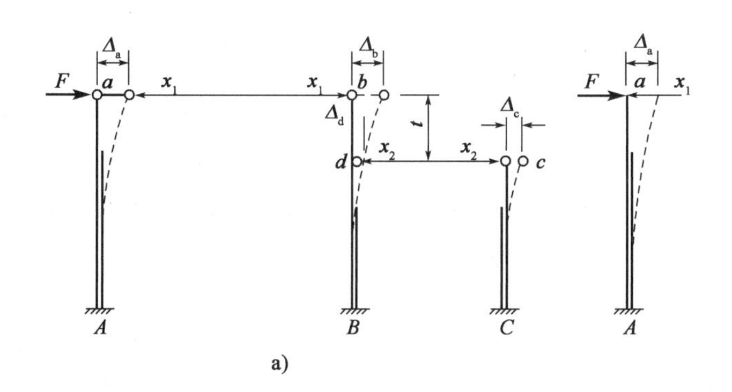

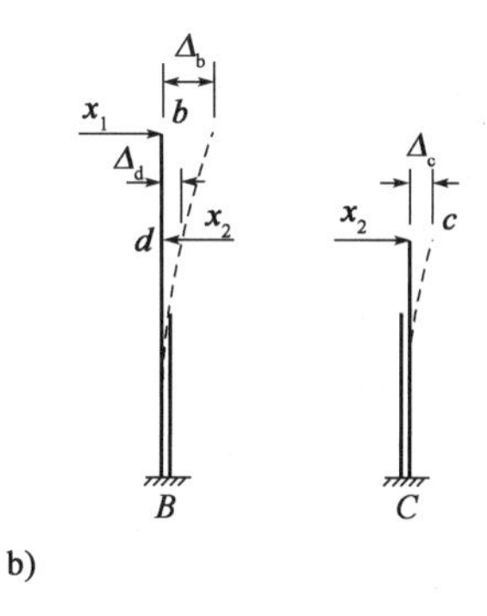

图 3.35 两跨不等高排架

$$\Delta_{a} = \Delta_{b} \qquad \Delta_{c} = \Delta_{d}$$

则有：

$$(F - x_1)\delta_{a} = x_1\delta_{b} - x_2\delta_{bd} \tag{3.24}$$

$$x_2\delta_{c} = x_1\delta_{db} - x_2\delta_{d} \tag{3.25}$$

式中：δ_a、δ_b、δ_c——分别为单位水平力作用在单柱柱顶 a、b、c 处时，该点的水平位移；

δ_d——单位水平力作用在 B 柱的 d 点处时，该点的水平位移；

δ_{bd}——单位水平力作用在 B 柱的 d 点处时，该柱顶 b 点处的水平位移；

δ_{db}——单位水平力作用在 B 柱的 b 点处时，d 点处的水平位移。

计算中可取水平位移向右为正，横梁受压为正。δ_a、δ_b、δ_c、δ_d 可由表 3.5 确定。

$\delta_{bd} = \delta_{db}$，其值可应用图乘法求出；其计算公式也可由《建筑结构计算手册》（排架计算）查得。

将求得的单位水平力作用下各位移值代入式（3.24）、式（3.25）可求出 x_1、x_2，当计算结果为正值时，横梁内力作用方向即为所设方向；当为负值时，则与所设方向相反。

对于多跨不等高排架柱上作用其他荷载时，其内力分析方法同上。

3）内力组合

内力组合是通过对排架在各种荷载单独作用下内力进行综合分析，考虑多种荷载同时出现的可能性，求出柱控制截面的最不利内力作用，作为柱及基础截面设计的依据。

（1）柱的控制截面

控制截面是指其内力能对柱内配筋起控制作用的截面。在实际工程中对单阶柱为了施工方便，上、下柱每段高度范围内配筋往往是相同的，所以需要确定上、下柱的控制截面。

对上柱：其底部截面Ⅰ-Ⅰ作为控制截面（图 3.36）。因为该截面的弯矩 M 和轴力 N 均比其他截面大。

对下柱：其上部（牛腿顶面）Ⅱ-Ⅱ和其下部（基础顶面）Ⅲ-Ⅲ作为控制截面（图 3.36）。因为Ⅱ-Ⅱ截面在吊车竖向荷载作用下弯矩 M 较大，同时轴力小于Ⅲ-Ⅲ截面，大偏压时轴力越小可能更不利。Ⅲ-Ⅲ截面在吊车水平荷载和风荷载作用下的弯矩较大，同时基础设计时也需要Ⅲ-Ⅲ截面的内力。

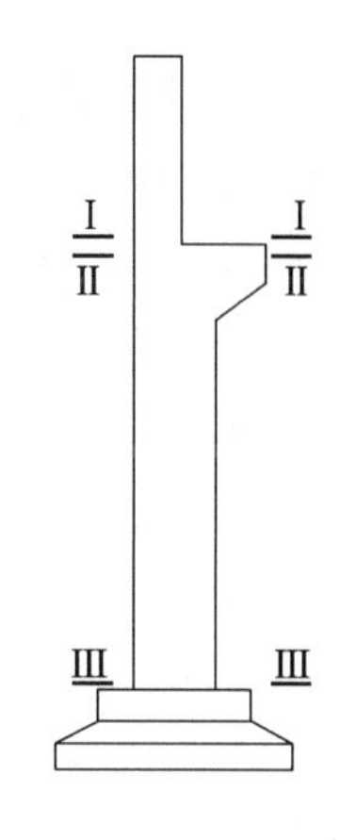

图 3.36 控制截面

(2)荷载组合

为了进行内力组合,求得控制截面上可能出现的最不利内力,必须考虑各种单项荷载同时出现的可能性进行荷载组合。因为作用在排架上的各种荷载,除自重以外,其他荷载均为可变荷载。它们可能同时出现,也可能不同时出现。即使是同时出现,各种荷载同一时间内均达到最大值的可能性较小。所以《建筑结构荷载规范》(GB 50009—2012)规定:在进行各种荷载引起的结构最不利内力组合时,除恒荷载外,对其他可变荷载可予以折减。

(3)内力组合

单层厂房柱属于偏心受压构件,对矩形、工字形等实腹柱,如不考虑抗震作用,其受力钢筋主要取决于控制截面上的 M、N。所以对Ⅰ-Ⅰ、Ⅱ-Ⅱ截面的内力,只组合 M 和 N 即可。但对Ⅲ-Ⅲ截面的内力,由于涉及基础设计,所以除组合 M、N 之外,还需组合 V。

在最不利内力组合时,应先研究 M 和 N 对配筋的影响。基于受压构件 M-N 相关关系曲线可以得出下述原则。

①大偏心受压时:M 不变时,N 越小,所需 A_s 越大;N 不变时,M 越大,所需 A_s 越大。

②小偏心受压时:M 不变时,N 越大,所需 A_s 越大;N 不变时,M 越大,所需 A_s 越大。

根据以上分析和设计经验,通常应考虑以下 4 种内力组合:

① $+M_{max}$ 及相应的 N、V;

② $-M_{max}$ 及相应的 N、V;

③N_{max} 和相应的 $+M_{max}$ 或 $-M_{max}$ 及 V;

④N_{min} 和相应的 $+M_{max}$ 或 $-M_{max}$ 及 V。

在以上 4 种内力组合中,第①、②、④组组合主要是以构件可能出现大偏心受压破坏情况进行组合的,而第③组组合是以构件可能小偏心受压破坏情况进行组合的。

在基础设计时,可在柱子底部Ⅲ-Ⅲ截面的内力中,选择能使 $\pm M$、N、V 均可能较大者,且还应考虑基础梁传来的荷载对基底产生的内力,以便使其形成基础配筋的最不利内力。

在进行最不利内力组合时,应注意的以下几点:

①永久荷载在任何情况下都存在,因此在任何一种内力组合中,必须包括永久荷载引起的内力。

②对于可变荷载下的内力,只能以一种内力组合的目标决定其取舍。如进行第②组内力组合时,须以 $-M_{max}$ 为目标来选择可变荷载的内力参加组合,并确定相应的 N、V。

③D_{max} 作用在左柱与 D_{max} 作用在该跨的右柱两种情况不可能同时出现,只能选择其中一种情况的内力参加组合。

④吊车的横向水平荷载不可能脱离其竖向荷载而单独存在,因此当采用 F_h 所产生的内力时,应当把同跨内 D_{max} 或 D_{min} 作用产生的内力组合进去。

⑤风荷载由向右作用和向左作用的两种情况,只能选择其中一种情况的内力参加组合。

⑥当以 N_{max} 和 N_{min} 为组合目标时,应使相应的 M 尽可能地大。由于 N 不变时,M 越大时配筋越多,因此对所产生轴力为零的项次,其相应的弯矩只要对截面不利,也应参加组合。

3.3 单厂钢筋混凝土排架柱的设计

3.3.1 柱的形式及选型

柱是单层厂房中主要的承重构件,常用的柱子形式有下列几种(图3.37)。

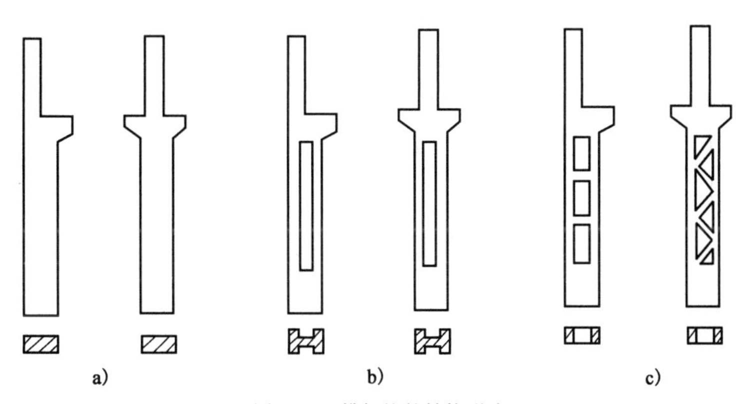

图3.37 排架柱的结构形式

a)矩形截面;b)工字形截面;c)双肢柱

1)矩形截面柱

矩形截面柱如图3.37a)所示,一般用于吊车起重量 $Q \leqslant 5t$,轨顶高程在7.5m以内,截面高度 $h \leqslant 700mm$。其主要优点为外形简单、施工方便,但自重大费材料,经济指标较差。目前,排架柱中上柱由于截面较小,常用矩形截面。

2)工字形截面柱

工字形截面柱如图3.37b)所示,通常吊车起重量在 $Q \leqslant 30t$,轨顶高程在20m以下,截面高度 $h \geqslant 600mm$。其主要优点为截面形式合理,适用范围比较广泛。但若截面尺寸较大,(如 $h > 1600mm$),吊装将比较困难。

3)双肢柱

双肢柱如图3.37c)所示,一般用在吊车起重量较大($Q \geqslant 50t$)的厂房,与工字形柱相比,自重轻受力性能合理,但其整体刚度较差,构造钢筋布置复杂,用钢量稍多。

双肢柱可分为平腹杆和斜腹杆两种形式。平腹杆双肢柱构造简单,制造方便,通常吊车的竖向荷载沿其中一个肢的轴线传递,构件主要承受轴向压力,受力性能合理;此外,其腹部的矩形孔洞整齐,便于工艺管道布置。斜腹杆双肢柱的斜腹杆与肢杆斜交呈桁架式,主要承受轴向压力和拉力,其所产生的弯矩较小,因而能节约材料。同时,构件刚度比平腹杆双肢柱好,能承受较大的水平荷载,但节点构造复杂,施工较为不便。

对于柱的截面高度(h),可参照以下界限选用:

当 $h \leqslant 500mm$ 时,采用矩形;

当 $h = 600 \sim 800mm$ 时,采用矩形或工字形;

当 $h = 900 \sim 1200mm$ 时,采用工字形;

当 $h = 1300 \sim 1500mm$ 时,采用工字形或双肢柱;

当 $h \geqslant 1600$mm 时，采用双肢柱。

其他柱型可根据实践经验及工程具体条件选用。

3.3.2 矩形、工字形截面柱的设计

设计内容包括：确定柱的截面尺寸；进行使用阶段截面设计；进行施工吊装阶段柱的验算；牛腿设计；绘出柱施工图。

1）柱截面尺寸的确定

柱的截面尺寸除应满足承载力的要求外，还应保证具有足够的刚度，以免厂房变形过大，裂缝过宽，影响厂房的正常使用。所以根据刚度要求对于柱距为6m的厂房中矩形、工字形截面柱截面尺寸，可参考表3.6、表3.7确定。

柱距6m矩形及工字形柱截面尺寸参考表 表3.6

柱的类型	b	h		
		$Q \leqslant 10$t	10t $< Q < 30$t	30t $< Q < 50$t
有吊车厂房下柱	$\geqslant H_1/22$	$\geqslant H_1/14$	$\geqslant H_1/12$	$\geqslant H_1/10$
露天吊车柱	$\geqslant H_1/25$	$\geqslant H_1/10$	$\geqslant H_1/8$	$\geqslant H_1/7$
单跨无吊车厂房柱	$\geqslant H_1/30$	$\geqslant 1.5H/25$		
多跨无吊车厂房柱	$\geqslant H/30$	$\geqslant H/20$		
仅承受风载与自重的山墙抗风柱	$\geqslant H_1/40$	$\geqslant H_1/25$		
同时承受由连系梁传来山墙重的山墙抗风柱	$\geqslant H_b/30$	$\geqslant H_1/25$		

注：H_1 为下柱高度（算至基础顶面）；H 为柱全高（算至基础顶面）；H_b 为山墙抗风柱从基础顶面至柱平面外（宽度）方向支撑点的高度。

柱距6m中级工作制吊车单层厂房柱截面形式及尺寸参考表(mm) 表3.7

吊车起重量(t)	轨顶高度(m)	6m柱距（边柱）		6m柱距（中柱）	
		上柱(mm)	下柱(mm)	上柱(mm)	下柱(mm)
≤5	6~8	矩400×400	Ⅰ400×600×100	矩400×400	Ⅰ400×600×100
10	8	矩400×400	Ⅰ400×700×100	矩400×600	Ⅰ400×800×150
	10	矩400×400	Ⅰ400×800×150	矩400×600	Ⅰ400×800×150
15~20	8	矩400×400	Ⅰ400×800×150	矩400×600	Ⅰ400×800×150
	10	矩400×400	Ⅰ400×900×150	矩400×600	Ⅰ400×1000×150
	12	矩500×400	Ⅰ500×1000×200	矩500×600	Ⅰ500×1200×200
30	8	矩400×400	Ⅰ400×1000×150	矩400×600	Ⅰ400×1000×150
	10	矩400×500	Ⅰ400×1000×150	矩500×600	Ⅰ500×1200×200
	12	矩500×500	Ⅰ500×1000×200	矩500×600	Ⅰ500×1200×200
	14	矩600×500	Ⅰ600×1200×200	矩600×600	Ⅰ600×1200×200
50	10	矩500×500	Ⅰ500×1200×200	矩500×700	Ⅱ500×1600×300
	12	矩500×600	Ⅰ500×1400×200	矩500×700	Ⅱ500×1600×300
	14	矩600×600	Ⅰ600×1400×200	矩600×700	Ⅱ600×1800×300

注：表中的截面形式采用下述符号：矩为矩形截面 $b \times h$（宽度×高度）；Ⅰ为工形截面 $b \times h \times h_f$（h_f 为翼缘高度）；Ⅱ为双肢柱 $b \times h \times h_f$（h_f 为肢杆高度）。

另外，在设计柱截面尺寸应注意：

(1)根据《规范》的要求，工字形截面柱的翼缘厚度不宜小于120mm，腹板厚度不宜小于100mm，当腹板开孔时，在孔洞周边宜设置2～3根直径不小于8mm的封闭钢筋。

(2)根据《规范》的要求，腹板开孔的工字形截面柱，当孔的横向尺寸小于柱截面高度的一半，孔的竖向尺寸小于相邻两孔之间的净距时，柱的刚度可按实腹工字形柱计算，但在计算承载力时应扣除孔洞的削弱部分；当开孔尺寸超过上述规定时，柱的刚度和承载力应按双肢柱计算。

(3)柱子在支撑屋架和吊车梁的局部处，应做成矩形截面；柱子下端插入基础杯口部分，根据施工需要一般常做成矩形截面，如图3.38所示。

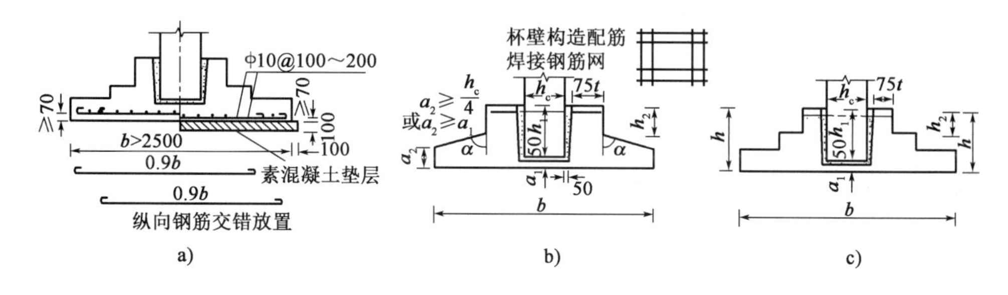

图3.38 独立基础外形尺寸和配筋构造(尺寸单位：mm)

(4)柱子的插入深度 h_1 应保证预制柱嵌固在基础中，满足柱内受力钢筋锚固长度要求，并应考虑吊装和安装时柱的稳定性，可根据柱的类型和截面高度按表3.8选定。

柱的插入深度 h_1(mm) 表3.8

矩形或I形截面柱				双 肢 柱
$h_c<500$	$500\leq h_c<800$	$800\leq h_c\leq 1000$		
$(1.0\sim1.2)h_c$	h_c	$0.9h_c$ 且≥800	$0.8h_c$ 且≥1000	$\left(\frac{1}{3}\sim\frac{2}{3}\right)h_a$ $(1.5\sim1.8)h_b$

注：1. h_c 为柱截面长边尺寸；h_a 为双肢柱整个截面长边尺寸；h_b 为双肢柱整个截面短边尺寸。
2. 柱轴心受压或小偏心受压时，h_1 可适当减少；偏心距 $e_0>2h_c$ 时，h_1 应适当加大。

2)截面设计

柱截面设计的主要任务是进行使用阶段柱截面配筋计算和施工阶段的截面配筋验算(即吊装验算)。

(1)使用阶段配筋计算

①柱的计算长度。在排架结构计算简图中，排架柱上部为铰支座，下部简化为固定支座。但实际上由于地基土是可压缩的，另外还有连梁、吊车梁、圈梁等与柱相连，上下柱是变截面，所以这种简化具有近似性，不是理想的固定支座。因此，计算长度的确定不能直接采用材料力学的方法。《规范》在综合分析和工程实践的基础上，给出了表3.9所示的柱子计算长度 l_0 的规定值。

采用刚性屋盖的单层工业厂房排架柱、露天吊车柱和栈桥柱的计算长度 l_0　　表 3.9

柱的类型		排架方向	垂直排架方向	
			有柱间支撑	无柱间支撑
无吊车厂房柱	单跨	$1.5H$	$1.0H$	$1.2H$
	两跨及多跨	$1.25H$	$1.0H$	$1.2H$
有吊车厂房柱	上柱	$2.0H_u$	$1.25H_u$	$1.5H_u$
	下柱	$1.0H_l$	$0.8H_l$	$1.0H_l$
露天吊车柱和栈桥柱		$2.0H_l$	$1.0H_l$	—

注:1. 表中 H 为从基础顶面算起的柱子全高;H_l 为从基础顶面至装配式吊车梁底面或现浇式吊车梁顶面的柱子下部高度;H_u 为从装配式吊车梁底面或从现浇式吊车梁顶面算起的柱子上部高度。

2. 表中有吊车厂房排架柱的计算长度,当计算中不考虑吊车荷载时,可按无吊车厂房采用,但上柱的计算长度仍按有吊车厂房采用。

3. 表中有吊车厂房排架柱的上柱在排架方向的计算长度,仅适用于 $H_u/H_l \geq 0.3$ 的情况;当 $H_u/H_l < 0.3$ 时,宜采用 $2.5H_u$。

②柱的配筋计算。根据排架计算求得柱子控制截面最不利组合的内力 M、N,按偏心受压构件进行配筋计算,截面配筋通常采用对称配筋。

(2)柱吊装阶段的验算

施工中预制柱吊装时,是在柱子自重作用下处于受弯状态,与使用阶段不同,而且为了加快施工进度,往往在混凝土强度达到设计强度的70%以上就可进行柱的吊装。所以柱子必须根据吊装时的实际受力情况和混凝土的实际强度来进行验算。预制柱的吊装可以采用平吊,也可以采用翻身吊。其柱子的吊点一般均设在牛腿的下边缘处。起吊方法及计算简图如图 3.39 所示,控制截面选择 E、B、C 点进行承载力和裂缝宽度验算。

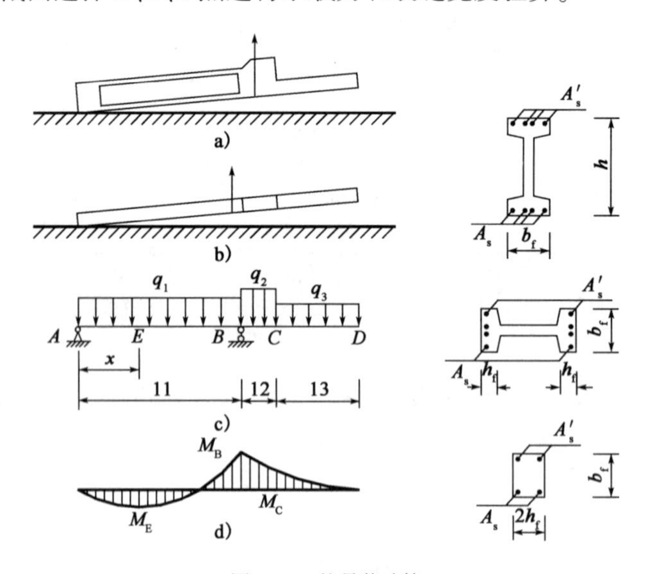

图 3.39　柱吊装验算

a)翻身吊;b)平吊;c)计算简图;d)M 图

在验算时应注意以下几点问题:

①柱承受的荷载主要为柱的自重,分项系数取 1.35。

②考虑到起吊时的动力作用,应乘以动力系数 1.5。

③考虑到施工阶段吊装是暂时的，所以结构安全等级可降低一级。

④当柱变阶处配筋不足时，可在该区域局部加配短筋。

⑤采用平吊时截面受力方向是柱子的平面外方向。此时对工字形截面柱的腹板作用可忽略不计，并可简化为宽度为 $2h_f$、高度为 b_f 的矩形截面梁进行验算，此时其纵向受力钢筋只考虑两翼缘上下最外边的一排作为 A_s 及 A_s' 的计算值。

⑥在验算构件裂缝宽度时，一般可按允许出现裂缝的控制等级进行吊装验算(吊装验算方法详见3.5节)。

3.3.3 牛腿设计

单层厂房中牛腿是支撑吊车梁、屋架、托梁、连系梁等的重要承重部件。设置牛腿的目的是：在不增加柱截面的情况下，加大构件的支撑面积，从而保证构件间的可靠连接。由于作用在牛腿的荷载大多较大或是动力作用的荷载，所以其受力状态复杂，是排架柱极为重要的组成部分。

1)牛腿的分类

根据牛腿的竖向荷载作用线到牛腿根部的水平距离 a 的不同，牛腿可分为两种。

(1)短牛腿

如图3.40a)所示，$a \leqslant h_0$ 时称为短牛腿。

(2)长牛腿

如图3.40b)所示，$a > h_0$ 时称为长牛腿。

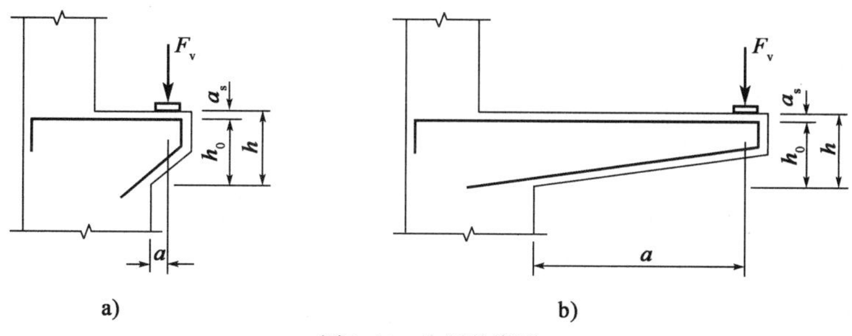

图3.40 牛腿的类型

a)短牛腿；b)长牛腿

长牛腿的受力特点与悬臂梁相似，故按悬臂梁设计计算。

短牛腿可看作是变截面悬臂深梁。由于一般牛腿都是短牛腿，所以本节讨论的是短牛腿的设计计算方法。

2)牛腿的受力特征和破坏形态

牛腿的加载试验表明：当牛腿顶部竖向荷载 F_v 较小时，牛腿基本处于弹性受力状态，如图3.41a)所示，牛腿的主拉应力迹线大致与牛腿上表面平行分布也较均匀，只是加载点附近稍向下倾斜，在 ab 连线附近不太宽的带状区域内，主压应力迹线与斜边大致平行，分布也较均匀。上柱根部与牛腿表面交接处有应力集中现象。

当加载至极限荷载的20% ~40%时，首先在上柱根部与牛腿交界处自上而下地出现竖向裂缝①，如图3.41b)所示，这是由于应力集中现象的缘故。但该裂缝很细，对牛腿的受力性能影响不大。

当加载至极限荷载的40% ~60%时，在加垫板的内侧出现裂缝②，其方向大体与压应力迹线平行。

继续加载，随剪跨比 a/h_0 的不同牛腿有以下几种破坏形态：

(1)弯压破坏

当 $0.75 < a/h_0 \leq 1$ 或纵筋配置很小时，发生弯压破坏。此时斜裂缝②以外的部分绕牛腿和下柱的交点转动，最后受压区混凝土压碎而破坏，如图3.41b)所示。

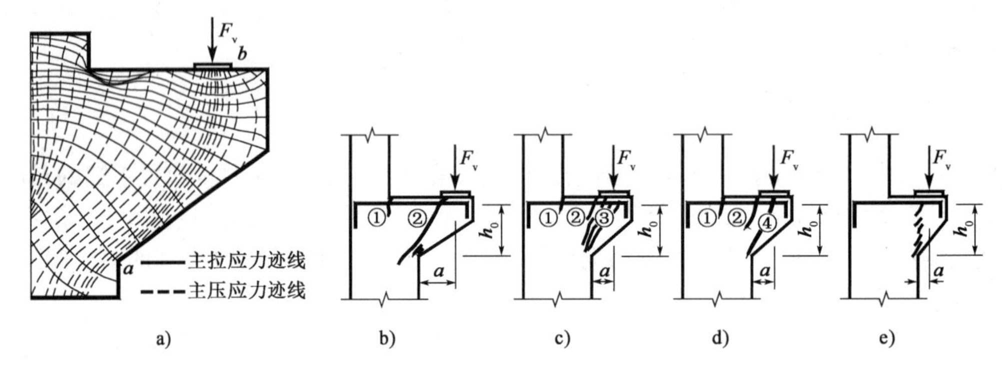

图3.41　牛腿应力状态和破坏形态

(2)斜压破坏

当 $0.1 < a/h_0 \leq 0.75$ 时发生斜压破坏。此时斜裂缝②外侧出现许多细而短的裂缝③，该处混凝土达到抗压强度而斜向压坏，如图3.41c)所示；有时斜裂缝③不出现，而是在垫板下突然出一条通长的斜裂缝④而破坏，如图3.41d)所示。

(3)剪切破坏

当 $a/h_0 \leq 0.1$ 时发生剪切破坏。此时在牛腿与柱边交接面处，产生一系列大体平行的短斜裂缝，最后混凝土出现剪切破坏，如图3.41e)所示。

此外，当垫板尺寸过小或牛腿宽度过窄时，可能使垫板下混凝土发生局压破坏。当牛腿纵筋锚固不足时，还会发生纵筋的拔出破坏等。

3)牛腿截面尺寸确定

根据试验研究，牛腿内水平拉力较大或 a/h_0 值的增加，有可能导致牛腿斜向开裂。由于这种斜裂缝会造成使用者有明显不安全感，且加固困难，故通常是牛腿截面宽度取柱等宽，牛腿高度可以根据使用阶段不出现裂缝的控制条件确定。根据这一原则和试验结果，《规范》给出，当 $a \leq h_0$ 时的确定牛腿截面尺寸的经验公式(图3.42)：

$$F_{vk} \leq \beta\left(1 - 0.5\frac{F_{hk}}{F_{vk}}\right)\frac{f_{tk}bh_0}{0.5 + \dfrac{a}{h_0}} \tag{3.26}$$

式中：F_{vk}——作用于牛腿顶部按荷载标准值组合计算的竖向力值；

F_{hk}——作用于牛腿顶部按荷载标准值组合计算的水平拉力值；

β——裂缝控制系数。对支撑吊车梁的牛腿 $\beta = 0.65$，其他牛腿 $\beta = 0.80$；

a——竖向力作用点至下柱边缘的距离，此时应注意安装偏差20mm，当考虑20mm安装偏差后的竖向力作用点仍位于下柱截面以内时取 $a = 0$，即 $a < 0$ 时取 $a = 0$；

b——牛腿宽度(取与柱等宽)；

h_0——牛腿与下柱交接面的垂直截面的有效高度($h_0 = h_1 - a_s + c\tan\alpha$)，$\alpha > 45°$ 时，

取$\alpha=45$；

c——下柱边缘至牛腿外边缘的水平距离，$c=\frac{1}{2}$吊车梁宽$+c_1+a$，$c_1\geqslant 70\text{mm}$；

h_1——牛腿外边缘高度，h_1不应小于$h/3$，且不应小于200mm。

4）牛腿的承载力计算

（1）计算简图

根据牛腿的受力特征，牛腿一般近似看作是一个以顶面纵向钢筋为水平拉杆，以混凝土斜向压力带为压杆的三角形桁架，如图3.42所示。

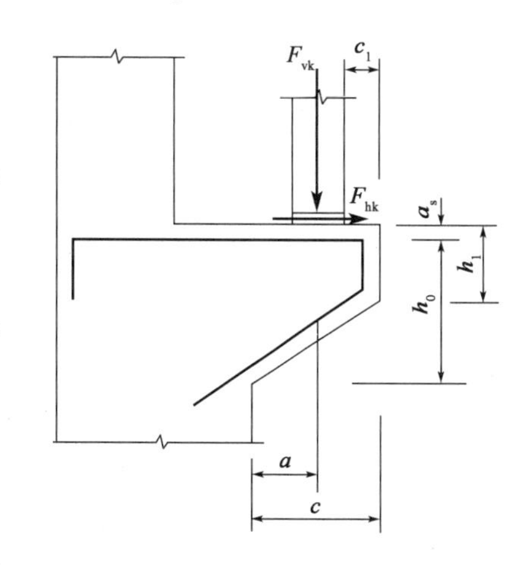

图3.42　牛腿的截面尺寸

（2）牛腿正截面受弯承载力计算

根据牛腿的计算简图（图3.43）及力的平衡条件$\sum M_A=0$得：

$$F_v a+F_h(\gamma_0 h_0+a_s)=f_y A_s \gamma_0 h_0 \tag{3.27}$$

$$\frac{F_v a}{\gamma_0 h_0}+\frac{F_h(\gamma_0 h_0+a_s)}{\gamma_0 h_0}=f_y A_s$$

式中近似地取内力臂系数$\gamma_0=0.85$，$(\gamma_0 h_0+a_s)/\gamma_0 h_0\approx 1.2$，将其代入式（3.27）得牛腿纵向钢筋总截面面积为：

$$A_s\geqslant\frac{F_v a}{0.85 f_y h_0}+1.2\frac{F_h}{f_y} \tag{3.28}$$

式中：F_v、F_h——分别为作用在牛腿顶部的竖向力和水平拉力的设计值。

当$a<0.3h_0$时，取$a=0.3h_0$。

式（3.28）中第一项为承受竖向力所需的纵向受拉钢筋；第二项为承受水平拉力所需的纵向受拉钢筋。

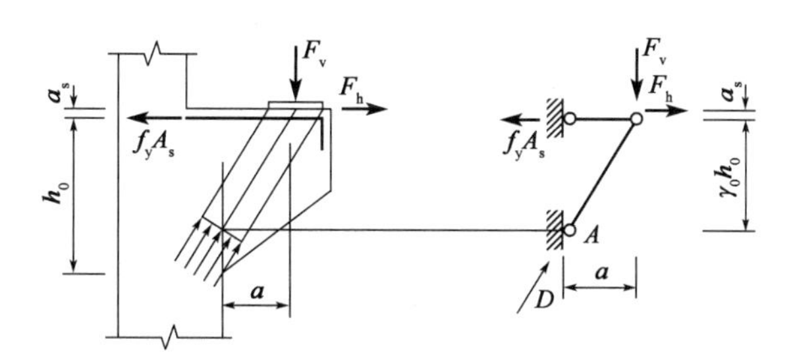

图3.43　牛腿的计算简图

（3）牛腿斜截面承载力

牛腿的斜截面承载力主要取决于混凝土的强度等级和牛腿截面尺寸。同时水平箍筋和弯起钢筋对牛腿斜裂缝的开展具有抑制作用，并间接地提高牛腿的斜截面承载力。而且在常用的构件尺寸和配筋情况下，其受剪承载力总是高于其开裂时的承载力，所以满足式（3.26）要求后，按构造要求配置水平箍筋和弯起箍筋，就可不必验算斜截面承载力。

（4）牛腿局部受压承载力

《规范》规定在牛腿顶面的受压面上，由竖向力F_{vk}所引起的局部压应力不得超过$0.75f_c$。即：

$$\sigma_{1} = \frac{F_{vk}}{A_{1}} \leqslant 0.75f_{c} \tag{3.29}$$

式中：A_1——局部受压面积。

若不满足式(3.29)，则应加大受压面积，提高混凝土强度等级或设置钢筋网等有效措施。

5)牛腿的构造要求

(1)纵向受拉钢筋采用HRB400级、HRBF400或HRB500级、HRBF500级钢筋。全部受拉钢筋应伸至牛腿外缘，并沿外缘向下伸入柱内150mm后截断。纵向受力钢筋及弯起钢筋应伸入上柱，并满足相应的锚固长度，当采用直线锚固时，锚固长度不应小于《规范》规定的受拉钢筋锚固长度 l_a 值；当上柱尺寸不足以设置直线锚固长度 l_a 时，上部纵向钢筋应伸至节点对边并向下弯折90°，弯折前的水平投影长度不应小于 $0.4l_a$，弯折后的垂直投影长度不应小于15d，如图3.44a)所示。

牛腿柱配筋　　牛腿柱配筋-配弯起式钢筋

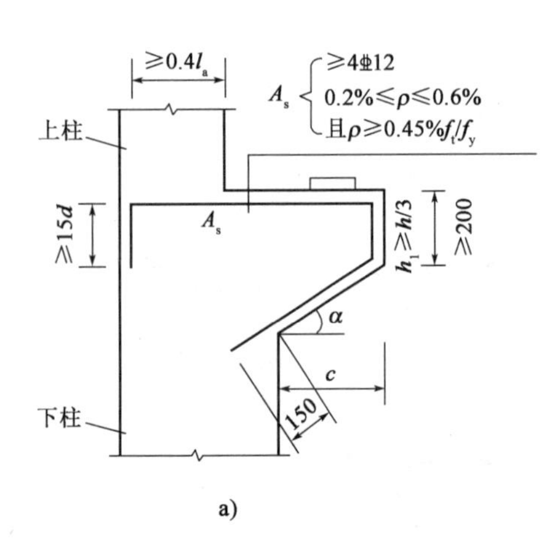

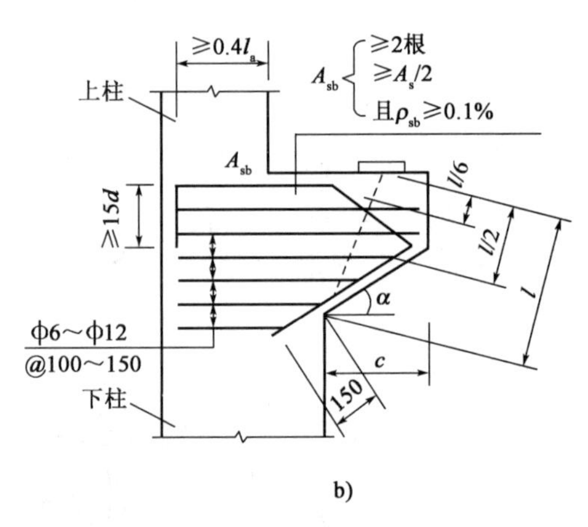

图3.44　牛腿构造要求

a)牛腿尺寸及纵筋构造要求；b)牛腿箍筋及弯起钢筋构造要求

承受竖向力所需的纵向受拉钢筋的配筋率 $\left(\rho_{min} = \frac{A_s}{bh_0}\right)$，不应小于0.2%及 $0.45f_t/f_y$，也不宜大于0.6%，且根数不宜少于4根，直径不应小于12mm。

当牛腿设于柱顶时，宜将柱对边的纵向受力钢筋沿柱顶水平弯入牛腿，作为牛腿纵向受拉钢筋使用；若牛腿纵向受拉钢筋与柱对边纵向受拉钢筋分开设置，则牛腿纵向受拉钢筋弯入柱外侧后，应与柱外边纵向钢筋可靠搭接，其搭接长度不应小于 $1.7l_a$。

(2)牛腿的水平箍筋直径应取6~12mm，间距为100~150mm，且在上部 $2h_0/3$ 范围内水平箍筋总截面面积不应小于承受竖向力的受拉钢筋截面面积的1/2[图3.44b)]。

(3)当 $a/h_0 \geqslant 0.3$ 时，牛腿内应设置弯起钢筋。弯起钢筋宜采用HRB400级、HRBF400或HRB500级、HRBF500级钢筋。并宜设置在集中荷载作用点和牛腿斜边下端点连线的牛腿上

部 $l/6 \sim l/2$ 之间的范围内，其截面面积 A_{sb} 不宜小于承受竖向力的受拉钢筋截面面积的 1/2，其根数不宜少于 2 根，直径不宜小于 12mm。纵向受拉钢筋不得兼作弯起钢筋。弯起钢筋下端伸入下柱及上端与上柱锚固，其构造规定与纵向受拉的做法相同，如图 3.44b）所示。

【例 3.4】 某单层厂房，跨度为 18m，设两台 $Q=100\text{kN}$ 的软钩、中级工作制吊车，上柱截面 400mm×400mm，下柱截面 400mm×600mm，如图 3.45 所示。牛腿上作用有吊车竖向荷载 $D_{max}=230\text{kN}$，水平荷载 $F_{hk}=8.94\text{kN}$，吊车梁及轨道重 $G_{4k}=33\text{kN}$，混凝土强度等级为 C30，纵筋及弯起筋采用 HRB400 级，试确定其牛腿的尺寸及配筋。

解：（1）验算牛腿截面尺寸

牛腿的外形尺寸为 $h_1=250\text{mm}$，$c=400\text{mm}$，$\alpha=45°$，$h=650\text{mm}$，$h_0=650-40=610(\text{mm})$，$a=750-600+20=170(\text{mm})$，$f_{tk}=2.01\text{N/mm}^2$，$\beta=0.65$。

$$F_{vk}=D_{max}+G_{4k}=230+33=263(\text{kN})$$

$$\beta\left(1-0.5\frac{F_{hk}}{F_{vk}}\right)\frac{f_{tk}bh_0}{0.5+\frac{a}{h_0}}=0.65\times\left(1-0.5\times\frac{8.94}{263}\right)\times\frac{2.01\times400\times610}{0.5+\frac{170}{610}}$$

$$=402.43\times10^3=402.43(\text{kN})>F_{vk}=263(\text{kN})$$

牛腿尺寸满足要求。

（2）配筋计算

$$F_v=1.2\times33+1.4\times230=361.6(\text{kN})$$

$$F_h=1.4\times8.94=12.52(\text{kN})$$

$$0.3h_0=0.3\times610=183(\text{mm})>a$$

$$A_s=\frac{F_v\cdot a}{0.85f_yh_0}+1.2\frac{F_h}{f_y}=\frac{361.6\times10^3\times183}{0.85\times360\times610}+1.2\times\frac{12.52\times10^3}{360}$$

$$=354.51+41.73=396.24(\text{mm}^2)$$

$$0.002bh=0.002\times400\times650=520(\text{mm}^2)$$

$$0.45\frac{f_t}{f_y}bh=0.45\times\frac{1.43}{360}\times400\times650=464.75(\text{mm}^2)$$

$$A_{smin}=520\text{mm}^2>A_s=371.06\text{mm}^2$$

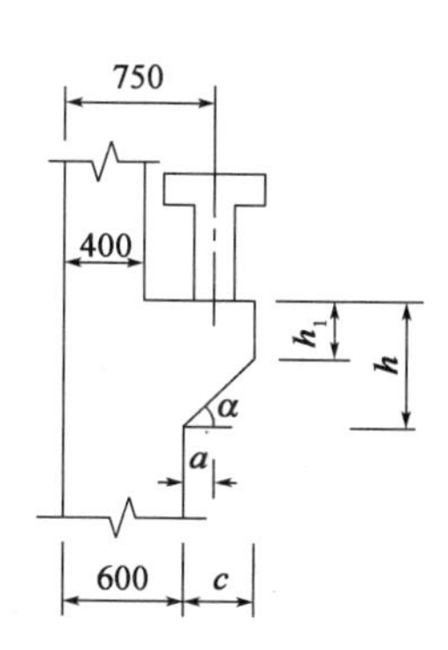

图 3.45 【例 3.4】图（尺寸单位：mm）

根据构造要求选用 4 Φ 14，$A_s=615\text{mm}^2$，箍筋选用ϕ 8@ 100（选用 2 ϕ 8，$A_{sv}=2\times50.3=100.6\text{mm}^2$），则在上部$\frac{2}{3}h_0$ 处实配箍筋截面面积为：

$$A_{sv}=\frac{100.6}{100}\times\frac{2}{3}\times610=409.1(\text{mm}^2)>\frac{615}{2}=307.5(\text{mm}^2)$$

故符合要求。

弯起钢筋：因 $a/h_0=\frac{170}{610}=0.28<0.3$，故牛腿中可不设弯起钢筋。

3.4 单层厂房各构件与柱连接

单层厂房是由许多构件组成的，柱子是单层厂房中主要承重构件。许多构件都与其相连接，并将作用于各构件上的竖向荷载和水平荷载通过柱子传给基础。所以柱与其他构件可靠连接是保证构件传力及结构整体性的重要环节。同时构件的连接构造还关系到构件设计时的受力性能、计算简图,也关系到工程质量和施工进度。下面介绍构件与柱常用连接构造做法。

3.4.1 屋架(屋面梁)与柱的连接

屋架(屋面梁)与柱的连接是通过连接板与屋架(屋面梁)端部预埋件之间的焊接或螺栓连接来实现的,如图3.46所示。垫板的设置位置为:使其形心落在屋架传给柱子压力合力作用线正好通过屋架上、下弦中心线交点的位置上,一般位于距厂房定位轴线内侧150mm处。此节点主要承受竖向力和水平力,抵抗弯矩能力很小。

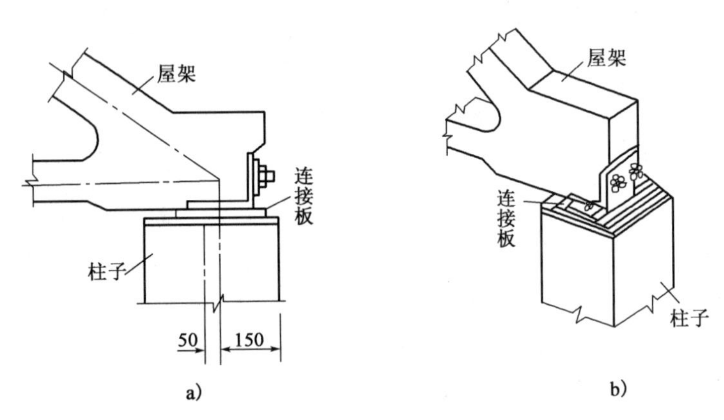

图3.46 屋架与柱子的连接(尺寸单位:mm)

a)立面图;b)立体图

3.4.2 吊车梁和柱连接

吊车梁底面通过连接钢板与牛腿顶面预埋钢板焊接,以此传递吊车竖向压力和纵向水平力。吊车梁顶面通过连接钢板(或角钢)与上柱预埋钢板焊接,以此传递横向水平力。当吊车吨位较大时,在吊车梁与上柱间空隙要用C20混凝土灌实,以提高其连接的刚度和整体性,如图3.47所示。

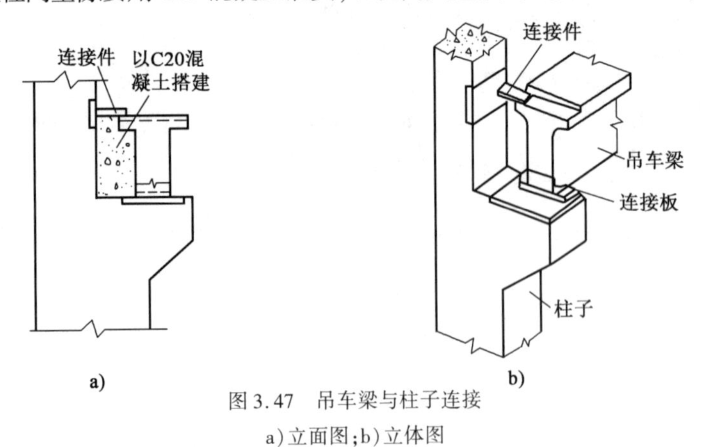

图3.47 吊车梁与柱子连接

a)立面图;b)立体图

3.4.3 墙与柱的连接

通常沿柱高每500mm在柱内预埋φ6钢筋,砌墙时将钢筋砌筑在墙内如图3.48所示,这种连接可将墙面上的风荷载传递给柱,且能保证墙体的稳定。

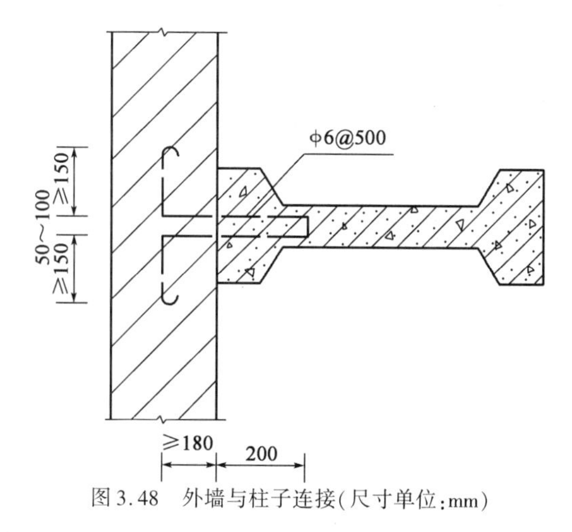

图 3.48 外墙与柱子连接(尺寸单位:mm)

3.4.4 圈梁与柱连接

一般在对应圈梁高度处的柱内预留拉筋与现浇圈梁浇在一块,在水平荷载下,柱可做圈梁的支点,如图 3.49 所示。

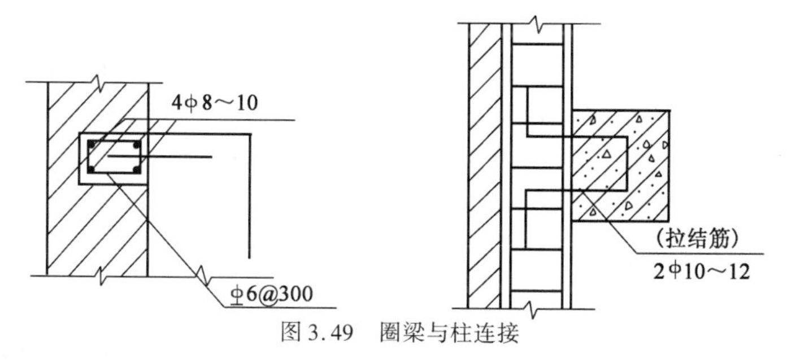

图 3.49 圈梁与柱连接

3.4.5 屋架(屋面梁)与山墙抗风柱的连接

抗风柱一般与基础刚接,与屋架上弦铰接,也可与屋架下弦铰接(当屋架设有下弦横向水平支撑时),或同时与屋架上,下弦铰接。在竖向应允许屋架和抗风柱间有一定的相对位移,可采用弹簧板连接,也可采用长圆孔螺栓连接,如图 3.50 所示。

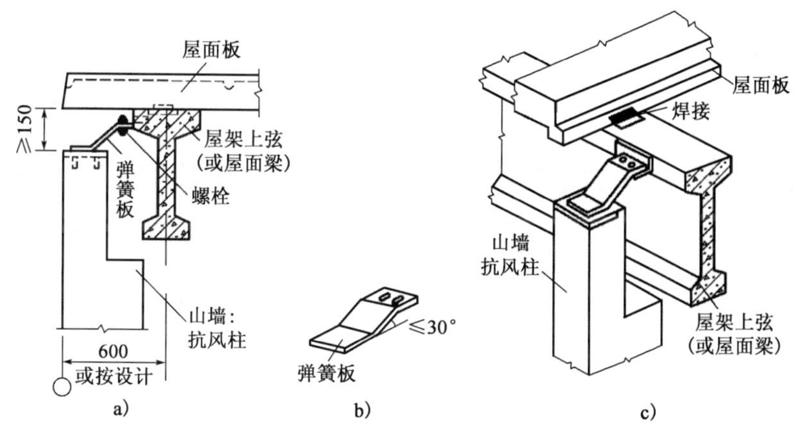

图 3.50 屋架(屋面梁)与抗风柱连接(尺寸单位:mm)
a)刨面图;b)弹簧板;c)立体图

3.5　单层厂房结构设计实例

3.5.1　设计资料

(1)某金工车间为双跨等跨等高有天窗厂房,排架结构,跨度24m,柱距6m,厂房总长度120m,中间设伸缩缝一道,室内外高差0.15m。

(2)车间每跨内设有32t/5t和20t/5t电动双钩桥式吊车两台,工作级别为A5。根据工艺要求,吊车轨顶高程为10.2m。

(3)车间所在场地的地质条件:厂房建设地点为北方某城市,地基土为均质黏性土,承载力特征值$f_a = 220kN/m^2$,不考虑地下水。

(4)该地区基本风压为$0.65kN/m^2$,基本雪压为$0.45kN/m^2$,最大冻深$-1.65m$,不考虑抗震设防。

(5)结构做法以及荷载资料。

屋面:采用卷材防水保温做法。

墙体:370mm厚煤矸石空心砖墙、非承重墙($8 \sim 8.5kN/m^3$)、塑钢窗($0.45kN/m^2$)。

材料:混凝土C30、柱中主筋HRB400、箍筋以及基础底板钢筋HPB300。

3.5.2　结构平、剖面布置

(1)柱结构平面布置图,如图3.51所示。

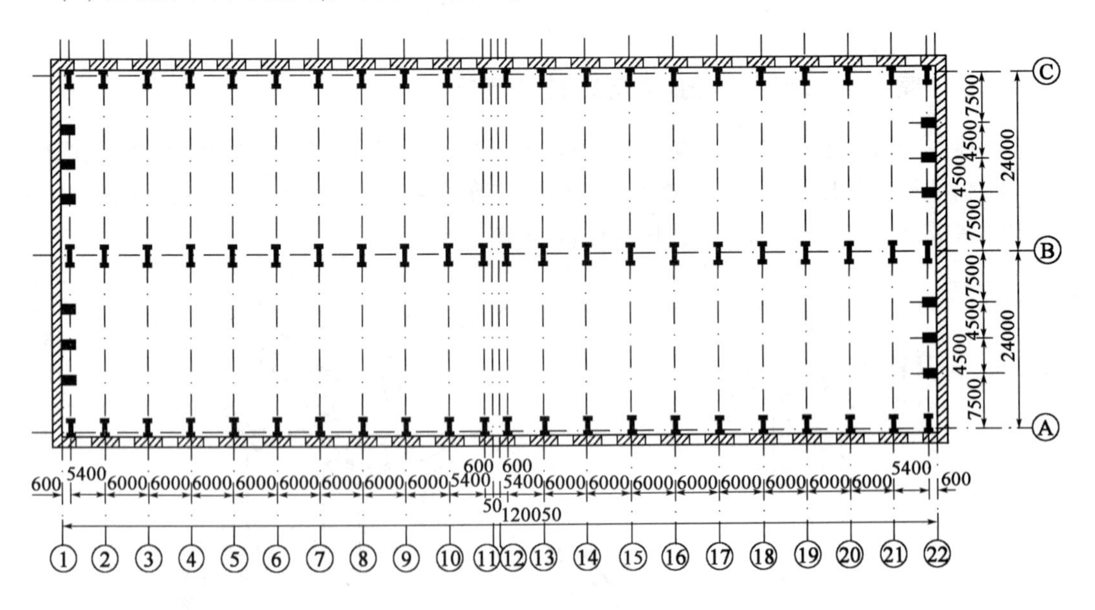

图3.51　柱结构平面布置图(尺寸单位:mm)

(2)厂房剖面图,如图3.52所示。

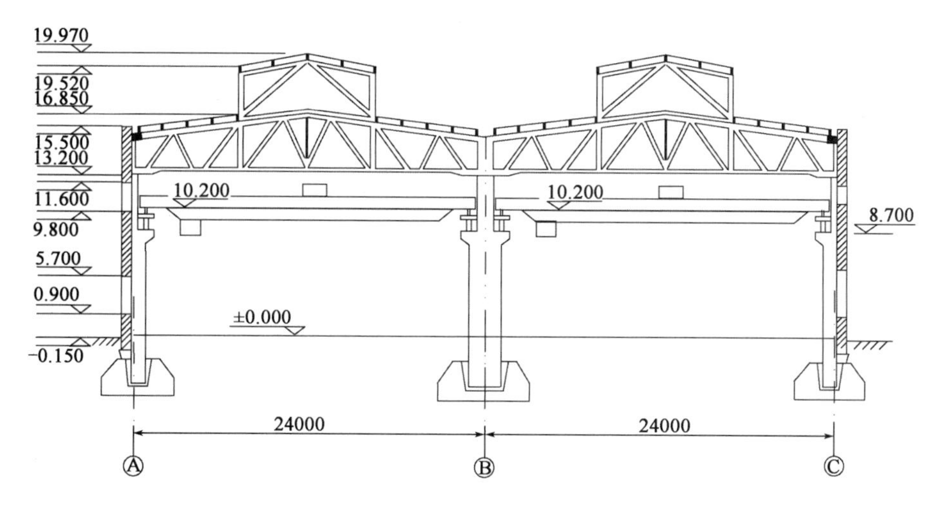

图 3.52 厂房剖面图(尺寸单位:mm;高程单位:m)

3.5.3 定位轴线

(1)横向定位轴线

除伸缩缝及端柱外,均通过柱截面几何中心,如图 3.52 所示。

(2)纵向定位轴线

①封闭式结合的纵向定位轴线。当定位轴线与柱外缘重合时,这时屋架上的屋面板与外墙内缘紧紧相靠,称为封闭式结合的纵向定位轴线。采用封闭式结合的屋面板可以全部采用标准板(如宽 1.5m、长 6m 的屋面板),而无须设非标准的补充构件。

如图 3.52 所示,当吊车起重量≤20t 时,查现行吊车规格,得 $B_1 \leqslant 260\text{mm}$,$B_2 \geqslant 80\text{mm}$,在一般情况下,上柱截面高度 $h_{上} = 400\text{mm}$。定位轴线至吊车梁的中心距 $e = 750\text{mm}$,则 $B_2 = e - B_1 - h_{上} = 90(\text{mm})$。能满足吊车运行所需安全距离不小于 80mm 的要求。

采用封闭式结合的纵向定位轴线,具有构造简单、施工方便、造价经济等优点。

②非封闭式结合的纵向定位轴线。所谓非封闭式结合的纵向定位轴线,是指该纵向定位轴线与柱子外缘有一定的距离。因屋面板与墙内缘之间有一段空隙,故称为非封闭结合。

由吊车起重量 $Q = 30\text{t}/5\text{t}$,得 $B_1 = 300\text{mm}$,$B_2 \geqslant 80\text{mm}$,上柱截面高度仍为 400mm。若仍采用封闭式纵向定位轴线($e = 750\text{mm}$),则 $B_2 = e - B_1 - h_{上} = 750 - 300 - 400 = 50(\text{mm})$,不能满足要求。所以需将边柱从定位轴线向外移一定距离,这个值称为插入距,用 a 表示。采用 300mm 或其倍数,当外墙为砌体时,可为 50mm 或其倍数。在设计中,应根据吊车起质量及其相应的 B_1、B_2、B_3 三个数值来确定插入距的数值。当因构造需要或吊车起质量较大(大于 50t)时,e 值宜采用 1000mm,厂房跨度 $L = L_k + 2e = L_k + 2000\text{mm}$。

本例题查电动桥式吊车数据,$B_1 = 0.3\text{m}$,要求 $B_2 \geqslant 0.08\text{m}$。

边柱、中柱截面尺寸如图 3.54 所示。

边柱:$B_1 + B_2 + h_{上} = 300 + 80 + 500 = 880(\text{mm})$

$> 750\text{mm}$,故 A 柱采用非封闭轴线,即插入距 $a = 150\text{mm}$,则 $B_1 + B_2 + B_3 = 300 + 80 + 350 = 730(\text{mm}) < 750\text{mm}$,取 $B_2 = 100\text{mm} > 80\text{mm}$,刚好满足 $B_1 + B_2 + B_3 = 300 + 100 + 350 = 750(\text{mm})$,可以。

中柱：$B_1+B_2+h_{上}/2=300+80+300=680(mm)<750mm$，中柱采用封闭轴线，取 $B_2=150mm>80mm$，则 $B_1+B_2+B_3=300+150+300=750(mm)$，可以。纵向定位轴线如图 3.53 所示。

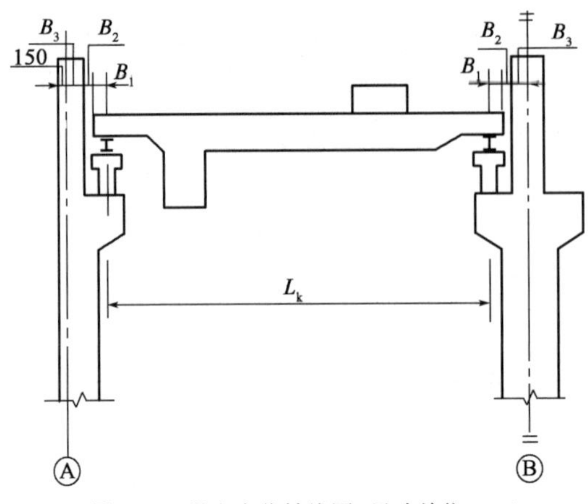

图 3.53　纵向定位轴线图(尺寸单位:mm)

3.5.4　选用标准结构构件

标准构件选用表详见表 3.10。

标准构件选用表　　表 3.10

构件名称	选用标准图集及型号	重量标准值
屋面板	1.5×6m 预应力大型屋面板 04G410-1　Y-WB-2$_{Ⅲ}$	自重+灌缝重=1.5kN/m^2
天沟板	04G410-1 TGB68-1(用于内天沟) Y-WBT-1$_{Ⅲ}$(用于外檐口)	自重:2.13kN/m 自重:1.8kN/m
嵌板	Y-KWB-2$_{Ⅱ}$	自重+灌缝重=1.8kN/m^2
天窗架	05G512 GCJ9-11	自重:P_1=48.7kN/支柱
屋架	04G415-1 YWJ24-1A	自重:112.8kN/榀
吊车梁	04G323-2 DL-11	自重:40.2kN/根
基础梁	04G320 JL-27 JL-40	自重:24.3kN/根 自重:24.3kN/根
轨道连接	04G325 DGL-16	自重:1.15kN/m^2
屋架支撑		自重:0.05kN/m^2

3.5.5　排架柱几何参数及排架计算简图

(1)柱截面尺寸

根据吊车起重量及轨顶高程确定边柱及中柱截面尺寸(图 3.54)。

(2)厂房各高度的确定

在有吊车的厂房中，不同的吊车对厂房高度的影响各不相同。对于采用梁式或桥式吊车

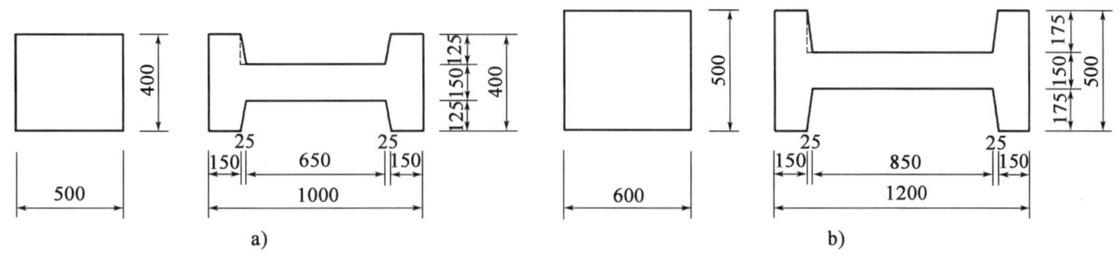

图 3.54 排架柱截面尺寸(尺寸单位:mm)

a)A、C 上下柱截面;b)B 上下柱截面

的厂房(图 3.55)来说:

柱顶高程 $H = H_1 + H_2$

轨顶高程 $H_1 = h_1 + h_2 + h_3 + h_4 + h_5$

轨顶至柱顶高度 $H_2 = h_6 + h_7$

式中:h_1——需跨越的最大设备的高度;

h_2——起吊物与跨越物间的安全距离,一般为 400 ~ 500mm;

h_3——起吊的最大物件的高度;

h_4——吊索最小高度,由起吊物件的大小和起吊方式决定,一般大于 1m;

h_5——吊钩至轨顶面的距离,由吊车规格表中查得;

h_6——轨顶至吊车小车顶面的距离,由吊车规格表中查得;

h_7——小车顶面至屋架下弦底面之间的安全距离,应考虑到屋架的挠度、厂房可能不均匀沉降等因素,最小尺寸为 220mm,湿陷黄土地区一般不小于 300mm。

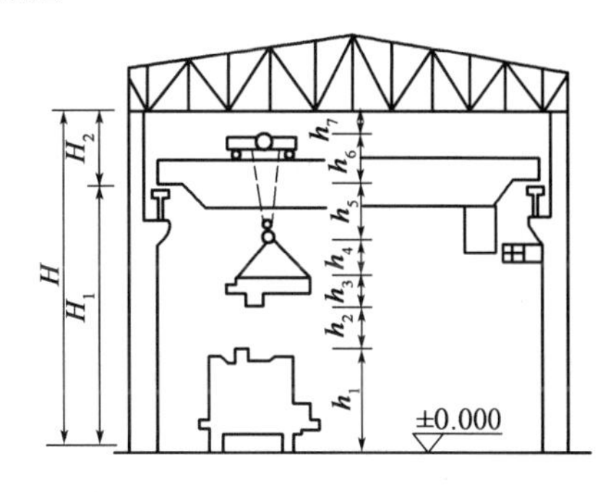

图 3.55 确定厂房高度的因素

根据《厂房建筑模数协调标准》(GB/T 50006—2010)的轨顶,柱顶高程应为 300mm 的模数,且应取大值;轨顶高程常取为 600mm 的模数,且只能取小值。

(3)牛腿及柱顶面高程确定、柱长的确定

①柱顶高程

轨顶高程 + 吊车高度 + 净空尺寸(≥300mm) = 10.2 + 2.475 + 0.3 = 12.975(m)

柱顶高程符合 300mm 模数,故取 13.2m。

②牛腿顶面高程

轨顶高程 - 吊车梁高 - 轨道高 = 10.2 - 1.2 - 0.2 = 8.8(m)

牛腿顶面高程符合 300mm 模数,故取 8.7m。

③上柱高 H_1

柱顶高程 - 牛腿高程 = 13.2 - 8.7 = 4.5(m)

④全柱高 H_2

冻土层厚 1.65m,室内外高差为 0.15m,基底要满足位于冻土以下 0.2m 处的要求,故基底高程要求为 1.65 + 0.15 + 0.2 =

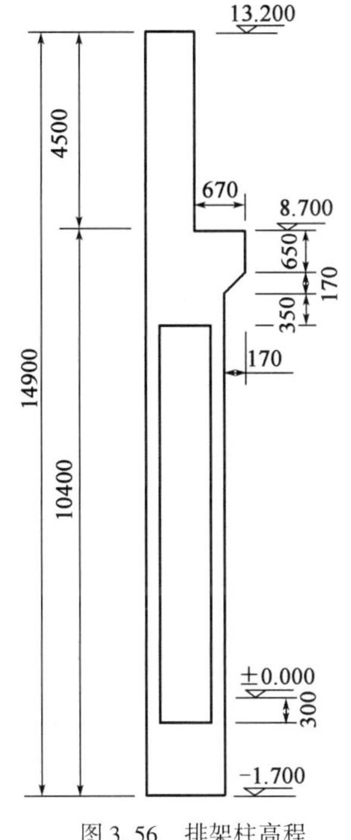

图 3.56 排架柱高程(尺寸单位:mm)

2.0(m),综合上述两个基地高程要求,基底高程应取2.0m,基础高取1.2m。柱子的计算长度取至基础顶面,故全柱高 $H_2 = 2.0 - 1.2 + 13.2 = 14(m)$。

⑤下柱高 H_1'

$H_1' = H_2 - H_1 = 14 - 4.5 = 9.5(m)$

柱子插入基础深度 h_1 取900mm,满足 $0.9h_c$ 和大于800mm的要求,基础杯底厚度 $a_1 = 1.2 - 0.9 = 0.3(m)$,满足大于0.25m的要求。柱截面形状、尺寸如图3.56所示。

(4)排架计算简图(图3.57)

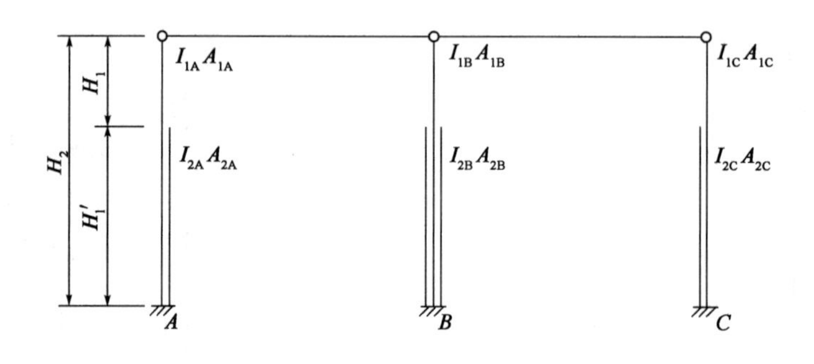

图3.57 排架计算简图

(5)排架计算参数(表3.11)

排架柱几何参数 表3.11

参 数	边柱 A、C	中柱 B
$A_1(mm^2)$	2.0×10^5	3.0×10^5
$I_1(mm^4)$	4.17×10^9	9.0×10^9
$A_2(mm^2)$	2.31×10^5	2.94×10^5
$I_2(mm^4)$	26.9×10^9	52.4×10^9
$\lambda = H_1/H_2$	0.32	0.32
$n = I_1/I_2$	0.16	0.17
$C_0 \dfrac{3}{1+\lambda^3\left(\dfrac{1}{n}-1\right)}$	2.56	2.59
$\delta_i = \dfrac{H_2^3}{E_c I_2 C_0}(mm/N)$	$39.85/E_c$	$20.22/E_c$
$\dfrac{1}{\delta}(i=a,b,c)(N/mm)$	$0.025/E_c$	$0.049/E_c$
$\mu = \dfrac{1}{\delta_i}\Big/\Sigma\dfrac{1}{\delta_i}$	0.253	0.495

注:表中 E_c 为混凝土弹性模量。

3.5.6 荷载计算

(1)屋面恒载:

4mm 厚 APP 防水层	0.04kN/m^2
20mm 厚水泥砂浆找平层	0.4kN/m^2
80~100mm 厚苯板保温层	不计
2mm 厚 APP 隔气层	0.02kN/m^2
20mm 厚水泥砂浆找平层	0.4kN/m^2
预应力屋面板	1.5kN/m^2(包括灌缝)
屋架支撑	0.05kN/m^2
	2.41kN/m^2(求和)

天沟板(用于内天沟)自重:2.13kN/m,屋架自重:112.8kN/榀,天窗架传来重力荷载:P_1=48.7kN/支柱。屋面恒载屋架传给上柱,力作用点距 A 柱上柱形心偏心距 e_1 =0.05m,A 柱上下柱形心距离 e_0 =0.25m。力作用点距 B 柱上柱形心偏心距 e_{1B} =0.15m,B 柱上下柱形心距离为0。屋面恒荷载作用下计算简图如图3.58所示。

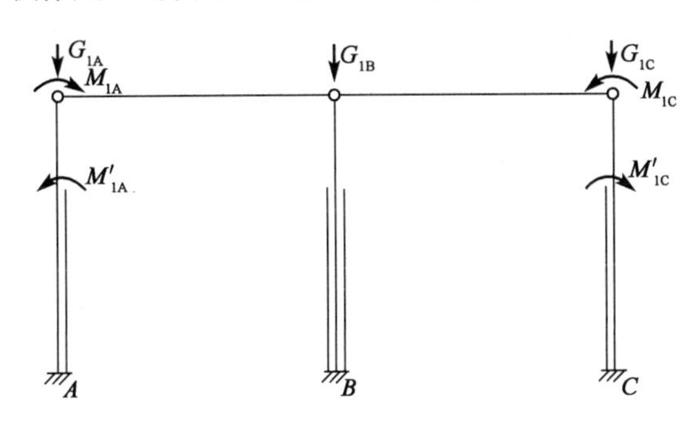

图3.58 屋面恒荷载作用下计算简图

$G_{1A} = G_{1C} = 2.41 \times 12 \times 6 + 112.8/2 + 2.13 \times 6 + 48.7 = 291(\mathrm{kN})$

$G_{1B} = 2G_{1A} = 2.41 \times 6 \times 12 \times 2 + 112.8 + 2.13 \times 6 \times 2 + 48.7 \times 2 = 583(\mathrm{kN})$

$M_{1A} = G_{1A}e_1 = 291 \times 0.05 = 14.6(\mathrm{kN \cdot m})$

$M'_{1A} = G_{1A}e_1 = 291 \times 0.25 = 72.8(\mathrm{kN \cdot m})$

(2)屋面活荷载 Q_1(作用位置与屋面恒载相同),计算简图如图3.59所示。

屋面检修活荷载为0.5kN/m^2,雪荷载为0.45kN/m^2,故取大值0.5kN/m^2。

$Q_{1A} = Q_{1C} = Q_{1B} = 0.5 \times 6 \times 12 = 36(\mathrm{kN})$

$M_{1A} = Q_{1A} \times e_1 = 36 \times 0.05 = 1.8(\mathrm{kN \cdot m})$

$M_{1C} = Q_{1C} \times e_1 = 36 \times 0.05 = 1.8(\mathrm{kN \cdot m})$

$M'_{1A} = Q_{1A} \times e_1 = 36 \times 0.25 = 9(\mathrm{kN \cdot m})$

$M'_{1C} = Q_{1C} \times e_1 = 36 \times 0.25 = 9(\mathrm{kN \cdot m})$

$M_{1B} = Q_{1B} \times e_{1B} = 36 \times 0.15 = 5.4(\mathrm{kN \cdot m})$

$M_{2B} = 0(\mathrm{kN \cdot m})$

(3)上柱自重 G_2、下柱自重 G_3,计算简图如图3.60所示。

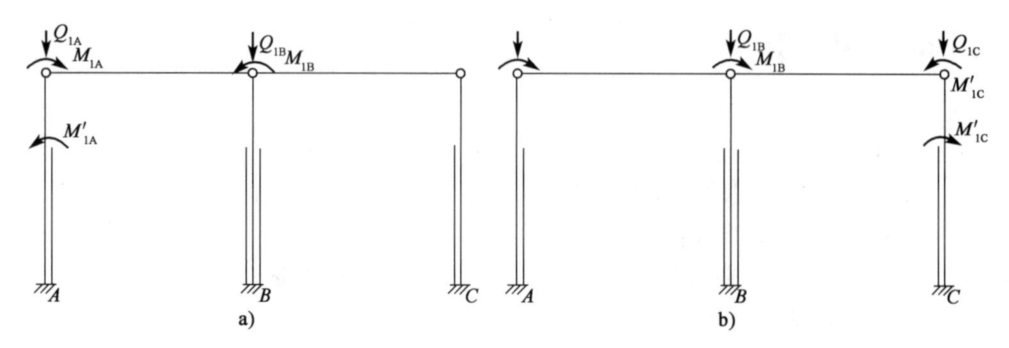

图 3.59　活荷载计算简图

a)活荷载作用于左半跨;b)活荷载作用于右半跨

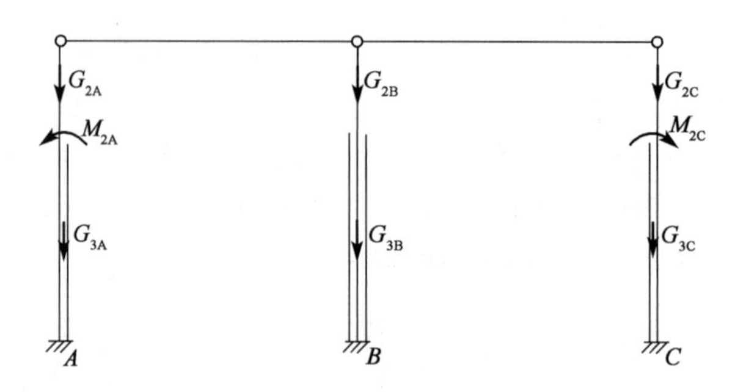

图 3.60　A、B、C 柱自重计算简图

A、C 柱:

$G_{2A}=G_{2C}=0.4\times0.5\times4.5\times25=22.5(\text{kN})$

$M_{2A}=M_{2C}=22.5\times0.25=5.63(\text{kN}\cdot\text{m})$

$G_{3A}=G_{3C}=0.231\times(14-4.5)\times25=54.9(\text{kN})$

B 柱:

$G_{2B}=25\times0.5\times0.6\times4.5=33.75(\text{kN})$

$G_{3B}=0.294\times(14-4.5)\times25=84.5(\text{kN})$

(4)吊车梁及轨道连接自重 G_4,计算简图如图 3.61 所示。

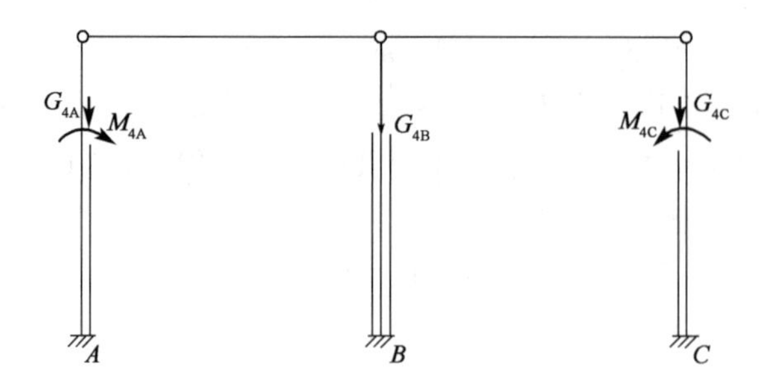

图 3.61　吊车梁及轨道连接计算简图

吊车梁及轨道连接距下柱形心偏心距 $e_4=0.4\text{m}$。

$G_{4A}=G_{4C}=1.15\times6+40.2=47.1(\text{kN})$

$G_{4B}=(1.15\times6+40.2)\times2=94.2(\text{kN})$

$M_{4A}=M_{4C}=G_{4A}\times e_4=47.1\times0.4=18.84(\text{kN}\cdot\text{m})$

$M_{4B}=0$

(5)吊车荷载

①竖向荷载(表3.12)。

吊车规格表　　表3.12

起重量 Q(kN)	大车宽 B(m)	大车轮距 K(m)	最大轮压 P_{max}(kN)	最小轮压 P_{min}(kN)	吊车总重 $G+Q_1$(kN)	小车重 Q_1(kN)
320/50	6.69	4.7	311	54	410	109
200/50	6.055	4.1	216	44	320	69.8

320kN/50kN 吊车的最小轮压：

$$P_{min}=\frac{G+Q_1+Q}{2}-P_{max}=\frac{410+320}{2}-311=54(\text{kN})$$

200kN/50kN 吊车的最小轮压：

$$P_{min}=\frac{G+Q_1+Q}{2}-P_{max}=\frac{200+320}{2}-216=44(\text{kN})$$

根据 B 及 K 可算得吊车梁支座反力影响线中各轮压对应点的竖向坐标如图3.62所示。

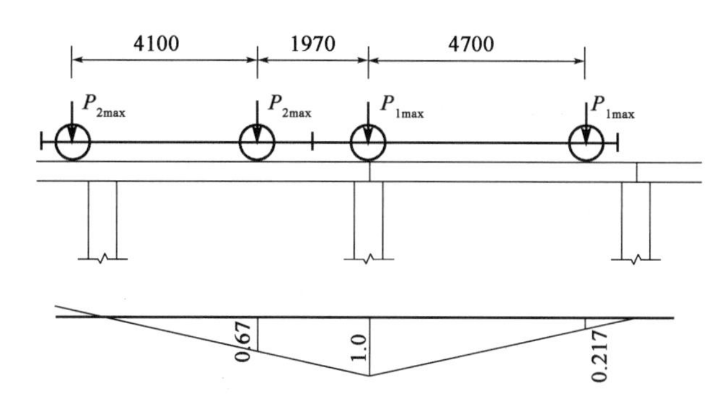

图3.62　吊车竖向荷载作用下支反力影响线(尺寸单位:mm)

吊车竖向荷载标准值：

$D_{kmax}=311\times1.0+311\times0.217+216\times0.67=523.2(\text{kN})$

$D_{kmin}=54\times1.0+54\times0.217+44\times0.67=95.2(\text{kN})$

D_{kmax}和D_{kmin}作用在A、B跨：D_{kmax}在A柱，D_{kmin}在B柱，计算简图如图3.63所示。

$D_{kmax}=523.2\text{kN}$

$M_{Amax}=523.2\times0.4=209.3(\text{kN}\cdot\text{m})$

$D_{kmin}=95.2\text{kN}$

$M_{Bmin}=95.2\times0.75=71.4(\text{kN}\cdot\text{m})$

D_{kmax}在B柱，D_{kmin}在A柱，计算简图如图3.64所示。

$D_{kmin}=95.2\text{kN}$

$M_{Amin}=95.2\times0.4=38.1(\text{kN}\cdot\text{m})$

$D_{kmax}=523.2\text{kN}$

$M_{Bmax}=523.2\times0.75=392.4(kN\cdot m)$

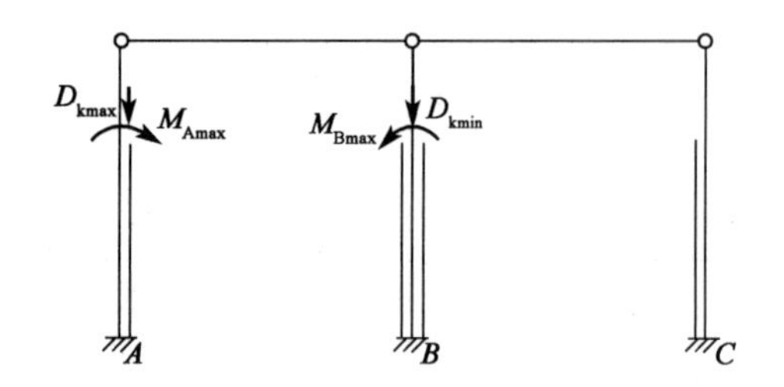

图 3.63　D_{kmax}在A柱排架计算简图

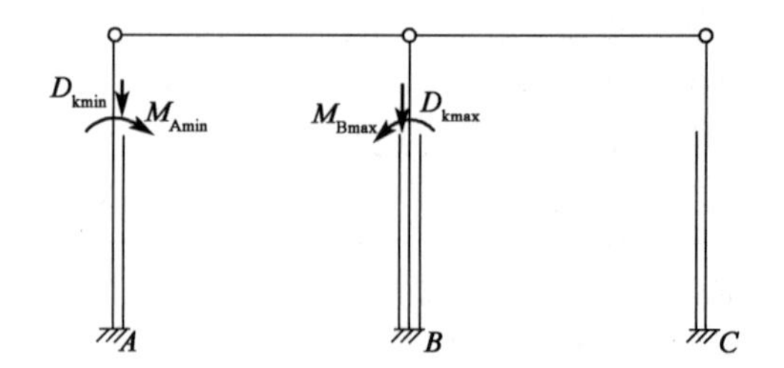

图 3.64　D_{kmax}在B柱左排架计算简图

D_{kmax}和D_{kmin}作用在B、C跨：D_{kmax}在B柱，D_{kmin} C柱。该情况与D_{kmax}在B柱左排架计算简图的情况相同，仅需对称关系A、C柱调换即可。

D_{kmax}在C柱，D_{kmin}在B柱。该情况与D_{kmax}在A柱左排架计算简图的情况相同，仅需对称关系A、C柱调换即可。

②吊车水平荷载。

320kN/50kN 吊车作用于每一个轮子上的吊车横向水平制动力标准值按下式计算：

$$F_{h11k}=\frac{1}{4}\alpha(Q+Q_1)=\frac{1}{4}\times0.1\times(320+109)=10.73(kN)$$

200kN/50kN 吊车作用于每一个轮子上的吊车横向水平制动力标准值按下式计算：

$$F_{h12k}=\frac{1}{4}\alpha(Q+Q_1)=\frac{1}{4}\times0.1\times(200+69.8)=6.75(kN)$$

则AB、BC跨内分别两台吊车时（320kN/50kN、200kN/50kN），作用于排架柱上的吊车横向水平荷载标准值均为：

$$F_{hk}=\sum F_{h1ik}\times y_i=10.73\times1.0+10.73\times0.217+6.75\times0.67=17.58(kN)(\leftrightarrows)$$

AB、BC跨内各一台吊车（320kN/50kN）时，作用于排架柱上的吊车横向水平荷载标准值为：

$$F_{hk}=\sum F_{h1ik}\times y_i=10.73\times1.0+10.73\times0.217=13.06(kN)(\leftrightarrows)$$

吊车荷载作用位置在牛腿顶面高程上 1210mm 位置，如图 3.65 所示。

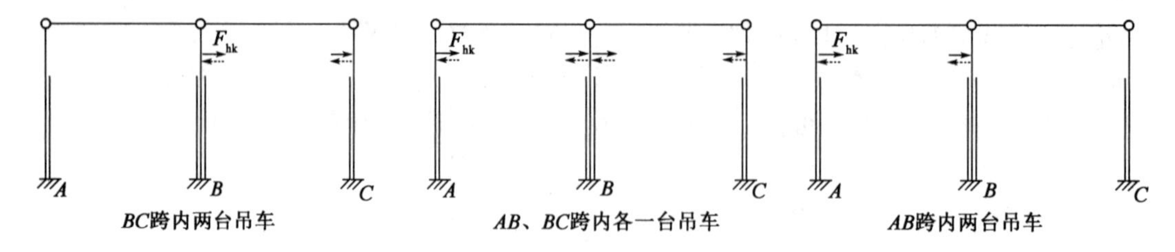

图 3.65　吊车横向水平荷载作用下排架计算简图

(6)风荷载

①左风。

长春地区基本风压为$\omega_0=0.65kN/m^2$，$\beta_z=1.0$，μ_z根据厂房各部分高程及 C 类地面粗糙度查表确定如下：

柱顶(高程13.200m处),$z=13.350\text{m}$ $\mu_z=0.650$

屋架檐口(高程15.500处m),$z=15.650\text{m}$ $\mu_z=0.662$

屋架天窗架相交处(高程16.850m处),$z=17.000\text{m}$ $\mu_z=0.686$

天窗架檐口(高程19.520m处),$z=19.670\text{m}$ $\mu_z=0.734$

天窗架顶(高程19.970m处),$z=20.120\text{m}$ $\mu_z=0.742$

μ_s 如图3.66所示,排架迎风面及背风面的风荷载标准值分别为:

$\omega_{1k}=\beta_z\mu_s\mu_z\omega_0=1.0\times0.8\times0.65\times0.65=0.338(\text{kN/m}^2)$

$\omega_{2k}=\beta_z\mu_s\mu_z\omega_0=1.0\times0.4\times0.65\times0.65=0.169(\text{kN/m}^2)$

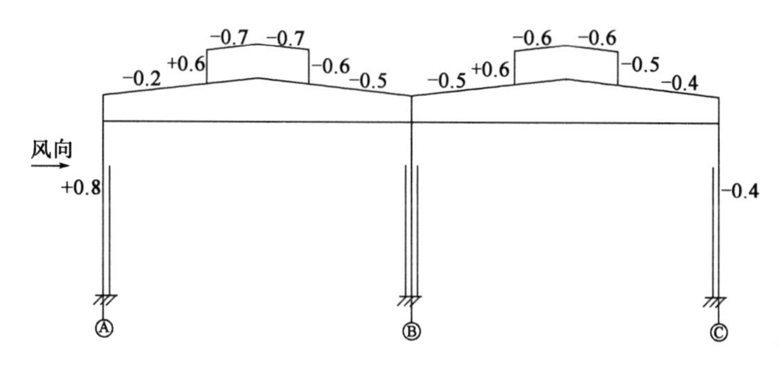

图3.66 风荷载体型系数

则作用于排架计算简图上的风荷载标准值为:

$q_{1k}=\omega_{1k}\times B=0.338\times6.0=2.03(\text{kN/m})$

$q_{2k}=\omega_{2k}\times B=0.169\times6.0=1.014(\text{kN/m})$

$F_{wik}=\beta_z\mu_s\mu_z\omega_0Bh_i$

高程15.65m处:

$F_{w1k}=\beta_z(\mu_{s1}+\mu_{s2})\mu_z\omega_0Bh_1=1.0\times(0.8+0.4)\times0.662\times0.65\times6.0\times2.3=7.13(\text{kN})$

高程17.0m处:

$F_{w2k}=\beta_z(\mu_{s3}+\mu_{s4}+\mu_{s5}+\mu_{s6})\mu_z\omega_0Bh_2=1.0\times(0.5-0.2+0.4-0.5)\times$
$0.686\times0.65\times6.0\times1.35=0.722(\text{kN})$

高程19.67m处:

$F_{w3k}=\beta_z(\mu_{s7}+\mu_{s8}+\mu_{s9}+\mu_{s10})\mu_z\omega_0Bh_3=1.0\times(0.6+0.6+0.5+0.6)\times$
$0.734\times0.65\times6.0\times2.67=17.58(\text{kN})$

高程20.12m处:

$F_{w4k}=\beta_z(\mu_{s11}+\mu_{s12}+\mu_{s13}+\mu_{s14})\mu_z\omega_0Bh_4=1.0\times(0.7-0.7+0.6-0.6)\times$
$0.742\times0.65\times6.0\times0.45=0(\text{kN})$

$F_{wk}=F_{w1k}+F_{w2k}+F_{w3k}+F_{w4k}=7.13+$
$0.722+17.58+0=25.43(\text{kN})$

其风荷载作用下的排架计算简图见图3.67。

②右风。

右风的情况同左风情况,只是荷载方向相反。

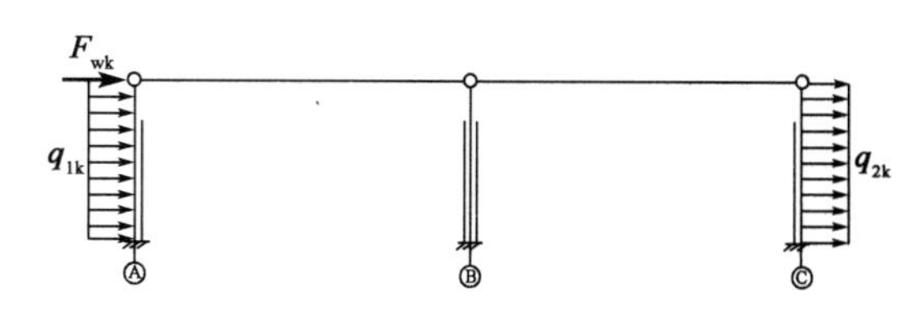

图3.67 风荷载排架计算简图

3.5.7 各种荷载作用下排架内力计算

(1)恒荷载作用下排架内力分析

$G_1 = G_{1A} = G_{1C} = 291\text{kN}$

$G_2 = G_{2A} + G_{4A} = G_{2C} + G_{4C} = 22.5 + 47.1 = 69.6(\text{kN})$

$G_3 = G_{3A} = G_{3C} = 65.8\text{kN}$

$G_4 = G_{1B} + 2G_{1A} = 2G_{1C} = 2 \times 291.5 = 583(\text{kN})$

$G_5 = G_{2B} = G_{4B} = 33.75 + 94 = 127.75(\text{kN})$

$G_6 = G_{3B} = 83.79\text{kN}$

$M_1 = G_{1A} \times e_1 = 291 \times 0.05 = 14.6(\text{kN} \cdot \text{m})$

$M_2 = G_{4A} \times e_4 - (G_{1A} + G_{2A}) \times e_0 = 47.0 \times 0.4 - (291 + 22.5) \times 0.25 = -59.54(\text{kN} \cdot \text{m})$

由于所示排架为对称结构且作用对称荷载,排架结构无侧移,故各柱可按柱顶为不动铰支座计算内力。柱顶不动铰支座反力 R_i 可根据相应公式计算。对于 A 柱,$n = 0.16$,$\lambda = 0.32$,则:

$$C_1 = \frac{3}{2} \cdot \frac{1 + \lambda^2\left(\frac{1}{n} - 1\right)}{1 + \lambda^3\left(\frac{1}{n} - 1\right)} = \frac{3}{2} \cdot \frac{1 + 0.32^2 \times \left(\frac{1}{0.16} - 1\right)}{1 + 0.32^3 \times \left(\frac{1}{0.16} - 1\right)} = 1.97$$

$$C_3 = \frac{3}{2} \cdot \frac{1 - \lambda^2}{1 + \lambda^3\left(\frac{1}{n} - 1\right)} = \frac{3}{2} \cdot \frac{1 - 0.32^2}{1 + 0.32^3 \times \left(\frac{1}{0.16} - 1\right)} = 1.149$$

则:

$$R_A = \frac{M_1}{H_2}C_1 - \frac{M_2}{H_2}C_3 = \frac{14.6 \times 1.97}{14} - \frac{59.54 \times 1.149}{14} = -2.83(\text{kN})$$

$$R_C = \frac{M_1}{H_2}C_1 - \frac{M_2}{H_2}C_3 = \frac{14.6 \times 1.97}{14} - \frac{59.54 \times 1.149}{14} = -2.83(\text{kN})$$

$R = R_A + R_C = -2.83 + 2.83 = 0$

柱顶剪力向右为正。

$V_A = \mu_A R - R_A = 0 - (-2.83) = 2.83(\text{kN})(\rightarrow)$

$V_B = 0$

$V_C = \mu_C R - R_C = 0 - 2.83 = -2.83(\text{kN})(\leftarrow)$

本例中 $R_B = 0$,R_A 与 R_C 方向相反,则作用于整个排架的反力 R 为0,B 柱顶剪力为0,故无弯矩。A、C 柱根据其弯矩下的柱顶反力可求得柱顶剪力,用平衡条件求出柱各截面的弯矩和剪力。柱各截面的轴力为该截面以上竖向荷载之和,恒荷载作用下排架结构的弯矩图和轴力图见图3.68。

(2)活荷载作用下排架内力分析

①AB 跨作用屋面活荷载。

对于 A 柱:

$C_1 = 1.97$,$C_3 = 1.149$,则:

$$R_A = \frac{M_{1A}}{H_2}C_1 - \frac{M'_{1A}}{H_2}C_3 = \frac{1.8 \times 1.97}{14} - \frac{9.0 \times 1.149}{14} = -0.49(\text{kN})$$

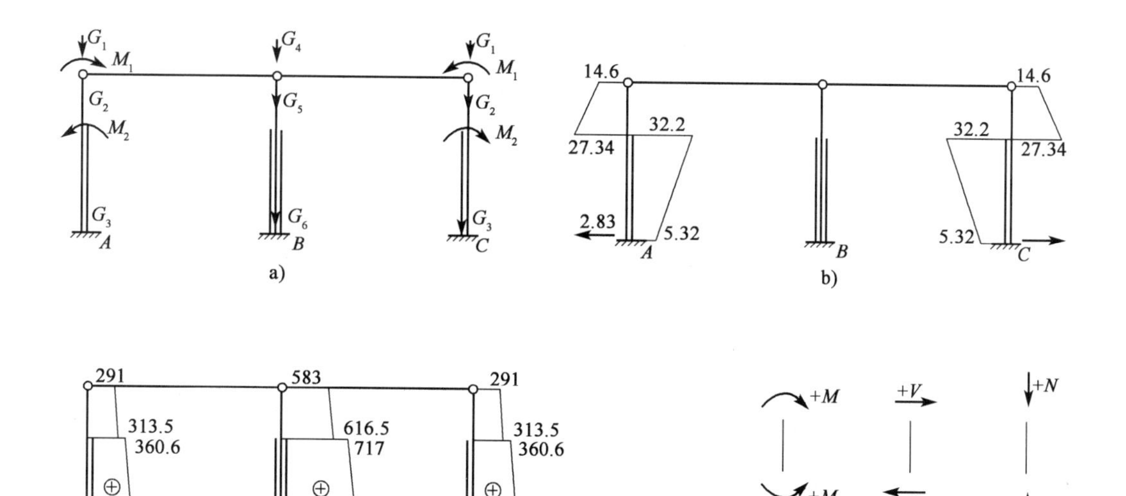

图3.68 恒荷载作用下排架内力图(轴力单位:kN;弯矩单位:kN·m)

a)计算简图;b)弯矩图;c)轴力图;d)弯矩、剪力、轴力正负号规定

对于 B 柱:

$n=0.17, \lambda=0.32$,则:

$$C_1=\frac{3}{2}\times\frac{1+\lambda^2\left(\frac{1}{n}-1\right)}{1+\lambda^3\left(\frac{1}{n}-1\right)}=\frac{3}{2}\times\frac{1+0.32^2\times\left(\frac{1}{0.17}-1\right)}{1+0.32^3\times\left(\frac{1}{0.17}-1\right)}=1.94$$

$$R_B=-\frac{M_{1B}}{H_2}C_1=-\frac{5.4\times1.94}{14}=-0.75(\text{kN})$$

则排架柱顶不动铰支座总反力 R 为:

$R=R_A+R_B=-0.49-0.75=-1.24(\text{kN})$

将 R 反向作用于排架柱顶,分别乘以各柱剪力分配系数计算相应的柱顶剪力,并与柱顶不动铰支座反力叠加,可得屋面活荷载作用于 AB 跨时的柱顶剪力,即:

$V_A=\mu_A R-R_A=0.25\times(-1.24)-(-0.49)=0.18(\text{kN})(\rightarrow)$

$V_B=\mu_B R-R_B=0.5\times(-1.24)-(-0.75)=0.13(\text{kN})(\rightarrow)$

$V_C=\mu_C R=0.25\times(-1.24)=-0.31(\text{kN})(\leftarrow)$

排架各柱的弯矩图、轴力图及柱底剪力,如图3.69所示。

②BC 跨作用屋面活荷载。

由于结构对称,且 BC 跨与 AB 跨作用荷载相同,故只需将图3.69中 A、C 柱内力对换,且改变弯矩、剪力符号即可。

(3)风荷载作用下排架内力分析

①左吹风时。

对于 A、C 柱:

$n=0.16, \lambda=0.32$,则:

$$C_{11}=\frac{3\left[1+\lambda^4\left(\frac{1}{n}-1\right)\right]}{8\left[1+\lambda^3\left(\frac{1}{n}-1\right)\right]}=\frac{3\times\left[1+0.32^4\times\left(\frac{1}{0.16}-1\right)\right]}{8\times\left[1+0.32^3\times\left(\frac{1}{0.16}-1\right)\right]}=0.34$$

$R_A=q_{1k}H_2C_{11}=2.03\times 14\times 0.34=9.66(\text{kN})$

$R_C=q_{2k}H_2C_{11}=1.014\times 14\times 0.34=4.83(\text{kN})$

$R=R_A+R_C+F_{wk}=4.83+9.66+25.43=39.92(\text{kN})$

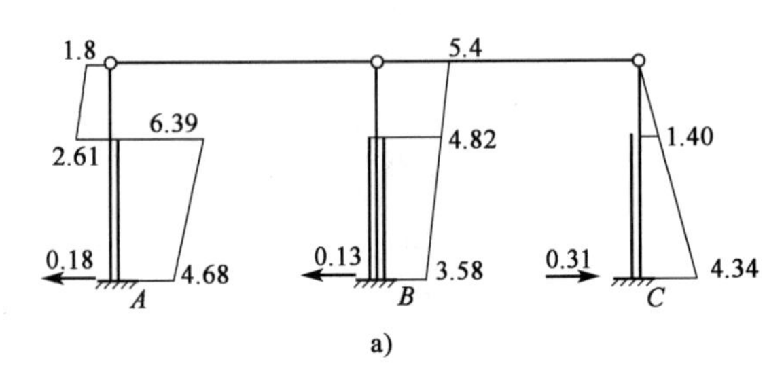

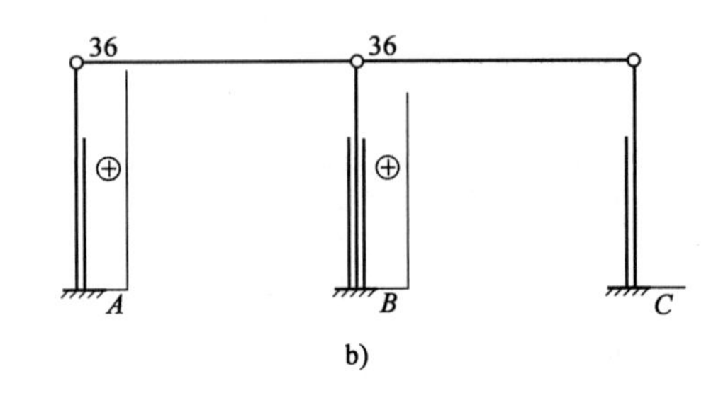

图 3.69　活荷载作用于 A、B 跨内力图(轴力单位:kN;弯矩单位:kN·m)

a)弯矩图;b)轴力图

各柱顶剪力分别为:

$V_A=\mu_A R-R_A=0.25\times 39.92-9.66=0.32(\text{kN})(\rightarrow)$

$V_B=\mu_B R=0.5\times 39.92=19.96(\text{kN})(\rightarrow)$

$V_C=\mu_C R-R_C=0.25\times 39.92-4.83=5.15(\text{kN})(\rightarrow)$

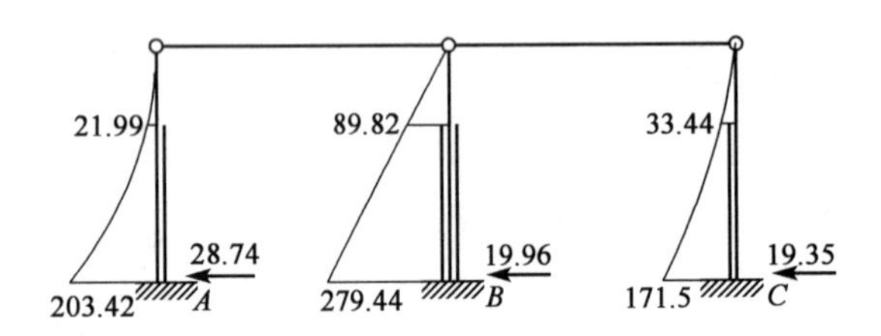

图 3.70　左风时排架内力图(轴力单位:kN;弯矩单位:kN·m)

排架内力图如图 3.70 所示。

②右吹风时。

将图 3.69 中 A、C 柱内力图对换且改变内力符号后可得。

(4)吊车荷载作用下排架内力分析

①D_{kmax} 作用于 A 柱，D_{kmin} 作用于 B 柱左。

吊车竖向荷载 D_{kmax}、D_{kmin} 在牛腿顶面处引起的力矩为:

$M_{Amax}=523.2\times 0.4=209.3(\text{kN}\cdot\text{m})$

$M_{Bmin}=95.2\times 0.75=71.4(\text{kN}\cdot\text{m})$

对于 A 柱，$C_3=1.149$，则:

$$R_A=\frac{M_{Amax}}{H_2}C_3=\frac{209.3}{14}\times 1.149=17.2(\text{kN})$$

对于 B 柱，$n=0.17$，$\lambda=0.32$，则:

$$C_3=\frac{3}{2}\cdot\frac{1-\lambda^2}{1+\lambda^3\left(\frac{1}{n}-1\right)}=\frac{3}{2}\cdot\frac{1-0.32^2}{1+0.32^3\times\left(\frac{1}{0.17}-1\right)}=1.16$$

$$R_B=-\frac{M_{Bmin}}{H_2}C_3=-\frac{71.4}{14}\times 1.16=-5.92(\text{kN})$$

则:

$R = R_A + R_B = 17.2 - 5.92 = 11.28(\text{kN})$

排架各柱顶剪力分别为：

$V_A = \mu_A R - R_A = 0.25 \times 11.28 - 17.2 = -14.38(\text{kN})(\leftarrow)$

$V_B = \mu_B R - R_B = 0.5 \times 11.28 - (-5.92) = 11.56(\text{kN})(\rightarrow)$

$V_C = \mu_C R = 0.25 \times 11.28 = 2.82(\text{kN})(\rightarrow)$

排架各柱的弯矩图、轴力图及柱底剪力图，如图 3.71 所示。

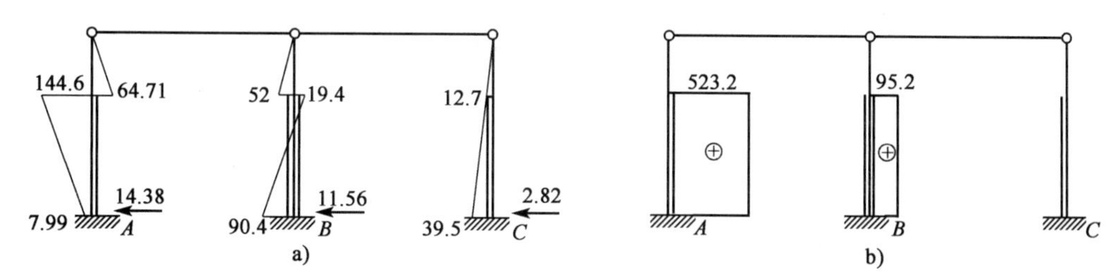

图 3.71 D_{kmax}作用在 A 柱时排架内力图（轴力与剪力单位：kN；弯矩单位：kN · m）

a）弯矩图；b）轴力图

②D_{kmax}作用于 B 柱左，D_{kmin}作用于 A 柱。

$M_{Amin} = 95.2 \times 0.4 = 38.1(\text{kN} \cdot \text{m})$

$M_{Bmax} = 523.2 \times 0.75 = 392.4(\text{kN} \cdot \text{m})$

柱顶不动铰支座反力 R_A、R_B 及总反力 R 分别为：

$$R_A = \frac{M_{Amin}}{H_2}C_3 = \frac{38.1}{14} \times 1.149 = 3.13(\text{kN})$$

$$R_B = \frac{M_{Bmax}}{H_2}C_3 = -\frac{392.4}{14} \times 1.16 = -32.5(\text{kN})$$

$R = R_A + R_B = 3.13 - 32.5 = -29.37(\text{kN})$

排架各柱顶剪力分别为：

$V_A = \mu_A R - R_A = 0.25 \times (-29.37) - 3.13 = -10.5(\text{kN})(\leftarrow)$

$V_B = \mu_B R - R_B = 0.5 \times (-29.37) - (-32.5) = 17.8(\text{kN})(\rightarrow)$

$V_C = \mu_C R = 0.25 \times (-29.37) = -7.34(\text{kN})(\leftarrow)$

排架各柱的弯矩图、轴力图及柱底剪力图，如图 3.72 所示。

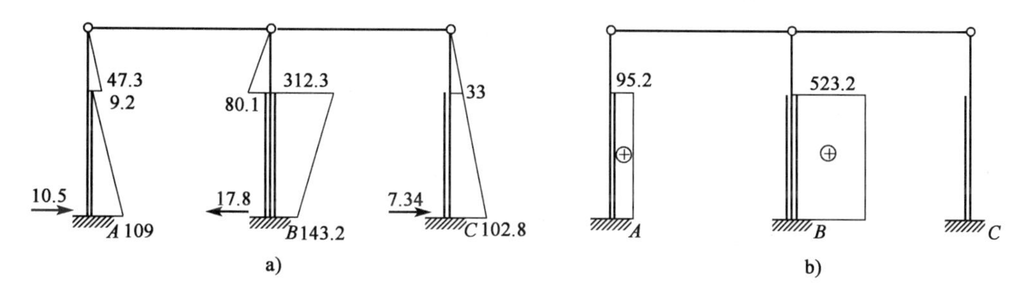

图 3.72 D_{kmax}作用在 B 柱左时排架内力图（轴力与剪力单位：kN；弯矩单位：kN · m）

a）弯矩图；b）轴力图

③D_{kmax}作用于 B 柱右，D_{kmin}作用于 C 柱。

根据结构对称性及吊车吨位相等的条件，内力计算与“D_{kmax}作用于 B 柱左”的情况相同，

只需将 A、C 柱内力对换并改变全部弯矩及剪力符号。

④D_{kmax}作用于 C 柱，D_{kmin}作用于 B 柱右。

同理，将“D_{kmax}作用于 A 柱”情况的 A、C 柱内力对换，并注意改变符号，可求得各柱的内力。

⑤F_{hk}作用于 AB 跨柱（一跨内两台吊车，F_{hk}方向向左）。

当 AB 跨作用吊车横向水平荷载时：

对于 A 柱，$n=0.16$，$\lambda=0.32$，F_{hk}作用于上柱位置距柱顶 3.29m，$\frac{3.29}{4.5}=0.73$。

故按 $y=0.7H_1$ 计算系数 C_5：

$$C_5=\frac{2-2.1\lambda+\lambda^3\left(\frac{0.243}{n}+0.1\right)}{2\times\left[1+\lambda^3\left(\frac{1}{n}-1\right)\right]}=\frac{2-2.1\times0.32+0.32^3\times\left(\frac{0.243}{0.16}+0.1\right)}{2\times\left[1+0.32^3\times\left(\frac{1}{0.16}-1\right)\right]}=0.59$$

对于 B 柱，$n=0.17$，$\lambda=0.32$，则：

$$C_5=\frac{2-2.1\lambda+\lambda^3\left(\frac{0.243}{n}+0.1\right)}{2\times\left[1+\lambda^3\left(\frac{1}{n}-1\right)\right]}=\frac{2-2.1\times0.32+0.32^3\times\left(\frac{0.243}{0.17}+0.1\right)}{2\times\left[1+0.32^3\times\left(\frac{1}{0.17}-1\right)\right]}=0.59$$

$$R_A=-F_{hk}C_5=-17.58\times0.59=-10.37(\text{kN})$$

$$R_B=-F_{hk}C_5=-17.58\times0.59=-10.37(\text{kN})$$

则排架柱顶总反力 R 为：

$$R=R_A+R_B=-10.37+(-10.37)=-20.74(\text{kN})$$

各柱顶剪力为：

$$V_A=\mu_A R-R_A=0.25\times(-20.74)-(-10.37)=5.19(\text{kN})(\rightarrow)$$

$$V_B=\mu_B R-R_B=0.5\times(-20.74)-(-10.37)=-0(\leftarrow)$$

$$V_C=\mu_C R=0.25\times(-20.74)=-5.19(\text{kN})(\leftarrow)$$

排架各柱的弯矩图及柱底剪力图，如图 3.73 所示。

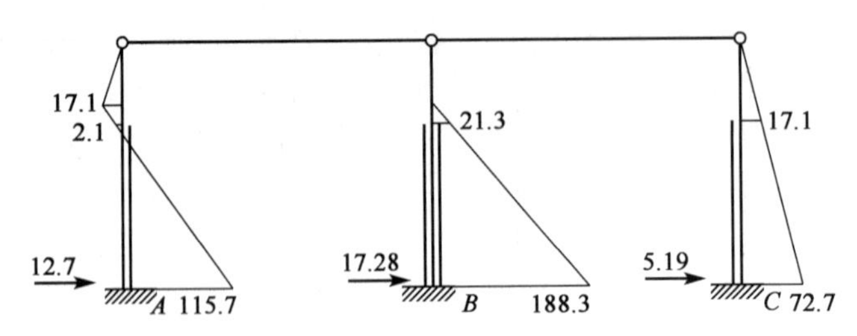

图 3.73　F_{hk}向左作用在 A、B 柱时排架内力图（A、B 跨内两台吊车）

（剪力单位：kN；弯矩单位：kN · m）

⑥F_{hk}作用于 AB 跨柱（一跨内两台吊车，F_{hk}方向向右）。

当 F_{hk}方向相反时，弯矩图和剪力图改变符号即可。

⑦F_{hk}作用于 BC 跨柱(一跨内两台吊车,F_{hk}方向向左)。

由于结构对称及吊车吨位相等,故排架内力计算与 F_{hk}作用于 AB 跨柱(F_{hk}方向向右)的情况相同,仅需将 A、C 柱的内力对换,改变弯矩及剪力符号。

⑧F_{hk}作用于 BC 跨柱(一跨内两台吊车,F_{hk}方向向右)。

由于结构对称及吊车吨位相等,故排架内力计算与 F_{hk}作用于 AB 跨柱(F_{hk}方向向左)的情况相同,仅需将 A、C 柱的内力对换,改变弯矩及剪力符号。

⑨F_{hk}作用于 AB、BC 跨柱(每跨各一台 320kN/50kN 吊车,F_{hk}方向向左)。

当 AB、BC 跨作用吊车横向水平荷载时:

$$F_{hk} = F_{h11k} \times y_i = 10.73 \times 1.0 + 10.73 \times 0.217 = 13.06(\text{kN})$$

$$R_A = -F_{hk}C_5 = -13.06 \times 0.59 = -7.7(\text{kN})$$

$$R_B = -F_{hk}C_5 = -13.06 \times 2 \times 0.59 = -15.4(\text{kN})$$

$$R_C = -F_{hk}C_5 = -13.06 \times 0.59 = -7.7(\text{kN})$$

则排架柱顶总反力 R 为:

$$R = R_A + R_B + R_C = -7.7 - 15.4 - 7.7 = -30.8(\text{kN})$$

各柱顶剪力为:

$$V_A = \mu_A R - R_A = 0.25 \times (-30.8) - (-7.7) = 0$$

$$V_B = \mu_B R - R_B = 0.5 \times (-30.8) - (-15.4) = -0$$

$$V_C = \mu_C R - R_C = 0.25 \times (-30.8) - (-7.7) = 0$$

排架各柱的弯矩图及柱底剪力图,如图 3.74 所示。

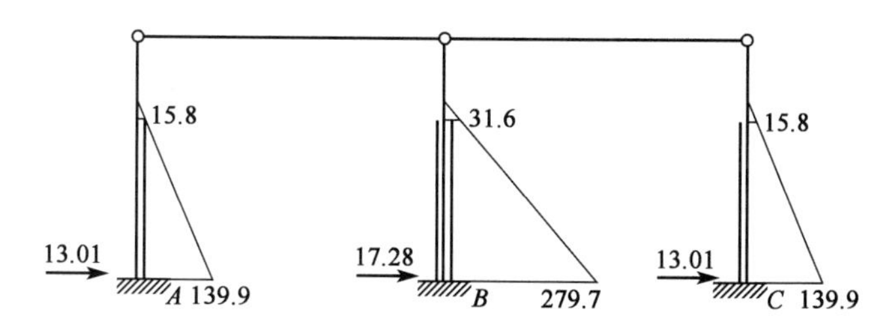

图 3.74 F_{hk}向左作用在 AB、BC 跨时排架内力图

(剪力单位:kN;弯矩单位:kN · m)

⑩F_{hk}作用于 AB、BC 跨柱(每跨各一台 320kN/50kN 吊车,F_{hk}方向向右)。

由于结构对称及吊车吨位相等,故排架内力计算与 F_{hk}作用于 AB、BC 跨柱(F_{hk}方向向左)的情况相同,仅需将弯矩及剪力符号改变。

3.5.8 内力组合

以 A 柱为例,各截面内力标准值汇总如表 3.13 所示,内力组合如表 3.14 ~ 表 3.17 所示。

A 柱各截面内力标准值汇总表

表 3.13

柱号 正向内力	荷载类别		恒载	屋面活载		吊车竖向荷载(一跨内两台吊车)				吊车水平荷载						风荷载	
				作用在 AB 跨	作用在 BC 跨	D_{kmax} 作用 在 A 柱	D_{kmax} 作用 在 B 柱左	D_{kmax} 作用 在 B 柱右	D_{kmax} 作用 在 C 柱	一跨内两台吊车(320kN/50kN、200kN/50kN)				每跨各一台 320kN/50kN			
										在 AB 跨内		在 BC 跨内					
										←	→	←	→	←	→	→	←
	序号		①	②	③	④	⑤	⑥	⑦	⑧	⑨	⑩	⑪	⑫	⑬	⑭	⑮
I I II II III III V N M M单位:kN·m N单位:kN V单位:kN	Ⅰ-Ⅰ	M_k	27.34	2.61	1.40	-64.71	-47.3	33	-12.7	2.1	-2.1	-17.1	17.1	-15.8	15.8	21.99	-33.44
		N_k	313.5	36	0	0	0	0	0	0	0	0	0	0	0	0	0
	Ⅱ-Ⅱ	M_k	-32.2	-6.39	1.40	144.6	-9.2	33	-12.7	2.1	-2.1	-17.1	17.1	-15.8	15.8	21.99	-33.44
		N_k	360.6	36	0	523.2	95.2	0	0	0	0	0	0	0	0	0	0
	Ⅲ-Ⅲ	M_k	-5.32	-4.68	4.34	7.99	-109	102.8	-39.5	-115.7	115.7	-72.7	72.7	-139.9	139.9	203.4	-171.5
		N_k	426.4	36	0	523.2	95.2	0	0	0	0	0	0	0	0	0	0
		V_k	2.83	0.18	0.31	-14.38	-10.5	7.34	-2.82	-12.4	12.4	-5.19	5.19	-13.1	13.1	28.74	-19.35

恒载控制组合(一)

表 3.14

截面		$+M_{max}$及相应 N		$-M_{max}$及相应 N	
Ⅰ-Ⅰ	M	1.35×①+1.4×[(②+③)×0.7+⑥×0.9×0.7+⑪×0.9×0.7+⑭×0.6]	103.50	1.0×①+1.4×[(④+⑦)×0.8×0.7+⑩×0.9×0.7+⑮×0.6]	−74.85
	N		458.51		313.50
Ⅱ-Ⅱ	M	1.0×①+1.4×[③×0.7+(④+⑥)×0.8×0.7+⑪×0.9×0.7+14×0.6]	141.96	1.35×①+1.4×[②×0.7+(⑤+⑦)×0.8×0.7+⑩×0.9×0.7+⑮×0.6]	−110.07
	N		770.79		596.73
Ⅲ-Ⅲ	M	1.0×①+1.4×[③×0.7+(④+⑥)×0.8×0.7+⑬×0.9×0.7+⑭×0.6]	385.05	1.35×①+1.4×[②×0.7+(⑤+⑦)×0.8×0.7+⑫×0.9×0.7+⑮×0.6]	−395.64
	N		836.59		685.56
	V		33.31		−34.25

活载控制组合(一)

表 3.15

截面		$+M_{max}$及相应 N		$-M_{max}$及相应 N	
Ⅰ-Ⅰ	M	1.2×①+1.4×[⑥×0.9+(②+③)×0.7+⑪×0.9×0.7+⑭×0.6]	111.87	1.0×①+1.4×[(④+⑦)×0.8+⑩×0.9×0.7+⑮×0.6]	−100.86
	N		411.48		313.50
Ⅱ-Ⅱ	M	1.0×①+1.4×[(④+⑥)×0.8+③×0.7+⑪×0.9×0.7+⑭×0.6]	201.64	1.2×①+1.4×[⑮+②×0.7+(⑤+⑦)×0.8×0.7+⑩×0.9×0.7]	−123.97
	N		946.58		542.64
Ⅲ-Ⅲ	M	1.0×①+1.4×[⑭+(④+⑥)×0.8×0.7+③×0.7+⑬×0.9×0.7]	498.95	1.2×①+1.4×[⑮+②×0.7+(⑤+⑦)×0.8×0.7+⑫×0.9×0.7]	−490.89
	N		836.59		621.60
	V		49.40		−45.51

恒载控制组合(二)

表 3.16

截面		N_{max}及相应 M		N_{min}及相应 M	
Ⅰ-Ⅰ	M	$+M_{max}$: 1.35×①+1.4×[(②+③)×0.7+⑥×0.9×0.7+⑪×0.9×0.7+⑭×0.6]=103.50 $-M_{max}$: 1.35×①+1.4×[②×0.7+(④+⑦)×0.8×0.7+⑩×0.9×0.7+⑮×0.6]=−64.39	103.50	$+M_{max}$: 1.0×①+1.4×(③×0.7+⑥×0.9×0.7+⑪×0.9×0.7+⑭×0.6)=91.37 $-M_{max}$: 1.0×①+1.4×[(④+⑦)×0.8×0.7+⑩×0.9×0.7+⑮×0.6]=−76.52	91.37
	N		458.51		313.50

续上表

截面		N_{max}及相应 M		N_{min}及相应 M	
Ⅱ-Ⅱ	M	$+M_{max}$： 1.35×①+1.4×(②×0.7+③×0.7+④×0.9×0.7+⑧×0.9×0.7+⑭×0.6)=99.50	99.50	$+M_{max}$： 1.0×①+1.4×(③×0.7+⑥×0.9×0.7+⑪×0.9×0.7+⑭×0.6)=31.83	−86.57
	N	$-M_{max}$： 1.35×①+1.4×(②×0.7+④×0.9×0.7+⑨×0.9×0.7+⑮×0.6)=47.86	983.55	$-M_{max}$： 1.0×①+1.4×(⑦×0.9×0.7+⑩×0.9×0.7+⑮×0.6)=−86.57	360.60
Ⅲ-Ⅲ	M	$+M_{max}$： 1.35×①+1.4×(②×0.7+③×0.7+④×0.9×0.7+⑨×0.9×0.7+⑭×0.6)=278.07	278.07	$+M_{max}$： 1.0×①+1.4×(③×0.7+⑥×0.9×0.7+⑪×0.9×0.7+⑭×0.6)=324.58	324.58
	N	$-M_{max}$： 1.35×①+1.4×(②×0.7+④×0.9×0.7+⑧×0.9×0.7+⑮×0.6)=−245.19	1072.4	$-M_{max}$： 1.0×①+1.4×(⑦×0.9×0.7+⑩×0.9×0.7+⑮×0.6)=−248.34	426.40
	V		26.70		38.33

活载控制组合(二)　　表3.17

截面		N_{max}及相应 M		N_{min}及相应 M	
Ⅰ-Ⅰ	M	$+M_{max}$： 1.2×①+1.4×[(②+③)+⑥×0.9×0.7+⑪×0.9×0.7+⑭×0.6]=101.08	101.08	$+M_{max}$： 1.0×①+1.4×(⑥×0.9+③×0.7+⑪×0.9×0.7+⑭×0.6)=103.85	103.85
	N	$-M_{max}$： 1.2×①+1.4×[②+(④+⑦)×0.8×0.7+⑩×0.9×0.7+⑮×0.6]=−67.4	426.60	$-M_{max}$： 1.0×①+1.4×[(④+⑦)×0.8+⑩×0.9×0.7+⑮×0.6]=−102.53	313.50
Ⅱ-Ⅱ	M	$+M_{max}$： 1.2×①+1.4×(④×0.9+②×0.7+③×0.7+⑧×0.9×0.7+⑭×0.6)=158.99	158.99	$+M_{max}$： 1.0×①+1.4×(⑥×0.9+③×0.7+⑪×0.9×0.7+⑭×0.6)=56.62	−105.30
	N	$-M_{max}$： 1.2×①+1.4×(④×0.9+②×0.7+⑨×0.9×0.7+⑮×0.6)=107.35	1127.2	$-M_{max}$： 1.0×①+1.4×(⑮+⑦×0.9×0.7+⑩×0.9×0.7)=−105.30	360.60
Ⅲ-Ⅲ	M	$+M_{max}$： 1.2×①+1.4×(④×0.9+②×0.7+③×0.7+⑨×0.9×0.7+⑭×0.6)=284.31	284.31	$+M_{max}$： 1.0×①+1.4×(⑭+③×0.7+⑥×0.9×0.7+⑪×0.9×0.7)=438.48	438.48
	N	$-M_{max}$： 1.2×①+1.4×(④×0.9+②×0.7+⑧×0.9×0.7+⑮×0.6)=−238.96	1206.2	$-M_{max}$： 1.0×①+1.4×(⑮+⑦×0.9×0.7+⑩×0.9×0.7)=−344.38	426.40
	V		20.84		54.42

注：内力组合采用2.2.2节中2)荷载。

吊车竖向荷载、吊车水平荷载及活荷载组合值系 $\psi_c = 0.7$，风荷载组合值系数 $\psi_c = 0.6$。永久荷载组合控制和活载控制组合控制的结果见表 3.14 ~ 表 3.17，表 3.14 和表 3.15、表 3.16和表 3.17 都考虑其相应项的较危险值。

3.5.9 排架柱截面设计

以 A 柱为例，计算其配筋。

混凝土强度等级为 C30，$f_c = 14.3\text{N/mm}^2$，$f_t = 1.43\text{N/mm}^2$，$E_c = 3.0 \times 10^4\text{N/mm}^2$；柱中纵向受力钢筋采用 HRB400 级 $f_y = f'_y = 360\text{N/mm}^2$，$E_s = 2.0 \times 10^5\text{N/mm}^2$，$\xi_b = 0.518$。上、下柱均采用对称配筋。

(1)上柱配筋计算

上柱：$b \times h = 400\text{mm} \times 500\text{mm}$，$a_s = a'_s = 40\text{mm}$，$h_0 = 500 - 40 = 460(\text{mm})$。大小偏心受压破坏界限轴力 $N_b = \alpha_1 f_c b \xi_b h_0 = 1.0 \times 14.3 \times 400 \times 0.518 \times 460 = 1363(\text{kN})$，由内力组合表可见上柱 Ⅰ-Ⅰ 截面共有 8 组内力，$N_{max} = 458.51\text{kN} < N_b$，故 Ⅰ-Ⅰ 截面为大偏心受压情况，在大偏心受压时，应以弯矩最大、轴力最小的一组内力为最不利。

$$①\begin{cases} M_0 = 103.5\text{kN} \cdot \text{m} \\ N = 458.51\text{kN} \end{cases} \qquad ②\begin{cases} M_0 = 103.85\text{kN} \cdot \text{m} \\ N = 313.50\text{kN} \end{cases}$$

①组与②组内力比较，弯矩相差不多，但②组轴力值较小，故②组更不利，选②组内力计算上柱配筋。

由规范查得，吊车厂房排架方向上柱的计算长度 $l_0 = 2H_1 = 2 \times 4.5 = 9.0(\text{m})$

$$i = \frac{h}{\sqrt{12}} = \frac{500}{\sqrt{12}} = 144(\text{mm})$$

$$\frac{l_0}{i} = \frac{9000}{144} = 62.5 > 34 - 12 \times \frac{0}{M_0} = 34$$，故需考虑附加弯矩。

$$\zeta_c = \frac{0.5 f_c A}{N} = \frac{0.5 \times 14.3 \times 400 \times 500}{313.5 \times 10^3} = 4.56 > 1.0$$，故取 $\zeta_c = 1.0$。

$$e_a = \max\left\{\frac{500}{30} = 16.67\text{mm}, 20\text{mm}\right\} = 20(\text{mm})$$

$$h_0 = h - a_s = 500 - 40 = 460(\text{mm})$$

$$\eta_s = 1 + \frac{1}{1500(M_0/N + e_a)/h_0}\left(\frac{l_0}{h}\right)^2 \zeta_c = 1 + \frac{1}{1500 \times (103.85 \times 10^6/313.5 \times 10^3 + 20)/460}\left(\frac{9000}{500}\right)^2 \times 1.0 = 1.28$$

$$M = \eta_s M_0 = 1.28 \times 103.85 = 132.9(\text{kN} \cdot \text{m})$$

$$e_0 = \frac{M}{N} = \frac{132.9 \times 10^6}{313.5 \times 10^3} = 424(\text{mm})$$

$$e_i = e_0 + e_a = 424 + 20 = 444(\text{mm})$$

$$x = \frac{N}{\alpha_1 f_c b} = \frac{313.5 \times 10^3}{1.0 \times 14.3 \times 400} = 54.8(\text{mm}) < 2a'_s = 80(\text{mm}), x = 2a'_s$$

$$A'_s = A_s = \frac{N\left(e_i - \frac{h}{2} + a'_s\right)}{f_y(h_0 - a'_s)} = \frac{313.5 \times 10^3 \times \left(444 - \frac{500}{2} + 40\right)}{360 \times (460 - 40)} = 485(\text{mm}^2) > 0.2\% bh = 0.002 \times$$

$400\times500=400(\mathrm{mm}^2)$,每侧选3$\Phi$16($A_s=603\mathrm{mm}^2$)。

$$A_s+A_s'=603\times2=1206(\mathrm{mm}^2)>\rho_{\min}bh=0.0055\times400\times500=1100(\mathrm{mm}^2)$$

(2)下柱配筋计算

取$h_0=1000-40=960(\mathrm{mm})$,大小偏心破坏界限轴力:

$$N_b=\alpha_1f_c(b_f'-b)h_f'+\alpha_1f_cb\xi_bh_0$$
$$=1.0\times14.3\times(400-150)\times150+14.3\times150\times0.518\times(1000-40)$$
$$=1603(\mathrm{kN})>1189.8\mathrm{kN}$$

下柱配筋中Ⅱ-Ⅱ、Ⅲ-Ⅲ截面共8组组合内力值,其轴力值均小于N_b,所以下柱为大偏心受压构件。与上柱分析方法类似,选取下列两组不利内力:

$$\begin{cases}M_0=438.48\mathrm{kN\cdot m}\\N=426.40\mathrm{kN}\end{cases}\qquad\begin{cases}M_0=490.89\mathrm{kN\cdot m}\\N=621.60\mathrm{kN}\end{cases}$$

①按$M=438.48\mathrm{kN\cdot m}$,$N=426.40\mathrm{kN}$计算。

下柱计算长度$l_0=1.0H_l=1.0\times9.5=9.5(\mathrm{m})$

$$I=26.9\times10^9\mathrm{mm}^4,A=2.31\times10^5\mathrm{mm}^2,i=\sqrt{\frac{I}{A}}=\sqrt{\frac{26.9\times10^9}{2.31\times10^5}}=341(\mathrm{mm})$$

$$\frac{l_0}{i}=\frac{9.5\times10^3}{341}=27.86(\mathrm{mm})<34-12\times\frac{0}{M_0}=34(\mathrm{mm})$$,不考虑附加弯矩影响。

$$e_0=\frac{M_0}{N}=\frac{438.48\times10^6}{426.4\times10^3}=1028(\mathrm{mm})$$

$$e_a=\max\left\{\frac{1000}{30}=33.3\mathrm{mm},20\mathrm{mm}\right\}=33.3(\mathrm{mm})$$

$$e_i=e_0+e_a=1028+33.3=1061(\mathrm{mm})$$

$$x=\frac{N}{\alpha_1f_cb_f'}=\frac{426.4\times10^3}{1.0\times14.3\times400}=74.5(\mathrm{mm})<2a_s'=2\times40=80(\mathrm{mm})$$

说明中和轴在受压翼缘内,且受压钢筋不屈服。故令$x=2a_s'$对受压钢筋A_s'取矩求受拉钢筋面积A_s。

$$e'=e_i-\frac{h}{2}+a_s'=1061-\frac{1000}{2}+40=601(\mathrm{mm})$$

$$A_s'=A_s=\frac{Ne'}{f_y(h_0-a_s')}=\frac{426.4\times10^3\times601}{360\times(960-40)}=775(\mathrm{mm}^2)$$

选4Φ16($A_s=804\mathrm{mm}^2$)。

$$A_s'=A_s=804\mathrm{mm}^2>\rho_{\min}A=0.002\times2.31\times10^5=462(\mathrm{mm}^2)$$

根据构造要求翼缘及柱侧向构造钢筋共选6ϕ12,$A_s=678\mathrm{mm}^2$。

$$A_{s全}=804\times2+678=2286(\mathrm{mm}^2)>\rho_{\min}A=0.0055\times2.31\times10^5=1271(\mathrm{mm}^2)$$

②按$M_0=490.89\mathrm{kN\cdot m}$,$N=621.20\mathrm{kN}$计算。

计算方法与上述相同,过程从略。计算结果$A_s'=A_s=651\mathrm{mm}^2$。

综合上述计算结果,下柱截面选用4Φ16($A_s=804\mathrm{mm}^2$)。

(3)A柱箍筋设计

非地震区的单层厂房柱,其箍筋数量一般由构造要求控制。根据构造要求,上下柱均选用

ф8@200 箍筋(非加密区),加密区采用ф8@100。

3.5.10 柱牛腿设计

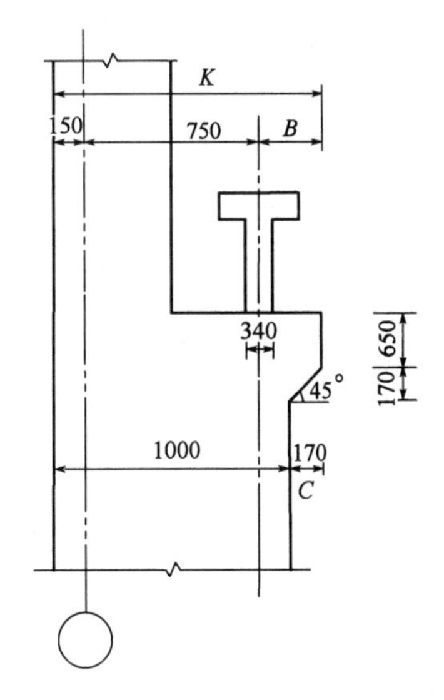

图 3.75 排架柱牛腿尺寸
(尺寸单位:mm)

以 A 柱为例,进行牛腿设计计算。

(1)验算牛腿截面高度

吊车梁安装偏差取 20mm,吊车梁边缘距牛腿边缘取 80mm,则图 3.75 中:

$$B=\frac{340}{2}+80+20=270(\text{mm})$$

$$C=K-h_{下}=150+750+270-1000=170(\text{mm})$$

牛腿高度:

$$h=650+170=820(\text{mm}),h_0=820-40=780(\text{mm})$$

吊车梁轨道中心线距下柱边缘距离:

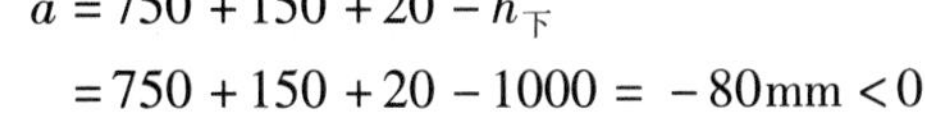

$$a=750+150+20-h_{下}$$

$$=750+150+20-1000=-80\text{mm}<0$$

取 $a=0$,故作用于吊车梁上的竖向力作用点位于下柱截面以内。

作用于牛腿顶面处荷载标准值计算:

$$F_{hk}=F'_{hk}\times 0.9=17.58\times 0.9=15.82(\text{kN})$$

其中,F'_{hk} 为未考虑多台吊车的荷载折减系数的吊车横向水平荷载。

$$F_{vk}=\psi_e D_{kmax}+G_{4k}=0.9D_{kmaax}+50.36=0.9\times 523.2+50.36=521.24(\text{kN})$$

混凝土强度等级为 C30,$f_{tk}=2.01\text{N/mm}^2$,$\beta=0.65$,则:

$$\beta\left(1-0.5\frac{F_{hk}}{F_{vk}}\right)\frac{f_{tk}bh_0}{0.5+\frac{a}{h_0}}=0.65\times\left(1-0.5\times\frac{15.82}{521.24}\right)\times\frac{2.01\times 400\times 780}{0.5+\frac{0}{780}}$$

$$=803(\text{kN})>F_{vk}=521.24\text{kN}$$

牛腿截面高度满足要求。

(2)牛腿配筋计算

吊车纵向力作用点位于下柱截面以内,$a=-80\text{mm}<0.3h_0=0.3\times 780=234(\text{mm})$,故取 $a=0.3h_0=0.3\times 780=234(\text{mm})$。

$$F_v=\gamma_Q\psi_c D_{kmax}+\gamma_G G_{4k}=1.4\times 0.9\times 523.2+1.2\times 50.36=719.7(\text{kN})$$

$$F_h=F_{hk}\times 1.4=15.82\times 1.4=22.15(\text{kN})$$

$$A_s=\frac{F_v a}{0.85f_y h_0}+1.2\frac{F_h}{f_y}=\frac{719.7\times 10^3\times 234}{0.85\times 360\times 780}+1.2\times\frac{22.15\times 10^3}{360}$$

$$=780(\text{mm}^2)>0.002bh=0.002\times 400\times 820=656(\text{mm}^2)$$

$$>0.45\frac{f_t}{f_y}bh=0.45\times\frac{1.43}{360}\times 400\times 820=586(\text{mm}^2)$$

选 4 ф16($A_s=804\text{mm}^2$)。

牛腿水平箍筋选用双肢箍ф8@100,$A_{sv1}=50.3\text{mm}^2$,如图 3.76 所示。

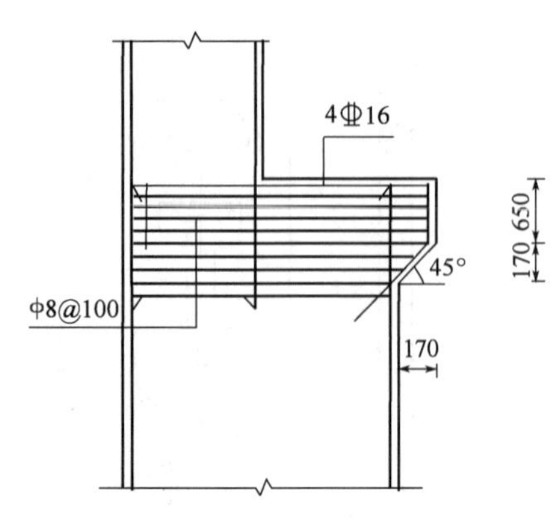

图3.76 柱牛腿配筋图(尺寸单位:mm)

$$\frac{50.3\times2}{100}\times\frac{2}{3}h_0=\frac{100.6}{100}\times\frac{2}{3}\times780$$

$=523(\mathrm{mm}^2)>804\times0.5=402(\mathrm{mm}^2)$

牛腿内水平箍筋选用ϕ8@100。

(3)牛腿局压验算

局部承压面积近似取吊车梁下承压板面积:

$A_l=400\times340=1.36\times10^5(\mathrm{mm}^2)$

$\sigma_l=\frac{F_{vk}}{A_l}=\frac{521.24\times10^3}{1.36\times10^5}=3.83(\mathrm{N/mm}^2)<0.75f_c=0.75\times14.3=10.73(\mathrm{N/mm}^2)$

满足要求。

3.5.11 柱的吊装验算

首先采用平吊,吊点设在牛腿下部,柱插入杯口中的长度 $h_1=\max(0.9h,800)=900(\mathrm{mm})$,则柱吊装时的总长度为4.5+9.5+0.9=14.9(m)。

上柱面积:

$A_1=0.5\times0.4=0.2(\mathrm{m}^2)$

下柱矩形部分面积:

$A_2=1.0\times0.4=0.4(\mathrm{m}^2)$

下柱工字形截面面积:

$A_3=0.231(\mathrm{m}^2)$

上柱线荷载:

$q_1=25\times0.5\times0.4=5(\mathrm{kN/m})$

下柱平均线荷载:

$$q_2=\frac{(0.4\times1.75+0.231\times7.83)\times25}{0.35+7.83+1.4}=6.6(\mathrm{kN/m})$$

牛腿部分线荷载:

$$q_3=\frac{[0.4\times0.82\times1.0+(0.65\times0.17+0.5\times0.17\times0.17)\times0.4]\times25}{0.65+0.17}=11.5(\mathrm{kN/m})$$

弯矩计算:

$$M_{Ck}=-\frac{1}{2}\times5\times4.5\times45=-50.6(\mathrm{kN\cdot m})$$

$M_C=-50.6\times1.5\times1.35=-91.1(\mathrm{kN\cdot m})$

$M_{Bk}=-11.5\times0.82\times0.5\times0.82-5\times4.5\times(0.82+2.25)=-73.0(\mathrm{kN\cdot m})$

$M_B=-73.0\times1.5\times1.35=-131.4(\mathrm{kN\cdot m})$

AB 跨中最大弯矩处距 A 支座3.64m(图3.77)。

$M_{ABk}=24\times3.64-0.5\times6.6\times3.64\times3.64=43.6(\mathrm{kN\cdot m})$

$M_{AB}=43.6\times1.5\times1.35=78.5(\mathrm{kN\cdot m})$

由于$|M_B|>|M_{AB}|$,故取 $M_B=-131.4\mathrm{kN\cdot m}$。

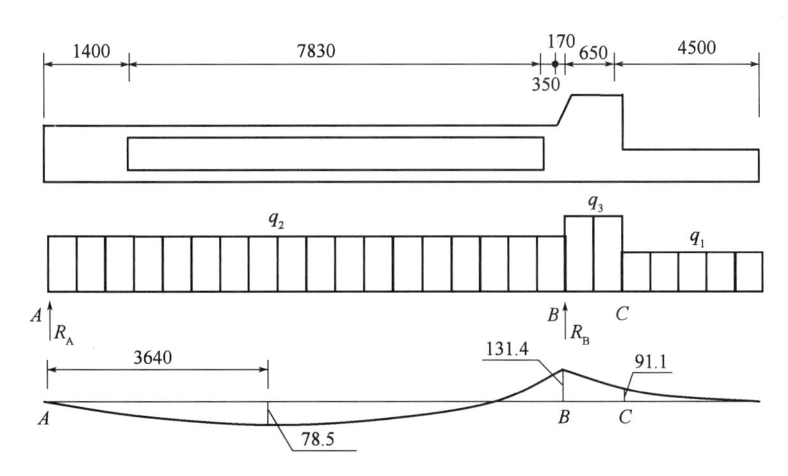

图 3.77　排架柱吊装验算简图(尺寸单位:mm)

验算配筋量,平吊时下柱截面尺寸如图 3.78 所示。

$c=30\text{mm}, a_s=40\text{mm}, h_0=400-40=360(\text{mm})$, 2 ⌽16: $A_s=402\text{mm}^2$

$$\alpha_s=\frac{\gamma_0 M_B}{\alpha_1 f_c b h_0^2}=\frac{0.9\times131.4\times10^6}{1.0\times14.3\times300\times360^2}=0.22$$

$\gamma_s=0.86, \xi=0.28<\xi_b=0.518$

$$A_s=\frac{\gamma_0 M}{f_y\gamma_s h_0}=\frac{0.9\times131.4\times10^6}{360\times0.86\times360}=1061(\text{mm}^2)>402\text{mm}^2$$

所以采用平吊不能满足承载力要求,需采用翻身吊。翻身吊时下柱截面的受力方向与使用阶段的受力方向一致。如图 3.79 所示。

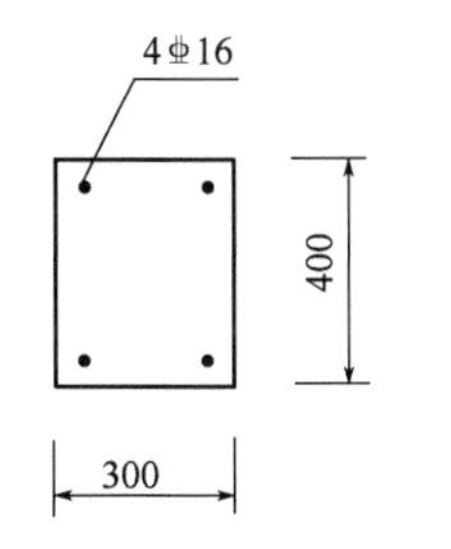

图3.78　工字形截面柱下柱平吊截面示意图(尺寸单位:mm)

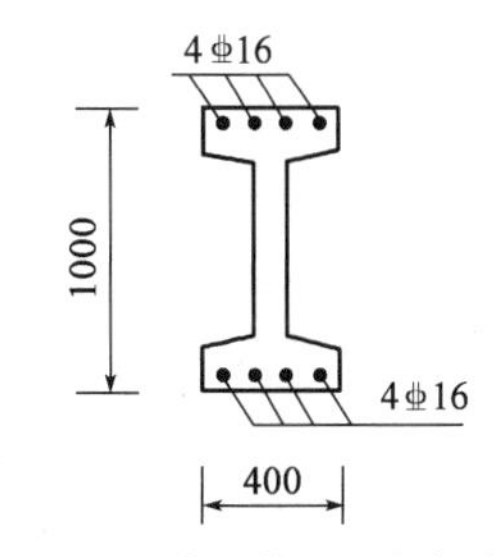

图 3.79　工字形截面柱翻身吊截面示意图(尺寸单位:mm)

(1)翻身吊装时下柱截面配筋量验算:

$M_B=-131.4\text{kN}\cdot\text{m}, h_0=1000-40=960(\text{mm})$, 4 ⌽16, $A_s=804\text{mm}^2$

$$\alpha_1 f_c b_f' h_f'\left(h_0-\frac{h_f'}{2}\right)=1.0\times14.3\times400\times150\times\left(960-\frac{150}{2}\right)=759.33(\text{kN}\cdot\text{m})$$

$$>M_B=131.4\text{kN}\cdot\text{m}$$

说明中和轴在受压翼缘内。

$$\alpha_s=\frac{\gamma_0 M_B}{\alpha_1 f_c b_f' h_0^2}=\frac{0.9\times131.4\times10^6}{1.0\times14.3\times400\times960^2}=0.023, \gamma_s=0.988$$

$\xi=0.025<\xi_b=0.518$

$$A_s = \frac{\gamma_0 M_B}{f_y \gamma_s h_0} = \frac{0.9 \times 131.4 \times 10^6}{360 \times 0.988 \times 960} = 346.3(\text{mm}^2) < 804\text{mm}^2$$

满足要求。

(2)翻身吊装时上柱截面配筋量验算,配筋情况如图3.80a)所示。

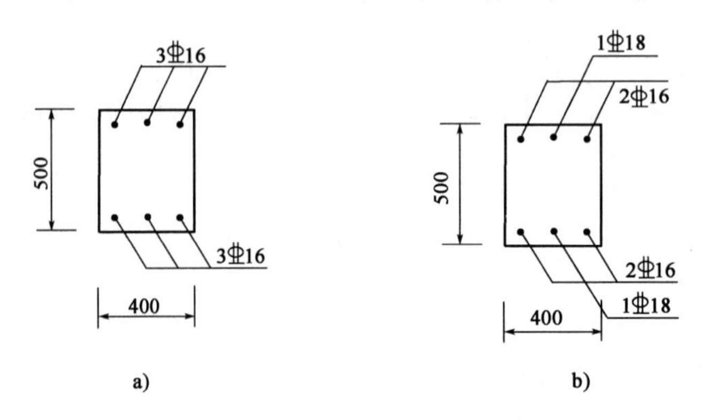

图3.80 上柱翻身吊截面示意图(尺寸单位:mm)

a)上柱配筋示意图;b)根据裂缝验算调整后上柱配筋示意图

$M_C = -91.1\text{kN}\cdot\text{m}, h_0 = 500 - 40 = 460(\text{mm}), 3⏀16, A_s = 603\text{mm}^2$

$$\alpha_s = \frac{\gamma_0 M_C}{\alpha_1 f_c b h_0^2} = \frac{0.9 \times 91.1 \times 10^6}{1.0 \times 14.3 \times 400 \times 460^2} = 0.075, \gamma_s = 0.961$$

$$\xi = 0.078 < \xi_b = 0.518$$

$$A_s = \frac{\gamma_0 M}{f_y \gamma_s h_0} = \frac{0.9 \times 91.1 \times 10^6}{360 \times 0.961 \times 460} = 572(\text{mm}^2) < 603\text{mm}^2$$

满足要求。

采用翻身吊时下柱裂缝宽度验算(下柱 B 截面):

$$M_q = 73 \times 1.5 = 109.5(\text{N/mm}^2)$$

$$\alpha_{cr} = 1.9, E_s = 2.0 \times 10^5, c = 30\text{mm}, f_{tk} = 2.01\text{N/mm}^2$$

$$\rho_{te} = \frac{A_s}{A_{te}} = \frac{804}{0.5 \times 150 \times 1000 + (400 - 150) \times 150} = 0.0072$$

$$\sigma_{sq} = \frac{M_q}{0.87 h_0 A_s} = \frac{109.5 \times 10^6}{0.87 \times 960 \times 804} = 163.1(\text{N/mm}^2)$$

$$\psi = 1.1 - 0.65\frac{f_{tk}}{\rho_{te}\sigma_{sq}} = 1.1 - 0.65 \times \frac{2.01}{0.0072 \times 163.1} = -0.013 < 0.2$$

取 $\psi = 0.2$,则:

$$\omega_{max} = \alpha_{cr}\psi\frac{\sigma_{sq}}{E_s}\left(1.9c + 0.08\frac{d_{eq}}{\rho_{te}}\right) = 1.9 \times 0.2 \times \frac{108.7}{2.0 \times 10^5} \times \left(1.9 \times 30 + 0.08 \times \frac{16}{0.0072}\right)$$
$$= 0.048(\text{mm}) < 0.3\text{mm}$$

$$\omega_{max} = \alpha_{cr}\psi\frac{\sigma_{sq}}{E_s}\left(1.9c + 0.08\frac{d_{eq}}{\rho_{te}}\right) = 1.9 \times 0.2 \times \frac{163.1}{2.0 \times 10^5} \times \left(1.9 \times 30 + 0.08 \times \frac{16}{0.0072}\right)$$
$$= 0.073(\text{mm}) < 0.3\text{mm}$$

采用翻身吊时上柱裂缝宽度验算(上柱 C 截面):

$$M_{q} = 50.6 \times 1.5 = 75.9(\mathrm{N/mm^2})$$

$$\rho_{te} = \frac{A_s}{A_{te}} = \frac{603}{0.5 \times 400 \times 500} = 0.006$$

$$\sigma_{sq} = \frac{M_q}{0.87h_0A_s} = \frac{75.9 \times 10^6}{0.87 \times 460 \times 603} = 314.5(\mathrm{N/mm^2})$$

$$\psi = 1.1 - 0.65\frac{f_{tk}}{\rho_{te}\sigma_{sq}} = 1.1 - 0.65 \times \frac{2.01}{0.006 \times 314.5} = 0.408$$

$$\omega_{max} = \alpha_{cr}\psi\frac{\sigma_{sq}}{E_s}\left(1.9c + 0.08\frac{d_{eq}}{\rho_{te}}\right) = 1.9 \times 0.408 \times \frac{314.5}{2.0 \times 10^5} \times \left(1.9 \times 30 + 0.08 \times \frac{16}{0.0072}\right)$$

$$= 0.33(\mathrm{mm}) > 0.3\mathrm{mm}$$

不满足要求,因此按照吊装验算,上柱配筋修改为2 ⌀16 +1 ⌀18,如图3.80b)所示。

3.5.12 基础计算

根据题意,地基承载力特征值 $f_a = 220\mathrm{kN/m^2}$,基础采用C30混凝土,下设100mm厚C15素混凝土垫层。

(1)作用于基础顶面上的荷载计算

作用于基础顶面上的荷载包括柱底(Ⅲ-Ⅲ截面)传给基础的 M、N、V 以及外墙自重的重力荷载。从表3.13中Ⅲ-Ⅲ截面选取的 M、N、V 及 M_k、N_k、V_k 见表3.18,其中内力标准值用于地基承载力计算,基本组合值用于受冲切承载力和底板配筋计算,内力的正号规定如图3.81所示。

基础设计的不利内力表　　表3.18

组　别	荷载效应基本组合			荷载效应标准组合		
	M(kN·m)	N(kN)	V(kN)	M_k(kN·m)	N_k(kN)	V_k(kN)
$+M_{max}$ 及相应 N、V(一组)	498.95	836.59	49.40	355	719.4	36.1
$-M_{max}$ 及相应 N、V(二组)	-490.89	621.60	-45.51	-351.4	504.9	-32.1
N_{max} 及相应 M、V(三组)	284.31	1206.19	20.84	202.3	922.5	15.29
N_{min} 及相应 M、V(四组)	438.48	426.4	54.42	311.68	426.40	39.68

由图3.82可见,每个基础承受的外墙总宽度为6m,总高度为15.85m,墙体为370mm厚煤矸石空心砖墙(8.5kN/m³)、钢框玻璃窗(0.45kN/m²),基础梁重量为23.4kN/根。每个基础承受的由墙体传来的荷载为:

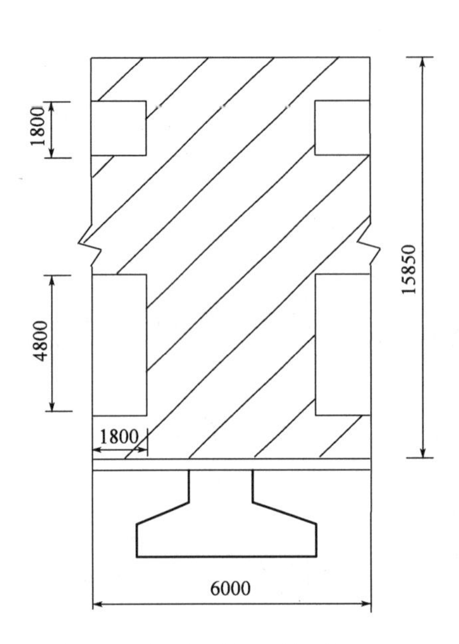

图 3.81　基础底面尺寸(尺寸单位:mm)

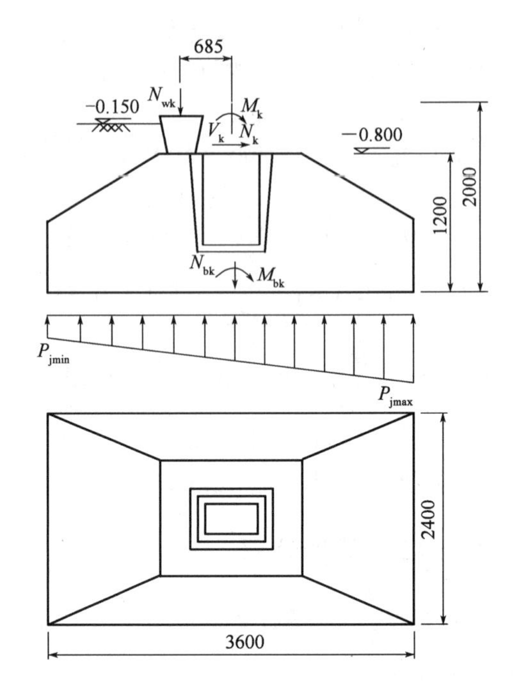

图 3.82　基础上墙体及窗重(尺寸单位:mm)

370mm 厚煤矸石空心砖墙:

$8.5 \times 0.37 \times 15.85 \times 6.0 - 8.5 \times 0.37 \times (4.8 + 1.8) \times 3.6 = 224.4(\mathrm{kN})$

钢框玻璃窗重:　　$0.45 \times (4.8 + 1.8) \times 3.6 = 10.7(\mathrm{kN})$

基础梁:　　24.3kN

$N_{wk} = 259.4(\mathrm{kN})$(求和)

N_{wk}距基础形心的偏心距 e_w:

$$e_w = \frac{370}{2} + \frac{1000}{2} = 685(\mathrm{mm})$$

$$N_w = 1.2 \times 259.4 = 311.3(\mathrm{kN})$$

$$M_{wk} = 259.4 \times 0.685 = 177.7(\mathrm{kN \cdot m})$$

$$M_w = 311.3 \times 0.685 = 213.2(\mathrm{kN \cdot m})$$

(2)基础尺寸及埋置深度

①按构造要求拟定基础高度 h。

长春地区标准冻深为 1.65m,杯形基础基底高程为 $1.65 + 0.15 + 0.2 = 2.0(\mathrm{m})$,柱插入杯口深度为 900mm,柱底距杯底空隙为 50mm,水平方向空隙为 50mm,上口空隙为 75mm,杯壁厚度取 350mm,基础杯底厚度为 250mm,基础每阶高度为 400mm,基础高度 $h = 1200\mathrm{mm}$,见图 3.81。

②拟定基础底面尺寸。

$$d = \frac{2.0 + 1.85}{2} = 1.925(\mathrm{m}), \gamma_m = 20\mathrm{kN/m^3}$$

$$A = (1.2 \sim 1.4)\frac{N_{kmax} + N_{wk}}{f_a - \gamma_m d} = (1.2 \sim 1.4) \times \frac{922.5 + 259.4}{220 - 20 \times 1.925} = 7.8 \sim 9.1(\mathrm{m^2})$$

取 $A=b\times l=3.6\times 2.4=8.64(\mathrm{m}^2)$。

③计算基底压力及验算承载力。

$$G_k=\gamma_m dA=20\times 1.925\times 8.64=332.64(\mathrm{kN})$$

$$W=\frac{1}{6}lb^2=\frac{1}{6}\times 2.4\times 3.6^2=5.184(\mathrm{m}^3)$$

经验算，每组内力下的基础底面尺寸均满足承载力要求，如表3.19所示。

基础底面压力计算及地基承载力验算表

表3.19

类别	$+M_{max}$及相应N、V	$-M_{max}$及相应N、V	N_{max}及相应M、V	N_{min}及相应M、V
M_k(kN·m) N_k(kN) V_k(kN)	355 719 36	−351 505 −32	202 922 15	312 426 40
$N_{bk}=N_k+G_k+N_{wk}$(kN)	1311	1097	1515	1018
$M_{bk}=M_k+V_kh-N_{wk}e_w$(kN·m)	$355+36\times1.2-259.4\times0.685=221$	$-351-32\times1.2-259.4\times0.685=-568$	$202+15\times1.2-259.4\times0.685=43$	$312+40\times1.2-259.4\times0.685=182$
$P_{kmax}=\frac{N_{bk}}{A}+\frac{M_{bk}}{W}$ $P_{kmin}=\frac{N_{bk}}{A}-\frac{M_{bk}}{W}$ (kN/m²)	$\frac{1311}{8.64}\pm\frac{221}{5.184}$ $=152\pm42=194/110$	$\frac{1097}{8.64}\pm\frac{568}{5.184}$ $=127\pm110=237/17$	$\frac{1515}{8.64}\pm\frac{43}{5.184}$ $=175\pm8=184/167$	$\frac{1018}{8.64}\pm\frac{183}{5.184}$ $=118\pm35=153/83$
$P_k=(P_{kmax}+P_{kmin})/2\le f_a$ $P_{kmax}\le1.2f_a$	$(194+110)/2$ $=152<220$ $194\le1.2\times220=264$	$(17+237)/2$ $=127<220$ $237\le1.2\times220=264$	$(184+167)/2$ $=176<220$ $184\le1.2\times220=264$	$(153+83)/2$ $=236<220$ $153\le1.2\times220=264$

(3)基础高度验算

基础高度验算即冲切验算，采用荷载效应的基本组合，基础底面地基净反力值为 P_{jmax} 或 P_{jmin}，见表3.20。

基础底面地基净反力设计值计算表

表3.20

类别	$+M_{max}$及相应N、V(一组)	$-M_{max}$及相应N、V(二组)	N_{max}及相应M、V(三组)	N_{min}及相应M、V(四组)
M_k(kN·m) N_k(kN) V_k(kN)	499 837 49	−491 622 −46	284 1206 21	438 426 54
$N_b=N+N_w$(kN)	1148	933	1517	738
$M_b=M+Vh-N_we_w$(kN·m)	$499+49\times1.2-311.3\times0.685=345$	$-491-46\times1.2-311.3\times0.685=-759$	$284+21\times1.2-311.3\times0.685=96$	$438+54\times1.2-311.3\times0.685=291$
$P_{jmax}=\frac{N_b}{A}+\frac{M_b}{W}$ $P_{jmin}=\frac{N_b}{A}-\frac{M_b}{W}$ (kN/m²)	$\frac{1148}{8.64}\pm\frac{345}{5.184}$ $=133\pm66=199/67$	$\frac{933}{8.64}\pm\frac{759}{5.184}$ $=108\pm146=254/-38$	$\frac{1517}{8.64}\pm\frac{96}{5.184}$ $=176\pm18=194/96$	$\frac{738}{8.64}\pm\frac{291}{5.184}$ $=85\pm56=141/29$

由计算可知,对于第二组 $P_{jmin}<0$,说明基底出现受拉区,应重新计算 P_{jmax}。

$$e_0 = \frac{M_b}{N_b} = \frac{759 \times 10^3}{933} = 814(\text{mm})$$

$$a = \frac{b}{2} - e_0 = \frac{3600}{2} - 814 = 986(\text{mm})$$

$$P_{jmax} = \frac{2N_b}{3al} = \frac{2 \times 933}{3 \times 0.986 \times 2.4} = 263(\text{kN/m}^2)$$

柱根处受剪验算:

基础有效高度 $h_0 = 1200 - 45 = 1155(\text{mm})$

$a_b = a_t + 2h_0 = 400 + 2 \times 1155 = 2710(\text{mm}) > l = 2400\text{mm}$

当基础底面短边尺寸小于柱宽加两倍基础有效高度时,应按下列公式验算柱与基础交接处截面受剪承载力:

$V_S \leqslant 0.7\beta_{hs} f_t A_0$

$\beta_{hs} = (800/h_0)^{1/4} = (800/1150)^{1/4} = 0.91$

$$b_{y0} = \left[1 - 0.5\frac{h_1}{h_0}\left(1 - \frac{b_{y2}}{b_{y1}}\right)\right]b_{y1} = \left[1 - 0.5 \times \frac{400}{1155} \times \left(1 - \frac{1250}{2400}\right)\right] \times 2400 = 2200(\text{mm})$$

$A_0 = b_{y0} \times h_0 = 2200 \times 1155 = 2541000(\text{mm}^2)$

$0.7\beta_{hs} f_t A_0 = 0.7 \times 0.91 \times 1.43 \times 2200 \times 1155 = 2314.6(\text{kN})$

$V_S = A_1 \times (P_{jmax} + P_{j\,\text{I}})/2$

一组:

$V_S = A_1 \times (P_{jmax} + P_{j\,\text{I}})/2 = 1.3 \times 2.4 \times (199 + 166)/2 = 547(\text{kN})$

二组:

$V_S = A_1 \times (P_{jmax} + P_{j\,\text{I}})/2 = 1.3 \times 2.4 \times (263 + 147.4)/2 = 627(\text{kN})$

三组:

$V_S = A_1 \times (P_{jmax} + P_{j\,\text{I}})/2 = 1.3 \times 2.4 \times (194 + 185)/2 = 585(\text{kN})$

四组:

$V_S = A_1 \times (P_{jmax} + P_{j\,\text{I}})/2 = 1.3 \times 2.4 \times (141 + 113)/2 = 378(\text{kN})$

四组中的最大值:$V_S = 627\text{kN} < 0.7\beta_{hs} f_t A_0 = 2314.6(\text{kN})$

柱与基础交接处截面受剪承载力满足要求。

另一方向,由于基底边线位于45°冲切线以内,所以不必验算。

(4)基础底板配筋计算

基础底板配筋计算时,长边和短边方向的计算截面如图3.83所示。

四组不利内力设计值在柱边基底净反力计算如表3.21所示。

柱边及变阶处基底净反力计算 表3.21

公　式	$+M_{max}$及相应N、V (一组)	N_{max}及相应M、V (三组)	N_{min}及相应M、V (四组)
$P_{j\,\text{I}} = P_{jmin} + \frac{2.3}{3.6}(P_{jmax} - P_{jmin})$ (kN/m^2)	166	185	113

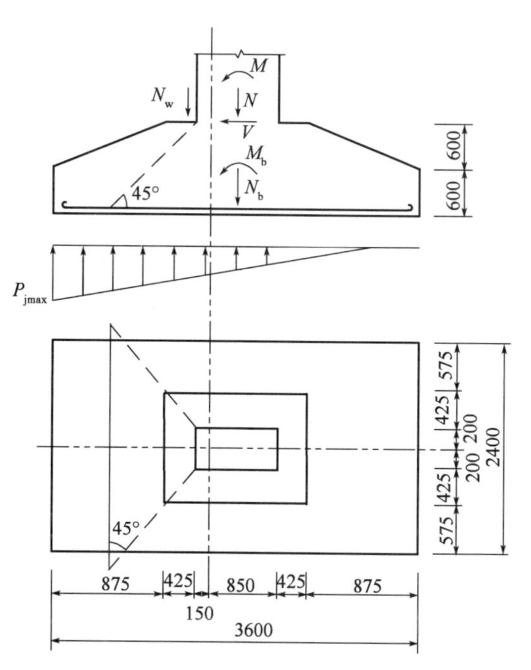

图 3.83 基础冲切验算示意图(尺寸单位:mm)

如图 3.48 所示,对于第二组:

$P_{jmax} = 263\text{kN/m}^2, P_{jmin} = 0$

$$e_0 = \frac{M_b}{N_b} = \frac{759}{933} = 814(\text{mm}), a = \frac{b}{2} - e_0 = \frac{3600}{2} - 814 = 986(\text{mm})$$

$3a = 3 \times 986 = 2958(\text{mm})$

则:

$$P_{j\text{I}} = \frac{1658}{2958} \times 263 = 147.4(\text{kN/m}^2)$$

Ⅰ-Ⅰ截面配筋计算:

$$M_{\text{I-I}} = \frac{1}{12}a_1^2[(2l + a')(P_{jmax} + P_{j\text{I}}) + (P_{jmax} - P_{j\text{I}})l]$$

一组:

$$M_{\text{I-I}} = \frac{1}{12} \times (0.425 + 0.875)^2 \times [(2 \times 2.4 + 0.4)(199 + 166) + (199 - 166) \times 2.4]$$

$$= 273(\text{kN} \cdot \text{m})$$

二组:

$$M_{\text{I-I}} = \frac{1}{12} \times (0.425 + 0.875)^2 \times [(2 \times 2.4 + 0.4)(263 + 147) + (263 - 147) \times 2.4]$$

$$= 330(\text{kN} \cdot \text{m})$$

三组:

$$M_{\text{I-I}} = \frac{1}{12} \times (0.425 + 0.875)^2 \times [(2 \times 2.4 + 0.4)(194 + 181) + (194 - 181) \times 2.4]$$

$$=279(\text{kN}\cdot\text{m})$$

四组：

$$M_{\text{I-I}}=\frac{1}{12}\times(0.425+0.875)^2\times[(2\times2.4+0.4)(141+101)+(141-101)\times2.4]$$
$$=191(\text{kN}\cdot\text{m})$$

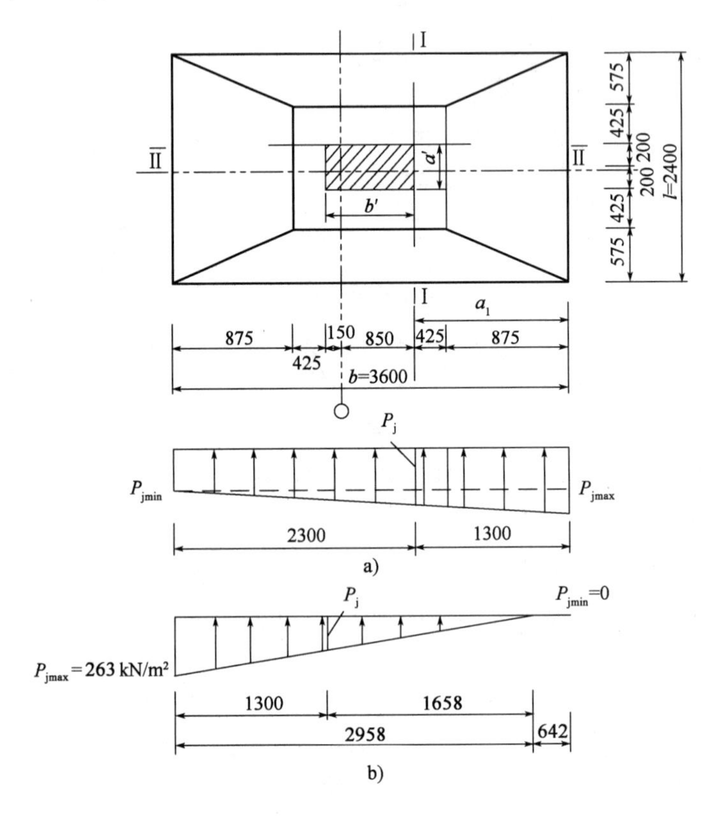

图 3.84　基础底板配筋计算截面(尺寸单位:mm)

a)第一、三、四组荷载设计值对应的基底净反力示意;b)第二组荷载设计值对应的基底净反力示意

对于Ⅰ-Ⅰ截面,取第二组弯矩值 $M_{\text{I-I}}=330\text{kN}\cdot\text{m}$。

Ⅱ-Ⅱ截面配筋计算：

$$M_{\text{II-II}}=\frac{1}{48}(l-a')^2(2b+b')(P_{\text{jmax}}+P_{\text{jmin}})$$

一组：

$$M_{\text{II-II}}=\frac{1}{48}\times(2.4-0.4)^2\times(2\times3.6+1.0)\times(199+66)$$
$$=182(\text{kN}\cdot\text{m})$$

二组：

$$M_{\text{II-II}}=\frac{1}{48}\times(2.4-0.4)^2\times(2\times3.6+1.0)\times(263+0)$$
$$=180(\text{kN}\cdot\text{m})$$

三组：

$$M_{\text{Ⅱ-Ⅱ}}=\frac{1}{48}\times(2.4-0.4)^2\times(2\times3.6+1.0)\times(194+157)$$

$$=240(\text{kN}\cdot\text{m})$$

四组：

$$M_{\text{Ⅱ-Ⅱ}}=\frac{1}{48}\times(2.4-0.4)^2\times(2\times3.6+1.0)\times(141+29)$$

$$=117(\text{kN}\cdot\text{m})$$

对于Ⅱ-Ⅱ截面，取第三组弯矩值 $M_{\text{Ⅱ-Ⅱ}}=240\text{kN}\cdot\text{m}$。

基础采用 HRB400 级钢筋：

$h_{01}=1200-45=1155(\text{mm})$

另一方向：

$h'_{01}=1155-10=1145(\text{mm})$

则长边方向的钢筋面积为：

$$A_{s\text{Ⅰ-Ⅰ}}=\frac{M}{0.9f_yh_0}=\frac{330\times10^6}{0.9\times1155\times360}=886(\text{mm}^2)$$

每米板宽钢筋面积 $\frac{886}{2.4}=369(\text{mm}^2)$，选Φ16@110($A_s=1827\text{mm}^2$)。

$A_s=1827\text{mm}^2>0.15\%bh_0=0.0015\times1000\times1155=1732.5(\text{mm}^2)$

短边方向钢筋面积：

$$A_{s\text{Ⅱ-Ⅱ}}=\frac{M}{0.9f_y(h_0-10)}=\frac{240\times10^6}{0.9\times1145\times360}=650(\text{mm}^2)$$

每米板宽钢筋面积 $\frac{650}{3.6}=180(\text{mm}^2)$，选Φ16@110($A_s=1827\text{mm}^2$)。

$A_s=1827\text{mm}^2>0.15\%bh_0=0.0015\times1000\times1155=1732.5(\text{mm}^2)$

根据以上计算结果，配筋列表见表3.22，基础底板配筋如图3.85所示，柱子配筋如图3.86所示，剖面配筋如图3.87所示。

钢筋表 表3.22

代号	简图	直径(mm)	长度(mm)	数量	全长(mm)
①	5110	Φ16	5110	6	30660
②	520; 340 440 420	Φ8	1720	32	55040
③	10380 100	Φ16	10480	8	83840
④	270 1110 610; 390	Φ16	2320	4	9280
⑤	1190; 340 1110 420	Φ8	3060	9	27540

续上表

代号	简　图	直径(mm)	长度(mm)	数量	全长(mm)
⑥	420 / 90 340 170	ϕ8	1020	44	44880
⑦	8130	Φ12	8130	6	48780
⑧	1370	Φ12	1370	2	2740
⑨	1020 / 340 940 420	ϕ8	2720	11	29920
⑩	50 340 50	ϕ8	440	27	11880
⑪	1020 / 90 940 170	ϕ8	2220	53	117660
⑫	90 / 40 300 380 380 300 40	ϕ6	1530	26	39780
⑬	90 / 40 300 380 380 300 40	ϕ10	1530	6	9180

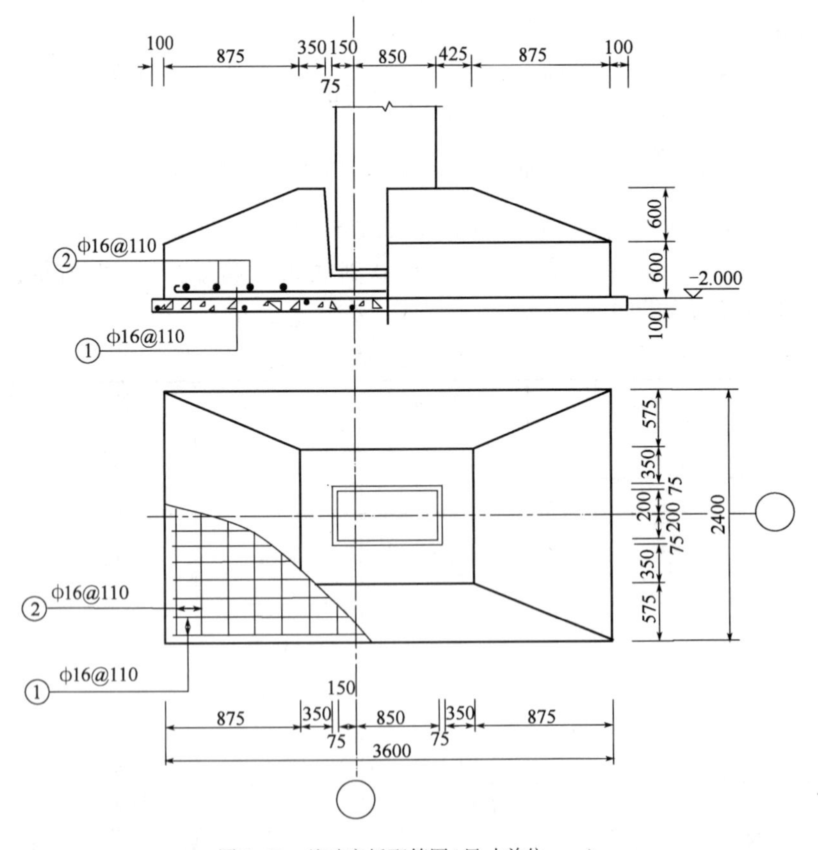

图 3.85　基础底板配筋图(尺寸单位:mm)

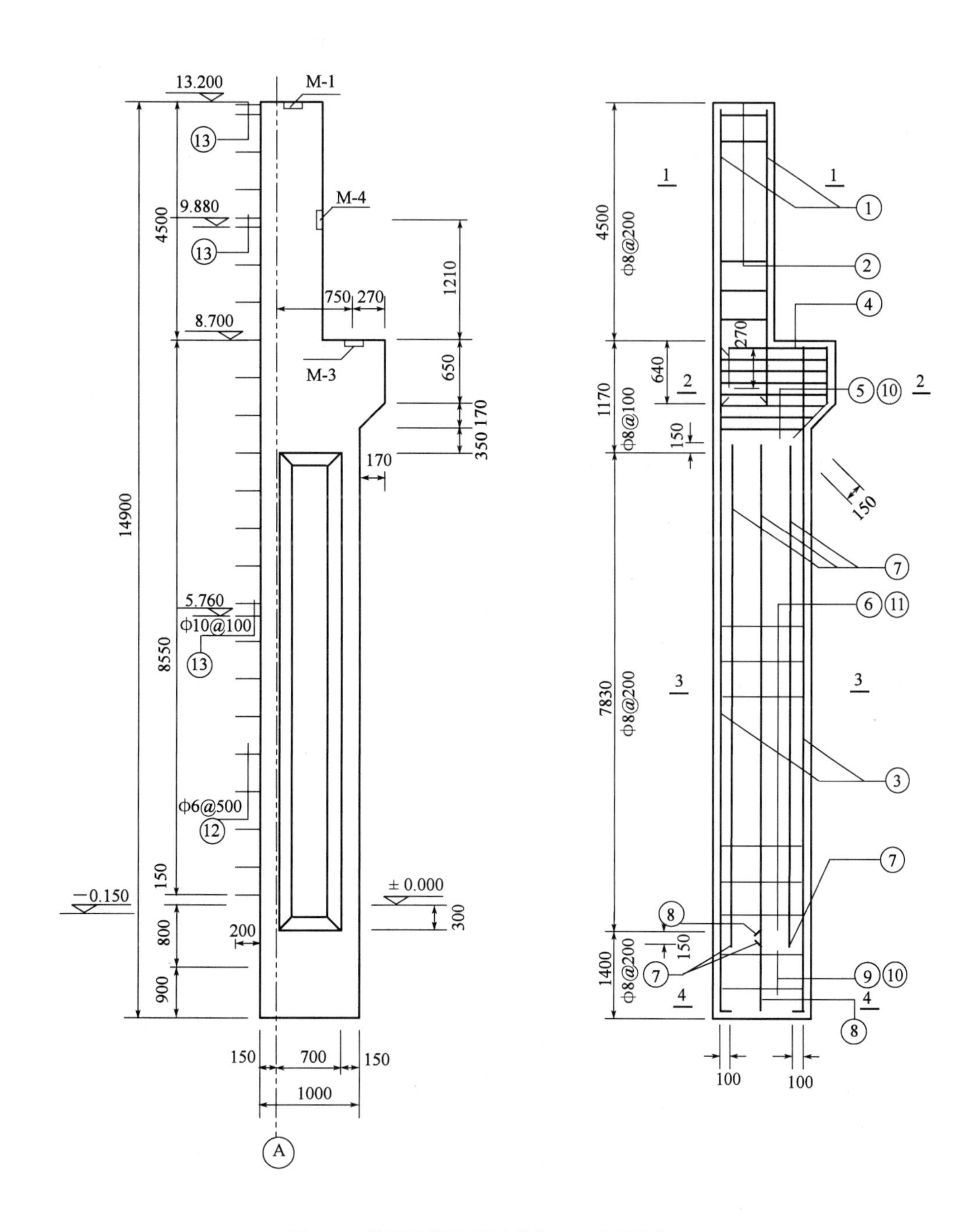

图 3.86 柱子配筋图(尺寸单位:mm,高程单位:m)

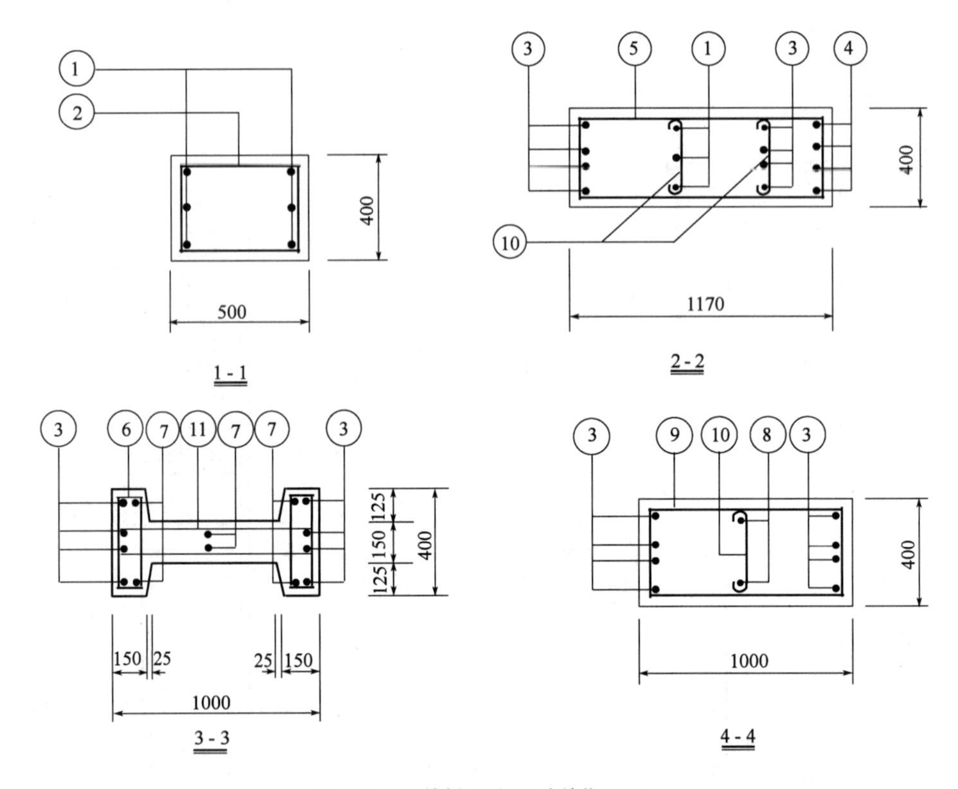

图 3.87　配筋剖面图(尺寸单位:mm)

思考题

3.1　确定单层厂房排架结构的计算简图时做了哪些基本假定?

3.2　作用于单层厂房排架结构上的荷载有哪些?试画出各种荷载单独作用下的结构计算简图。

3.3　试述用剪力分配法计算等高排架内力的基本步骤。

3.4　对不等高排架用什么计算方法求解内力?如何求解?

3.5　什么是排架柱的控制截面?单阶柱的控制截面在哪些部位?

3.6　在进行内力组合时,应考虑哪几种内力组合?为求得最不利内力要注意哪些问题?

3.7　绘出柱吊装验算的计算简图,验算截面是如何确定的?如何验算?

3.8　单层厂房柱的牛腿有哪些破坏形态?画出牛腿的计算简图并说明其是如何简化的。

习题

3.1　已知某单层单跨厂房,跨度为24m,柱距为6m,内设两台中级工作制吊车,软钩桥式吊车的起重量为200kN/50kN，吊车桥架跨度为 $L_k = 22.5\text{m}$，求 D_{max}、D_{min} 及 F_h。（吊车数据查表3.3）

3.2 已知单层厂房柱距为6m，所在地区基本风压为 $W_0 = 0.65\text{kN/m}^2$，地面粗糙度为C类。体形系数和外形尺寸如图3.88所示，求作用在排架上的风荷载。

3.3 如图3.89所示，求AB跨作用有吊车垂直荷载引起的弯矩 $M_{max} = 378.94\text{kN}\cdot\text{m}$（作用在A柱）及 $M_{min} = 63.25\text{kN}\cdot\text{m}$（作用在B柱）时，该排架的内力。（$H_1 = 4.2\text{m}$，$H_2 = 12.7\text{m}$，A、C柱尺寸完全相同，$I_{1A} = I_{1C} = 4.17 \times 10^9\text{mm}^4$，$I_{2A} = I_{2C} = 14.38 \times 10^9\text{mm}^4$；B柱 $I_{1B} = 7.20 \times 10^9\text{mm}^4$，$I_{2B} = 24.18 \times 10^9\text{mm}^4$）。

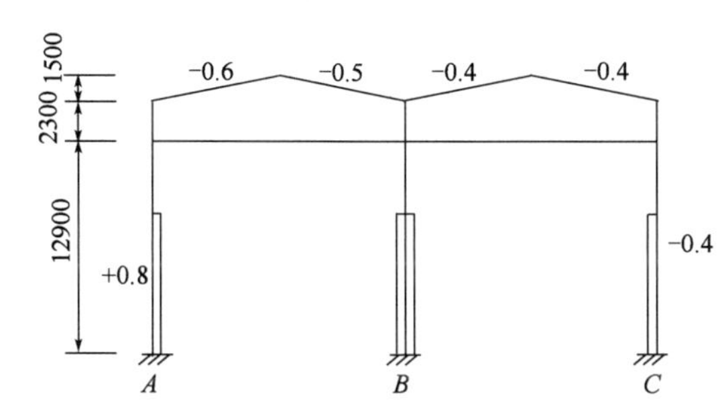

图3.88 习题3.2图（尺寸单位：mm）

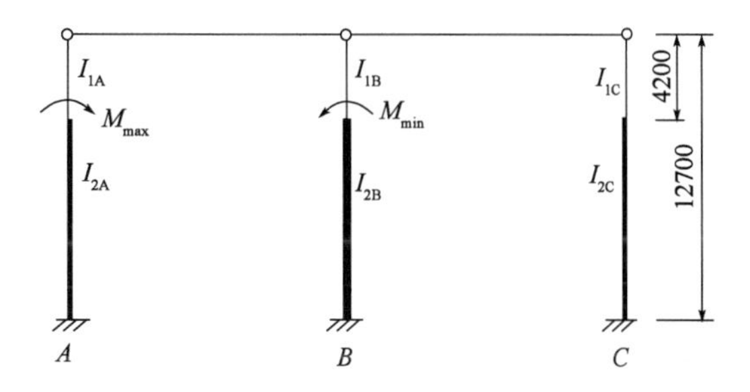

图3.89 习题3.3图（尺寸单位：mm）

3.4 已知某双跨等高排架，作用在其上的风荷载 $F_w = 11.54\text{kN/m}$，$q_1 = 3.23\text{kN/m}$，$q_2 = 1.62\text{kN/m}$。上柱高 $H_1 = 3.8\text{m}$，全柱高 $H_2 = 12.9\text{m}$，A、C柱尺寸完全相同，$I_{1A} = I_{1C} = 2.13 \times 10^9\text{mm}^4$，$I_{2A} = I_{2C} = 14.52 \times 10^9\text{mm}^4$，B柱 $I_{1B} = 5.21 \times 10^9\text{mm}^4$，$I_{2B} = 17.76 \times 10^9\text{mm}^4$，试计算各排架柱内力。

第4章

框架结构

4.1 概　　述

4.1.1 框架结构

混凝土框架结构广泛应用于住宅、商店、旅馆、办公等民用建筑和电子、仪表、化工、轻工等多层厂房。这种结构体系的优点为:建筑平面布置灵活,可获得较大的使用空间,建筑立面较易处理,能适应不同房屋造型。混凝土框架由水平构件梁、板和竖向构件柱以及节点和基础组成。梁和柱的连接一般为刚接,形成承重结构,将荷载传给基础。刚性连接的梁比普通梁式结构要节约材料,结构的横向刚度较大,梁的高度也较小,故可增加房屋的净空,是一种经济的结构形式。柱和基础也常采用刚接。混凝土框架结构一般用于6~15层的多层和高层房屋。我国《高层建筑混凝土结构技术规程》(JGJ 3—2010)将10层及10层以上或高度超过28m的住宅建筑结构和房屋高度大于24m的其他民用建筑结构定义为高层建筑,采用框架结构的高层房屋多为民用建筑。在高层建筑中,框架结构单元还常与其他结构单元组合,构成框架-剪力墙、框架-支撑和框架筒体等结构体系。

框架结构是高次超静定结构,既承受竖向荷载,又承受侧向力作用,如风荷载或水平地震作用等。在框架结构中,常因功能需要而设置填充墙,一般计算时,不考虑填充墙的抗侧作用,因为填充墙在建筑物的使用过程中有不确定性,而且,填充墙采用轻质材料,或者在墙与柱之间留有缝隙，仅由钢筋柔性连接。当填充墙采用砌体墙并与框架结构刚性连接时，如砌体填充墙的上部与框架梁底之间充分“塞紧”，或采用先砌墙后浇梁的顺序施工，那么在水平地震作用下，框架结构将发生侧向变形，填充墙则起斜压杆的作用，如图4.1所示。此时，刚性填充墙对框架侧向刚度贡献较大。应注意尽量使结构的整体抗侧刚度对称，避免地震时产生过大的整体扭转。

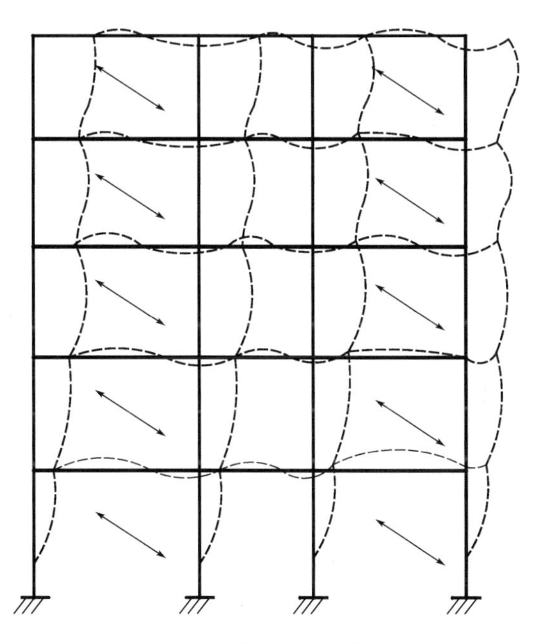

图4.1 刚性填充墙的作用

按施工方法不同，可分为现浇式、装配式和装配整体式三种框架。它们在使用阶段的分析是相近的，但在施工过程中却有不同特点。

现浇式框架的梁、柱、楼盖均为现浇钢筋混凝土结构，一般做法是每层的柱与其上部的梁板同时支模、绑扎钢筋，然后一次浇筑混凝土。板中的钢筋伸入梁内锚固，梁的纵向钢筋伸入柱内锚固。因此，全现浇式框架结构的整体性强、抗震性能好，其缺点是现场施工的工作量大、工期长、需要大量的模板。

装配式框架是指梁、柱、楼板均为预制，通过焊接拼装连接成整体的框架结构。所有构件均为预制，可实现标准化、工厂化、机械化生产，因此施工速度快、效率高，但由于在焊接接头处须预埋连接件，增加了用钢量。装配式框架结构的整体性较差，抗震能力弱，不宜在地震区应用。

装配整体式框架是指梁、柱、楼板均为预制，在构件吊装就位后，焊接或绑扎节点区钢筋，浇筑节点区混凝土，从而将梁、柱、楼板连成整体框架结构。装配整体式框架既具有较好的整体性和抗震能力，又可采用预制构件，减少现场浇筑混凝土的工作量，因此它兼有现浇式框架和装配整体式框架的优点，但节点区现场浇筑混凝土施工复杂。

目前国内大多采用现浇式混凝土框架，国外大多采用装配整体式框架。

框架结构在水平力作用下的侧移由两部分组成，第一部分是由梁柱弯曲变形产生的剪切型侧移，自下而上层间位移逐渐减小；第二部分是由柱轴向变形产生的弯曲型侧移，自下而上层间位移逐渐加大。框架结构侧移以第一部分的剪切型变形为主，随建筑高度的增加，弯曲型变形比例逐渐加大,但结构总侧移曲线仍然呈现剪切型变形特征,框架结构的层间位移规律为自下而上逐渐减小,最大层间位移出现在结构下部,如图4.2所示。

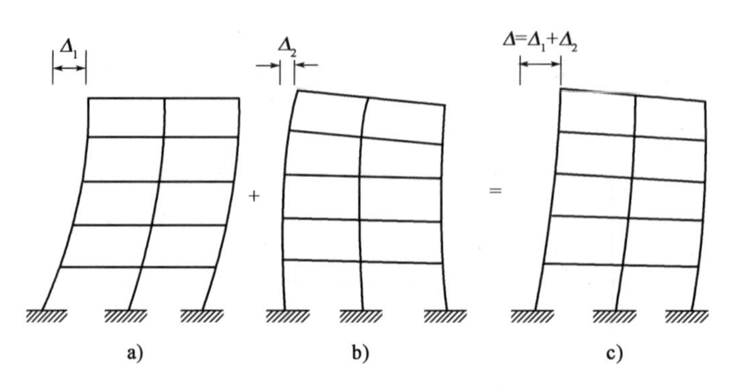

图4.2 框架水平力作用下的侧移曲线

框架的侧移大小取决于框架的抗侧刚度,而抗侧刚度主要取决于梁、柱截面尺寸。由于梁、柱为线形杆件,截面惯性矩小,刚度较小,结构侧移较大,因此,限制了框架结构房屋的使用高度。但在抗震地区,通过合理的设计,利用框架的变形能力,可将框架设计成抗震性能较好的延性结构。

框架结构的优点是建筑平面布置灵活,可以形成较大的空间,需要时可以分割成小房间,外墙为非承重构件,可使立面设计更灵活多变。结构构件类型少,易于采用定型模板,做成整体性和抗震性均好的结构。因此,在多层及高度不大的高层建筑中,框架结构是一种较好的结构体系。

4.1.2 框架结构平面布置

房屋的结构布置是否合理,对结构的安全性、适用性、耐久性影响很大,因此,应根据房屋的高度、荷载情况以及建筑的使用和造型等要求,确定合理的结构布置方案。

1)结构平面布置

框架结构应布置成双向抗侧力体系,柱网布置好后,用两个方向的梁把柱连起来即形成框架结构,为空间结构体系。结构平面长边方向框架为纵向框架,短边方向框架为横向框架。柱网的布置除应满足建筑功能和生产工艺要求外,还应使结构受力合理,所以,柱网应规则、整齐、传力体系明确。平面布置宜均匀、对称,具有良好的整体性。柱距可以采用4~5m的小柱距,也可以采用6~9m的大柱距,柱距以300mm为模数,当采用预应力楼盖或钢梁-混凝土组合楼盖时,柱距可以更大。柱网布置常见的方案如图4.3所示。

在地震作用下,结构纵横两个方向要分别承受相近的地震作用,要求纵横两个方向的抗侧能力相近。

柱网布置须使结构受力合理。多层框架结构,当层数不多时,主要承受竖向荷载。柱网布置时,应考虑到结构在竖向荷载作用下内力分布均匀合理,以使各构件材料强度均能充分利用。图4.4所示的两种框架结构,在竖向荷载作用下,很显然,框架A的梁跨中最大正弯矩、梁支座最大负弯矩及柱端弯矩均比框架B大。

此外,纵向柱列的布置对结构也有影响,框架柱距一般可取建筑开间,如图4.5a)所示。但当开间小,层数又少时,柱截面设计常按构造配筋,材料强度不能充分利用,同时过小的柱距也使建筑平面难以灵活布置，因而可考虑柱距为两个开间，如图4.5b）所示。

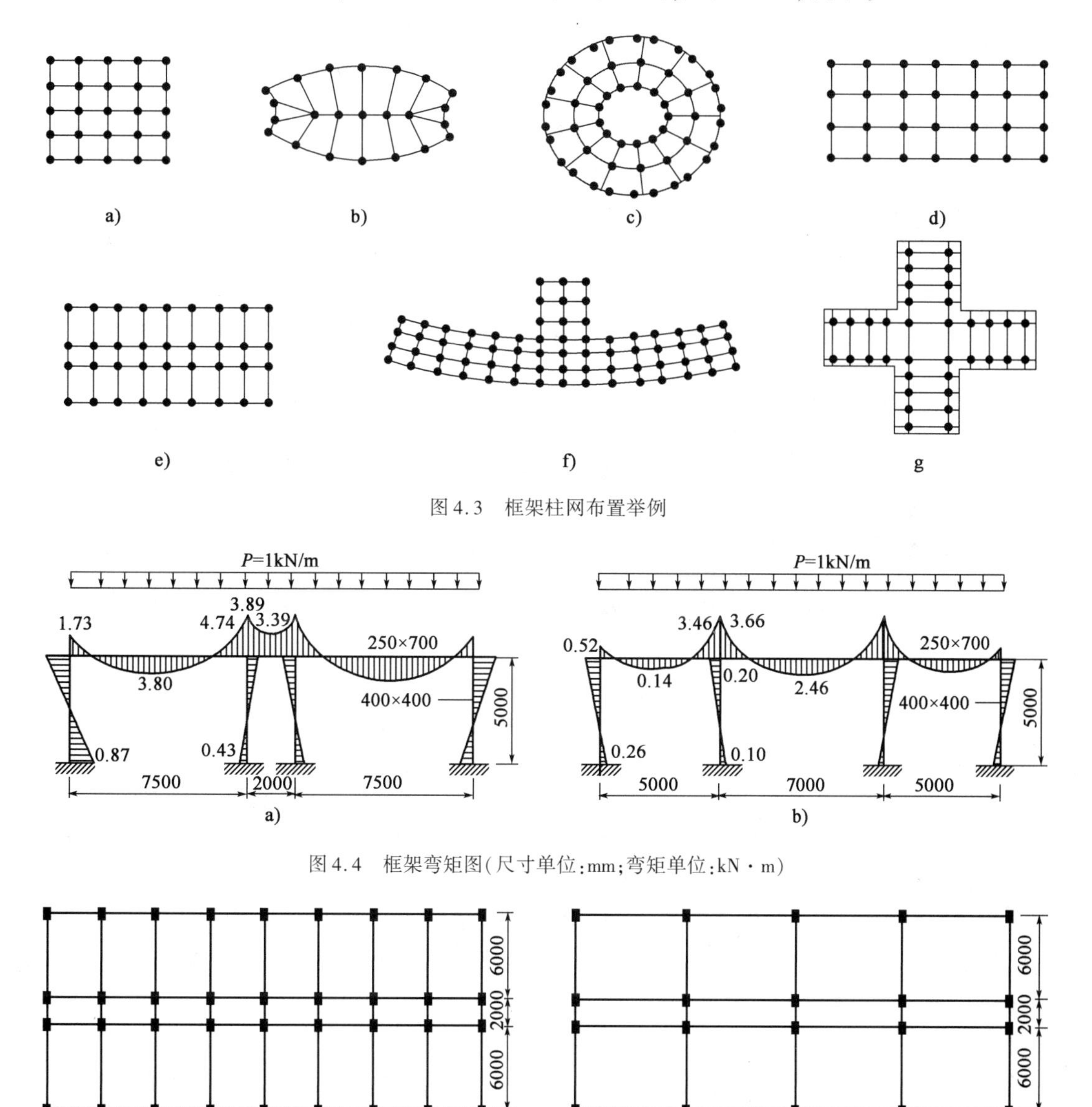

图4.3 框架柱网布置举例

图4.4 框架弯矩图（尺寸单位：mm；弯矩单位：kN·m）

图4.5 纵向柱列布置（尺寸单位：mm）

2）承重框架的布置

框架结构应布置成双向抗侧力体系，柱网布置好后，用两个方向的梁把柱连起来形成空间结构体系。结构平面长边方向框架为纵向框架，短边方向框架为横向框架。楼盖荷载根据楼板受力类型的不同，可传递给纵向框架、横向框架、纵横向框架。当采用单向板楼盖时，荷载主要传递给纵向框架、横向框架之一。当采用双向板楼盖时，荷载同时传递给纵横向框架。

（1）横向框架承重方案

横向框架承重方案是在横向布置框架主梁，而在纵向布置连系梁，如图4.6a）所示。框架在横向承受全部竖向荷载和横向水平荷载，纵向框架只承受纵向水平荷载。横向框架往往跨数少,主梁沿横向布置有利于提高横向抗侧刚度,而纵向框架往往跨数较多,所以在纵向仅需按构造要求布置截面尺寸较小的连系梁。这种方案有利于房屋室内的采光和通风。

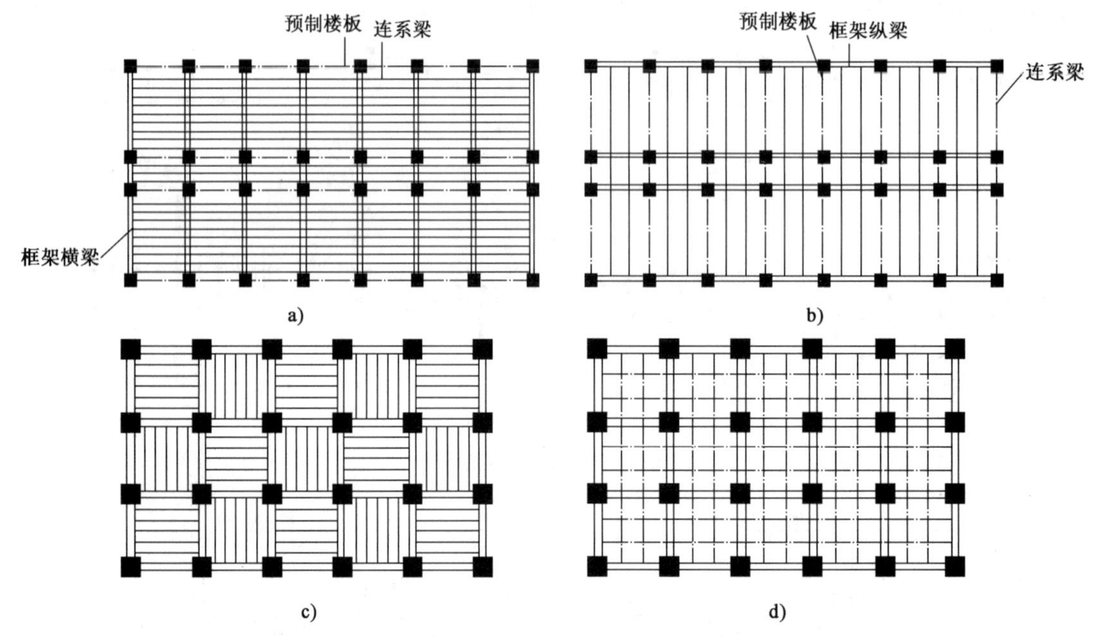

图 4.6　承重框架的布置方案

a)横向承重;b)纵向承重;c)纵、横向承重(预制板);d)纵、横向承重(现浇楼盖)

(2)纵向框架承重方案

纵向框架承重方案是在纵向布置框架主梁,而在横向布置连系梁,如图 4.6b)所示。纵向框架为主框架,承受全部竖向荷载和纵向水平荷载,横向框架只承受横向水平荷载。因为楼面荷载由纵向梁传至柱子,所以横梁高度较小,有利于设备管线的穿行;当在房屋开间方向需要较大空间时,可获得较高的室内净高;另外,当地基上的物理力学性能在房屋纵向有明显差异时,可利用纵向框架的刚度来调整房屋的不均匀沉降。纵向框架承重方案的缺点是房屋横向刚度较差。

(3)纵横向框架双向承重方案

纵横向框架双向承重方案是在两个方向上均需布置框架主梁以承受楼面荷载。当采用预制板楼盖时,其布置如图 4.6c)所示;当采用现浇板楼盖时,其布置如图 4.6d)所示。两个方向的框架均同时承受竖向荷载和水平荷载。当楼面上作用有较大荷载,或当柱网布置为正方形或接近正方形时,常采用这种承重方案,楼面常采用现浇双向楼板或井式梁楼面。纵横向框架双向承重方案具有较好的整体工作性能,有利于抗震。框架柱均为双向偏心受压构件为空间受力体系。

3)变形缝的设置

变形缝有伸缩缝、沉降缝、防震缝三种。平面面积较大的框架结构和形状不规则的结构,应根据有关规定适当设缝。但对于多层和高层结构,应尽量少设或不设缝,这可以简化构造、方便施工、降低造价、增强结构的整体性和空间刚度。在设计中,应通过调整平面形状、尺寸、体型,选择节点连接方式,配置构造钢筋等措施,来防止由于温度变化、不均匀沉降、地震作用等因素引起的结构和非结构的破坏,例如正方形、矩形、等边多边形、圆形和椭圆形等都是良好的平面形状。

4)竖向布置

竖向布置是指结构沿竖向的变化情况。在满足建筑功能要求的同时,应尽可能规则简单。常见的结构沿竖向的变化有:

(1)沿竖向的基本不变化,这是常用的且受力合理的形式。

(2)局部抽柱:如底层或顶层大空间。

(3)结构上部逐层收进或挑出。

为了有利于结构受力,在平面上,框架梁宜拉通对直,在竖向上,框架柱宜上下对中,梁柱轴线宜在同一竖向平面内。

4.1.3 一般规定

1)关于单跨框架

单跨框架结构是指整栋建筑全部或绝大部分采用单跨框架的结构。由于单跨框架超静定次数少,耗能能力弱,一旦柱子出现塑性铰,结构出现连续倒塌的可能性很大。因此,《建筑抗震设计规范》(GB 50011—2010)规定:甲、乙类建筑以及高度大于24m的丙类建筑,不应采用单跨框架结构;高度不大于24m的丙类建筑,不宜采用单跨框架结构。

2)楼梯间的抗震设计要求

发生地震时,楼梯间是重要的紧急竖向逃生通道,楼梯间(包括楼梯板)的破坏会延误人员撤离及救援工作,从而造成重大伤亡。因此,楼梯间应具有足够的抗倒塌能力,楼梯构件的组合内力设计值应包括与地震作用效应的组合,楼梯梁柱的抗震等级应与框架结构本身相同。

框架结构楼梯构件与主体整浇时,楼梯板起到斜支撑的作用,对结构的刚度、承载力、规则性影响较大。若楼梯间布置不当会造成结构平面不规则,抗震设计时应尽量避免出现这种现象。因此,《高层建筑混凝土结构技术规程》(JGJ 3—2010)对抗震设计时框架结构的楼梯间作如下规定:

(1)楼梯间的布置应尽量减小其造成的结构平面不规则。

(2)宜采用现浇钢筋混凝土楼梯,楼梯结构应有足够的抗倒塌能力。

(3)宜采取措施减小楼梯对主体结构的影响。

(4)当钢筋混凝土楼梯与主体结构整体连接时,应考虑楼梯对地震作用及其效应的影响,并应对楼梯构件进行抗震承载力验算。

3)框架梁对框架柱的偏心处理

框架梁、柱中心线宜重合。当梁、柱中心线不重合时,在计算中应考虑偏心对梁柱节点核心区受力和构造的不利影响,以及梁荷载对柱的偏心影响。

框架梁、柱中心线之间的偏心距,9度抗震设计时不应大于柱截面在该方向宽度的1/4;非抗震设计和6~8度抗震设计时不宜大于柱截面在该方向宽度的1/4。如偏心距大于该方向柱宽的1/4,可采取增设梁的水平加腋等措施,能明显改善梁柱节点承受反复荷载性能。

4)关于混合承重问题

框架结构和砌体结构是两种截然不同的结构体系,其抗侧刚度、变形能力等相差很大,这两种结构在同一建筑物中混合使用,对建筑物的抗震性能将产生很不利的影响,甚至造成严重破坏。因此,《高层建筑混凝土结构技术规程》(JGJ 3—2010)规定:框架结构抗震设计时,不应采用部分有砌体墙承重之混合形式。框架结构中的楼梯间、电梯间及局部出屋面的电梯机房、楼梯间、水箱间等,应采用框架承重,不应采用砌体墙承重。

5)框架填充墙

由于框架结构的填充墙是非结构构件,填充墙是由建筑专业布置,并表示在建筑图上,结构专业图上不予表示,经常被结构设计人员所忽略。国内外皆有由于填充墙布置不当而造成震害的例子。

震害情况之一:框架结构上部若干层填充墙布置较多,而底部墙体较少,形成竖向刚度突变。例如,某旅馆为5层框架结构,底层为大堂、餐厅等,隔墙较少刚度较小,2~5层为客房,填充墙较多,刚度较大。在地震中,底层全部破坏,上部4层落下来压在底层,损失很大。

震害情况之二:在外墙柱子之间,有通长整开间的窗台墙,嵌固在柱子间,使柱子净高减少很多,形成短柱,地震时,墙以上的柱形成交叉裂缝而破坏。

此外,当两根柱子之间嵌砌有刚度较大的砌体填充墙时,由于墙体会吸收较多的地震作用,使墙两端的柱子受力加大。

震害情况之三:填充墙的布置偏于平面一侧,形成较大的刚度偏心,地震时由于扭转而产生的附加内力,设计中并未考虑,因而造成破坏。

因此,为防止砌体填充墙对结构设计的不利影响,《高层建筑混凝土结构技术规程》(JGJ 3—2010)规定:框架结构填充墙及隔墙宜选用轻质墙体,抗震设计时,框架结构如采用砌体填充墙,其布置应符合下列规定:

(1)避免形成上下层刚度变化过大。

(2)避免形成短柱。

(3)减少因抗侧刚度偏心而造成的结构扭转。

抗震设计时,为保证砌体填充墙自身的稳定性,应符合下列规定:

(1)砌体砂浆强度等级不应低于M5,当采用砖及混凝土砌块时,砌块的强度等级不应低于MU5,当采用轻质砌块时,砌块的强度等级不应低于MU2.5。墙顶应与框架梁或楼板密切结合。

(2)砌体填充墙应沿框架柱全高每隔500mm左右设置2根直径6mm的拉筋,6度时拉筋宜沿墙全长贯通,7、8、9度时拉筋应沿墙全长贯通。

(3)墙长大于5m时,墙顶与梁(板)宜有钢筋拉结;墙长大于8m或层高2倍时,宜设置间距不大于4m的钢筋混凝土构造柱;墙高超过4m时,墙体半高处(或门洞上皮)宜设置与柱相连且沿墙全长贯通的钢筋混凝土水平系梁。

(4)楼梯间采用砌体填充墙时,应设置间距不大于层高且不大于4m的钢筋混凝土构造柱,并应采用钢丝网砂浆面层加强。

4.2 框架结构计算简图

4.2.1 基本假定

实际的框架结构处于空间受力状态,应采用空间框架的分析方法,进行框架结构的内力计算。但当框架较规则,荷载和刚度分布较均匀时,可不考虑框架的空间工作影响,按以下基本假定,将框架结构划分成纵、横两个方向的平面框架进行计算。

基本假定:

(1)每榀框架只承受与自身平面平行的水平荷载,框架平面外刚度很小可忽略。

(2)联系各榀框架的楼板在自身平面内刚度很大,平面外刚度很小,可以忽略。每榀框架在楼板处的侧移值相同。

4.2.2 计算简图

1)计算单元的确定

在此基本假定下,复杂的结构计算大为简化。以图4.7所示结构为例,结构由7片横向平面框架和3片纵向平面框架通过刚性楼板连接在一起,在横向水平荷载作用下,只考虑横向框架起作用,而略去纵向框架的作用,即横向水平荷载由7片横向框架共同承担。在纵向水平荷载作用下,只考虑纵向框架起作用,而略去横向框架的作用,即纵向水平荷载由3片纵向框架共同承担,如图4.7b)、c)、d)所示。

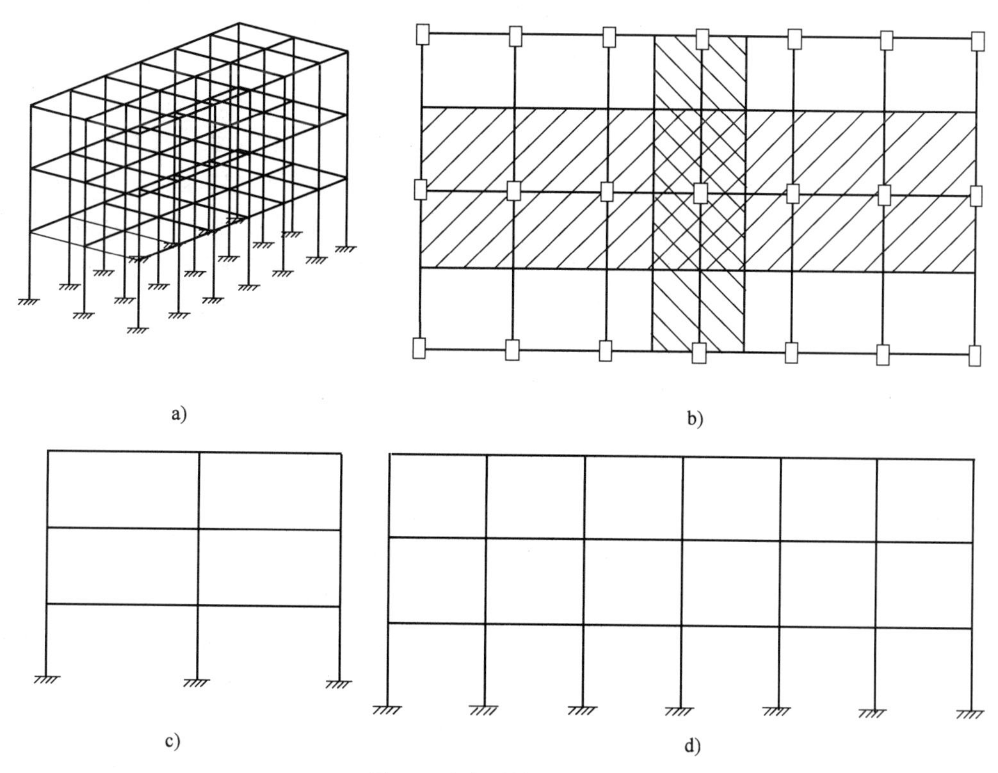

图4.7 框架计算单元的选取

a)框架轴测图;b)横纵向框架计算单元受荷示意图;c)横向框架;d)纵向框架

2)跨度与柱高的确定

计算简图的形状、尺寸以梁柱轴线为基准,梁的跨度取柱轴线之间的距离,每层柱的高度则取层高。底层柱高取从基础顶面算起到一层楼板顶的距离,其余各层的层高取相邻两楼盖板顶的距离。

3)构件截面抗弯刚度计算

计算框架梁截面惯性矩 I 时应考虑楼板的影响,在梁端节点附近由于负弯矩作用,楼板受拉，影响较小；在梁跨中由于正弯矩作用，楼板处于梁的受压区形成T形截面，对梁截面抗弯刚度影响较大。在设计计算中，一般仍假定梁截面惯性矩 I 沿轴线不变，对现浇楼盖，当框架梁两侧均有楼板时取 $I=2I_0$，当框架梁一侧有楼板时取 $I=1.5I_0$；对装配整体式楼盖，当框架梁两侧均有楼板时取 $I=1.5I_0$，当框架梁一侧有楼板时取 $I=1.2I_0$；I_0 为不考虑楼板影响时梁截面惯性矩。

4）荷载计算

水平荷载（风和地震作用）一般简化为作用于框架节点的水平集中力，每片平面框架分担的水平荷载与它们的抗侧刚度有关。

竖向荷载按平面框架的负荷面积分配给各片平面框架，负荷面积按梁板布置情况确定。

4.3 框架结构在竖向荷载作用下内力计算的近似方法

框架结构简化为平面框架后，即可按照框架的负载面积计算作用在框架上的竖向荷载。

多层多跨框架在竖向荷载作用下，侧移很小，各层荷载对其他层杆件的内力影响不大，可采用力矩分配法计算。现在分析框架某层的竖向荷载对其他层的影响问题。由结构力学可知，等截面直杆远端固定时，弯矩传递系数为0.5；远端铰接时，弯矩传递系数为0。实际情况介于固定和铰接之间，因此，弯矩传递系数为0~0.5之间。首先，荷载在本层节点产生的不平衡力矩经过分配和传递，才影响本层杆件的远端。然后，在远端再进行分配才会影响到相邻层。在框架结构中，构件的远端一般与几个杆件相连，故传给远端的弯矩要在分配给相邻的各杆件后再向这几个杆件的远端传递，这样才能将弯矩传给其他层的梁和隔层的柱，这样第二次传递的弯矩就更小了，可忽略不计。

框架结构在竖向荷载作用下内力计算的近似方法分为分层法和弯矩二次分配法。

4.3.1 分层法

1）计算假定

计算框架在竖向荷载作用下的内力时，可采用如下计算假定：

（1）忽略框架在竖向荷载作用下的侧移及由侧移引起的弯矩。

（2）每层梁上的竖向荷载只对本层梁及与本层梁相连的柱产生弯矩和剪力，而对其他层的梁、柱不产生弯矩和剪力。

（3）忽略梁、柱的轴向变形和剪切变形。

分层法就是依据计算假定，将一个 n 层框架分解成 n 个单层框架，每个单层框架用力矩分配法计算杆件内力。图4.8a）所示框架，可分解成如图4.8b）所示的4个单层刚架。

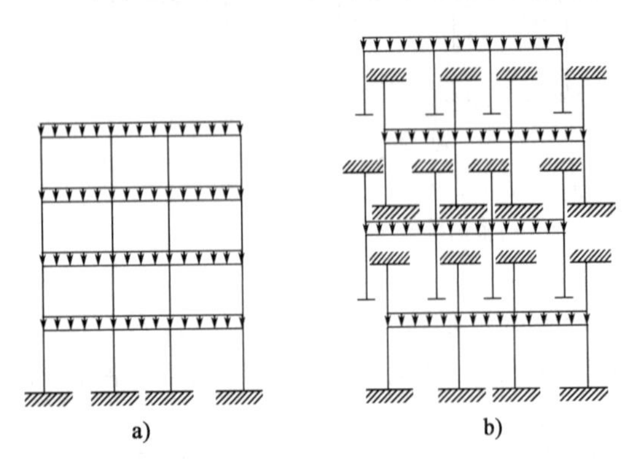

图4.8 框架分层法计算简图

分层计算所得的梁端弯矩即为其最后弯矩。而每一柱（底层柱除外）属于上下两层刚架，所以柱的弯矩为上下两层弯矩相加。

分层计算时将柱的远端视为固定端,而实际结构中,除底层柱外,其他层柱端并不是固定端,在柱端有节点转角,柱的远端处于弹性约束状态。为考虑这一差别,应将除底层柱外的其他层柱的线刚度乘以 0.9 折减系数,并将传递系数取为 1/3,底层柱的传递系数仍为 1/2。

2)用力矩分配法计算各单层框架内力

(1)将框架分层以后,各单层框架柱的远端视为固定端。

(2)计算各单层框架在竖向荷载作用下的梁固端弯矩。

(3)计算梁柱的线刚度和弯矩分配系数。

梁线刚度:

$$i_b = \frac{EI}{l} \tag{4.1}$$

柱的线刚度:

$$i_c = \frac{EI}{h} \tag{4.2}$$

式中:I——梁、柱截面惯性矩;

l——梁跨度;

h——柱高。

计算梁截面惯性矩 I 时,对现浇楼盖:

中间框架为 $I=2I_0$,边框架为 $I=1.5I_0$。

I_0 是不考虑楼板影响时矩形梁的截面惯性矩。除底层柱外的其他层柱的线刚度乘以 0.9 折减系数,并将传递系数取为 1/3。

3)框架内力

(1)用力矩分配法算得的各单层框架梁上的弯矩,即为所求框架梁的弯矩。将相邻两个单层框架中同一根柱的弯矩叠加,即得框架柱弯矩。此时,节点上的弯矩可能不平衡,必要时可将节点不平衡弯矩再分配一次。

(2)根据杆端弯矩及梁上荷载求出框架剪力和轴力。

【例 4.1】 图 4.9 为二层框架结构,试利用分层法计算框架弯矩,并画出弯矩图(括号内数值为杆件线刚度)。

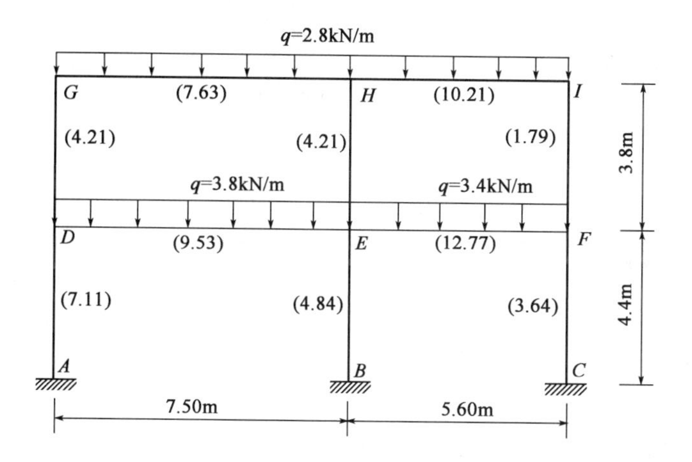

图 4.9 框架计算简图

解:(1)求各节点的梁柱弯矩分配系数

计算结果见表4.1。

各层梁柱线刚度及弯矩分配系数计算　　　表4.1

层次	节点	相对线刚度(kN·m)				线刚度总和(kN·m)	分配系数			
		左梁	右梁	上柱	下柱		左梁	右梁	上柱	下柱
顶层	G		7.63		4.21×0.9=3.79	11.42		0.668		0.332
	H	7.63	10.21		4.21×0.9=3.79	21.63	0.353	0.472		0.175
	I	10.21			1.79×0.9=1.61	11.82	0.864			0.136
底层	D		9.53	4.21×0.9=3.79	7.11	20.43		0.466	0.186	0.348
	E	9.53	12.77	4.21×0.9=3.79	4.84	30.93	0.308	0.413	0.123	0.156
	F	12.77		1.79×0.9=1.61	3.64	18.02	0.709		0.089	0.202

(2)固端弯矩计算

$$M_{GH}=-M_{HG}=-\frac{1}{12}\times 2.8\times 7.5^2=-13.13(\text{kN}\cdot\text{m})$$

$$M_{HI}=-M_{IH}=-\frac{1}{12}\times 2.8\times 5.6^2=-7.32(\text{kN}\cdot\text{m})$$

$$M_{DE}=-M_{ED}=-\frac{1}{12}\times 3.8\times 7.5^2=-17.81(\text{kN}\cdot\text{m})$$

$$M_{EF}=-M_{FE}=-\frac{1}{12}\times 3.4\times 5.6^2=-8.89(\text{kN}\cdot\text{m})$$

(3)分层法计算各节点弯矩

顶层(图4.10):

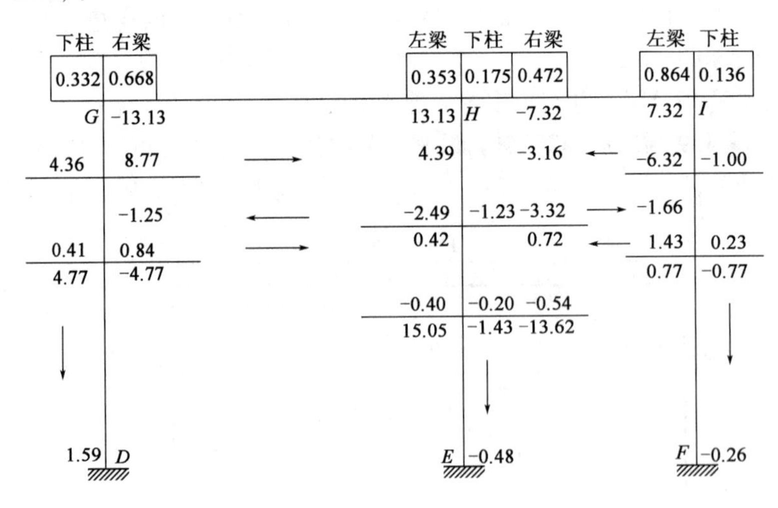

图4.10　顶层弯矩计算(弯矩单位:kN·m)

底层(图4.11):

(4)画弯矩图

同一层柱的柱端弯矩叠加后的弯矩图见图4.12,最后结点的不平衡弯矩可进行再分配,使节点弯矩达到平衡(其弯矩图略画)。

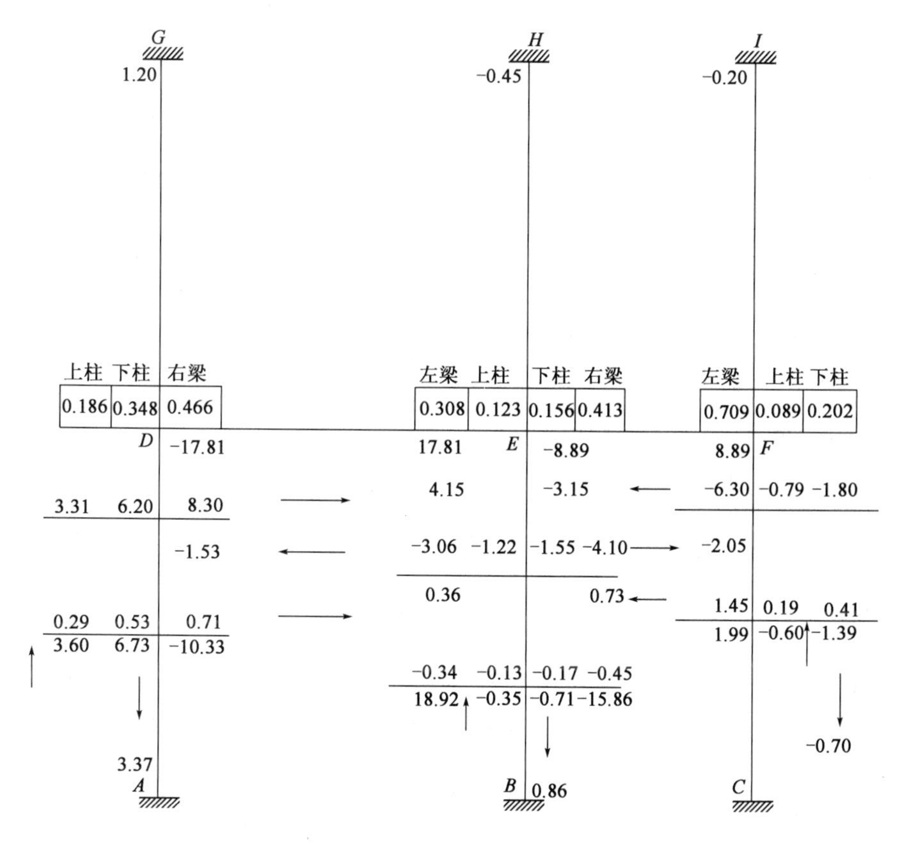

图4.11 底层弯矩计算(弯矩单位:kN·m)

(5)计算梁、柱端剪力(具体计算略)

$$V_b = \frac{1}{2}ql + (M_b^l + M_b^r)/l$$

$$V_b = (M_c^t + M_c^b)/h$$

(6)计算柱轴力(具体计算略)

$$N_i = N_{i+1} + V_i$$

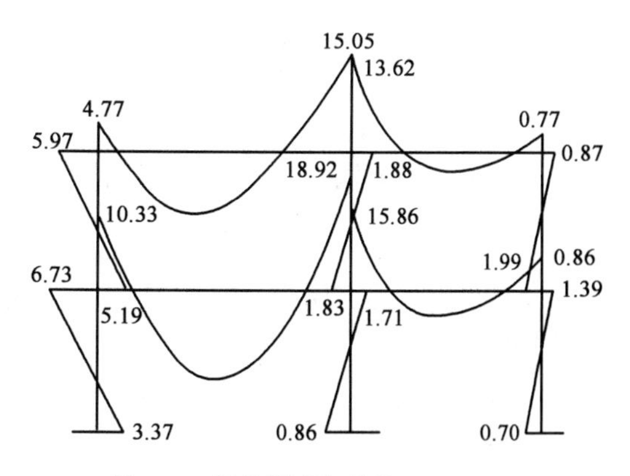

图4.12 框架弯矩图(单位:kN·m)

4.3.2 弯矩二次分配法

弯矩二次分配法是在满足工程计算精确度的条件下,对力矩分配法计算过程进行简化,框架不必分层,整体计算,所有节点同时分配力矩,又同时向远端传递,再将节点的不平衡力矩再分配一次,即完成。这种方法适合于手算。

弯矩二次分配法计算要点如下:

(1)计算各个杆的线刚度;梁 $i_b = \frac{EI}{l}$,柱 $i_c = \frac{EI}{h}$。

(2)计算各个杆固端弯矩和弯矩分配系数,计算弯矩分配系数时,柱的线刚度不折减。

(3)将所有节点的固端弯矩同时反号分配。(第一次分配)

(4)将各个杆端的分配弯矩乘以1/2的传递系数,同时向远端传递。(第一次传递)

(5)将各节点传递弯矩代数和同时反号分配。(第二次分配)

(6)将各个杆端固端弯矩、分配弯、矩传递弯矩叠加,即为各个杆端的最终弯矩。

【例4.2】 已知框架同【例4.1】,试利用弯矩二次分配法计算其框架弯矩。

解:利用弯矩二次分配法计算,计算过程如图4.13所示。

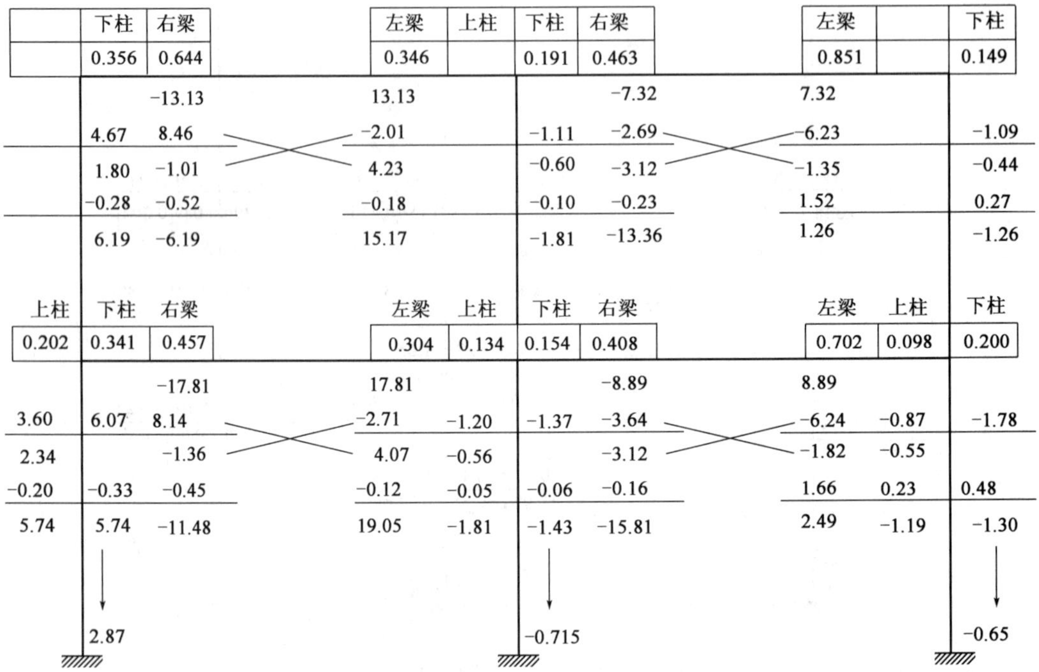

图4.13 弯矩二次分配法计算(弯矩单位:kN·m)

注:柱的线刚度不乘以折减系数0.9,楼层柱弯矩传递系数均为1/2。

4.4 框架结构在水平荷载作用下内力计算的近似方法

框架结构承受的水平荷载主要是风荷载和水平地震作用。为简化计算,可将风荷载和地震作用简化成作用在框架节点上的水平集中力。在水平荷载作用下,框架将产生侧移和转角,框架的变形图和弯矩图如图4.14所示。由图4.14a)可见,底层框架柱下端无侧移和转角,上部各节点则有侧移和转角。由图4.14b)可知,规则框架在水平荷载作用下,在柱中弯矩均为直线,每层柱都存在一个反弯点(弯矩为零的点),而在反弯点处内力只有剪力、轴力,没有弯矩。若求得各柱反弯点位置和剪力,则柱的弯矩就可求。

根据求柱剪力和反弯点位置时所作的假定不同,框架结构在水平荷载作用下内力计算近似方法双分为反弯点法和 D 值法。

4.4.1 反弯点法

1)基本假定

对层数不多的框架,柱轴力较小,截面面积也较小,梁的截面较大,框架梁的线刚度要比柱的线刚度大得多,框架节点的转角很小,当框架梁柱线刚度比大于 3 时,框架在水平荷载作用下梁的弯曲变形很小,可以将梁的刚度示为无穷大,框架节点转角为零,其变形可简化为图 4.15。

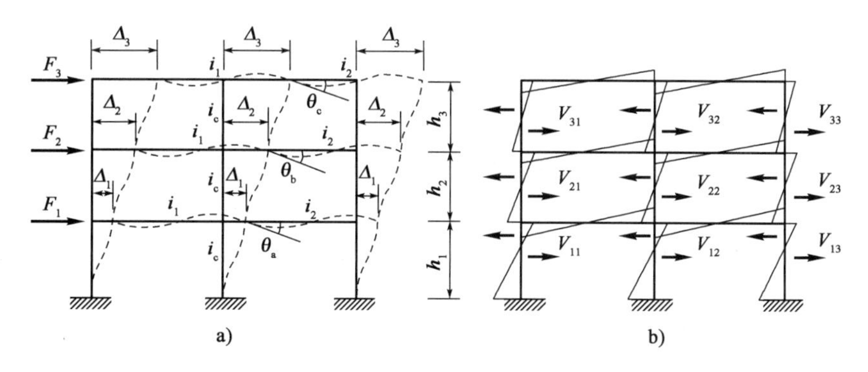

图 4.14 水平荷载作用下框架变形和弯矩示意图

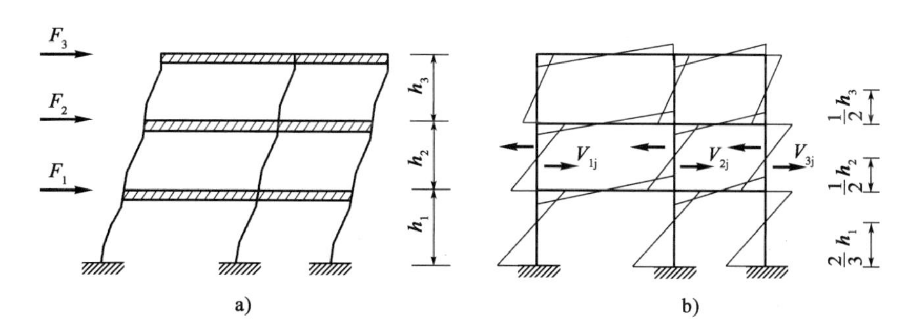

图 4.15 反弯点法示意图

计算假定:

(1)不考虑节点转角,即转角为 0。

(2)不考虑横梁轴向变形,即假定梁刚度为无穷大。

反弯点法的主要工作有两个:①求出各柱反弯点处的剪力;②确定反弯点高度。

2)柱反弯点位置的确定

当梁的线刚度示为无穷大柱端无转角,柱两端弯矩相等,反弯点在柱的中点。对于上层各框架柱,当框架梁柱线刚度比大于 3 时,柱端转角很小,反弯点接近中点,可假定就在柱的中点,反弯点高度$\bar{y}=h/2$,如图 4.16 所示。对于底层柱,由于底端固定而上部有转角,反弯点向上移,通常假定反弯点在距底端 2/3 高度处,底层柱反弯点高度$\bar{y}=\dfrac{2}{3}h$。

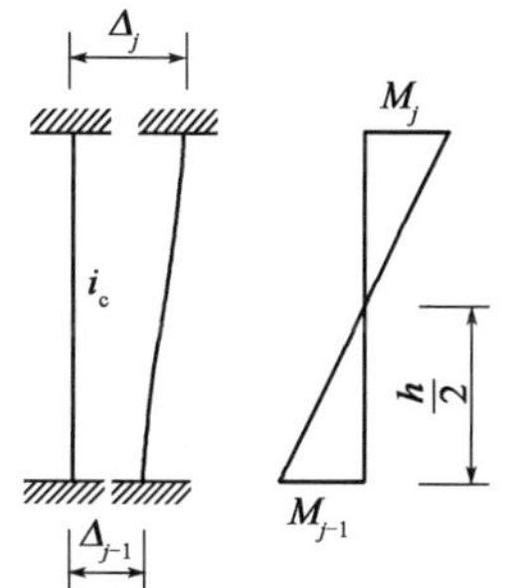

图 4.16 框架柱反弯点示意图

3)柱剪力的确定

(1)柱的侧移刚度 d

由结构力学,框架柱端无转角但有水平位移时如图 4.16 所示,柱剪力与水平位移的关系为:

$$V=\frac{12i_c}{h^2}\Delta_u$$

$$d = \frac{12i_c}{h^2} \tag{4.3}$$

$$d = \frac{V}{\Delta_u} \tag{4.4}$$

式中：i_c——柱的线刚度；

h——柱高度；

Δ_u——柱端相对侧移，$\Delta_u = \Delta_{uj} - \Delta_{uj-1}$；

d——柱的侧移刚度，其物理意义是柱上下两端有单位相对侧移时，柱中产生的剪力。

(2)柱剪力的确定

由计算假定可知，不考虑横梁变形时，同层各柱顶的相对位移均相等。由此可得第 j 层第 i 根柱剪力如下：

$$V_{j1} = d_{j1}\Delta_{uj}$$

$$\vdots$$

$$V_{ji} = d_{ji}\Delta_{uj}$$

第 j 层柱的总剪力：

$$V_j = V_{j1} + V_{j2} + \cdots + V_{ji}$$

$$V_j = (d_{j1} + d_{j2} + \cdots + d_{ji})\Delta_{uj}$$

第 j 层的侧移：

$$\Delta_j = \frac{V_j}{\sum_{n=1}^{i} d_{jn}} \tag{4.5}$$

则第 j 层第 m 根柱剪力：

$$V_{jm} = \frac{d_{jm}}{\sum_{n=1}^{i} d_{jn}} V_j \tag{4.6}$$

可见各柱剪力的大小是按各柱侧移刚度分配给各柱的。

4)梁端、柱端弯矩的计算

求出各柱剪力后，根据已知各柱反弯点位置，可求出各柱端弯矩，求出所有柱端弯矩后，根据节点力矩平衡求梁的弯矩。

(1)柱端弯矩的计算

柱上端弯矩：

$$M = V(h - \bar{y}) \tag{4.7}$$

柱下端弯矩：

$$M = V\bar{y} \tag{4.8}$$

(2)梁端弯矩的计算

梁端总弯矩可由节点平衡求得。并按各梁的线刚度分配。

边节点：

$$M_b = \sum M_c \tag{4.9}$$

中间节点：

$$M_b^l = \frac{i_b^l}{i_b^l + i_b^r} \sum M_c \tag{4.10}$$

$$M_{\mathrm{b}}^{\mathrm{r}} = \frac{i_{\mathrm{b}}^{\mathrm{r}}}{i_{\mathrm{b}}^{\mathrm{l}} + i_{\mathrm{b}}^{\mathrm{r}}} \sum M_{\mathrm{c}} \tag{4.11}$$

【例 4.3】 框架计算简图,如图 4.17 所示,用反弯点法求梁柱弯矩。

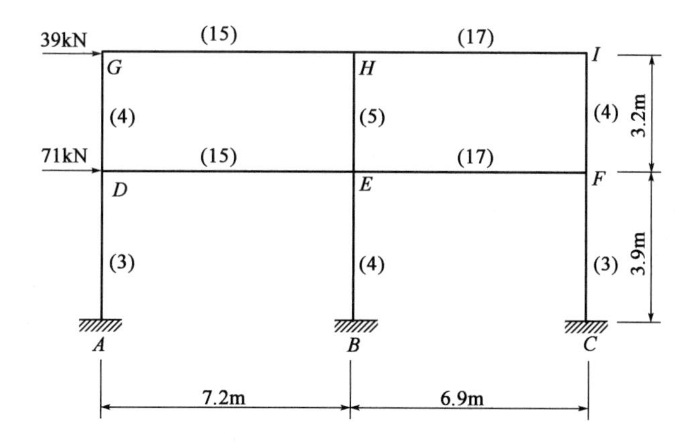

图 4.17 框架计算简图

解:(1)求各柱反弯点处的剪力值

第二层:

$$V_{\mathrm{DG}} = V_{\mathrm{FI}} = \frac{4}{4+5+4} \times 39 = 12(\mathrm{kN})$$

$$V_{\mathrm{EH}} = \frac{5}{4+5+4} \times 39 = 15(\mathrm{kN})$$

第一层:

$$V_{\mathrm{AD}} = V_{\mathrm{CF}} = \frac{3}{3+4+3} \times (39+71) = 33(\mathrm{kN})$$

$$V_{\mathrm{BE}} = V_{\mathrm{IF}} = \frac{4}{3+4+3} \times (39+71) = 44(\mathrm{kN})$$

(2)求各柱柱端弯矩

第二层:

$$M_{\mathrm{DG}} = M_{\mathrm{GD}} = M_{\mathrm{FI}} = M_{\mathrm{IF}} = 12 \times \frac{3.2}{2} = 19.2(\mathrm{kN \cdot m})$$

$$M_{\mathrm{EH}} = M_{\mathrm{HE}} = 15 \times \frac{3.2}{2} = 24(\mathrm{kN \cdot m})$$

第一层:

$$M_{\mathrm{AD}} = M_{\mathrm{CF}} = \frac{3.2}{2} \times 3.9 \times 33 = 85.8(\mathrm{kN \cdot m})$$

$$M_{\mathrm{AD}} = M_{\mathrm{CF}} = \frac{3.2}{2} \times 3.9 \times 33 = 85.8(\mathrm{kN \cdot m})$$

$$M_{\mathrm{BE}} = \frac{2}{3} \times 3.9 \times 44 = 114.4(\mathrm{kN \cdot m})$$

$$M_{\mathrm{EB}} = \frac{1}{3} \times 3.9 \times 44 = 57.2(\mathrm{kN \cdot m})$$

(3)求各横梁梁端弯矩

第二层:

$$M_{GH}=M_{IH}=19.2(\text{kN}\cdot\text{m})$$

$$M_{HG}=\frac{15}{15+17}\times 24=11.25(\text{kN}\cdot\text{m})$$

$$M_{HI}=\frac{17}{15+17}\times 24=12.75(\text{kN}\cdot\text{m})$$

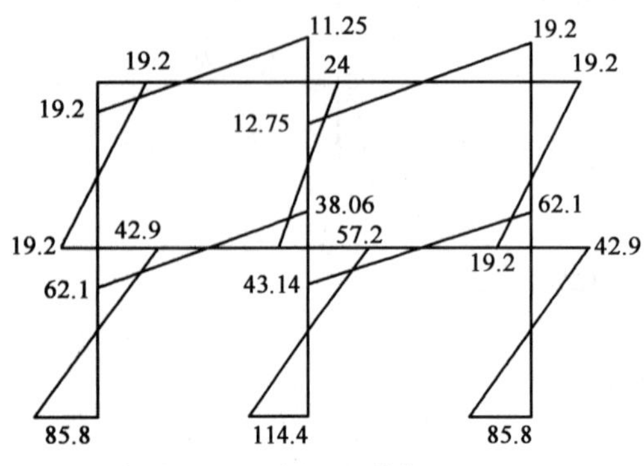

图4.18　弯矩图(单位:kN·m)

第一层:

$$M_{DE}=M_{FE}=M_{DG}+M_{DA}=19.2+42.9$$
$$=62.1(\text{kN}\cdot\text{m})$$

$$M_{ED}=\frac{15}{15+17}\times(24+57.2)$$
$$=38.06(\text{kN}\cdot\text{m})$$

$$M_{EF}=\frac{17}{15+17}\times(24+57.2)=43.14(\text{kN}\cdot\text{m})$$

(4)绘制弯矩图

弯矩图如图4.18所示。

4.4.2　*D*值法

反弯点法基本假定的核心问题是梁柱线刚度比很大,梁柱节点无转角。实际的框架中,计算层数较多的框架时,由于柱截面尺寸较大,梁柱相对线刚度比会减少,框架节点的转角对柱抗侧刚度和反弯点位置会有较大的影响,因此用反弯点法计算会有较大的误差。为此,日本学者武藤清提出了修正反弯点法,不仅在确定柱的抗侧刚度和反弯点位置时考虑了梁柱线刚度比的影响,还考虑了上下层梁刚度变化、上下层柱高度变化对反弯点位置的影响。由于修正后的柱抗侧移刚度用D表示,故此法又称D值法。

1)柱的侧移刚度D值

当柱两端有相对侧移Δ_u和转角θ时,柱的剪力为:

$$V=\frac{12i_c}{h^2}\Delta_u-\frac{12i_c}{h}\theta \tag{4.12}$$

则:

$$D=V/\Delta_u \tag{4.13}$$

$$D=\frac{12i_c}{h^2}-\frac{12i_c}{h\Delta_u}\theta \tag{4.14}$$

式中:D——修正后柱的抗侧刚度,与Δ_u、θ有关。

图4.19a)所示的多层框架,在水平荷载作用下,各节点将产生侧移和转角。框架节点A、B及与之相连的各杆件变形情况如图4.19b)所示。为方便分析,推导D值时,做如下假定。

(1)假定柱AB以及与柱AB相邻的各杆的杆端转角均为θ。

(2)假定柱AB以及与其相邻的上、下层柱的线刚度均为i_c。

(3)假定各层层间侧移均为Δ_u。

则汇交于节点A的各杆端弯矩如下:

$$M_{AE} = (4i_3 + 2i_3)\theta = 6i_3\theta$$

$$M_{AG} = 6i_4\theta$$

$$M_{AC} = 6i_c\theta - 6i_c\frac{\Delta_u}{h}$$

$$M_{AB} = 6i_c\theta - 6i_c\frac{\Delta_u}{h}$$

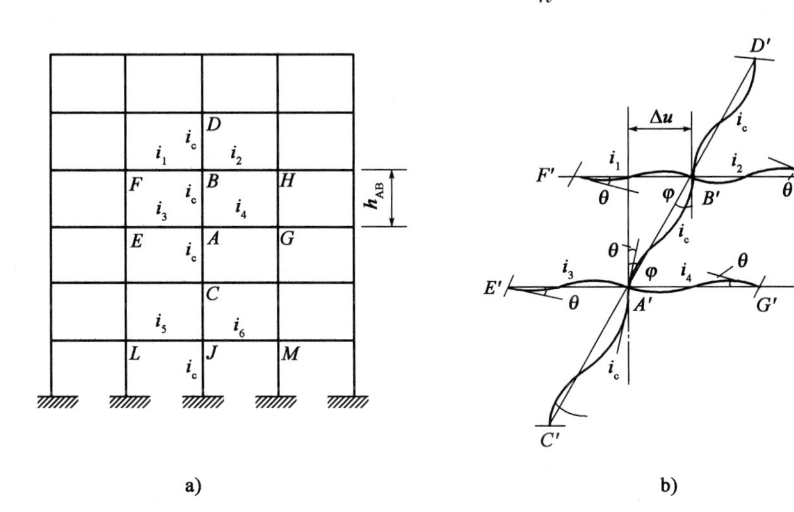

图4.19　框架侧移与节点转角

由节点 A 力矩平衡得:

$$M_{AE} + M_{AC} + M_{AG} + M_{AB} = 0$$

可得:

$$6(i_3 + i_4)\theta + 12i_c - 12i_c\frac{\Delta_u}{h} = 0$$

同理,由节点 B 力矩平衡得:

$$6(i_1 + i_2)\theta + 12i_c - 12i_c\frac{\Delta_u}{h} = 0$$

将上两式相加、整理得:

$$\theta = \frac{2}{2 + \dfrac{i_1 + i_2 + i_3 + i_4}{2i_c}} \cdot \frac{\Delta_u}{h} \tag{4.15}$$

令 $k\dfrac{i_1 + i_2 + i_3 + i_4}{2i_c}$,则:

$$\theta = \frac{2}{2 + k} \cdot \frac{\Delta_u}{h}$$

式中:k——梁柱线刚度比。

对于边柱:$i_1 = i_3 = 0$,可得:

$$k = \frac{i_2 + i_4}{2i_c} \tag{4.16}$$

对于框架底层柱,由于底端为固定端,无转角,可按类似方法推导出梁柱线刚度比:

$$k = \frac{i_1 + i_2}{2i_c} \tag{4.17}$$

将 θ 代入式(4.14),得:

$$D = \frac{12i_c}{h^2} - \frac{12i_c}{h^2} \times \frac{2}{2+k} = \frac{k}{2+k}\frac{12i_c}{h^2} \tag{4.18}$$

令 $\alpha = \frac{k}{2+k}$,则:

$$D = \alpha \frac{12i_c}{h^2} \tag{4.19}$$

α 表示梁柱刚度比对柱刚度的影响,当梁柱刚度比 k 值无穷大时,$\alpha = 1, D = d$。当梁柱刚度比较小时,$\alpha < 1, D < d$。因此,α 称为柱刚度修正系数。柱刚度修正系数见表 4.2。

柱刚度修正系数 表 4.2

楼层	简　　图	k	α
一般	i_2 i_c i_4 ／ i_2 i_2 i_c i_3 i_4	$k = \frac{i_1 + i_2 + i_3 + i_4}{2i_c}$	$\alpha = \frac{k}{2+k}$
底层	i_2 i_c ／ i_1 i_2 i_c	$k = \frac{i_1 + i_2}{i_c}$	$\alpha = \frac{0.5+k}{2+k}$

2)柱反弯点位置

反弯点到柱下端的距离与柱高度的比值,称为反弯点高度比,用 y 表示。反弯点到柱底的距离即为 yh。

柱反弯点的位置与柱两端的约束条件有关,当柱上下两端固定或转角相同时,反弯点在中点;两端约束刚度不同时,转角也不相同,反弯点移向转角较大的一端,也就是向约束刚度较小的一端移动。

影响柱两端约束刚度的主要因素有:

①荷载的形式;

②结构总层数与该层所在位置;

③柱上、下层横梁刚度比;

④柱上、下层层高变化。

在 D 值法中,通过力学分析求得标准情况下的标准反弯点高度比 y_0,再根据上、下层横梁刚度比及上、下层层高变化,对 y_0 进行修正。

(1)标准反弯点高度比 y_0

标准反弯点高度比是在等高、等跨、各层梁柱线刚度都不变的多层框架在水平荷载作用下求得的反弯点高度比。表 4.3、表 4.4 列出了在均布水平荷载、倒三角形分布荷载下的 y_0。

均布水平荷载下各层柱标准高度比 y_0 表4.3

m	n \ $\bar{K}$	0.1	0.2	0.3	0.4	0.5	0.6	0.7	0.8	0.9	1.0	2.0	3.0	4.0	5.0
1	1	0.80	0.75	0.70	0.65	0.65	0.60	0.60	0.60	0.60	0.55	0.55	0.55	0.55	0.55
2	2	0.45	0.40	0.35	0.35	0.35	0.35	0.40	0.40	0.40	0.40	0.45	0.45	0.45	0.45
	1	0.95	0.80	0.75	0.70	0.65	0.65	0.65	0.60	0.60	0.60	0.55	0.55	0.55	0.50
3	3	0.15	0.20	0.20	0.25	0.30	0.30	0.30	0.35	0.35	0.35	0.40	0.45	0.45	0.45
	2	0.55	0.50	0.45	0.45	0.45	0.45	0.45	0.45	0.45	0.45	0.45	0.50	0.50	0.50
	1	1.00	0.85	0.80	0.75	0.70	0.70	0.65	0.65	0.65	0.60	0.55	0.55	0.55	0.55
4	4	-0.05	0.05	0.15	0.20	0.25	0.30	0.30	0.35	0.35	0.35	0.40	0.45	0.45	0.45
	3	0.25	0.30	0.30	0.35	0.35	0.40	0.40	0.40	0.40	0.45	0.45	0.50	0.50	0.50
	2	0.65	0.55	0.50	0.50	0.45	0.45	0.45	0.45	0.45	0.45	0.50	0.50	0.50	0.50
	1	1.10	0.90	0.80	0.75	0.70	0.70	0.65	0.65	0.65	0.60	0.55	0.55	0.55	0.55
5	5	-0.20	0.00	0.15	0.20	0.25	0.30	0.30	0.30	0.35	0.35	0.40	0.45	0.45	0.45
	4	0.10	0.20	0.25	0.30	0.35	0.35	0.40	0.40	0.40	0.40	0.45	0.45	0.50	0.50
	3	0.40	0.40	0.40	0.40	0.40	0.45	0.45	0.45	0.45	0.45	0.50	0.50	0.50	0.50
	2	0.65	0.55	0.50	0.50	0.50	0.50	0.50	0.50	0.50	0.50	0.50	0.50	0.50	0.50
	1	1.20	0.95	0.80	0.75	0.75	0.70	0.70	0.65	0.65	0.65	0.55	0.55	0.55	0.55
6	6	-0.30	0.00	0.10	0.20	0.25	0.25	0.30	0.30	0.35	0.35	0.40	0.45	0.45	0.45
	5	0.00	0.20	0.25	0.30	0.35	0.35	0.40	0.40	0.40	0.40	0.45	0.45	0.50	0.50
	4	0.20	0.30	0.35	0.35	0.40	0.40	0.40	0.45	0.45	0.45	0.45	0.50	0.50	0.50
	3	0.40	0.40	0.40	0.45	0.45	0.45	0.45	0.45	0.45	0.45	0.50	0.50	0.50	0.50
	2	0.70	0.60	0.55	0.50	0.50	0.50	0.50	0.50	0.50	0.50	0.50	0.50	0.50	0.50
	1	1.20	0.95	0.85	0.80	0.75	0.70	0.70	0.65	0.65	0.65	0.55	0.55	0.55	0.55
7	7	-0.35	-0.05	0.10	0.20	0.20	0.25	0.30	0.30	0.35	0.35	0.40	0.45	0.45	0.45
	6	-0.10	0.15	0.25	0.30	0.35	0.35	0.35	0.40	0.40	0.40	0.45	0.45	0.50	0.50
	5	0.10	0.25	0.30	0.35	0.40	0.40	0.40	0.45	0.45	0.45	0.45	0.50	0.50	0.50
	4	0.30	0.35	0.40	0.40	0.40	0.45	0.45	0.45	0.45	0.45	0.50	0.50	0.50	0.50
	3	0.50	0.45	0.45	0.45	0.45	0.45	0.45	0.45	0.45	0.45	0.50	0.50	0.50	0.50
	2	0.75	0.60	0.55	0.50	0.50	0.50	0.50	0.50	0.50	0.50	0.50	0.50	0.50	0.50
	1	1.20	0.95	0.85	0.80	0.75	0.70	0.70	0.65	0.65	0.65	0.55	0.55	0.55	0.55
8	8	-0.35	0.15	0.10	0.15	0.25	0.25	0.30	0.30	0.35	0.35	0.40	0.45	0.45	0.45
	7	-0.10	0.15	0.25	0.30	0.35	0.35	0.40	0.40	0.40	0.40	0.45	0.50	0.50	0.50
	6	0.05	0.25	0.30	0.35	0.40	0.40	0.40	0.45	0.45	0.45	0.45	0.50	0.50	0.50
	5	0.20	0.30	0.35	0.40	0.40	0.45	0.45	0.45	0.45	0.45	0.50	0.50	0.50	0.50
	4	0.35	0.40	0.40	0.45	0.45	0.45	0.45	0.45	0.45	0.45	0.50	0.50	0.50	0.50
	3	0.50	0.45	0.45	0.45	0.45	0.45	0.45	0.45	0.50	0.50	0.50	0.50	0.50	0.50
	2	0.75	0.60	0.55	0.55	0.50	0.50	0.50	0.50	0.50	0.50	0.50	0.50	0.50	0.50
	1	1.20	1.00	0.85	0.80	0.75	0.70	0.70	0.65	0.65	0.65	0.55	0.55	0.55	0.55

续上表

m	n \ $\bar{K}$	0.1	0.2	0.3	0.4	0.5	0.6	0.7	0.8	0.9	1.0	2.0	3.0	4.0	5.0
i_1 i_2 i_c i_3 i_4 $\bar{K}=\frac{i_1+i_2+i_3+i_4}{2i}$															
9	9	-0.40	-0.05	0.10	0.20	0.25	0.25	0.30	0.30	0.35	0.35	0.40	0.45	0.45	0.45
	8	-0.15	0.15	0.20	0.30	0.35	0.35	0.35	0.40	0.40	0.40	0.45	0.45	0.50	0.50
	7	0.05	0.25	0.30	0.35	0.40	0.40	0.40	0.45	0.45	0.45	0.45	0.50	0.50	0.50
	6	0.15	0.30	0.35	0.40	0.40	0.45	0.45	0.45	0.45	0.45	0.50	0.50	0.50	0.50
	5	0.25	0.35	0.40	0.40	0.45	0.45	0.45	0.45	0.45	0.45	0.50	0.50	0.50	0.50
	4	0.40	0.40	0.40	0.45	0.45	0.45	0.45	0.45	0.45	0.45	0.50	0.50	0.50	0.50
	3	0.55	0.45	0.45	0.45	0.45	0.45	0.45	0.45	0.50	0.50	0.50	0.50	0.50	0.50
	2	0.80	0.65	0.55	0.55	0.50	0.50	0.50	0.50	0.50	0.50	0.50	0.50	0.50	0.50
	1	1.20	1.00	0.85	0.80	0.75	0.70	0.70	0.65	0.65	0.65	0.55	0.55	0.55	0.55
10	10	-0.40	-0.05	0.10	0.20	0.25	0.30	0.30	0.30	0.35	0.35	0.40	0.45	0.45	0.45
	9	-0.15	0.15	0.25	0.30	0.35	0.35	0.40	0.40	0.40	0.40	0.45	0.45	0.50	0.50
	8	0.00	0.25	0.30	0.35	0.40	0.40	0.40	0.45	0.45	0.45	0.45	0.50	0.50	0.50
	7	0.10	0.30	0.35	0.40	0.40	0.45	0.45	0.45	0.45	0.45	0.50	0.50	0.50	0.50
	6	0.20	0.35	0.40	0.40	0.45	0.45	0.45	0.45	0.45	0.45	0.50	0.50	0.50	0.50
	5	0.30	0.40	0.40	0.45	0.45	0.45	0.45	0.45	0.45	0.50	0.50	0.50	0.50	0.50
	4	0.40	0.40	0.45	0.45	0.45	0.45	0.45	0.45	0.45	0.50	0.50	0.50	0.50	0.50
	3	0.55	0.50	0.45	0.45	0.45	0.50	0.50	0.50	0.50	0.50	0.50	0.50	0.50	0.50
	2	0.80	0.65	0.55	0.55	0.55	0.50	0.50	0.50	0.50	0.50	0.50	0.50	0.50	0.50
	1	1.30	1.00	0.85	0.80	0.75	0.70	0.70	0.65	0.65	0.65	0.60	0.55	0.55	0.55
11	11	-0.40	0.05	0.10	0.20	0.25	0.30	0.30	0.30	0.35	0.35	0.40	0.45	0.45	0.45
	10	-0.15	0.15	0.25	0.30	0.35	0.35	0.40	0.40	0.40	0.40	0.45	0.45	0.50	0.50
	9	0.00	0.25	0.30	0.35	0.40	0.40	0.40	0.45	0.45	0.45	0.45	0.50	0.50	0.50
	8	0.10	0.30	0.35	0.40	0.40	0.45	0.45	0.45	0.45	0.45	0.50	0.50	0.50	0.50
	7	0.20	0.35	0.40	0.45	0.45	0.45	0.45	0.45	0.45	0.45	0.50	0.50	0.50	0.50
	6	0.25	0.35	0.40	0.45	0.45	0.45	0.45	0.45	0.45	0.45	0.50	0.50	0.50	0.50
	5	0.35	0.40	0.40	0.45	0.45	0.45	0.45	0.45	0.45	0.50	0.50	0.50	0.50	0.50
	4	0.40	0.40	0.45	0.45	0.45	0.45	0.45	0.50	0.50	0.50	0.50	0.50	0.50	0.50
	3	0.55	0.50	0.50	0.50	0.50	0.50	0.50	0.50	0.50	0.50	0.50	0.50	0.50	0.50
	2	0.80	0.65	0.60	0.55	0.55	0.50	0.50	0.50	0.50	0.50	0.50	0.50	0.50	0.50
	1	1.30	1.00	0.85	0.80	0.75	0.70	0.70	0.65	0.65	0.65	0.60	0.55	0.55	0.55

续上表

m	n \ $\bar{K}$	0.1	0.2	0.3	0.4	0.5	0.6	0.7	0.8	0.9	1.0	2.0	3.0	4.0	5.0
12以上	↓1	-0.40	-0.05	0.10	0.20	0.25	0.30	0.30	0.30	0.35	0.35	0.40	0.45	0.45	0.45
	2	-0.15	0.15	0.25	0.30	0.35	0.35	0.40	0.40	0.40	0.40	0.45	0.45	0.50	0.50
	3	0.00	0.25	0.30	0.35	0.40	0.40	0.40	0.45	0.45	0.45	0.50	0.50	0.50	0.50
	4	0.10	0.30	0.35	0.40	0.40	0.45	0.45	0.45	0.45	0.45	0.50	0.50	0.50	0.50
	5	0.20	0.35	0.40	0.40	0.45	0.45	0.45	0.45	0.45	0.45	0.50	0.50	0.50	0.50
	6	0.25	0.35	0.40	0.45	0.45	0.45	0.45	0.45	0.45	0.45	0.50	0.50	0.50	0.50
	7	0.30	0.40	0.40	0.45	0.45	0.45	0.45	0.45	0.50	0.50	0.50	0.50	0.50	0.50
	8	0.35	0.40	0.45	0.45	0.45	0.45	0.45	0.50	0.50	0.50	0.50	0.50	0.50	0.50
	中间	0.40	0.40	0.45	0.45	0.45	0.45	0.50	0.50	0.50	0.50	0.50	0.50	0.50	0.50
	4	0.45	0.45	0.45	0.45	0.50	0.50	0.50	0.50	0.50	0.50	0.50	0.50	0.50	0.50
	3	0.60	0.50	0.50	0.50	0.50	0.50	0.50	0.50	0.50	0.50	0.50	0.50	0.50	0.50
	2	0.80	0.65	0.60	0.55	0.55	0.50	0.50	0.50	0.50	0.50	0.50	0.50	0.50	0.50
	↑1	1.30	1.00	0.85	0.80	0.75	0.70	0.70	0.65	0.65	0.65	0.55	0.55	0.55	0.55

倒三角形分布荷载下标准反弯点高度比 y_0 表4.4

m	n \ $\bar{K}$	0.1	0.2	0.3	0.4	0.5	0.6	0.7	0.8	0.9	1.0	2.0	3.0	4.0	5.0
1	1	0.80	0.75	0.70	0.65	0.65	0.60	0.60	0.60	0.60	0.55	0.55	0.55	0.55	0.55
2	2	0.50	0.45	0.40	0.40	0.40	0.40	0.40	0.40	0.40	0.45	0.45	0.45	0.45	0.50
	1	1.00	0.85	0.75	0.70	0.70	0.65	0.65	0.65	0.60	0.60	0.55	0.55	0.55	0.55
3	3	0.25	0.25	0.25	0.30	0.30	0.35	0.35	0.35	0.40	0.40	0.45	0.45	0.45	0.50
	2	0.60	0.50	0.50	0.50	0.50	0.45	0.45	0.45	0.45	0.45	0.50	0.50	0.50	0.50
	1	1.15	0.90	0.80	0.75	0.75	0.70	0.70	0.65	0.65	0.65	0.60	0.55	0.55	0.55
4	4	0.10	0.15	0.20	0.25	0.30	0.30	0.35	0.35	0.35	0.40	0.45	0.45	0.45	0.45
	3	0.35	0.35	0.35	0.40	0.40	0.40	0.40	0.45	0.45	0.45	0.45	0.50	0.50	0.50
	2	0.70	0.60	0.55	0.50	0.50	0.50	0.50	0.50	0.50	0.50	0.50	0.50	0.50	0.50
	1	1.20	0.95	0.85	0.80	0.75	0.70	0.70	0.70	0.65	0.65	0.55	0.55	0.55	0.55
5	5	-0.05	0.10	0.20	0.25	0.30	0.30	0.35	0.35	0.35	0.35	0.40	0.45	0.45	0.45
	4	0.20	0.25	0.35	0.35	0.40	0.40	0.40	0.40	0.40	0.45	0.45	0.50	0.50	0.50
	3	0.45	0.40	0.45	0.45	0.45	0.45	0.45	0.45	0.45	0.45	0.50	0.50	0.50	0.50
	2	0.75	0.60	0.55	0.55	0.50	0.50	0.50	0.50	0.50	0.50	0.50	0.50	0.50	0.50
	1	1.30	1.00	0.85	0.80	0.75	0.70	0.70	0.65	0.65	0.65	0.65	0.55	0.55	0.55
6	6	-0.15	0.05	0.15	0.20	0.25	0.30	0.30	0.35	0.35	0.35	0.40	0.45	0.45	0.45
	5	0.10	0.25	0.30	0.35	0.35	0.40	0.40	0.40	0.45	0.45	0.45	0.50	0.50	0.50
	4	0.30	0.35	0.40	0.40	0.45	0.45	0.45	0.45	0.45	0.45	0.50	0.50	0.50	0.50

续上表

m	n \ $\bar{K}$	0.1	0.2	0.3	0.4	0.5	0.6	0.7	0.8	0.9	1.0	2.0	3.0	4.0	5.0
6	3	0.50	0.45	0.45	0.45	0.45	0.45	0.45	0.45	0.45	0.50	0.50	0.50	0.50	0.50
	2	0.80	0.65	0.55	0.55	0.55	0.50	0.50	0.50	0.50	0.50	0.50	0.50	0.50	0.50
	1	1.30	1.00	0.85	0.80	0.75	0.70	0.70	0.65	0.65	0.65	0.60	0.55	0.55	0.55
7	7	-0.20	0.05	0.15	0.20	0.25	0.30	0.30	0.35	0.35	0.35	0.45	0.45	0.45	0.45
	6	0.05	0.20	0.30	0.35	0.35	0.40	0.40	0.40	0.40	0.45	0.45	0.50	0.50	0.50
	5	0.20	0.30	0.35	0.40	0.40	0.45	0.45	0.45	0.45	0.45	0.50	0.50	0.50	0.50
	4	0.35	0.40	0.40	0.45	0.45	0.45	0.45	0.45	0.45	0.45	0.50	0.50	0.50	0.50
	3	0.55	0.50	0.50	0.50	0.50	0.50	0.50	0.50	0.50	0.50	0.50	0.50	0.50	0.50
	2	0.80	0.65	0.60	0.55	0.55	0.55	0.50	0.50	0.50	0.50	0.50	0.50	0.50	0.50
	1	1.30	1.00	0.90	0.80	0.75	0.70	0.70	0.70	0.65	0.65	0.60	0.55	0.55	0.55
8	8	-0.20	0.05	0.15	0.20	0.25	0.30	0.30	0.35	0.35	0.35	0.45	0.45	0.45	0.45
	7	0.00	0.20	0.30	0.35	0.35	0.40	0.40	0.40	0.40	0.45	0.45	0.50	0.50	0.50
	6	0.15	0.30	0.35	0.40	0.40	0.45	0.45	0.45	0.45	0.45	0.50	0.50	0.50	0.50
	5	0.30	0.40	0.40	0.45	0.45	0.45	0.45	0.45	0.45	0.45	0.50	0.50	0.50	0.50
	4	0.40	0.45	0.45	0.45	0.45	0.45	0.45	0.50	0.50	0.50	0.50	0.50	0.50	0.50
	3	0.60	0.50	0.50	0.50	0.50	0.50	0.50	0.50	0.50	0.50	0.50	0.50	0.50	0.50
	2	0.85	0.65	0.60	0.55	0.55	0.55	0.50	0.50	0.50	0.50	0.50	0.50	0.50	0.50
	1	1.30	1.00	0.90	0.80	0.75	0.70	0.70	0.70	0.65	0.65	0.60	0.55	0.55	0.55
9	9	-0.25	0.00	0.15	0.20	0.25	0.30	0.30	0.35	0.35	0.40	0.45	0.45	0.45	0.45
	8	0.00	0.20	0.30	0.35	0.35	0.40	0.40	0.40	0.40	0.45	0.45	0.50	0.50	0.50
	7	0.15	0.30	0.35	0.40	0.40	0.45	0.45	0.45	0.45	0.45	0.50	0.50	0.50	0.50
	6	0.25	0.35	0.40	0.40	0.45	0.45	0.45	0.45	0.45	0.50	0.50	0.50	0.50	0.50
	5	0.35	0.40	0.45	0.45	0.45	0.45	0.45	0.45	0.50	0.50	0.50	0.50	0.50	0.50
	4	0.45	0.45	0.45	0.45	0.45	0.50	0.50	0.50	0.50	0.50	0.50	0.50	0.50	0.50
	3	0.60	0.50	0.50	0.50	0.50	0.50	0.50	0.50	0.50	0.50	0.50	0.50	0.50	0.50
	2	0.85	0.65	0.60	0.55	0.55	0.55	0.55	0.50	0.50	0.50	0.50	0.50	0.50	0.50
	1	1.35	1.00	0.90	0.80	0.75	0.75	0.70	0.70	0.65	0.65	0.60	0.55	0.55	0.55
10	10	-0.25	0.00	0.15	0.20	0.25	0.30	0.30	0.35	0.35	0.40	0.45	0.45	0.45	0.45
	9	-0.10	0.20	0.30	0.35	0.35	0.40	0.40	0.40	0.40	0.45	0.45	0.50	0.50	0.50
	8	0.10	0.30	0.35	0.40	0.40	0.40	0.45	0.45	0.45	0.45	0.50	0.50	0.50	0.50
	7	0.20	0.35	0.40	0.40	0.45	0.45	0.45	0.45	0.45	0.50	0.50	0.50	0.50	0.50
	6	0.30	0.40	0.40	0.45	0.45	0.45	0.45	0.45	0.45	0.50	0.50	0.50	0.50	0.50
	5	0.40	0.45	0.45	0.45	0.45	0.45	0.45	0.50	0.50	0.50	0.50	0.50	0.50	0.50
	4	0.50	0.45	0.45	0.45	0.50	0.50	0.50	0.50	0.50	0.50	0.50	0.50	0.50	0.50
	3	0.60	0.55	0.50	0.50	0.50	0.50	0.50	0.50	0.50	0.50	0.50	0.50	0.50	0.50
	2	0.85	0.65	0.60	0.55	0.55	0.55	0.55	0.50	0.50	0.50	0.50	0.50	0.50	0.50
	1	1.35	1.00	0.90	0.80	0.75	0.75	0.70	0.70	0.65	0.65	0.60	0.55	0.55	0.55

续上表

m	n \ $\bar{K}$	0.1	0.2	0.3	0.4	0.5	0.6	0.7	0.8	0.9	1.0	2.0	3.0	4.0	5.0
11	11	-0.25	0.00	0.15	0.20	0.25	0.30	0.30	0.30	0.35	0.35	0.45	0.45	0.45	0.45
	10	-0.05	0.20	0.25	0.30	0.35	0.40	0.40	0.40	0.40	0.45	0.45	0.50	0.50	0.50
	9	0.10	0.30	0.35	0.40	0.40	0.40	0.45	0.45	0.45	0.45	0.50	0.50	0.50	0.50
	8	0.20	0.35	0.40	0.40	0.45	0.45	0.45	0.45	0.45	0.45	0.50	0.50	0.50	0.50
	7	0.25	0.40	0.40	0.45	0.45	0.45	0.45	0.45	0.45	0.50	0.50	0.50	0.50	0.50
	6	0.35	0.40	0.45	0.45	0.45	0.45	0.45	0.50	0.50	0.50	0.50	0.50	0.50	0.50
	5	0.40	0.45	0.45	0.45	0.45	0.50	0.50	0.50	0.50	0.50	0.50	0.50	0.50	0.50
	4	0.50	0.50	0.50	0.50	0.50	0.50	0.50	0.50	0.50	0.50	0.50	0.50	0.50	0.50
	3	0.65	0.55	0.50	0.50	0.50	0.50	0.50	0.50	0.50	0.50	0.50	0.50	0.50	0.50
	2	0.85	0.65	0.60	0.55	0.55	0.55	0.55	0.50	0.50	0.50	0.50	0.50	0.50	0.50
	1	1.35	1.05	0.90	0.80	0.75	0.75	0.70	0.70	0.65	0.65	0.60	0.55	0.55	0.55
12以上	↓1	-0.30	0.00	0.15	0.20	0.25	0.30	0.30	0.30	0.35	0.35	0.40	0.45	0.45	0.45
	2	-0.10	0.20	0.25	0.30	0.35	0.40	0.40	0.40	0.40	0.40	0.45	0.45	0.45	0.50
	3	0.05	0.25	0.35	0.40	0.40	0.40	0.45	0.45	0.45	0.45	0.45	0.50	0.50	0.50
	4	0.15	0.30	0.40	0.40	0.45	0.45	0.45	0.45	0.45	0.45	0.45	0.50	0.50	0.50
	5	0.25	0.35	0.50	0.45	0.45	0.45	0.45	0.45	0.45	0.45	0.50	0.50	0.50	0.50
	6	0.30	0.40	0.50	0.45	0.45	0.45	0.45	0.50	0.50	0.50	0.50	0.50	0.50	0.50
	7	0.35	0.40	0.55	0.45	0.45	0.45	0.50	0.50	0.50	0.50	0.50	0.50	0.50	0.50
	8	0.35	0.45	0.55	0.45	0.50	0.50	0.50	0.50	0.50	0.50	0.50	0.50	0.50	0.50
	中间	0.45	0.45	0.55	0.45	0.50	0.50	0.50	0.50	0.50	0.50	0.50	0.50	0.50	0.50
	4	0.55	0.50	0.50	0.50	0.50	0.50	0.50	0.50	0.50	0.50	0.50	0.50	0.50	0.50
	3	0.65	0.55	0.50	0.50	0.50	0.50	0.50	0.50	0.50	0.50	0.50	0.50	0.50	0.50
	2	0.70	0.70	0.60	0.55	0.55	0.55	0.55	0.50	0.50	0.50	0.50	0.50	0.50	0.50
	↑1	1.35	1.05	0.90	0.80	0.75	0.70	0.70	0.70	0.65	0.65	0.60	0.55	0.55	0.55

(2)上、下层横梁刚度不同时的反弯点比位置修正值 y_1

当某柱的上、下层横梁刚度不同,柱上、下节点转角也不同时,反弯点位置有变化,应将标准反弯点高度比 y_0 加以修正,修正系数为 y_1,见图4.20a)。表4.5列出了上、下层横梁刚度变化时的修正值 y_1。

上、下层横梁刚度变化时修正值 y_1 表4.5

α_1 \ K	0.1	0.2	0.3	0.4	0.5	0.6	0.7	0.8	0.9	1.0	2.0	3.0	4.0	5.0
0.4	0.55	0.40	0.30	0.25	0.20	0.20	0.20	0.15	0.15	0.15	0.05	0.05	0.05	0.05
0.5	0.45	0.30	0.20	0.20	0.15	0.15	0.15	0.10	0.10	0.10	0.05	0.05	0.05	0.05
0.6	0.30	0.20	0.15	0.15	0.10	0.10	0.10	0.10	0.05	0.05	0.05	0.05	0	0

续上表

α_1 \ K	0.1	0.2	0.3	0.4	0.5	0.6	0.7	0.8	0.9	1.0	2.0	3.0	4.0	5.0
0.7	0.20	0.15	0.10	0.10	0.10	0.10	0.05	0.05	0.05	0.05	0.05	0	0	0
0.8	0.15	0.10	0.05	0.05	0.05	0.05	0.05	0.05	0.05	0	0	0	0	0
0.9	0.05	0.05	0.05	0.05	0	0	0	0	0	0	0	0	0	0

注：i_1 i_2 i_c i_3 i_4 $\alpha_1=\dfrac{i_1+i_2}{i_3+i_4}$，当 $i_1+i_2>i_3+i_4$ 时，α_1 取倒数，即 $\alpha_1=\dfrac{i_3+i_4}{i_1+i_2}$，并且 y_1 取负号；K 按表4.2计算；底层可不考虑此项修正，即取 $y_1=0$。

当 $i_1+i_2<i_3+i_4$ 时，反弯点应向上移动，取 $\alpha_1=\dfrac{i_1+i_2}{i_3+i_4}$，$y_1$ 取正值。

当 $i_1+i_2>i_3+i_4$ 时，反弯点应向下移动，取 $\alpha_1=\dfrac{i_3+i_4}{i_1+i_2}$，$y_1$ 取负值。

底层柱不考虑修正值 y_1。

(3)上、下层层高变化时的反弯点比位置修正值 y_2 和 y_3

层高有变化时，反弯点位置的变化，见图4.20b)。表4.6列出了上、下层层高变化时的修正值 y_2 和 y_3。

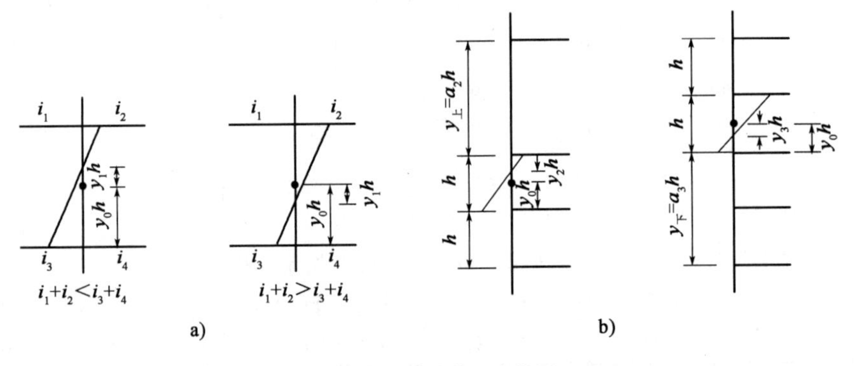

图4.20　反弯点位置变化图

a)上下层梁刚度变化；b)层高变化

上、下层层高度变化时修正值 y_2 和 y_3　　表4.6

α_2	α_3 \ K	0.1	0.2	0.3	0.4	0.5	0.6	0.7	0.8	0.9	1.0	2.0	3.0	4.0	5.0
2.0		0.25	0.15	0.15	0.10	0.10	0.10	0.10	0.10	0.05	0.05	0.05	0.05	0	0
1.8		0.20	0.15	0.10	0.10	0.10	0.05	0.05	0.05	0.05	0.05	0.05	0	0	0
1.6	0.4	0.15	0.10	0.10	0.05	0.05	0.05	0.05	0.05	0.05	0.05	0	0	0	0
1.4	0.6	0.10	0.05	0.05	0.05	0.05	0.05	0.05	0.05	0.05	0	0	0	0	0
1.2	0.8	0.05	0.05	0.05	0	0	0	0	0	0	0	0	0	0	0
1.0	1.0	0	0	0	0	0	0	0	0	0	0	0	0	0	0

续上表

α_2	K / α_3	0.1	0.2	0.3	0.4	0.5	0.6	0.7	0.8	0.9	1.0	2.0	3.0	4.0	5.0
0.8	1.2	−0.05	−0.05	−0.05	0	0	0	0	0	0	0	0	0	0	0
0.6	1.4	−0.10	−0.05	−0.05	−0.05	−0.05	−0.05	−0.05	−0.05	0	0	0	0	0	0
0.4	1.6	−0.15	−0.10	−0.10	−0.05	−0.05	−0.05	−0.05	−0.05	−0.05	−0.05	0	0	0	0
	1.8	−0.20	−0.15	−0.10	−0.10	−0.10	−0.05	−0.05	−0.05	−0.05	−0.05	−0.05	0	0	0
	2.0	−0.25	−0.15	−0.15	−0.10	−0.10	−0.10	−0.10	−0.10	0.05	−0.05	−0.05	−0.05	0	0

注：$\alpha_2 = h_{上}/h$，$\alpha_3 = h_{下}/h$，h 为计算层层高，$h_{上}$ 为上一层层高，$h_{下}$ 为下一层层高；K 按表4.2计算；y_2 按 K 及 α_2 查表，对顶层可不考虑该项修正；y_3 按 K 及 α_3 查表，对底层可不考虑此项修正。

α_2 为上层层高 $h_{上}$ 和本层层高 h 之比。当 $\alpha_2 < 1$ 时，反弯点向上移动，y_2 为正值；当 $\alpha_2 > 1$ 时，反弯点向下移动，y_2 为负值。顶层不考虑修正值 y_2。

α_3 为下层层高 $h_{下}$ 和本层层高 h 的比值。底层不考虑修正值 y_3。

柱反弯点高度比可用式(4.20)计算：

$$y = y_0 + y_1 + y_2 + y_3 \tag{4.20}$$

【例4.4】 要求用 D 值法计算图4.21所示框架结构内力，框架计算简图中给出了水平力及各杆件的线刚度的相对值。

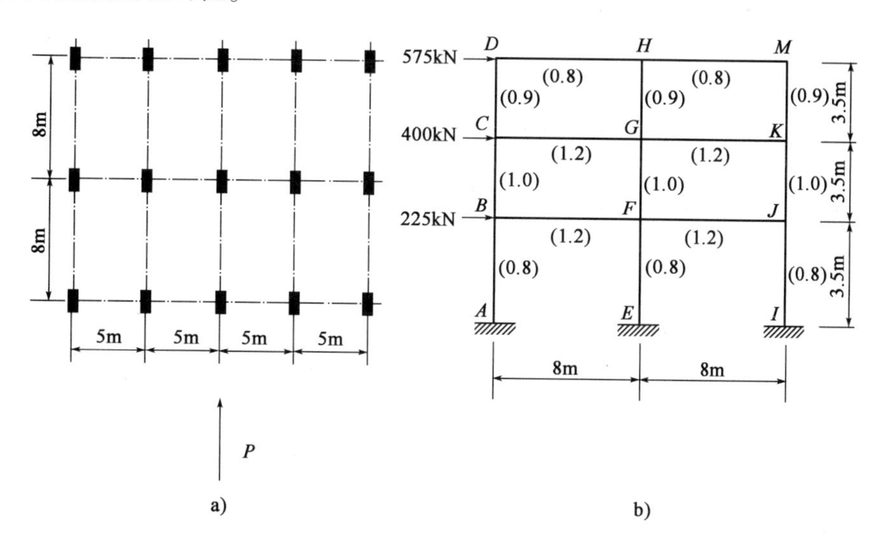

图4.21 框架结构平面布置及其计算简图

解：(1)计算层剪力 V_i、D_{ij}、V_{ij}

$$V_i = \sum_{j=i}^{n} F_i \quad D_{ij} = \alpha_{ij}\frac{12i_c}{h_i^2} \quad V_{ij} = \frac{D_{ij}}{\sum D_{ij}}V_i$$

计算结果见表4.7。

(2)计算 $y = y_0 + y_1 + y_2 + y_3$

计算结果见表4.8。

框架柱 D_{ij}、V_i、V_{ij} 值计算　　表 4.7

层数	层剪力(kN)	边柱 D 值	中柱 D 值	$\sum D$	每根边柱剪力(kN)	每根中柱剪力(kN)
3	575	$K=\frac{0.8+1.2}{2\times0.9}=1.11$ $D=\frac{1.11}{2+1.11}\times0.9\times\frac{12}{3.5^2}=0.315$	$K=\frac{2\times(0.8+1.2)}{2\times0.9}=2.22$ $D=\frac{2.22}{2+2.22}\times0.9\times\frac{12}{3.5^2}=0.464$	5.47	$V_3=\frac{0.315}{5.47}\times5.75\times10^2=33.1$	$V_3=\frac{0.464}{5.47}\times5.75\times10^2=48.8$
2	975	$K=\frac{1.2+1.2}{2\times1}=1.2$ $D=\frac{1.2}{2+1.2}\times1\times\frac{12}{3.5^2}=0.367$	$K=\frac{4\times1.2}{2\times1.0}=2.4$ $D=\frac{2.4}{2+2.4}\times1\times\frac{12}{3.5^2}=0.534$	6.34	$V_3=\frac{0.367}{6.34}\times9.75\times10^2=56.4$	$V_3=\frac{0.534}{6.34}\times9.75\times10^2=82.1$
1	1200	$K=\frac{1.2}{0.9}=1.5$ $D=\frac{0.5+1.5}{2+1.5}\times0.8\times\frac{12}{4.5^2}=0.271$	$K=\frac{1.2+1.2}{0.8}=3$ $D=\frac{0.5+3}{2+3}\times0.8\times\frac{12}{4.5^2}=0.332$	4.37	$V_3=\frac{0.271}{4.37}\times12\times10^2=74.4$	$V_3=\frac{0.332}{4.37}\times12\times10^2=91.2$

y 值计算　　表 4.8

层数	边　柱	中　柱
3	$m=3$　$n=3$ $K=1.11$　$y_0=0.4055$ $\alpha=\frac{0.8}{1.2}=0.67$　$y_1=0.05$ $y=0.4055+0.05=0.455$	$m=3$　$n=3$ $K=2.22$　$y_0=0.45$ $\alpha=\frac{0.8}{1.2}=0.67$　$y_1=0.05$ $y=0.45+0.05=0.5$
2	$m=3$ $K=1.2$　$n=2$ $\alpha_1=1$　$y_0=0.46$ $\alpha_3=\frac{4.5}{3.5}=1.28$　$y_1=0$ $y=0.46$　$y_3=0$	$m=3$ $K=2.4$　$n=2$ $\alpha_1=1$　$y_0=0.5$ $\alpha_3=\frac{4.5}{3.5}=1.28$　$y_1=y_2=y_3=0$ $y=0.5$
1	$m=3$　$n=1$ $K=1.5$　$y_0=0.625$ $\alpha_2=\frac{3.5}{4.5}=0.78$　$y_2=0$ $y=0.625$	$m=3$　$n=1$ $K=3$　$y_0=0.55$ $\alpha_2=\frac{3.5}{4.5}=0.78$　$y_1=y_2=y_3=0$ $y=0.55$

(3)计算柱端、梁端弯矩

①柱端弯矩。

第三层:

边柱

$\bar{y} = yh = 0.455 \times 3.5 = 1.59(\text{m})$

$M_{CD} = M_{KM} = V_{3边}\bar{y} = 33.1 \times 1.59 = 52.7(\text{kN} \cdot \text{m})$

$M_{DC} = M_{MK} = V_{3边}(h - \bar{y}) = 33.1 \times (3.5 - 1.59) = 63.2(\text{kN} \cdot \text{m})$

中柱

$\bar{y} = yh = 0.5 \times 3.5 = 1.75(\text{m})$

$M_{GH} = M_{HG} = V_{3中}\bar{y} = 48.8 \times 1.75 = 85.4(\text{kN} \cdot \text{m})$

第二层:

边柱

$\bar{y} = yh = 0.46 \times 3.5 = 1.61(\text{m})$

$M_{BC} = M_{JK} = V_{2边}\bar{y} = 56.4 \times 1.61 = 84.4(\text{kN} \cdot \text{m})$

$M_{CB} = M_{KJ} = V_{2边}\bar{y} = 56.4 \times (3.5 - 1.61) = 106.6(\text{kN} \cdot \text{m})$

中柱

$\bar{y} = yh = 0.5 \times 3.5 = 1.75(\text{m})$

$M_{FG} = M_{GF} = V_{2中}\bar{y} = 82.1 \times 1.75 = 143.7(\text{kN} \cdot \text{m})$

第一层:

边柱

$\bar{y} = yh = 0.625 \times 4.5 = 2.81(\text{m})$

$M_{AB} = M_{IJ} = V_{1边}\bar{y} = 74.4 \times 2.81 = 209.1(\text{kN} \cdot \text{m})$

$M_{BA} = M_{JI} = V_{1边}(h - \bar{y}) = 74.4 \times (4.5 - 2.81) = 127.5(\text{kN} \cdot \text{m})$

中柱

$\bar{y} = yh = 0.55 \times 4.5 = 2.48(\text{m})$

$M_{EF} = V_{1中}\bar{y} = 91.2 \times 2.48 = 226.2(\text{kN} \cdot \text{m})$

$M_{FE} = V_{1中}(h - \bar{y}) = 91.2 \times (4.5 - 2.48) = 184.2(\text{kN} \cdot \text{m})$

②梁端弯矩。

第三层:

$M_{DH} = M_{MH} = M_{DC} = M_{MK} = 63.2(\text{kN} \cdot \text{m})$

$M_{HD} = M_{HM} = \dfrac{1}{2}M_{HG} = \dfrac{1}{2} \times 85.4 = 42.7(\text{kN} \cdot \text{m})$

第二层:

$M_{CG} = M_{CD} + M_{CB} = M_{KG} = 52.7 + 106.6 = 159.3(\text{kN} \cdot \text{m})$

$M_{GC} = M_{GK} = \dfrac{1}{2}(M_{GH} + M_{GF}) = \dfrac{1}{2} \times (85.4 + 143.7) = 114.6(\text{kN} \cdot \text{m})$

第一层:

$M_{BF} = M_{BC} + M_{BA} = M_{KG} = 90.8 + 125.7 = 216.5(\text{kN} \cdot \text{m})$

$M_{FB} = M_{FJ} = \dfrac{1}{2}(M_{FG} + M_{FE}) = \dfrac{1}{2} \times (143.7 + 184.2) = 164(\text{kN} \cdot \text{m})$

(4)画弯矩图(图 4.22)

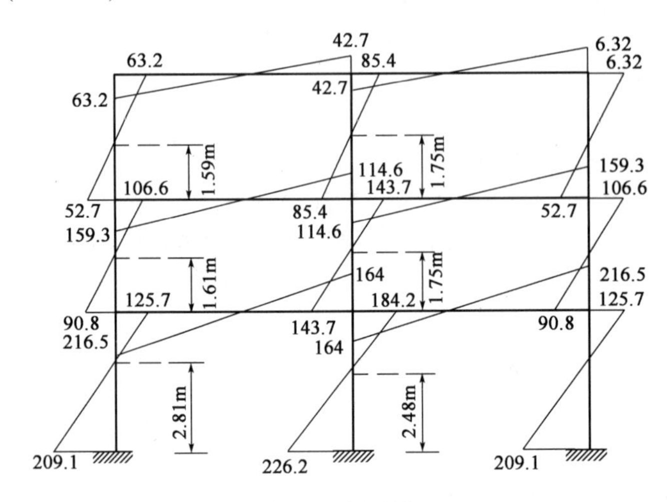

图 4.22　弯矩图(弯矩单位:kN·m)

4.5　框架结构在水平荷载作用下的侧移计算

对于高层建筑,控制其侧移是很重要的。侧移过大,会使结构发生开裂,导致装修破坏、构件失稳甚至破坏,影响结构的安全性。也会使人的感觉不舒服,影响房屋的使用。

框架结构的侧移主要在水平荷载作用下产生。框架结构侧移的控制主要是控制结构的层间相对位移。

框架结构的侧移,由梁柱弯曲变形引起的侧移和柱轴向变形引起的侧移两部分组成。梁柱弯曲变形引起的侧移曲线的属于剪切型变形,如图 4.23b)所示。而柱轴向变形引起的侧移属于弯曲型变形,如图 4.23c)所示。为理解上述两部分变形,可以把框架看成空腹悬臂柱,如图 4.23d)所示,截面高度即为框架跨度,通过反弯点将某层切开,空腹悬臂柱截面剪力是由框架柱的剪力组成,而梁柱弯曲变形是由柱中的剪力引起的,所以变形曲线呈剪切型。空腹悬臂柱截面弯矩是由框架两侧受拉压柱的轴力组成力偶,柱轴向变形是由轴力引起的,相当于弯矩产生的变形,所以变形曲线呈弯曲型。

框架在水平荷载作用下的变形如图 4.23 所示。

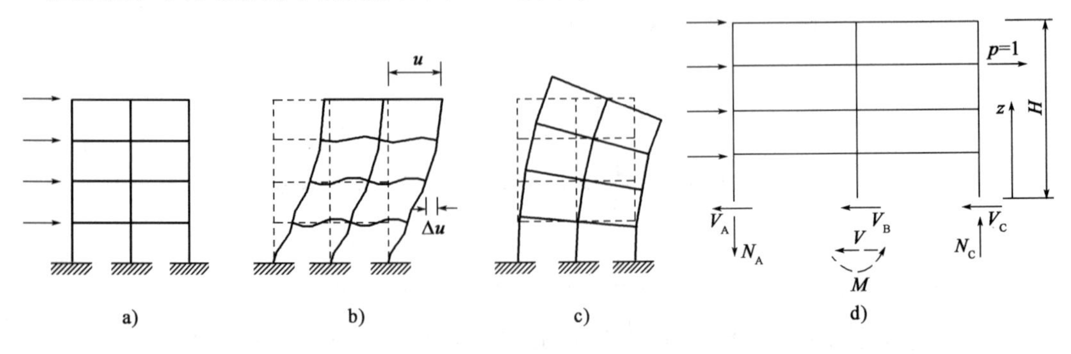

图 4.23　水平荷载下框架侧移

对于多层框架，由柱轴力引起的侧移在框架总的侧移中所占比例较小，可不予考虑。对于高层框架，水平荷载产生的柱轴力较大，由柱子轴力引起的侧移值也较大，在侧移计算中不可忽略。

4.5.1 梁柱弯曲变形引起的侧移

梁柱弯曲变形引起的侧移，可用 D 值法来计算。若 m 层框架，第 j 层有 n 根柱子，则由 D 值法原理可知，框架第 j 层层剪力为：

$$V_j = \sum_{i=1}^{n} D_{ji} \Delta_{uj}^{M} \tag{4.21}$$

式中：Δ_{uj}^{M}——第 j 层框架由梁柱弯曲变形引起的侧移。

则第 j 层框架的层间侧移可按式(4.22)计算：

$$\Delta_{uj}^{M} = \frac{V_j}{\sum_{i=1}^{n} D_{ji}} \tag{4.22}$$

由以上计算可见，框架的层剪力由上到下逐层增大，层间侧移也表现为由上到下逐层增大，框架的侧移曲线即为剪切型侧移曲线。

4.5.2 柱轴向变形引起的侧移

框架在水平荷载作用下，柱将产生轴向拉伸和压缩，框架因此而产生弯曲型侧移。近似法计算框架水平侧移时，因中间柱轴力较小，可不考虑中柱轴向变形的影响，则第 j 层处由柱轴向变形引起的侧移可近似表示为：

$$\delta_{uj}^{N} = \frac{V_0 H^3}{E A_1 B^2} F_n \tag{4.23}$$

式中：V_0——底部总剪力；

H、B——框架总高度及结构宽度（即框架边柱之间距离）；

E、A_1——混凝土弹性模量及框架底层柱截面面积；

F_n——框架柱轴向变形引起的侧移系数，由图4.24的曲线查出，图中系数 γ 为框架边柱顶层与底层截面面积之比，$\gamma = \frac{A_n}{A_1}\gamma$，$H_j$ 为第 j 层高度。

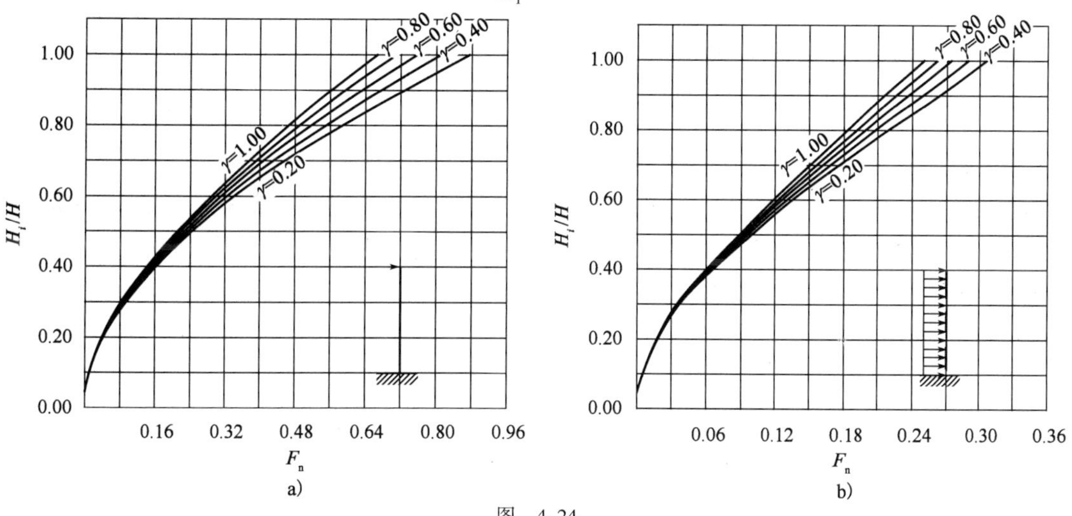

图 4.24

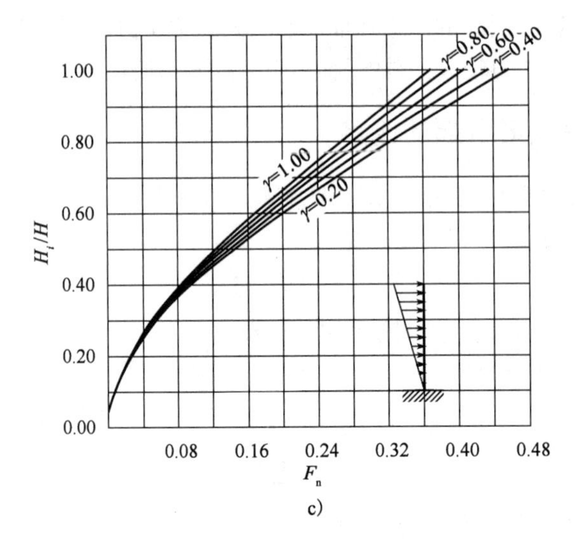

图 4.24　框架柱轴向变形产生的侧移系数 F_n

a) 顶部集中力作用；b) 均布荷载作用；c) 倒三角形分布荷载作用

第 j 层层间侧移为：

$$\Delta_{uj}^{N} = \delta_{uj}^{N} - \delta_{uj}^{N} \tag{4.24}$$

框架结构的侧移应为上述两部分侧移的叠加。总层间侧移为：

$$\Delta_{uj} = \Delta_{uj}^{M} + \Delta_{uj}^{N} \tag{4.25}$$

4.6　框架结构的设计要点与构造要求

有抗震设防要求的框架，设计和构造要求都比较复杂，相关内容可参看《建筑抗震设计规范》(GB 50011—2010)(2016 年版)及相应的教材和参考书。在此仅对非抗震设计的框架进行讨论。

4.6.1　设计步骤和一般规定

1) 设计步骤

框架结构在平面布置确定之后，参考已有设计及柱轴压比等控制因素并根据实际经验，初步确定梁柱的截面尺寸和材料等级，然后进行结构在竖向荷载和水平荷载作用下的内力和位移计算，再对梁柱的控制截面进行内力组合，最后进行梁柱截面的配筋及构造设计，使框架结构满足各项承载力和位移的要求。

2) 一般规定

(1) 承载力要求

无抗震设防要求时，框架结构构件的承载力应满足下列要求，即：

$$\gamma_0 S \leqslant R \tag{4.26}$$

式中：γ_0——结构重要性系数；

S——荷载组合的效应设计值；

R——结构构件抗力设计值。

(2)位移要求

在风荷载的作用下，框架结构的位移应满足下列要求，即：

$$\frac{\Delta_u}{h} \leqslant \frac{1}{550} \tag{4.27}$$

式中：Δ_u——按弹性方法计算的楼层层间最大水平位移；

h——与 Δ_u 相应的楼层层高。

4.6.2 荷载效应组合

4.4 节讨论了框架结构在竖向荷载及水平荷载作用下内力计算的近似方法，由此可分别求出框架结构在各种荷载作用下的内力。实际工程中，房屋结构通常是同时承受多种不同的荷载作用，因此，框架结构设计时，必须考虑各种荷载可能同时作用时的最不利情况，求出控制截面的最不利内力，即进行荷载效应组合，然后再对构件进行截面设计。

1)控制截面及最不利内力类型

所谓控制截面，是指对构件配筋起控制作用的截面。

框架梁的控制截面一般有三个，即梁两端的支座截面和跨中截面。在支座截面处，一般产生最大负弯矩 $-M_{max}$ 和最大剪力 V_{max}，水平荷载作用下还有可能产生最大正弯矩 $+M_{max}$；在跨中截面处，一般产生最大正弯矩 $+M_{max}$(在某些特殊情况下，跨中截面有可能产生负弯矩，在内力组合时应加以注意)。因此，框架梁的最不利内力类型为：

支座截面：$-M_{max}$、$+M_{max}$、V_{max}；

跨中截面：$+M_{max}$。

根据支座截面的最大负弯矩来确定梁端顶部纵筋；根据跨中最大正弯矩及支座最大正弯矩两者中的大值来确定梁底部纵筋；根据支座截面最大剪力来确定梁的腹筋。

框架柱的控制截面一般有两个，即柱的上端截面和下端截面。在柱的上、下端截面处，弯矩、剪力都产生最大值，最大轴力产生在柱下端截面。由于柱为偏心受压构件，随着弯矩 M 和轴力 N 的比值变化，可能发生大偏心受压破坏或小偏心受压破坏，而不同的破坏形态，M、N 的相关性不同，因而在进行配筋计算之前，无法确定哪一组内力为最不利内力。所以对一般框架柱，最不利内力通常取以下 4 种类型：

(1) $|M_{max}|$ 及相应的轴力 N 和剪力 V。

(2) N_{max} 及相应的轴力 M 和剪力 V。

(3) N_{min} 及相应的轴力 M 和剪力 V。

(4) V_{max} 及相应的弯矩 M 和轴力 N。

为了施工的简便以及避免施工过程中可能出现的错误，框架柱通常采用对称配筋。取上述(1)、(2)、(3)种不利内力配筋的较大值作为柱的纵向配筋，根据第(4)种的最大剪力来确定柱的箍筋。

2)荷载的最不利布置

(1)竖向荷载

作用于框架结构上的竖向荷载有恒荷载和活荷载两种，对活荷载要考虑其最不利布置。

活荷载的最不利布置有多种方法，有分跨计算组合法、满布荷载法等。

当活荷载产生的内力远小于恒荷载及水平荷载产生的内力时，可不考虑活荷载的最不利布置，而把活荷载同时作用于所有的框架梁上，即满布荷载法。这样求得的内力在支座处与按考虑不利荷载布置时所得内力极为相近，可直接用于内力组合，但求得的梁跨中弯矩偏小，一般应乘以 1.1 ~1.2 的系数予以增大。

通常，高层建筑的活荷载不大，如一般民用建筑及公共建筑结构，其竖向活荷载标准值仅为 2 ~ 3kN/m^2，它产生的内力在组合后的截面内力中所占的比例很小。因此，有关规范规定，高层建筑结构在竖向荷载作用下按满布荷载法计算内力，但对于某些竖向荷载很大的结构，如图书馆书库等，仍应考虑活荷载的不利布置，按分跨计算组合法等方法计算内力。

(2)水平荷载

风荷载和水平地震作用都是可能沿任意方向的。为简化计算，设计时假定只考虑主轴方向的水平荷载，但可以是正方向也可以是负方向。在矩形平面的结构中，正负两个方向荷载相等，符号相反，因此内力大小相等，符号相反，计算时只需计算一个方向即可。但是，在平面布置复杂或不对称的结构中，一个方向的水平荷载可能使一部分构件形成不利内力，另一个方向的水平荷载可能对另一部分构件构成不利内力，这时要选择不同方向的水平荷载分别进行内力分析，然后再进行内力组合。

3)内力调整

(1)梁、柱端控制截面的内力

内力计算时，框架结构中的梁、柱是以其轴线作代表的，因此，计算所得的梁、柱端内力实质并非控制截面的内力。在内力组合之前，必须先求出相应于控制截面的内力。

竖向荷载作用下，梁端控制截面的剪力和弯矩可由式(4.28)求得，即：

$$\left.\begin{aligned} V' &= V - (g+q)\frac{b}{2} \\ M' &= M - V\frac{b}{2} \end{aligned}\right\} \tag{4.28}$$

式中：V'、M'——梁端控制截面的剪力和弯矩；

V、M——根据内力计算得到的梁支座剪力和弯矩；

g、q——作用在梁上的竖向分布恒荷载和活荷载；

b——柱宽。

水平荷载作用下，梁端控制截面的弯矩和剪力可根据比例关系求得。

(2)梁端弯矩调幅

在竖向荷载作用下，框架梁端负弯矩通常较大，为了减少框架梁支座截面处的配筋，允许考虑塑性变形内力重分布，对梁端负弯矩进行适当调幅。调幅系数取值为：现浇框架为 0.8 ~ 0.9；装配整体式框架，由于钢筋焊接或接缝不严等原因，节点容易产生变形，梁端负弯矩减小后，梁跨中弯矩应按平衡条件相应增大，即跨中弯矩应满足式(4.29)要求：

$$\frac{1}{2}(M_1' + M_2') + M_0' \geq M \tag{4.29}$$

式中：M_1'、M_2'、M_0'——分别为调幅后梁端负弯矩及跨中正弯矩；

M——按简支梁计算的跨中弯矩。

水平荷载作用下产生的弯矩不需调幅。

4)荷载效应组合

根据《建筑结构荷载规范》(GB 50009—2012),无地震作用荷载效应组合应在下列组合值中取最不利值确定:

由可变荷载效应控制的组合:

$$S = \gamma_G S_{Gk} + \gamma_L \gamma_Q S_{Qk} + \psi_W \gamma_L \gamma_W S_{Wk} \tag{4.30}$$

$$S = \gamma_G S_{Gk} + \gamma_W \gamma_L S_{Wk} + \gamma_L \psi_Q \gamma_Q S_{Qk} \tag{4.31}$$

由永久荷载效应控制的组合:

$$S = \gamma_G S_{Gk} + \gamma_L \psi_Q \gamma_Q S_{Qk} \tag{4.32}$$

式中:γ_G——永久荷载分项系数,当其效应对结构不利时,对于由可变荷载效应控制的组合应取1.2,对由永久荷载效应控制的组合取1.35;当其效应对结构有利时,取1.0;

γ_Q——楼面可变荷载分项系数,一般情况下应取1.4;

γ_W——风荷载分项系数,应取1.4;

γ_L——考虑结构设计使用年限的荷载调整系数,设计使用年限为50年时取1.0,设计使用年限为100年时取1.1;

S_{Gk}——永久荷载效应标准值;

S_{Qk}——楼面可变荷载效应标准值;

S_{Wk}——风荷载效应标准值;

ψ_Q——楼面可变荷载组合值系数,应取0.7;

ψ_W——风荷载组合值系数,当可变荷载效应起控制作用时应取0.6,当永久荷载效应起控制作用时应取0。

4.6.3 框架结构的构造要求

1)框架梁

(1)框架梁的尺寸

框架梁的截面尺寸应满足承载力、刚度和构造要求,一般根据刚度要求按跨高比确定截面高度。

框架梁截面高度 $h=(1/18 \sim 1/10)l$,当荷载较大时,可以选较大的跨高比。

截面宽度 $b=(1/3 \sim 1/2)h$。当梁净跨 l_n 与截面高度 h 的比值较小时,梁截面易发生剪切破坏,梁的延性较差,所以梁的跨高比 l_n/h 不宜小于4;梁截面宽度不宜小于200mm,也不宜小于柱截面宽度的一半,梁截面高宽比 h/b 不宜大于4。

(2)框架梁中的钢筋

①框架梁纵向受拉钢筋最小配筋率,非抗震设计时,不应小于0.002和 $0.45\dfrac{f_t}{f_y}$ 的较大值;沿梁全长顶面和底面至少各配置两根直径不小于12mm的通长钢筋。

②框架梁箍筋应沿梁全长设置箍筋,第一个箍筋应设置在距支座边缘50mm。为了使箍筋与纵筋联系形成的钢筋骨架有一定的刚性,箍筋的直径不能太小。当 $h \leqslant 800$mm时,直径不宜小于6mm;当 $h > 800$mm时,直径不宜小于8mm。当梁中配有计算需要的纵向受压钢筋时,箍筋直径尚不应小于 $d/4$(d 为纵向受压钢筋的最大直径)。箍筋应做成封闭式;箍筋间距不

应大于15d(d为纵向受压筋最小直径),同时不应大于400mm。当一排内的纵向受压钢筋多于5根且直径大于18mm时,箍筋间距不应大于$10d$。当梁截面宽度大于400mm且一层内的纵向受压钢筋多于3根时,或当梁的宽度不大于400mm但一层内的纵向受压钢筋多于4根时,应设置复合箍筋。

2)框架柱

(1)框架柱的尺寸

当框架柱承受竖向荷载为主时,可先根据一根柱的负荷面积算出柱轴力,考虑到弯矩影响,将柱轴力乘以1.2~1.4的放大系数,再按轴心受压计算柱截面尺寸。

对于有抗震设防要求的框架结构,为保证柱有足够的延性,需要限制柱的轴压比,柱截面面积通常按轴压比限值确定。

受压构件截面的形状考虑到模板制作的方便,多数采用方形或矩形截面,亦有采用圆形或多边形的。

单层工业厂房的预制柱常采用工字形截面。柱的截面尺寸不宜太小,以免长细比过大而降低其承载力。一般控制在$l_0/b \leqslant 30$或$l_0/d \leqslant 25$(b为矩形截面短边,d为圆形截面直径)。截面边长在800mm以内时,以50mm为模数;当800mm以上时,以100mm为模数。一般不宜小于250mm×250mm。圆柱直径不宜小于350mm为避免发生剪切破坏,柱剪跨比宜大于2,柱截面长边尺寸与短边的边长比不宜大于3。

(2)框架柱的钢筋

①框架柱中全部纵向钢筋最小配筋率不应小于0.6%,且柱截面每一侧纵向钢筋的配筋率不应小于0.2%。当混凝土强度等级大于C60时,全部纵向钢筋的最小配筋率应增加0.1%。当采用HRB400时,全部纵向钢筋最小配筋率不应小于0.55%;当采用HRB500时,全部纵向钢筋最小配筋率不应小于0.5%。全部纵向钢筋的配筋率不宜大于5%,不应大于6%。柱纵向钢筋间距不宜大于300mm,净距不应小于50mm。

框架柱的纵筋不应与箍筋、拉筋及预埋件等焊接。

②框架柱箍筋。

箍筋的作用是为了防止纵筋压屈和保证纵筋的正确位置。在受压构件截面周边箍筋应做成封闭式,但不可采用有内折角的形式。

箍筋的直径不应小于$d/4$,且不应小于6mm,d为纵向钢筋的最大直径。

箍筋间距不应大于400mm及构件短边尺寸,且不应大于$15d$,d为纵向受力钢筋最小直径。

当柱中全部纵向受力钢筋的配筋率大于3%时,箍筋的直径不应小于8mm,箍筋间距不应大于纵向受力钢筋最小直径10倍,且不应大于200mm。箍筋末端应做成不小于135°的弯钩,且弯钩末端平直段长度不应小于10倍箍筋直径。纵向钢筋至少每隔一根放置于箍筋转弯处。当柱子截面短边大于400mm,且各边纵向钢筋多于3根时,或当柱子截面短边不大于400mm,但各边纵向钢筋多于4根时,应设置复合箍筋(可采用拉筋)。

柱内纵向钢筋采用搭接做法时,搭接长度范围内的箍筋直径不应小于搭接钢筋较大直径的0.25倍。当钢筋受拉时,箍筋间距不应大于搭接钢筋较小直径的5倍,且不应大于100mm;箍筋末端应做成135°弯钩,且弯钩末端平直段长度不应小于10倍箍筋直径。当钢筋受压时,箍筋间距不应大于搭接钢筋较小直径的10倍,且不大于200mm。当受压钢筋直径大于25mm

时,应于搭接接头两个端面外 100mm 范围内各设置两道箍筋。柱内箍筋形式如图 4.25 所示。

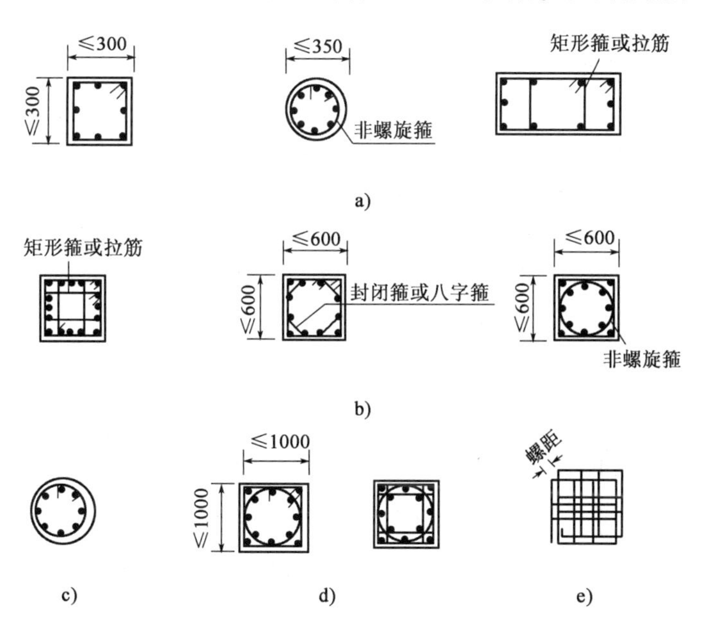

图 4.25 柱箍筋形式(尺寸单位:mm)

a)普通箍;b)井式复合箍;c)螺旋箍;d)连续复合矩形螺旋箍;e)方形螺旋箍筋

柱箍筋的配筋形式,应考虑浇灌混凝土的工艺要求,在柱截面中心部位应留出浇灌混凝土所用导管的空间。

3)现浇框架节点

在框架节点核心区应设置水平箍筋,箍筋的配置要求与柱同,但箍筋间距不宜大于250mm,对周边有梁与之相连的节点,可仅沿节点周边设置矩形箍筋。

4)钢筋连接和锚固

(1)钢筋的连接

钢筋的连接应能保证钢筋之间传力要求,钢筋的常用连接方式有机械连接、绑扎搭接和焊接。机械连接质量和性能比较稳定,在一些比较重要的部位,如一、二级框架柱,三级框架底层柱宜采用机械连接。

受力钢筋的连接接头宜设置在构件受力较小的部位,位于同一连接区段内的受拉钢筋接头面积百分率不宜超过 50%。受拉钢筋直径大于 25mm、受压钢筋直径大于 28mm 时,不宜采用绑扎搭接。抗震设计时,受力钢筋的连接接头宜避开梁端、柱端箍筋加密区范围,当无法避开时,宜采用机械连接且钢筋接头面积百分率不应超过 50%。

非抗震设计时,受拉钢筋的最小锚固长度应取 l_a。受拉钢筋绑扎搭接的搭接长度 l_l 应根据位于同一连接区段内搭接钢筋截面面积的百分率按式(4.33)计算,且不小于 300mm。

$$l_l = \zeta L_a \tag{4.33}$$

式中:l_a——非抗震设计时受拉钢筋的锚固长度,按《规范》有关规范确定;

ζ——受拉钢筋搭接长度修正系数,当同一连接区段内搭接钢筋面积百分率不大于 25%、50%、100% 时,分别取 1.2、1.4、1.6。

(2)钢筋的锚固

框架梁、柱的纵向钢筋在节点区的锚固,应符合下列要求:

①顶层中节点柱纵向钢筋和边节点柱内侧纵向钢筋应伸至柱顶;当从梁底边计算的直线锚固长度不小于 l_a(l_a 为受拉钢筋的锚固长度)时,可不必水平弯折,否则应向柱内或梁、板内水平弯折;当充分利用柱纵向钢筋的抗拉强度时,其锚固段弯折前的竖直投影长度不应小于 $0.5l_{ab}$(l_{ab} 为受拉钢筋的基本锚固长度),弯折后的水平投影长度不宜小于12倍的柱纵向钢筋直径;当截面尺寸不足时,也可采用带锚头的机械锚固措施,此时,包含锚头在内的竖向锚固长度不应小于 $0.5l_{ab}$,如图4.26所示。

框架梁节点锚固

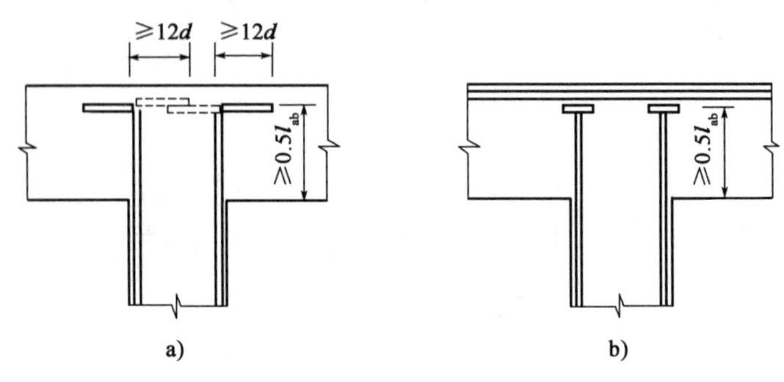

图4.26 顶层节点中柱纵向钢筋在节点内的锚固

a)柱纵向钢筋90°弯折锚固;b)柱纵向钢筋端头加锚板锚固

②顶层端节点处,柱外侧纵向钢筋可弯入梁内作梁上部纵向钢筋,也可将梁上部纵向钢筋与柱外侧纵向钢筋在节点及附近部位搭接,搭接长度不应小于 $1.5l_{ab}$,如图4.27所示,其中,伸入梁内的柱外侧钢筋截面面积不宜小于其全部面积的65%;梁宽范围以外的柱外侧钢筋宜沿节点项部伸至柱内部边锚固。当柱外侧纵向钢筋位于柱顶第一层时,钢筋伸至柱内边后宜向下弯折不小于 $8d$ 后截断,d 为柱纵向钢筋的直径,如图4.27a)所示;当柱外侧纵向钢筋位于柱顶第二层时,可不向下弯折。当现浇板厚度不小于100mm时,梁宽范围以外的柱外侧纵向钢筋也可伸入现浇板内,其长度与伸入梁内的柱纵向钢筋相同。当柱外侧的纵向钢筋的配筋率大于1.2%时,伸入梁内的柱纵向钢筋应满足上面要求且宜分两批截断,其截断点之间的距离不宜小于20倍的柱纵向钢筋直径,d 为柱外侧纵向钢筋的直径。梁上部纵向钢筋应伸至节点外侧并向下弯至梁下边缘高度位置截断。

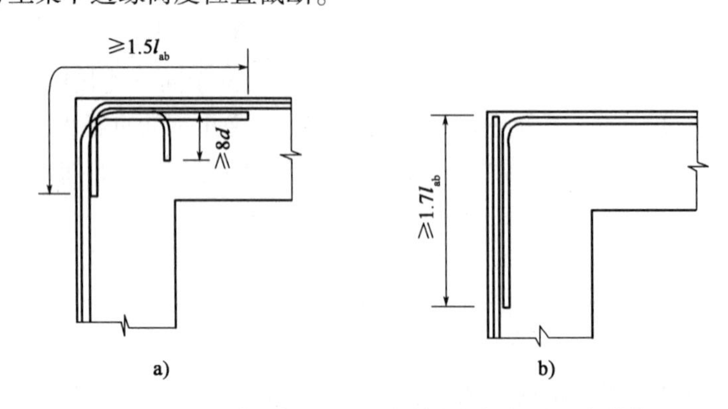

图4.27 顶层端节点梁、柱纵向钢筋在节点内的锚固与搭接

a)搭接接头沿顶端节点外侧及梁端顶部布置;b)搭接接头沿节点外侧直线布置

纵向钢筋搭接接头也可沿节点顶外侧直线布置,如图 4.27b)所示。此时,搭接长度自柱顶算起不应小于 $1.7l_{ab}$。当梁上部纵向钢筋的配筋率大于 1.2% 时,弯入柱外侧的梁上部钢筋应满足上面规定的搭接长度,且宜分两批截断,其截断点之间的距离不宜小于 $20d$,d 为梁上部纵向钢筋的直径。

当梁的截面高度较大,梁、柱纵向钢筋相对较小,从梁底算起的直线搭接长度未延伸至柱顶即已满足 $1.5l_{ab}$ 的要求时,应将搭接长度延伸至柱顶并满足搭接长度 $1.7l_{ab}$ 的要求;或者当从梁底算起的弯折搭接长度未延伸至柱内侧边缘即已满足 $1.5l_{ab}$ 的要求时,其弯折后包括弯弧在内的水平段的长度不应小于 $15d$,d 为柱纵向钢筋的直径。

柱内侧纵向钢筋的锚固应符合关于顶层中节点的规定。

③框架中间层中间节点或连续梁中间支座,梁的上部纵向钢筋应贯穿节点或支座。梁上部纵向钢筋伸入端节点的锚固长度,直线锚固时不应小于 l_a,且伸过柱中心线的长度不宜小于 $5d$(d 为梁上部纵向钢筋直径);当柱截面尺寸不足时,梁上部纵向钢筋应伸至节点对边并向下弯折,锚固段弯折前的水平投影长度不应小于 $0.4l_{ab}$,弯折后的竖直投影长度应取 15 倍的梁纵向钢筋直径,也可采用钢筋端部加机械锚头的锚固方式,梁上部纵筋宜伸至柱外侧纵筋内边,包括机械锚头在内的水平投影锚固长度不应小于 $0.4l_{ab}$,如图 4.28 所示。

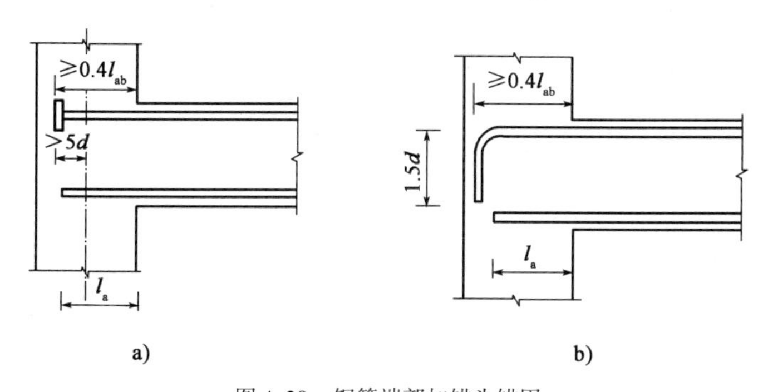

图 4.28　钢筋端部加锚头锚固

a)钢筋端部加锚头锚固;b)钢筋末端 90°弯折锚固

④计算中不利用梁下部纵向钢筋的强度时,其伸入节点内的锚固长度应取不小于 12 倍(带肋钢筋)的梁纵向钢筋直径。当计算中充分利用钢筋的抗压强度时,钢筋应按受压钢筋锚固在中间节点或中间支座内,其直线锚固长度不应小于 $0.7l_a$;当计算中充分利用梁下部钢筋的抗拉强度时,钢筋可采用直线方式锚固于节点内,锚固长度不应小于 l_a;钢筋可在节点或支座外弯矩较小处设置搭接接头,搭接接头的起点至节点或支座边缘的距离不应小于 $1.5h_0$,如图 4.29 所示。

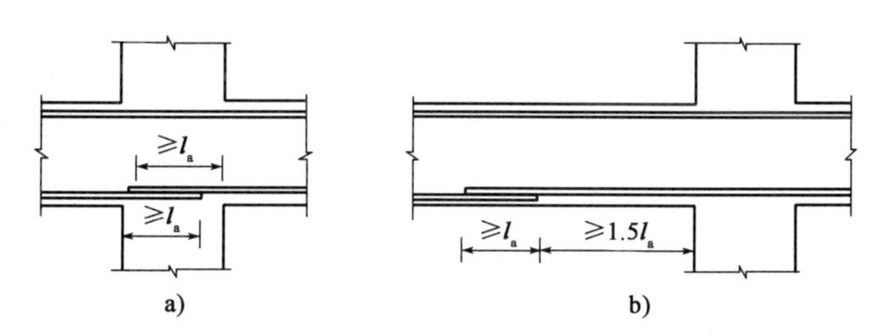

图 4.29　梁下部纵向钢筋在中间节点或中间支座范围的锚固与搭接

a)下部纵向钢筋在节点中查找锚固;b)下部纵向钢筋在节点或支座范围外的搭接

⑤非抗震设计时,框架梁、柱纵向钢筋在节点区的锚固形式如图 4.30 所示。

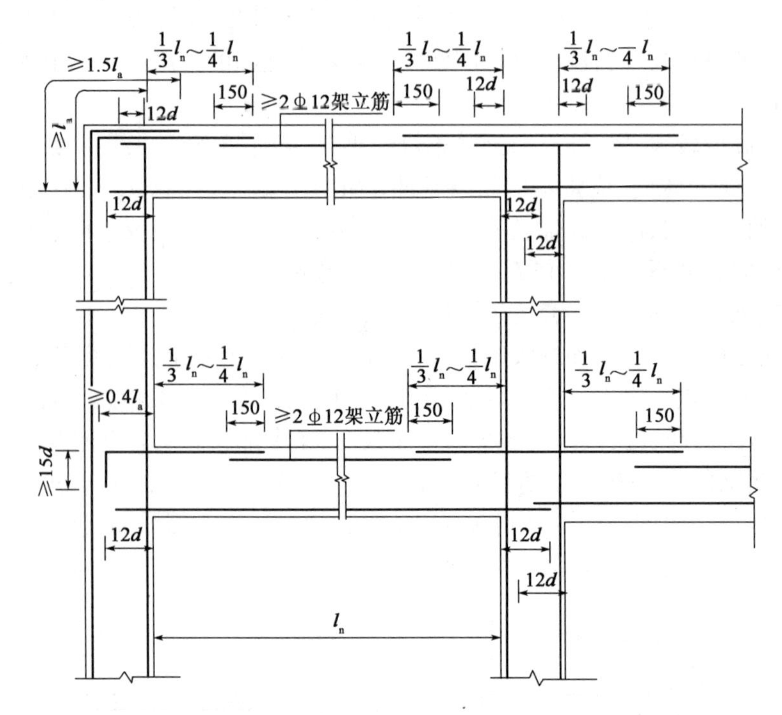

图 4.30　非抗震设计时框架梁、柱的纵向配筋在节点区的锚固示意图(尺寸单位:mm)

思考题

4.1　水平荷载作用下框架的变形有何特征?

4.2　采用分层法计算时,为何除底层柱外,其余各层柱的线刚度和弯矩传递系数均要折减?

4.3　反弯点法和 D 值法的异同点是什么? D 值的意义是什么?

4.4　影响水平荷载作用下柱反弯点位置的主要因素是什么? 柱上、下层层高和梁刚度变化时,反弯点的位置如何变化? 为什么?

第5章

钢筋混凝土结构平法施工图简介

建筑结构施工图平面整体设计方法(简称平法)对我国目前混凝土结构施工图的设计表示方法做了重大改革,被列为“九五”国家级科技成果重点推广计划项目和建设部1996年科技成果重点推广项目。我国从2003年开始,陆续推出混凝土结构施工图平面整体表示方法制图规则和构造详图的系列图集(03G101-1~4),并开始了推广使用。2011年对03G101-1~4作了全面修订,改版为11G101-1~3。根据“四节一环保”及提倡应用高强、高性能钢筋的思想,《混凝土结构设计规范》、《建筑抗震设计规范》及《混凝土结构工程施工质量验收规范》相继进行了局部修订,2016年对11G101进行了修订,包括:

16G101-1 混凝土结构施工图平面整体表示方法制图规则和构造详图(现浇混凝土框架、剪力墙、梁、板结构);

16G101-2 混凝土结构施工图平面整体表示方法制图规则和构造详图(现浇混凝土板式楼梯);

16G101-3 混凝土结构施工图平面整体表示方法制图规则和构造详图(独立基础、条形基础、筏形基础及桩基承台)。

平法的表示形式,概括来讲,是把结构构件的尺寸和配筋等,按照平面整体表示方法制图规则,整体直接表达在各类构件的结构平面布置图上,再与标准构造详图相配合,即构成一套新型完整的结构设计施工图。改变了传统的将构件从结构平面布置图中索引出来,再逐个绘制配筋详图的烦琐方法。

为了确保施工人员准确无误地按平法施工图进行施工，在具体工程的结构设计总说明中必须写明与平法施工图密切相关的内容，如图集号、结构使用年限、抗震设防要求、混凝土强度等级及钢筋级别、构造做法、钢筋接头形式及要求、混凝土保护层厚度及构件环境类别等，详见图集06G101各分册总则。

本章摘写了上述标准图集中16G101-1 ~2的相关内容，以方便学习使用。

5.1 现浇框架柱、梁、板平面整体表示方法

5.1.1 柱平法施工图的表示方法

柱平法施工图是在柱平面布置图上采用列表注写方式或截面注写方式表达。

在柱平法施工图中，应按如下规定注明各结构层的楼层高程、结构层高及相应的结构层号，尚应注明上部结构嵌固部位位置：

①按平法设计绘制的施工图时，应当用表格或其他方式注明包括地下和地上各层的结构层楼(地)面高程、结构层高及相应的结构层号。

②其结构层楼面高程和结构层高在单项工程中必须统一，以保证基础、柱与墙、梁、板等用同一标准竖向定位。为施工方便，应将统一的结构层楼面高程和结构层高分别放在柱、墙、梁等各类构件的平法施工图中。

③结构层楼面高程是指将建筑图中的各层地面和楼面高程值扣除建筑面层及垫层做法厚度后的高程，结构层号应与建筑楼层号对应一致。

1)列表注写方式

列表注写方式，是在柱平面布置图上(一般只需采用适当比例绘制一张柱平面布置图，包括框架柱、梁上柱)，分别在同一编号的柱中选择一个(有时需要选择几个)截面标准几何参数代号；在柱表中注写柱号、柱段起止高程、几何尺寸(含柱截面对轴线的偏心情况)与配筋的具体数值，并配以各种柱截面形状及其箍筋类型图的方式，来表示柱平法施工图(图5.1)。

柱表注写内容包括：

(1)注写柱编号，柱编号由类型代号和序号组成，应符合表5.1规定。

柱 编 号 表5.1

柱 类 型	代 号	序 号
框架柱	KZ	××
梁上柱	LZ	××

注：编号时，当柱的总高、分段截面尺寸和配筋均对应相同，仅分段截面与轴线的关系不同时，仍可将其编为同一柱号。

(2)注写各段柱的起止高程，自柱根部往上以变截面位置或截面未变但配筋改变处为界分段注写。其中：

框架柱的根部高程是指基础顶面高程；

梁上柱的根部高程是指梁顶面高程。

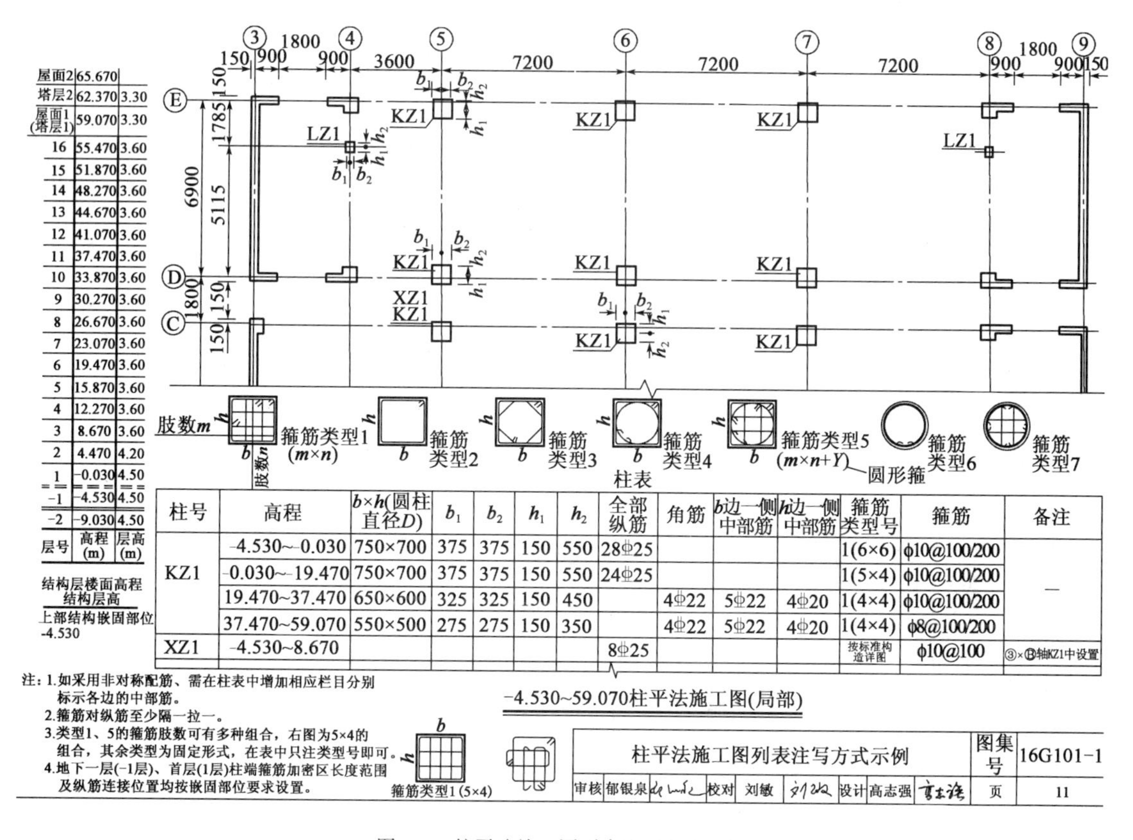

层号	高程(m)	层高(m)
屋面2	65.670	
塔层2	62.370	3.30
屋面1(塔层1)	59.070	3.30
16	55.470	3.60
15	51.870	3.60
14	48.270	3.60
13	44.670	3.60
12	41.070	3.60
11	37.470	3.60
10	33.870	3.60
9	30.270	3.60
8	26.670	3.60
7	23.070	3.60
6	19.470	3.60
5	15.870	3.60
4	12.270	3.60
3	8.670	3.60
2	4.470	4.20
1	-0.030	4.50
-1	-4.530	4.50
-2	-9.030	4.50

柱号	高程	b×h(圆柱直径D)	b_1	b_2	h_1	h_2	全部纵筋	角筋	b边一侧中部筋	h边一侧中部筋	箍筋类型号	箍筋	备注
KZ1	-4.530~-0.030	750×700	375	375	150	550	28Φ25				1(6×6)	φ10@100/200	—
	-0.030~19.470	750×700	375	375	150	550	24Φ25				1(5×4)	φ10@100/200	
	19.470~37.470	650×600	325	325	150	450		4Φ22	5Φ22	4Φ20	1(4×4)	φ10@100/200	
	37.470~59.070	550×500	275	275	150	350		4Φ22	5Φ22	4Φ20	1(4×4)	φ8@100/200	
XZ1	-4.530~8.670						8Φ25				按标准构造详图	φ10@100	③×Ⓑ轴KZ1中设置

图 5.1 柱平法施工图列表注写方式示例

(3)对于矩形柱，注写柱截面尺寸 $b\times h$ 及与轴线关系的几何参数代号 b_1、b_2和 h_1、h_2的具体数值，须对应于各段柱分别注写。其中，$b=b_1+b_2$，$h=h_1+h_2$。当截面的某一边收缩变化至与轴线重回或偏到轴线的另一侧时，b_1、b_2、h_1、h_2中的某项为零或为负值。

对于圆柱，表中 $b\times h$ 一栏改用在圆柱直径数字前加 d 表示。为表达简单，圆柱截面与轴线的关系也用 b_1、b_2和 h_1、h_2表示，并使 $d=b_1+b_2=h_1+h_2$。

(4)注写柱纵筋。当柱纵筋直径相同，各边根数也相同时(包括矩形柱、圆柱)，将纵筋注写在“全部纵筋”一栏中；除此之外，柱纵筋分角筋、截面 b 边中部钢筋和 h 边中部筋三项分别注写(对于采用对称配筋的矩形截面柱，可仅注写一侧中部筋，对称边省略不注)。

(5)注写箍筋类型号及箍筋肢数，在箍筋类型栏内注写箍筋形状及其箍筋类型号。

(6)注写柱箍筋，包括钢筋级别、直径与间距。

当为抗震设计时，用斜线“/”区分柱端箍筋加密区与柱身非加密区长度范围内箍筋的不同间距。当框架节点核心区内箍筋与柱端箍筋设置不同时，应在括号中注明核心区箍筋直径及间距。当箍筋沿柱全高为一种间距时，则不使用“/”线。

例如：φ10@100/200，表示箍筋为 HPB300 钢筋，直径为 10，加密区间距为 100，非加密区间距为 200。

例如：φ10@100/200(φ12@100)，表示柱中箍筋为 HPB300 钢筋，直径为 10，加密区间距为 100，非加密区间距为 200。框架节点核心区箍筋为 HPB300 级钢筋，直径为 12，间距为 100。

例如：φ10@100，表示箍筋为 HPB300 钢筋，直径为 10，间距为 100，沿柱全高加密。

当圆柱采用螺旋箍筋时,需在箍筋前加“L”。

如:L φ 10@100/200,表示采用螺旋箍筋,HPB300,钢筋直径为10,加密区间距为100,非加密区间距为200。

(7)各种箍筋类型图以及箍筋复合的具体方式,需画在表的上部或图中的适当位置,并在其上标注与表中对应的 b、h 和编上类型号。确定箍筋肢数时要满足对柱纵筋“隔一拉一”以及箍筋肢距的要求。

2)截面注写方式

截面注写方式,是在分标准层绘制的柱平面布置图的柱截面上,分别在同一编号的柱中选择一个截面,以直接注写截面尺寸和配筋具体数值的方式来表达柱平法施工图(图5.2)。

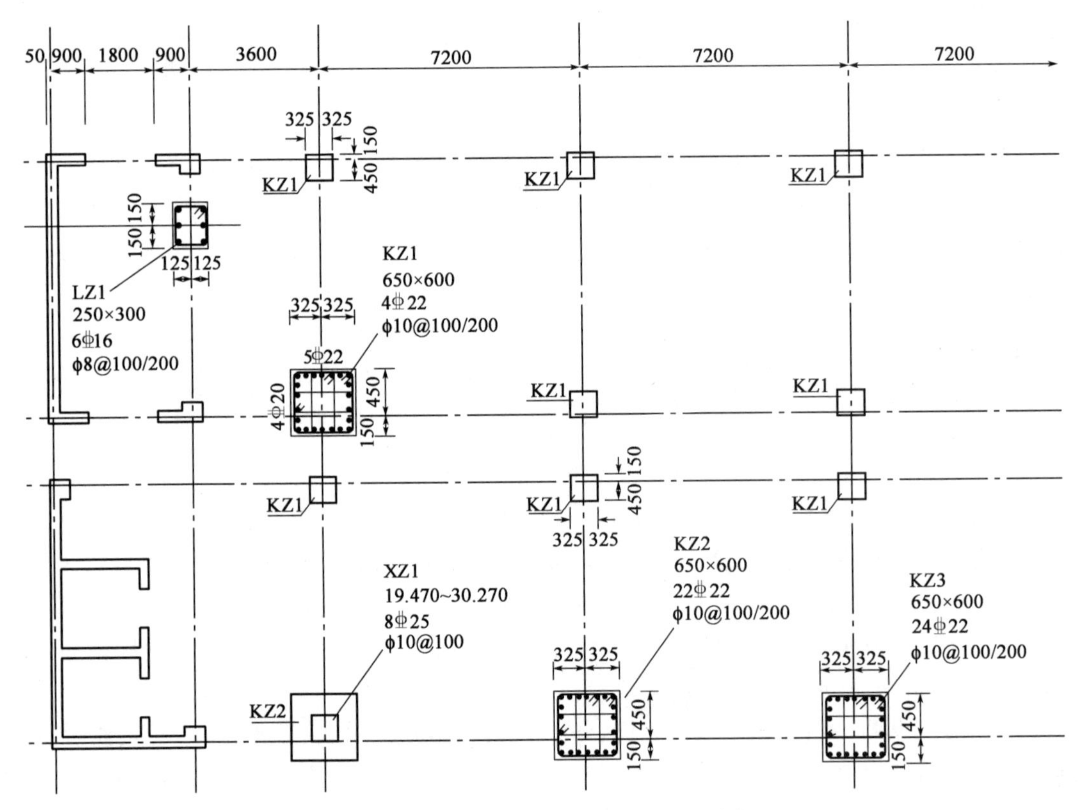

图5.2 柱平法施工图截面注写方式示例(尺寸单位:mm)

(1)所有柱截面按表5.1规定进行编号,从相同编号的柱中选择一个截面,按另一种比例原位放大绘制柱截面配筋图,并在各配筋图上继其编号后再注写截面尺寸 $b \times h$、角筋或全部纵筋(当纵筋采用一种直径且能够图示清楚时)、箍筋的具体数值[箍筋的注写方式及对柱纵筋搭接长度范围的箍筋间距要求同1)列表注写方式中第(6)条],以及在柱截面配筋图上标注柱截面与轴线关系 b_1、b_2、h_1、h_2 的具体数值。

当纵筋采用两种直径时,需注写截面各边中部筋的具体数值(对于采用对称配筋的矩形截面柱,可仅在一侧注写中部筋,对称边省略不注)。

(2)在截面注写方式中,如柱的分段截面尺寸和配筋均相同,仅分段截面与轴线的关系不同时,可将其编为同一柱号。但此时应在未画配筋的柱截面上注写该柱截面与轴线关系的具体尺寸。

5.1.2 梁平法施工图的表示方法

梁平法施工图是在梁平面布置图上采用平面注写方式或截面注写方式表达。

梁平面布置图,应分别按梁的不同结构层(标准层),将全部梁和其相关联的柱、墙、板一起采用适当比例绘制。在梁平法施工图中,尚应按 5.1.1 节设计原则规定注明各结构层的顶面高程及相应的结构层号。对于轴心未居中的梁,应标注其偏心定位尺寸(贴柱边的梁可不注)。

1)平面注写方式

平面注写方式,是在梁平面布置图上,分别在不同编号的梁中各选一根梁,在其上注写截面尺寸和配筋具体数值的方式来表达梁平法施工图。

平面注写包括集中标注与原位标注,集中标注表达梁的通用数值,原位标注表达梁的特殊数值。当集中标注中的某项数值不适用于梁的某部位时,则将该项数值原位标注,施工时,原位标注取值优先(图 5.3)。

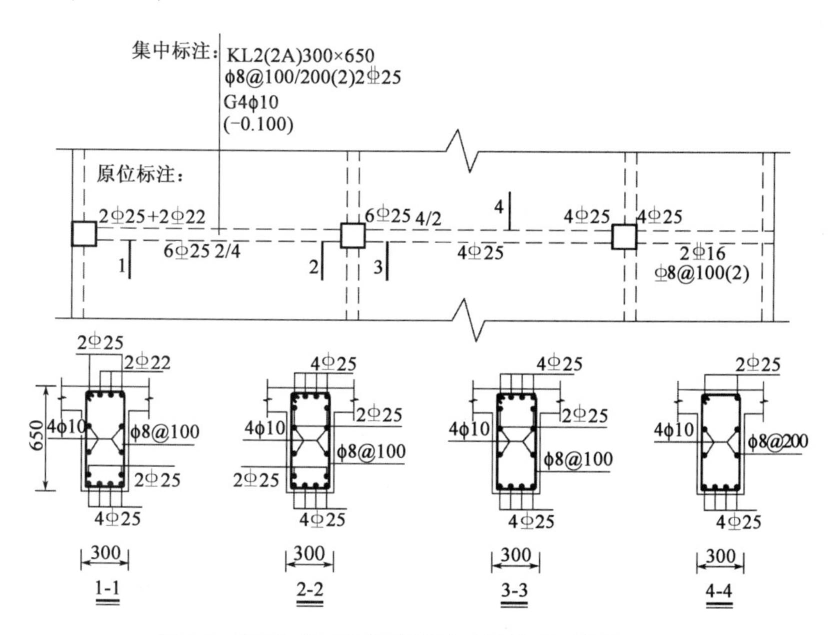

图 5.3 梁平法施工图平面注写方式示例(尺寸单位:mm)

注:本图 4 个梁截面是采用传统表示方法绘制,用于对比按平面注写方式表达的同样内容。实际采用平面注写方式表达时,不需要绘制梁截面配筋图和图 5.3 中的相应截面号。

(1)梁编号

梁编号由梁类型代号、序号、跨数及有无悬挑代号几项组成,应符合表 5.2 的规定。

梁 编 号 表 5.2

梁 类 型	代 号	序 号	跨数及是否带有悬挑
楼层框架梁	KL	××	(××)、(××A)或(××B)
楼层框架扁梁	KBL	××	(××)、(××A)或(××B)
屋面框架梁	WKL	××	(××)、(××A)或(××B)
非框架梁	L	××	(××)、(××A)或(××B)

续上表

梁 类 型	代 号	序 号	跨数及是否带有悬挑
悬挑梁	XL	××	(××)、(××A)或(××B)
井字梁	JZL		(××)、(××A)或(××B)

注:1.(××A)为一端有悬挑,(××B)为两端有悬挑,悬挑不计入跨数。
例:KL7(5A) 表示第7号框架梁,5跨,一端有悬挑;
L9(7B)表示第9号非框架梁,7跨,两端有悬挑。
2.楼层框架扁梁节点核心区代号KBH。
3.非框架梁L、井字梁JZL表示端支座为铰接;当非框架梁L、井字梁JZL端支座上部纵筋为充分利用钢筋的抗拉强度时,在梁代号后加"g"。

(2)梁集中标注的内容

梁集中标注的内容,有五项必注值及一项选注值(集中标注可以从梁的任意一跨引出),规定如下:

①梁编号,见表5.2,该项为必注值。其中,对井字梁编号中关于跨数的规定见本节1)平面注写方式第(4)条。

②梁截面尺寸,该项为必注值。当为等截面梁时,用 $b \times h$ 表示;当为竖向加腋梁时,用 $b \times hYc_1 \times c_2$ 表示,其中,c_1 为腋长,c_2 为腋高,如图5.4所示;当有悬挑梁且根部和端部的高度不同时,用斜线分隔根部与端部的高度值,即为 $b \times h_1/h_2$,如图5.5所示。

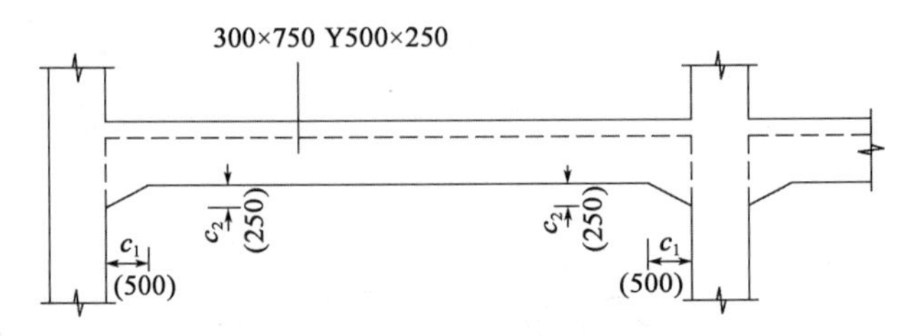

图5.4 竖向加腋截面注写示意

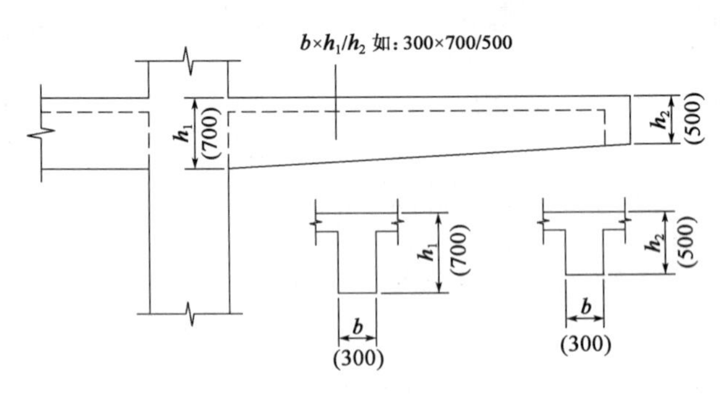

图5.5 悬挑梁不等高截面注写示意

③梁箍筋,包括钢筋级别、直径、加密区与非加密区间距及肢数,该项为必注值。箍筋加密区与非加密区的不同间距及肢数需用斜线"/"分隔;当梁箍筋为同一种间距及肢数时,则不需用斜线;当加密区与非加密区的箍筋肢数相同时,则将肢数注写一次;箍筋肢数应写在括号内。加密区范围见相应抗震级别的标准构造详图。

例:ф10@100/200(4),表示箍筋为HPB300钢筋,直径为10,加密区间距为100,非加密区间距为200,均为四肢箍。

ϕ8@100(4)/150(2),表示箍筋为HPB300钢筋,直径为8,加密区间距为100,四肢箍,非加密区间距为150,两肢箍。

当抗震结构中的非框架梁、悬挑梁、井字梁,以及非抗震结构中的各类梁采用不同的箍筋间距及肢数时,也用斜线“/”将其分隔开来。注写时,先注写梁支座端部的箍筋(包括箍筋的箍数、钢筋级别、直径、间距及肢数),在斜线后注写梁跨中部分的箍筋间距及肢数。

例:13ϕ10@150/200(4),表示箍筋为HPB300钢筋,直径10,梁的两端各有13个四肢箍,间距为150;梁跨中部分间距为200,四肢箍。

18ϕ12@150(4)/200(2),表示箍筋为HPB300钢筋,直径为12,梁的两端各有18个四肢箍,间距为150;梁跨中部分,间距为200,双肢箍。

④梁上部通长筋或架立筋配置(通长筋可为相同或不同直径采用搭接连接、机械连接或焊接连接的钢筋),该项为必注值。所注规格与根数应根据结构受力要求及箍筋肢数等构造要求而定。当同排纵筋中既有通长筋又有架立筋时,应用加号“+”将通长筋和架立筋相连。注写时须将角部纵筋写在加号的前面,架立筋写在加号后面的括号内,以示不同直径及与通长筋的区别。当全部采用架立筋时,则将其写入括号内。

例:2ϕ22用于双肢箍;2ϕ22+(4ϕ12)用于六肢箍,其中2ϕ22为通长筋,4ϕ12为架立筋。

当梁的上部纵筋和下部纵筋均为通长筋,且多数跨配筋相同时,此项可加注下部纵筋的配筋值,用分号“;”将上部与下部纵筋的配筋值分隔开来,少数跨不同者,按1)平面注写方式的规定处理。

例:3ϕ22;3ϕ20表示梁的上部配置3ϕ22的通长筋,梁的下部配置3ϕ20的通长筋。

⑤梁侧面纵向构造钢筋或受扭钢筋配置,该项为必注值。

当梁腹板高度h_w≥450mm时,需配置纵向构造钢筋,所注规格与根数应符合规范规定。此项注写值以大写字母G打头,接续注写设置在梁两个侧面的总配筋值,且对称配置。

例:G4ϕ12,表示梁的两个侧面共配置4ϕ12的纵向构造钢筋,每侧各配置2ϕ12。

当梁侧面需配置受扭纵向钢筋时,此项注写值以大写字母N打头,接续注写配置在梁两个侧面的总配筋值,且对称配置。受扭纵向钢筋应满足梁侧面纵向构造钢筋的间距要求,且不再重复配置纵向构造钢筋。

例:N6ϕ22,表示梁的两个侧面共配置6ϕ22的受扭纵向钢筋,每侧各配置3ϕ22。

注:A)当为梁侧面构造钢筋时,其搭接与锚固长度可取15d。

B)当为梁侧面受扭纵向钢筋时,其搭接为l_l或l_{lE}(抗震);其锚固长度为l_a或l_{aE}。

⑥梁顶面高程高差,该项为选注值。

梁顶面高程高差,是指相对于结构层楼面高程的高差值,对于位于结构夹层的梁,则指相对于结构夹层楼面高程的高差。有高差时,须将其写入括号内,无高差时不注。

注:当某梁的顶面高于所在结构层的楼面高程时,其高程高差为正值,反之为负值。

例:某结构层的楼面高程为44.950m和48.250m,当这两个标准层中某梁的梁顶面高程高差注写为(-0.050)时,即表明该梁顶面高程分别相对于44.950m和48.250m低0.05m。

(3)梁原位标注的内容

梁原位标注的内容规定如下:

①梁支座上部纵筋,该部位含通长筋在内的所有纵筋:

a.当上部纵筋多于一排时,用斜线“/”将各排纵筋自上而下分开。

例:梁支座上部纵筋注写为 6 ф25 4/2,则表示上一排纵筋为 4 ф25,下一排纵筋为 2 ф25。

b. 当同排纵筋有两种直径时,用加号“ + ”将两种直径的纵筋相连,注写时将角部纵筋写在前面。

例:梁支座上部四根纵筋, 2 ф25 放在角部, 2 ф22 放在中部,在梁支座上部应注写为 2 ф25 +2 ф22。

c. 当梁中间支座两边的上部纵筋不同时,须在支座两边分别标注;当梁中间支座两边的上部纵筋相同时,可仅在支座的一边标注配筋值,另一边省去不注,如图 5.6 所示。

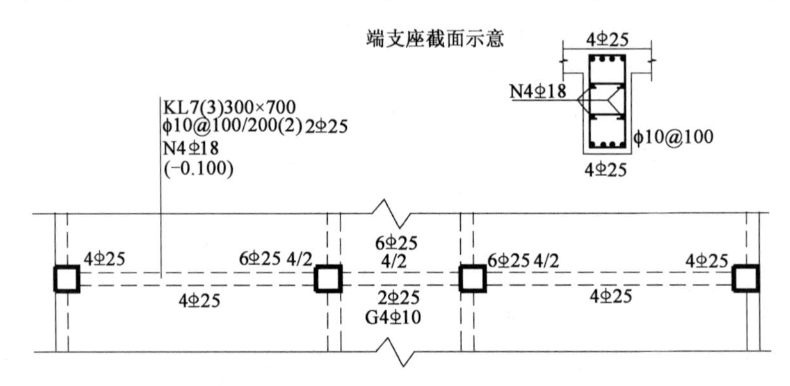

图 5.6　大小跨梁的注写示例

注:1. 对于支座两边不同配筋值的上部纵筋,宜尽可能选用相同直径(不同根数),使其贯穿支座,避免支座两边不同直径的上部纵筋均在支座内锚固。

2. 对于以边柱、角柱为端支座的屋面框架梁,当能够满足配筋截面面积要求时,其梁的上部钢筋应尽可能只配置一层,以避免梁柱纵筋在柱顶处因层数过多、密度过大导致不方便施工和影响混凝土浇筑质量。

②梁下部纵筋:

a. 当下部纵筋多于一排时,用“/”将各排纵筋自上而下分开。

例:梁下部纵筋注写为 6 ф25 2/4,则表示上一排纵筋为 2 ф25,下一排纵筋为 4 ф25,全部伸入支座。

b. 当同排纵筋有两种直径时,用加号“ + ”将两种直径的纵筋相连,注写时将角部纵筋写在前面。

c. 当梁下部纵筋不全伸入支座时,将梁支座下部纵筋减少的数量写在括号内。

例:梁下部纵筋注写为 6 ф25 2(-2)/4,则表示上排纵筋为 2 ф25,且不伸入支座;下排纵筋为 4 ф25,全部伸入支座。

梁下部纵筋注写为 2 ф25 +3 ф22(-3) /5 ф25,表示上排纵筋为 2 ф25 +3 ф22,其中 3 ф22 不伸入支座;下一排纵筋为 5 ф25 ,全部伸入支座。

d. 当梁的集中标注中已按 1)平面注写方式中(2)梁集中标注的内容第④条的规定分别注写了梁上部和下部均为通长的纵筋值时,则不需在梁下部重复做原位标注。

③当在梁上集中标注的内容(即梁截面尺寸、箍筋、上部通长筋或架立筋,梁侧面纵向构造钢筋或受扭纵向钢筋,以及梁顶面高程高差中的某一项或几项数值)不适用于某跨或某悬挑部分时,则将其不同数值原位标注在该跨或该悬挑部位,施工时应按原位标准数值取用。

当在多跨梁的集中标注中已注明加腋,而该梁某跨的根部却不需要加腋时,则应在该跨原位标注等截面的 $b \times h$,以修正集中标注中的加腋信息,如图 5.7 所示。梁水平加腋平面注写方式等详见 16G101-1 相关内容。

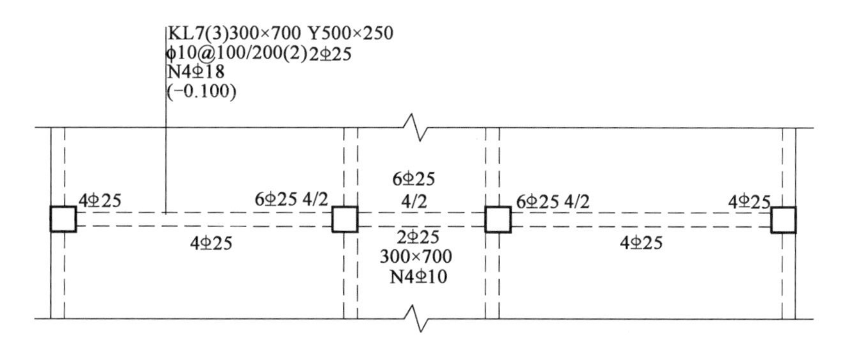

图 5.7 梁竖向加腋平面注写方式表达示例

④附加箍筋或吊筋,将其直接画在平面图中的主梁上,用线引注总配筋值(附加箍筋的肢数注在括号内),如图 5.8 所示,当多数附加箍筋或吊筋相同时,可在梁平面施工图上统一注明,少数与统一注明值不同时,再原位引注。

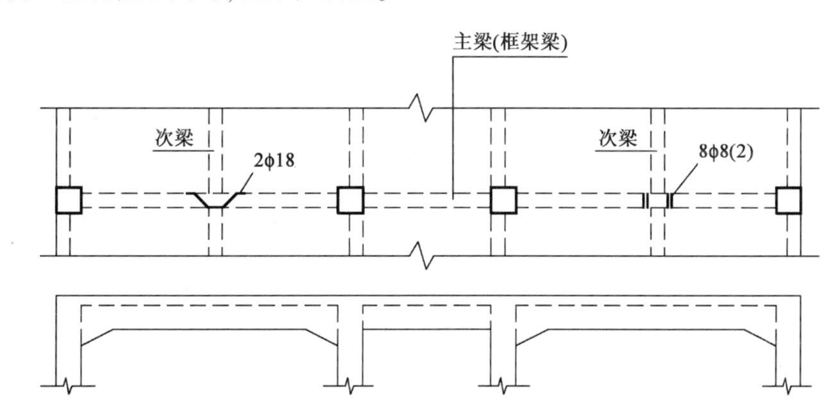

图 5.8 附加箍筋和吊筋的画法示例

(4)井字梁

井字梁通常由非框架梁构成,并以框架梁为支座(特殊情况下以专门设置的非框架大梁为支座)。在此情况下,为明确区分井字梁与框架梁或作为井字梁支座的其他类型梁,井字梁用单粗虚线表示(当井字梁顶面高出板面时可用单粗实线表示),框架梁或作为井字梁支座的其他梁用双细虚线表示(当梁顶面高出板面时可用双实细线表示)。

井字梁的注写规则见本节前述规定。除此之外,设计者应注明纵横两个方向梁相交处同一层面钢筋的上下交错关系(指梁上部或下部的同层面交错钢筋何梁在上何梁在下),以及在该相交处两方向梁箍筋的布置要求,具体详见 16G101-1 相关内容。

(5)在梁平法施工图中,当局部梁的布置过密时,可将过密区用虚线框出,适当放大比例后再用平面注写方式表示。

采用平面注写方式表达的梁平法施工图示例,如图 5.9 所示。

2)截面注写方式

截面注写方式,是在分标准层绘制的梁平面布置图上,分别在不同编号的梁中各选择一根梁用剖面号引出配筋图,并在其上注写截面尺寸和配筋具体数值的方式来表达梁平法施工图,如图 5.10 所示。

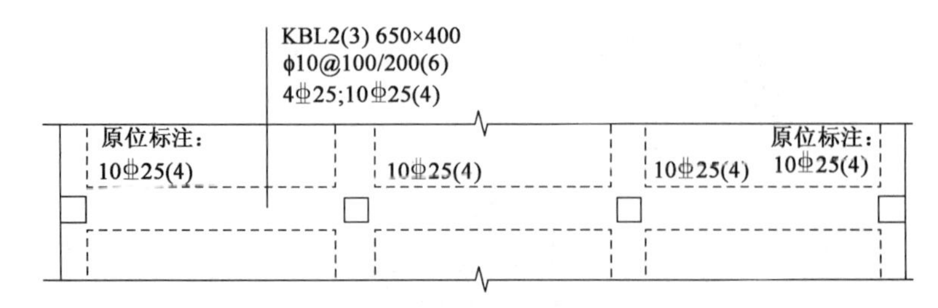

图 5.9　梁平法施工图平面注写方式示例

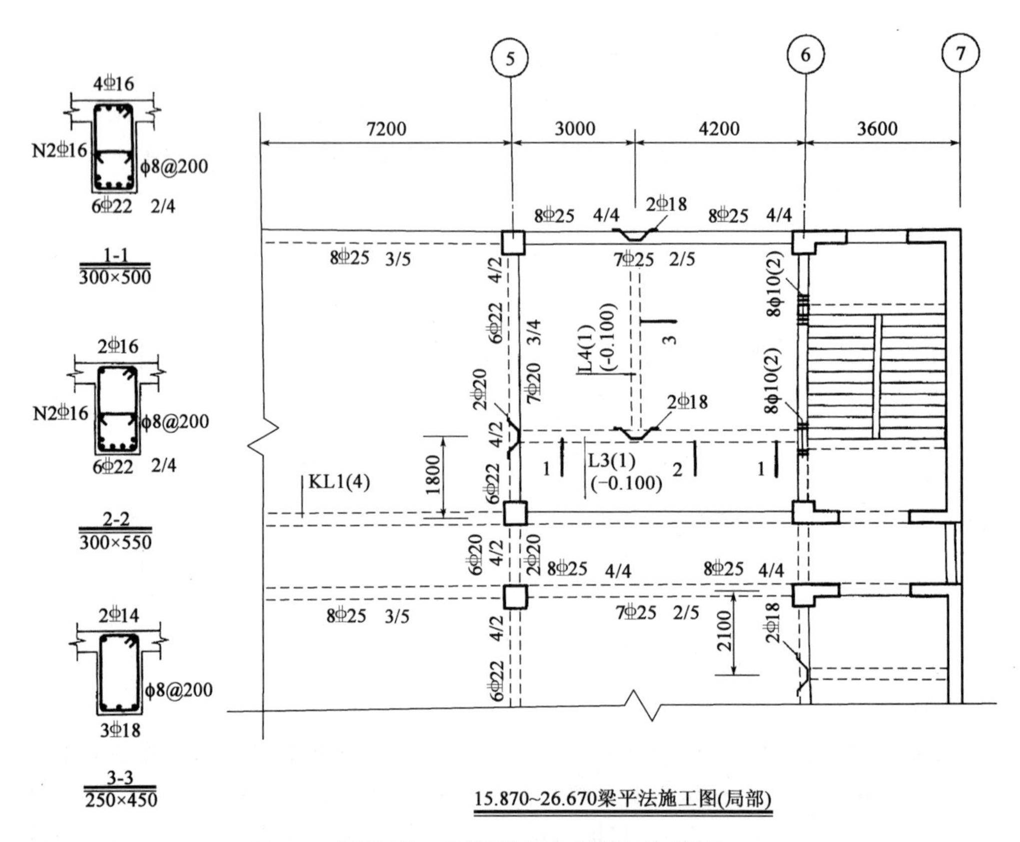

图 5.10　梁平法施工图截面注写方式示例(尺寸单位:mm)

(1)对所有梁按表 5.2 的规定进行编号,从相同编号的梁中选择一根梁,先将“单边截面号”画在该梁上,再将截面配筋详图画在本图或其他图上。当某梁的顶面高程与结构层的楼面高程不同时,尚应继其梁编号后注写梁顶面高程高差(注写规定与平面注写方式相同)。

(2)在截面配筋详图上注写截面尺寸 $b \times h$、上部筋、下部筋、侧面构造筋或受扭筋,以及箍筋的具体数值时,其表达形式与平面注写方式相同。

(3)截面注写方式既可以单独使用,也可与平面注写方式结合使用。

注:在梁平法施工图的平面图中,当局部区域的梁布置过密时,除了采用截面注写方式表达外,也可将过密区用虚线框出,适当放大比例后再用平面注写方式表示。当表达异形截面梁的尺寸与配筋时,用截面注写方式相对比较方便。

3)其他规定

宽扁梁、钢筋长度及其他规定详见 16G101-1。

5.2 现浇混凝土板式楼梯平面整体表示方法

板式楼梯平法施工图(以下简称楼梯平法施工图)是在楼梯平面布置图上采用平面注写方式表达。

楼梯平面布置图,应按照楼梯标准层,采用适当比例集中绘制,或按标准层与相应标准层的梁平法施工图一起绘制在同一张图上。

为施工方便,在集中绘制的楼梯平法施工图中,宜按5.1节的规定注明各结构层的楼面高程、结构层高及相应的结构层号。

5.2.1 楼梯类型

楼梯平法施工图包括12类常用的板式楼梯类型,其中非抗震要求的板式楼梯有7类,分别为AT、BT、CT、DT、ET、FT、GT;有抗震要求的板式楼梯有5类,分别为ATa、ATb、ATc、CTa、CTb。这里重点介绍AT、BT、CT、DT、ET和有抗震要求的ATa、ATb、ATc型板式楼梯;其截面形状与支座位置示意图,详见图5.11~图5.15。该示意图供设计人员正确设计楼梯平法施工图时参考使用。

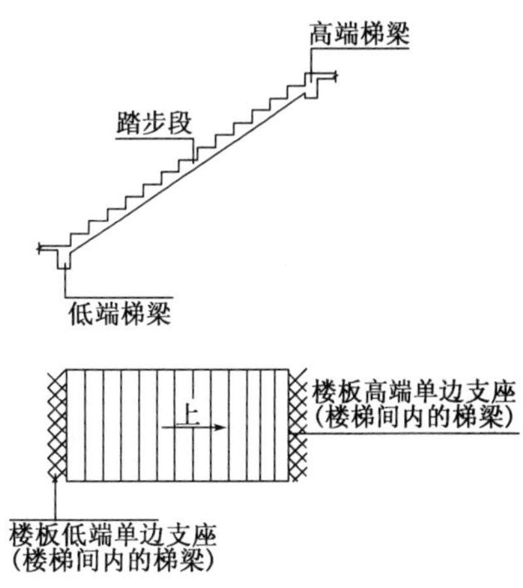

图5.11 AT型(一跑梯板)

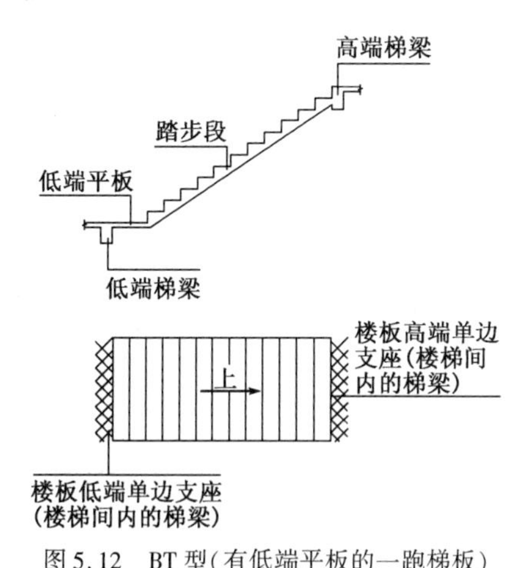

图5.12 BT型(有低端平板的一跑梯板)

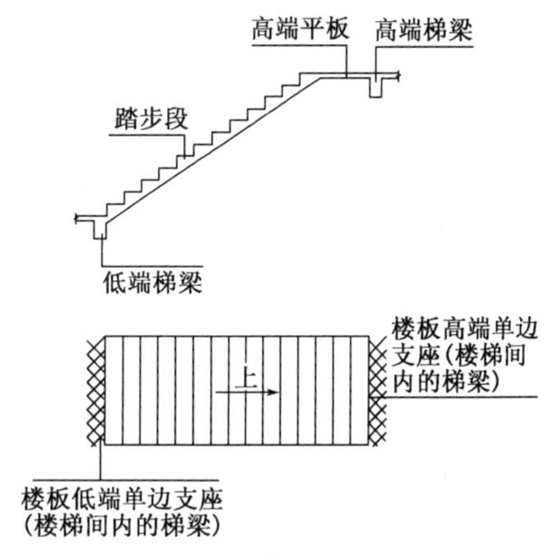

图5.13 CT型(有高端平板的一跑梯板)

1)非抗震要求的板式楼梯(AT~ET型)

非抗震要求的AT~ET型板式楼梯具备以下特征:

(1)AT~ET每个代号代表一跑梯板。梯板的主体为踏步段,除踏步段之外,梯板可包括低端平板、高端平板以及中位平板。

(2)AT~ET型梯板的两端分别以(低端和高端)梯梁为支座,采用该组板式楼梯的楼梯间内部既要设置楼层梯梁,也要设置层间梯梁(其中ET型梯板两端均为楼层梯梁),以及与其相连的楼层平台板和层间平台板。梯梁的制图规则和标准构造详图应按国家建筑标准设计图集16G101-1执行。当梯梁以梁、构造柱或砌体为支座时,应按16G101-1中的“非框架梁”设计;

当梯梁以框架柱或剪力墙为支座时,应按 16G101-1 中的“框架梁”设计。

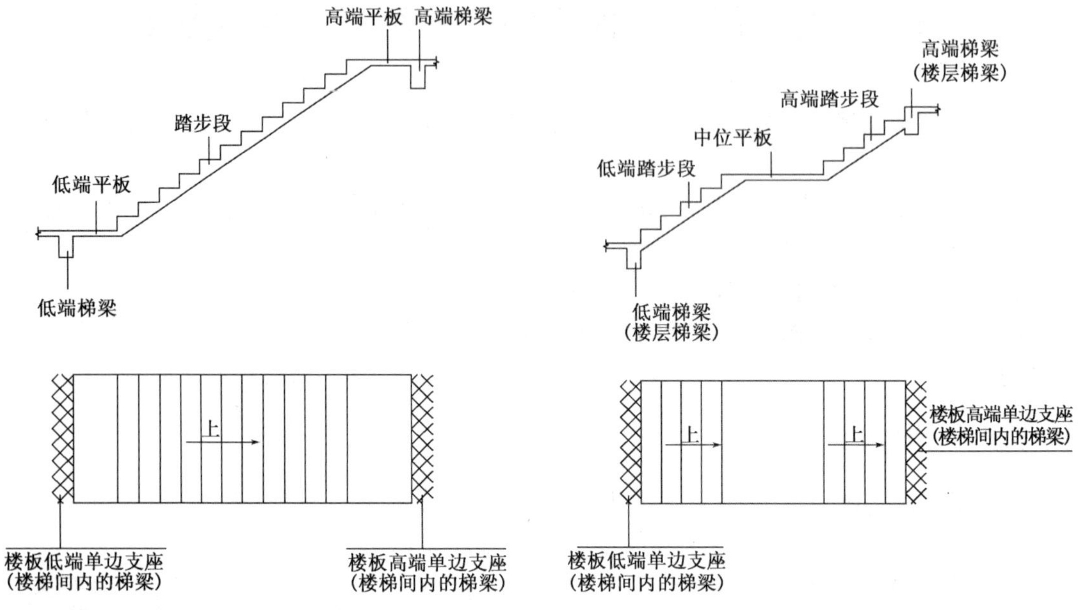

图 5.14　DT 型(有低端平板的一跑梯板)　　图 5.15　ET 型(有中位平板的一跑梯板)

2)有抗震要求的板式楼梯(ATa ~ ATc 型)

有抗震要求的板式楼梯 ATa、ATb 型具备以下特征:

(1)ATa、ATb 型为带滑动支座的板式楼梯,楼梯全部由踏步段构成,其支承方式为梯板高端均支承在梯梁上,Ata 型梯板低端带滑动支座支承在梯梁上,ATb 型梯板低端带滑动支座在梯梁的挑板上。

(2)ATa、ATb 型梯板采用双层双向配筋,梯梁支承在梯柱上时,其构造做法按 16G101-1 中框架梁 KL;支承在梁上时,其构造做法按 16G101-1 非框架梁 L。

ATc 型板式楼梯具备以下特征:

①ATc 型梯板全部由踏步段构成,其支承方式为梯板两端均支承在梯梁上。

②ATc 型休息平台与主体结构可整体连接,也可脱开连接,如图 5.16 所示。

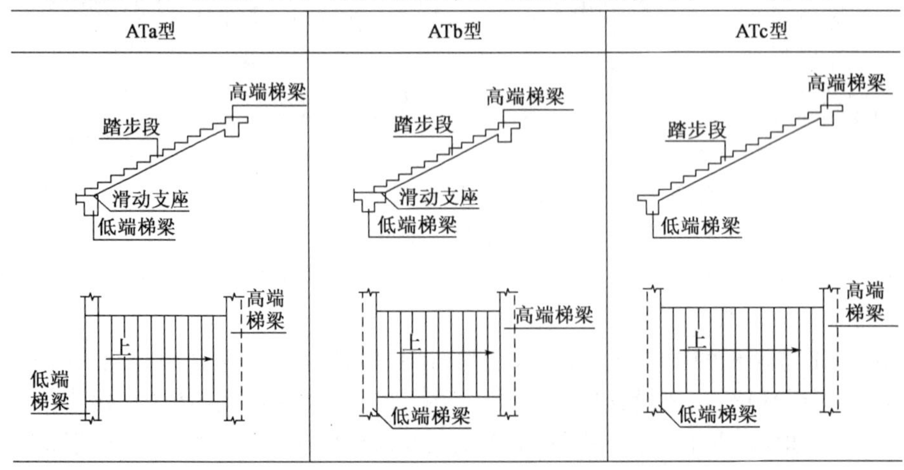

图 5.16　ATa、ATb、ATc 型(用于抗震设计)

③ATc 型楼梯梯板厚度按计算确定,且不宜小于 140mm;梯板采用双层钢筋。

④ATc 型梯板两侧设置边缘构件(暗梁)。边缘构件的宽度取 1.5 倍板厚,边缘构件纵筋数量,当抗震等级为一、二级时不少于 6 根,当抗震等级为三、四级时不少于 4 根;纵筋直径不小于 12 且不小于梯板纵向受力钢筋的直径;箍筋直径不小于 6,间距不大于 200。梯梁按双向受弯构件计算,当支承在梯柱上时,其构造做法按 16G101-1 中框架梁 KL;当支承在梁上时,其构造做法按 16G101-1 中非框架梁 L。

平台板按双层双向配筋。

5.2.2 板式楼梯平法施工图的表示方法

现浇混凝土板式楼梯平法施工图有平面注写、剖面注写和列表注写三种表达方式,设计者可根据工程具体情况任选一种。

1)平面注写方式

平面注写方式是指在楼梯平面布置图上注写截面尺寸和配筋具体数值的方式来表达楼梯平法施工图。平面注写内容包括集中标注和外围标注。

集中标注内容有五项:

①梯板的类型代号及序号(如 AT××)。

②梯板的厚度,注写为 h = ×××,当为带平板的梯板且梯段板厚度和平板厚度不同时,可在梯段板厚度后面括号内以字母 P 打头注写平板厚度,例如:h = 130(P150),其中 130 表示梯段板厚度,150 表示梯板平板段的厚度。

③踏步段总高度和踏步级数,之间以"/"分隔。

④梯板支座上部纵筋,下部纵筋,之间以";"分隔。

⑤梯板分布筋,以 F 打头注写分布钢筋具体值,该项也可在图中统一说明。

例如:平面图中梯板类型及配筋的完整标注示例如下(AT 型):

AT1,h = 120　　梯板类型及编号,梯板厚度

1800/12　　踏步段总高度/踏步级数

⌀10@200;⌀12@150　上部纵筋;下部纵筋

F⌀8@250　　梯板分布钢筋(可统一说明)

楼梯外围标注的内容,包括楼梯间的平面尺寸、楼层结构高程、层间结构高程、楼梯的上下方向、梯板的平面几何尺寸、平台板配筋、梯梁及梯柱配筋等。

(1)AT 型楼梯平面注写方式和适用条件

①AT 型楼梯的适用条件:两梯梁之间的一跑矩形梯板全部由踏步段构成。即踏步段两端均以梯梁为支座,凡是满足该条件的楼梯均可为 AT 型。如:双跑楼梯[图 5.17a)、b)]、双分平行楼梯[图 5.17c)]、剪刀楼梯[图 5.17d)、e)]等。

②AT 型楼梯平面注写方式,如图 5.17 所示。其中,集中注写的内容有 5 项,第 1 项为梯板类型代号与序号 AT××;第 2 项为梯板厚度 h;第 3 项为踏步段总高度 H_s/踏步段总高度 H_s/踏步级数($m+1$);第 4 项上部纵筋及下部纵筋;第 5 项为梯板分布钢筋。设计示例如图 5.17所示。

③梯板的分布钢筋可直接标注,也可统一说明。

④平台板 PTB、梯梁 TL、梯柱 TZ 配筋可参照 16G101-1 标注。

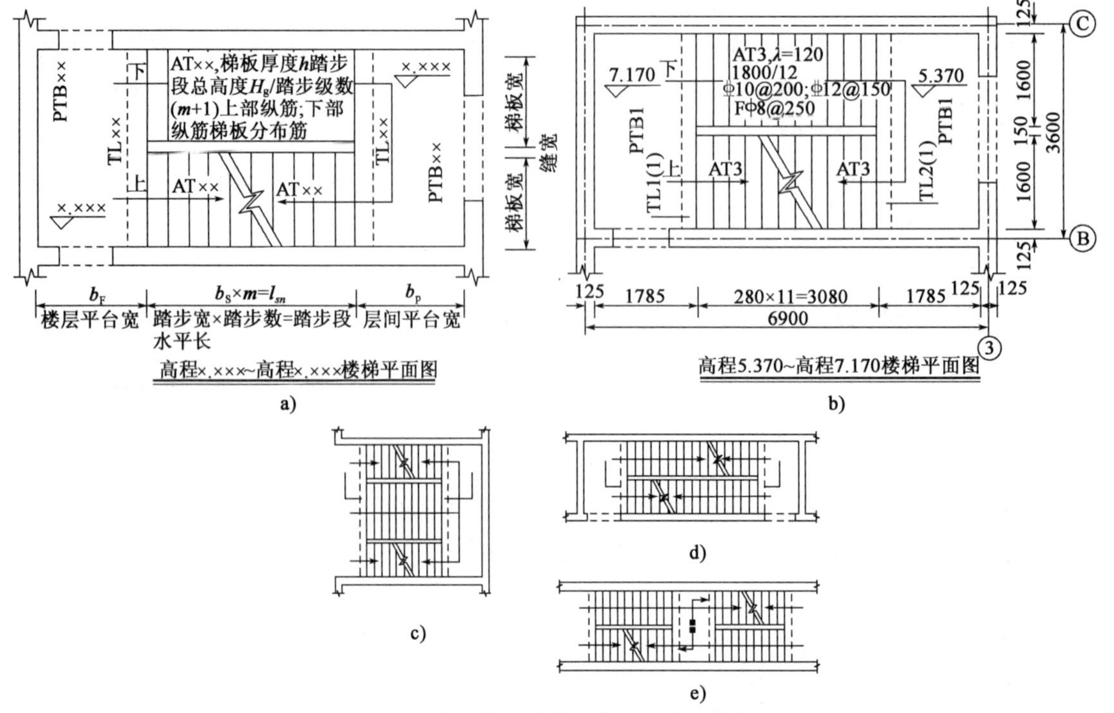

图 5.17　AT 型楼梯平面注写方式示例(尺寸单位:mm)

a)注写方式;b)设计实例;c)双分平行楼梯;d)剪刀楼梯(无层间平台板);e)剪刀楼梯

(2)BT 型楼梯平面注写方式和适用条件

①BT 型楼梯的适用条件:两梯梁之间的一跑矩形梯板由低端平板和踏步段构成。两部分的一端各自以梯梁为支座,凡是满足该条件的楼梯均可为 BT 型。如:双跑楼梯[图 5.18a)、b)],双分平行楼梯[图 5.18c)],剪刀楼梯[图 5.18d)、e)]等。

②BT 型楼梯平面注写方式,如图 5.18 所示。其中,集中注写的内容有 5 项,第 1 项为梯板类型代号与序号 BT××;第 2 项为梯板厚度 h;第 3 项为踏步段总高度 H_s/踏步段总高度 H_s/踏步级数$(m+1)$;第 4 项为上部纵筋及下部纵筋;第 5 项为梯板分布钢筋。设计示例如图 5.18所示。

③梯板的分布钢筋可直接标注,也可统一说明。

④平台板 PTB、梯梁 TL、梯柱 TZ 配筋可参照 16G101-1 标注。

(3)CT 型楼梯平面注写方式和适用条件

①CT 型楼梯的适用条件:两梯梁之间的矩形梯板由踏步段和高端平板构成。两部分的一端各自以梯梁为支座,凡是满足该条件的楼梯均可为 CT 型。如:双跑楼梯[图 5.19a)、b)]、双分平行楼梯[图 5.19c)]和剪刀楼梯[图 5.19d)、e)]等。

②CT 型楼梯平面注写方式,如图 5.19 所示。其中,集中注写的内容有 5 项,第 1 项为梯板类型代号与序号 CT××;第 2 项为梯板厚度 h;第 3 项为踏步段总高度 H_s/踏步段总高度 H_s/踏步级数$(m+1)$;第 4 项为上部纵筋及下部纵筋;第 5 项为梯板分布钢筋。设计示例如图 5.19所示。

(4)ATa 型楼梯平面注写方式和适用条件

①ATa 型楼梯设滑动支座,不参与结构整体抗震计算。其适用条件为:两梯梁之间的矩形梯

板全部由踏步段构成,即踏步段两端均以梯梁为支座,且梯板低端支承处做成滑动支座,滑动支座直接落在梯梁上。框架结构中,楼梯中间平台通常设梯柱、梁,中间平台可与框架柱连接。

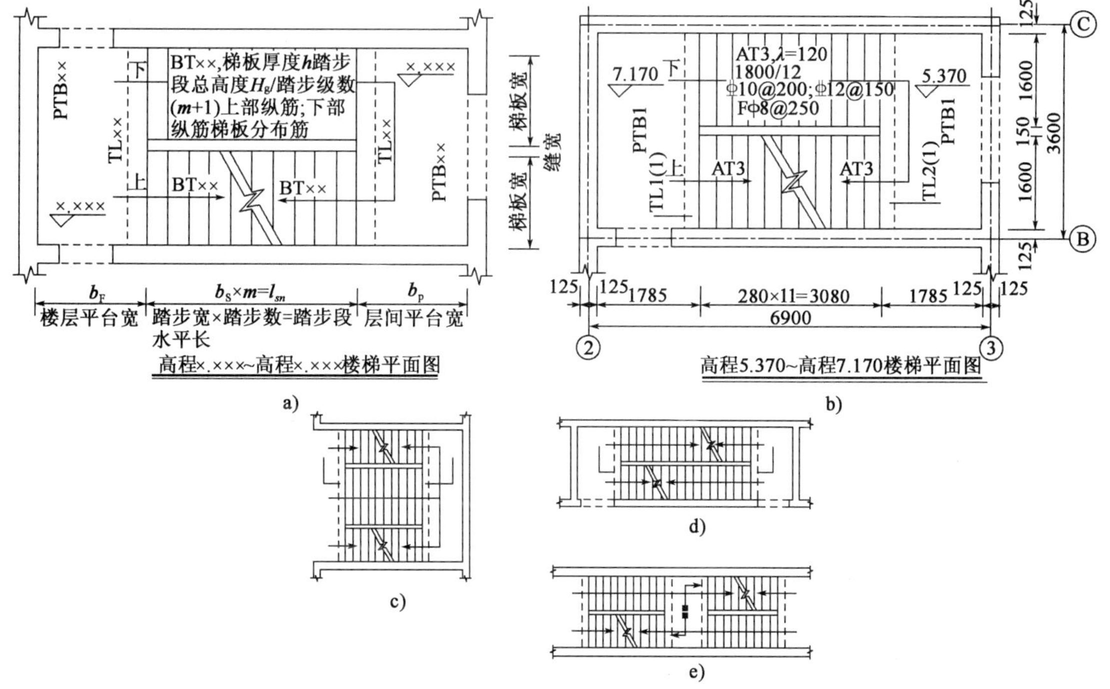

图 5.18 BT 型楼梯平面注写方式示例(尺寸单位:mm)

a)注写方式;b)设计示例;c)双分平行楼梯;d)剪刀楼梯(无层间平台板);e)剪刀楼梯

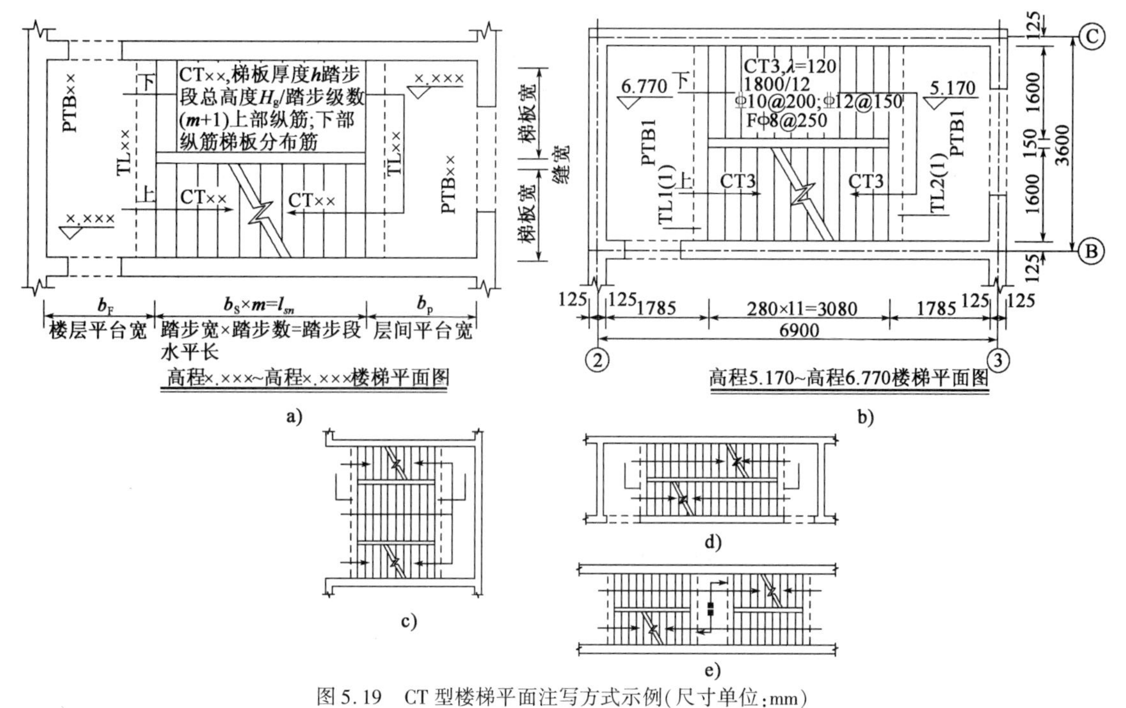

图 5.19 CT 型楼梯平面注写方式示例(尺寸单位:mm)

a)注写方式;b)设计示例;c)双分平行楼梯;d)剪刀楼梯(无层间平台板);e)剪刀楼梯

②ATa 型楼梯平面注写方式,如图 5.20 所示。其中,集中注写的内容有 5 项,第 1 项为梯板类型代号与序号 ATa××;第 2 项为梯板厚度 h;第 3 项为踏步段总高度 H_s/踏步级数($m+1$);第 4 项为上部纵筋及下部纵筋;第 5 项为梯板分布筋。

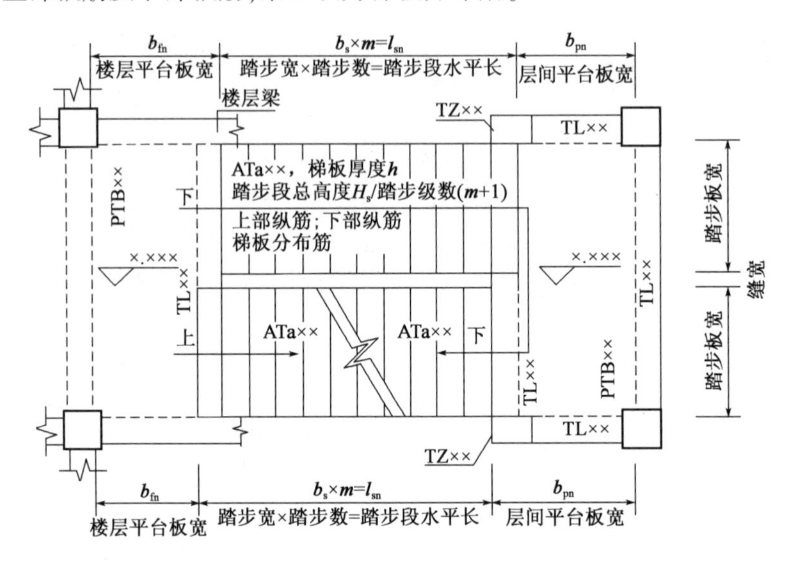

图 5.20 ATa 型楼梯平面注写方式

③梯板的分布钢筋可直接标注,也可统一说明。

④平台板 PTB、梯梁 TL、梯柱 TZ 配筋可参照 16G101-1 标注。

⑤滑动支座做法应由设计指定,当采用与本图集不同的做法时由设计者另行给出。

⑥滑动支座做法中建筑构造应保证楼板滑动要求。

(5)ATb 型楼梯平面注写方式和适用条件

①ATb 型楼梯设滑动支座不参与结构整体抗震计算。其适用条件为:两梯梁之间的矩形梯板全部由踏步段构成,即踏步段两端均以梯梁为支座,且梯板低端支承处做成滑动支座,滑动支座直接落在挑板上。框架结构中,楼梯中间平台通常设梯柱、梁,中间平台可与框架柱连接。

②ATb 型楼梯平面注写方式,如图 5.21 所示。其中,集中注写的内容有 5 项,第 1 项为梯板类型代号与序号 ATb××;第 2 项为梯板厚度 h;第 3 项为踏步段总高度 H_s/踏步级数($m+1$);第 4 项为上部纵筋及下部纵筋;第 5 项为梯板分布筋。

③梯板的分布钢筋可直接标注,也可统一说明。

④平台板 PTB、梯梁 TL、梯柱 TZ 配筋可参照 16G101-1 标注。

⑤滑动支座做法由设计指定,当采用与本图集不同的做法时由设计者另行给出。

⑥滑动支座做法中建筑构造应保证楼板滑动要求。

(6)ATc 型楼梯平面注写方式和适用条件

①ATc 型楼梯用于抗震设计。其适用条件为:两梯梁之间的矩形梯板全部由踏步段构成,即踏步段两端均以梯梁为支座。框架结构中,楼梯中间平台通常设梯柱、梯梁,中间平台可与框架柱连接(2 个梯柱形式)或脱开(4 个梯柱形式),见图 5.22。

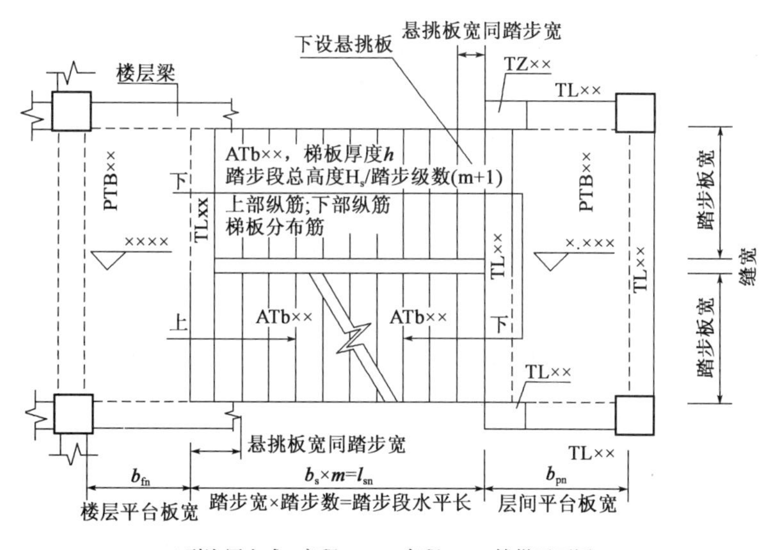

图 5.21 ATb 型楼梯平面注写方式

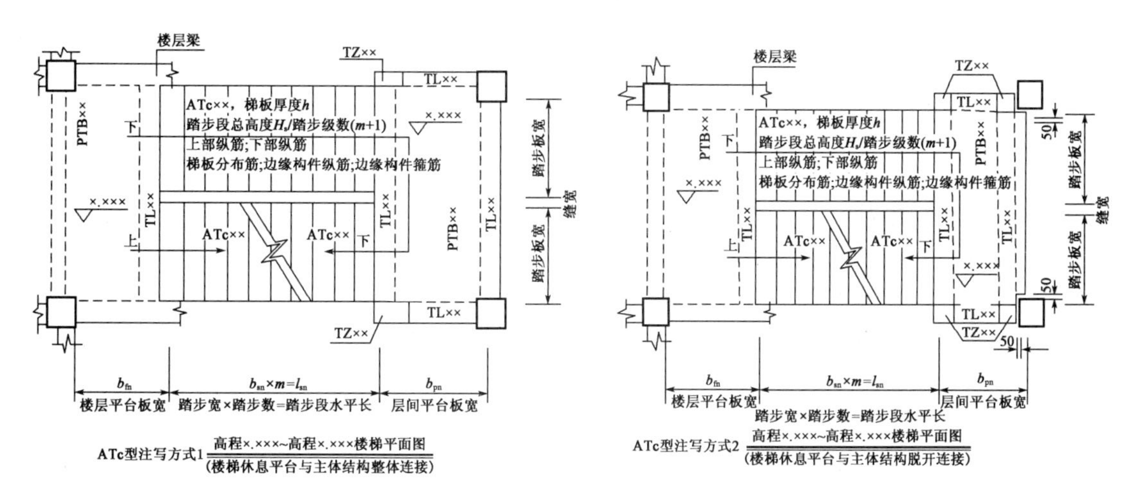

图 5.22 ATc 型楼梯平面注写方式

②ATc 型楼梯平面注写方式,如图 5.22a)、b)所示。其中,集中注写的内容有 6 项,第 1 项为梯板类型代号与序号 ATc × ×;第 2 项为梯板厚度 h;第 3 项为踏步段总高度 H_s/踏步级数(m + 1);第 4 项为上部纵筋及下部纵筋;第 5 项为梯板分布筋;第 6 项为边缘构件纵筋及箍筋。

③梯板的分布钢筋可直接标注,也可统一说明。

④平台板 PTB、梯梁 TL、梯柱 TZ 配筋可参照 16G101-1 标注。

⑤楼梯休息平台与主体结构整体连接时,应对短柱、短梁采用有效地加强措施,防止产生脆性破坏。

2)剖面注写方式

剖面注写方式需在楼梯平法施工图中绘制楼梯平面布置图和楼梯剖面图,注写方式分平面注写、剖面注写两部分。

楼梯平面布置图注写内容,包括楼梯间的平面尺寸、楼层结构高程、层间结构高程、楼梯的上下方向、梯板的平面几何尺寸、平台板配筋、梯梁及梯柱配筋等。如图 5.23 所示。

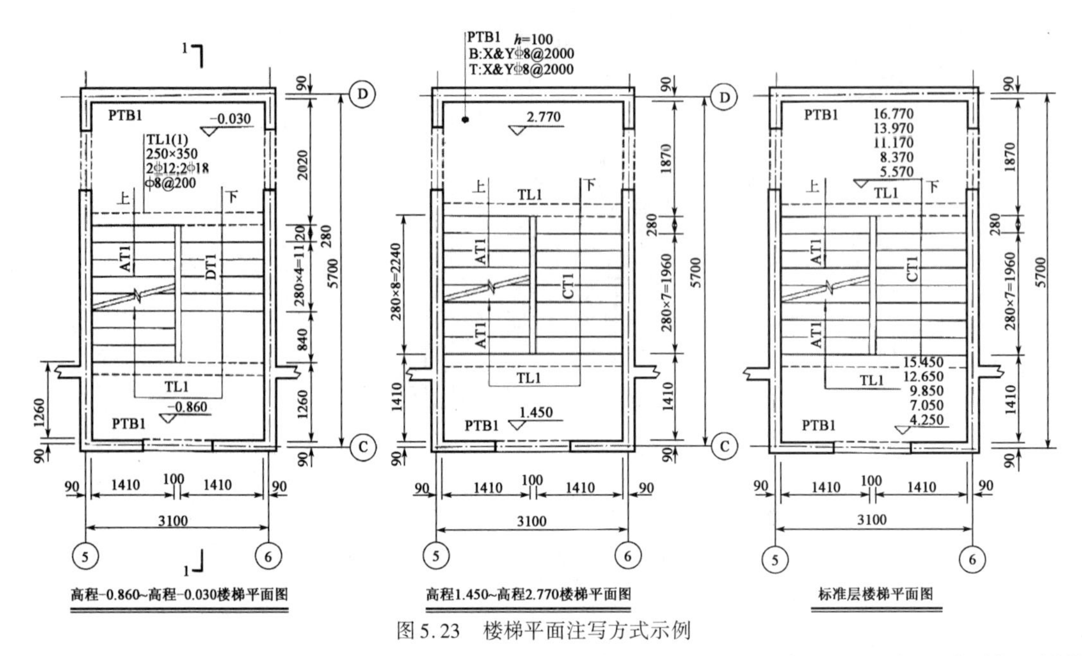

图 5.23　楼梯平面注写方式示例

楼梯剖面图注写内容,包括梯板集中标注、梯梁梯柱编号、梯板水平及竖向尺寸、楼层结构高程、层间结构高程等,如图 5.24 所示。

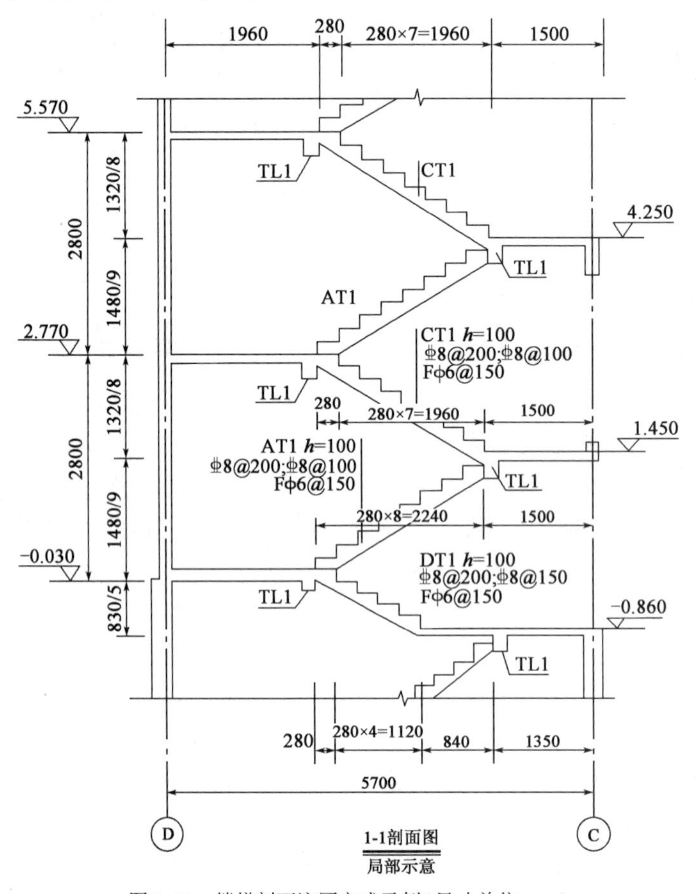

图 5.24　楼梯剖面注写方式示例(尺寸单位:mm)

梯板集中注写的内容有四项,具体规定如下:

(1)梯板的类型代号及序号(如AT××)。

(2)梯板的厚度,注写为 $h = ×××$,当梯板由踏步段和平板构成,且踏步段梯板厚度和平板厚度不同时,可在梯板厚度后面括号内以字母P打头注写平板厚度。

(3)梯板配筋。注明梯板上部纵筋和梯板下部纵筋,用分号";"将上部与下部纵筋的配筋值分隔开来。

(4)梯板分布筋,以F打头注写分布钢筋具体值,该项也可在图中统一说明。

3)列表注写方式

列表注写方式,系用列表方式注写梯板截面尺寸和配筋具体数值的方式来表达楼梯施工图。

列表注写方式的具体要求同剖面注写方式,仅将剖面注写方式中的梯板配筋注写项改列表注写项即可,如表5.3所示,其中AT1、CT1和DT1如图5.24所示。

列表注写方式　　表5.3

梯板编号	踏步段总高度/踏步级数	板厚 h	上部纵向钢筋	下部纵向钢筋	分布筋
AT1	1480/9	100	⏀8@200	⏀8@100	ϕ6@150
CT1	1320/8	100	⏀8@200	⏀8@100	ϕ6@150
DT1	830/5	100	⏀8@200	⏀8@100	ϕ6@150

4)其他说明

楼层平台梁板配筋可绘制在楼梯平面图中,也可在各层梁板配筋图中绘制;层间平台梁板配筋在楼梯平面图中绘制。

楼层平台板可与该层的现浇楼板整体设计。

5.3 现浇有梁楼面与屋面板平面整体表示方法

有梁楼盖板是指以梁为支座的楼面与屋面板。有梁楼盖板的制图规则同样适用于梁板式转换层、剪力墙结构、砌体结构,以及有梁地下室的楼面与屋面板平法施工图设计。

有梁楼盖板平法施工图,是在楼面板和屋面板布置图上,采用平面注写的表达方式。

板平面注写主要包括:板块集中标注和板支座原位标注。

为方便设计表达和施工识图,规定结构平面的坐标方向为:

(1)当两向轴网正交布置时,图面从左至右为 X 向,从下至上为 Y 向。

(2)当轴网转折时,局部坐标方向顺轴网转折角度做相应转折。

(3)当轴网向心布置时,切向为 X 向,径向为 Y 向。

此外,对于平面布置比较复杂的区域,如轴网转折交界区域、向心布置的核心区域等,其平面坐标方向应由设计者另行规定并在图上明确表示。

1)板块集中标注

(1)板块集中标注的内容为:板块编号、板厚、上部贯通纵筋、下部纵筋以及当板面高程不同时的高程高差。

对于普通楼面,两向均以一跨为一块板;对于密肋楼盖,两向主梁(框架梁)均以一跨为一块板(非主梁密肋不计)。所有板块应逐一编号,相同编号的板块可择其一做集中标注,其他仅注写置于圆圈内的板编号,以及当板面高程不同时的高程高差。

①板块编号:符合表5.4的规定。

板块编号 表5.4

板类型	代号	序号
楼面板	LB	××
屋面板	WB	××
悬挑板	XB	××

②板厚:注写为 h = ×××(为垂直与板面的厚度);当悬挑板的端部改变截面厚度时,用斜线分隔根部与端部的高度值,注写为 h = ×××/×××;当设计已在图注中统一注明板厚时,此项可不注。

③贯通纵筋:按板块的下部和上部分别注写(当板块上部不设贯通纵筋时则不注),并以B代表下部,以T代表上部,以B&T代表下部与上部;X 向贯通纵筋以X打头,Y 向贯通纵筋以Y打头,两向贯通纵筋配置相同时则以X&Y打头。当为单向板时,另一向贯通的分布筋可不必注写,而在图中统一注明。当在某些板内(例如在悬挑板XB的下部)配置有构造钢筋时,则 X 向以Xc,Y 向以Yc打头注写。当 Y 向采用放射配筋时(切向为 X 向,径向为 Y 向),设计者应注明配筋间距的度量位置。当贯通筋采用两种规格钢筋“隔一布一”方式时,表达为xx/yy@×××,表示直径为xx的钢筋和直径为yy的钢筋两者之间间距为×××,直径xx的钢筋间距为×××的2倍,直径yy的钢筋的间距为×××的2倍。

④板面高程高差:是指相对于结构层楼面高程的高差,应将其注写在括号内,且有高差则注,无高差不注。

例如,设有一楼面板块注写为:LB5 h=110 B:X ⌀12@120;Y ⌀10@110

表示5号楼面板,板厚110,板下部配置的贯通纵筋 X 向为⌀12@120,Y 向为⌀10@110;板上部未配置贯通纵筋。

例如,设有一悬挑板注写为:XB2 h=150/100 B:Xc&Yc ⌀8@200

表示2号悬挑板,板根部厚150,端部厚100,板下部配置的构造钢筋双向均为⌀8@200(上部受力钢筋见板支座原位标注)。

(2)同一编号板块的类型、板厚和贯通纵筋均应相同,但板面高程、跨度、平面形状以及板支座上部非贯通纵筋可以不同,如同一编号板块的平面形状可为矩形、多边形及其他形状等。施工预算时,应根据其实际平面形状,分别计算各块板的混凝土与钢筋用量。

(3)设计与施工应注意:单向或双向连续板的中间支座上部同向贯通纵筋,不应在支座位置连接或分别锚固。当相邻两跨的板上部贯通纵筋配置相同,且跨中部位有足够空间连接时,可在两跨任意一跨的跨中连接部位连接;当相邻两跨的上部贯通纵筋配置不同时,应将配置较大者越过其标注的跨数终点或起点伸至相邻的跨中连接区域连接。

设计应注意中间支座两侧上部贯通纵筋的协调配置，施工及预算应按具体设计和相应标准构造要求实施。等跨与不等跨板上部贯通纵筋的连接构造要求详见标准图集16G101-1；当具体工程对板上部纵向钢筋的连接有特殊要求时，其连接部位及方式应由设计者注明。

2）板支座原位标注

（1）板支座原位标注的内容。

板支座原位标注的内容为板支座上部非贯通纵筋和悬挑板上部受力钢筋。

板支座原位标注的钢筋，应在配置相同跨的第一跨表达（当在梁悬挑部位单独配置时则在原位表达）。在配置相同跨的第一跨（或梁悬挑部位），垂直于板支座（梁或墙）绘制一段适宜长度的中粗实线（当该筋通长设置在悬挑板或短跨板上部时，实线段应画至对边或贯通短跨），以该线段代表支座上部非贯通纵筋；并在线段上方注写钢筋编号（如①、②等）、配筋值、横向连续布置的跨数（注写在括号内，且当为一跨时可不注写），以及是否横向布置到梁的悬挑端。

例如：（××）为横向布置的跨数，（××A）为横向布置的跨数及一端的悬挑部位，（××B）为横向布置的跨数及两端的悬挑梁部位。

板支座上部非贯通筋自支座中线向跨内的延伸长度，注写在线段的下方位置。

当中间支座上部非贯通纵筋向支座两侧对称延伸时，可仅在支座一侧线段下方标注延伸长度，另一侧不注，如图5.25a）所示。

当向支座两侧非对称延伸时，应分别在支座两侧线段下方注写延伸长度，如图5.25b）所示。

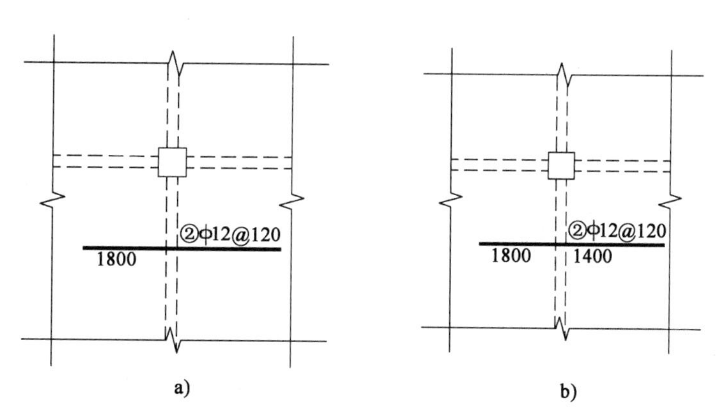

图5.25 中间支座上部非贯通纵筋注写方式

a）板支座上部非贯通对称伸出；b）板支座上部非贯通非对称伸出

对线段画至对边贯通全跨或贯通全悬挑长度的上部通长纵筋，贯通全跨或延伸至全悬挑一侧的长度值不注，只注明非贯通筋另一侧的延伸长度值，如图5.26所示。

当板支座为弧形，支座上部非贯通纵筋呈放射状分布时，设计者应注明配筋间距的度量位置并加注“放射分布”四字，必要时应补绘平面配筋图，如图5.27所示。

关于悬挑板的注写方式，如图5.28、图5.29所示。当悬挑端部厚度不小于150时，设计者应指定板端部封边构造方式（见标准图集“无支撑板端部封边构造”）；当采用U形钢筋封边时，尚应指定U形钢筋的规格、直径。

此外，悬挑板悬挑阳角、阴角上部放射钢筋的表示方法，详见标准图集“楼板相关构造制图规则”中的规定。

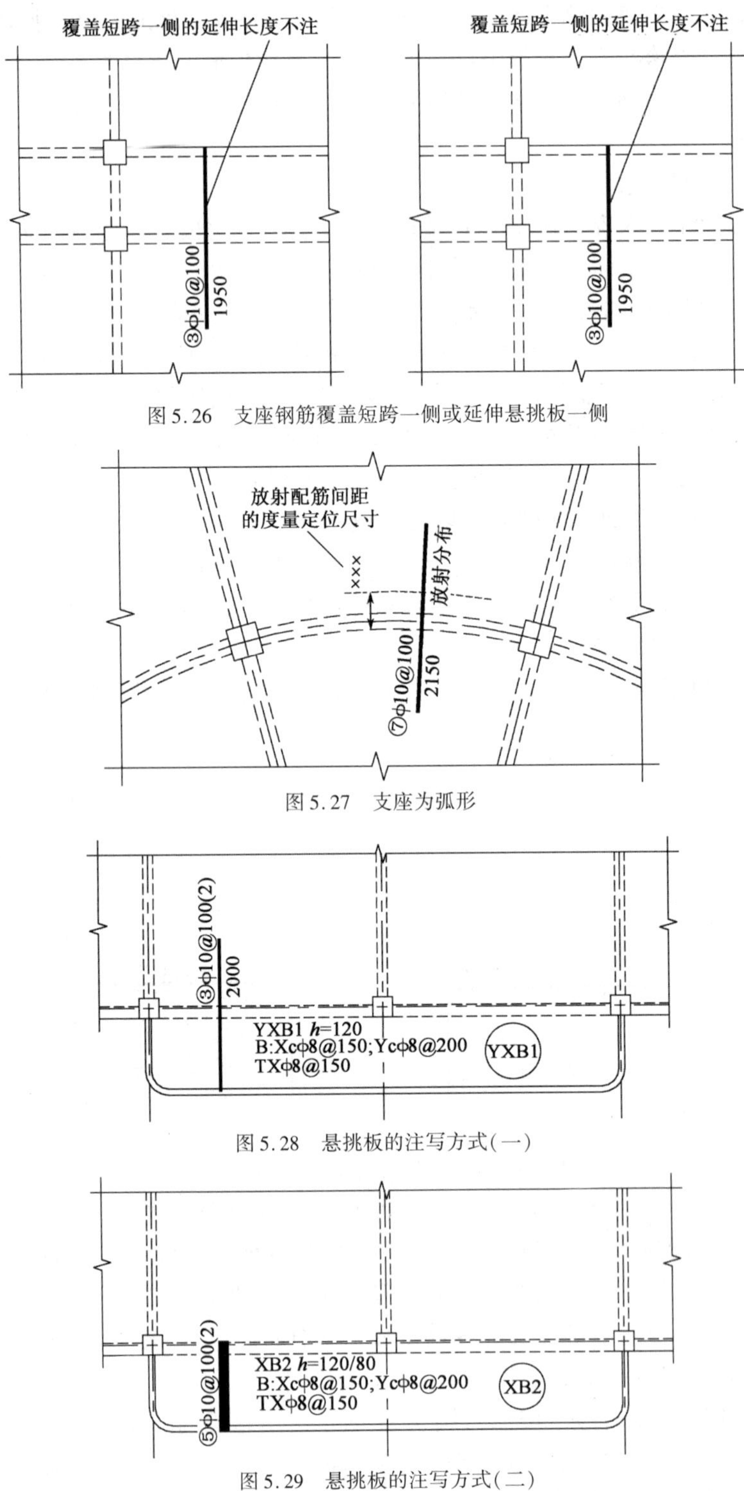

图 5.26　支座钢筋覆盖短跨一侧或延伸悬挑板一侧

图 5.27　支座为弧形

图 5.28　悬挑板的注写方式(一)

图 5.29　悬挑板的注写方式(二)

在板平面布置图中,不同部位的板支座上部非贯通纵筋及悬挑板上部受力钢筋,可仅在一个部位注写,对其他相同者,则仅需在代表钢筋的线段上注写编号及横向连续布置的跨数即可。

例:在板平面布置图某部位,横跨支承梁绘制的对称线段上注有⑦ф 12@ 100(5A)和

1500，表示支座上部⑦号非贯通纵筋为ф 12@ 100，从该跨起沿支承梁连续布置 5 跨加梁一端的悬挑端，该筋自支座中线向两侧跨内的延伸长度均为 1500。在同一板平面布置图的另一部位横跨梁支座绘制的对称线段上注有⑦(2) 者，表示该筋同⑦号纵筋，沿支承梁连续布置 2 跨，且无梁悬挑端布置。

此外，与板支座上部非贯通纵筋垂直且绑扎在一起的构造钢筋或分布钢筋，应由设计者在图中注明。

(2) 当板的上部已配置有贯通纵筋，但需增配板支座上部非贯通纵筋时，应结合已配置的同向贯通纵筋的直径与间距采取“隔一布一”方式配置。

“隔一布一”方式，为非贯通纵筋的标注间距与贯通纵筋相同，两者组合后的实际间距为各自标注间距的 1/2。当设定贯通纵筋为纵筋总截面面积的 50% 时，两种钢筋应取相同直径；当设定贯通纵筋大于或小于总截面面积的 50% 时，两种钢筋则取不同直径。

例如：板上部已配置贯通纵筋ф 12@ 250，该跨同向配置的上部支座非贯通纵筋为⑤ф 12@ 250，表示在该支座上部设置的纵筋实际为ф 12@ 125，1/2 为贯通纵筋，1/2 为⑤号非贯通纵筋（延伸长度值略）。

例如：板上部已配置贯通纵筋ф 10@ 250，该跨配置的上部同向支座非贯通纵筋为③ф 12@ 250，表示该跨实际设置的上部纵筋为ф 10 和ф 12 间隔布置，两者间距为 125。

施工时应注意：当支座一侧设置了上部贯通纵筋（在板集中标注中以 T 打头），而在支座另一侧仅设置了上部非贯通纵筋时，如果支座两侧设置的纵筋直径、间距相同，应将两者连通，避免各自在支座上部分别锚固。

采用平面注写方式表达的楼面板平法施工图示例如图 5.30 所示。

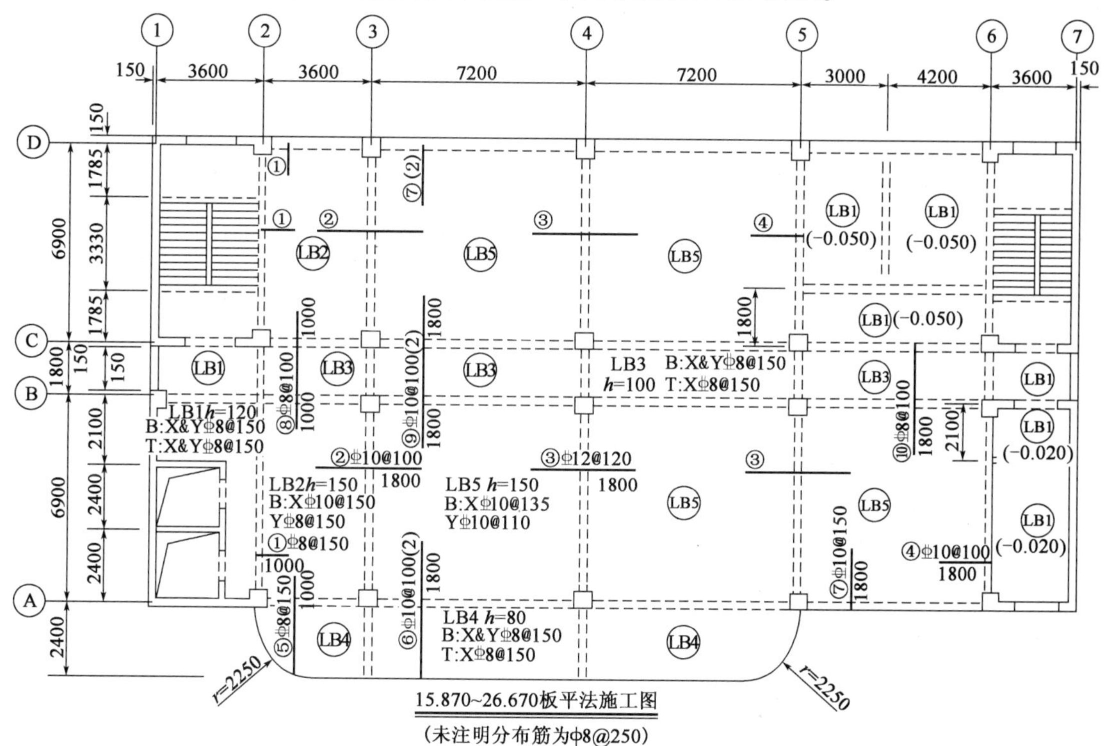

图 5.30 现浇混凝土楼面板平法施工图示例(尺寸单位:mm)

附　录

附录1　等截面等跨梁在常用荷载作用下的内力系数表(弹性理论)

(1)在均布及三角形荷载作用下:

M = 表中系数 × ql^2;

V = 表中系数 × ql;

(2)在集中荷载作用下:

M = 表中系数 × Ql;

V = 表中系数 × Q;

(3)内力正负号规定:

M——使截面上部受压,下部受拉为正;

V——对邻近截面所产生的力矩沿顺时针方向者为正。

两 跨 梁 附表 1.1

荷载图	跨内最大弯矩		支座弯矩	剪力		
	M_1	M_2	M_B	V_A	V_{Bl} V_{Br}	V_C
	0.070	0.0703	-0.125	0.375	-0.625 0.625	0.375
	0.096	—	-0.063	0.437	-0.563 0.063	0.063
	0.048	0.048	-0.078	0.172	-0.328 0.328	0.172
	0.064	—	-0.039	0.211	-0.289 0.039	0.039
	0.156	0.156	-0.188	0.312	-0.688 0.688	-0.312
	0.203	—	-0.049	0.406	-0.594 0.094	0.094
	0.222	0.222	-0.333	0.667	-1.333 1.333	-0.667
	0.278	—	-0.167	0.833	-1.167 0.167	0.167

三 跨 梁 附表 1.2

荷载图	跨内最大弯矩		支座弯矩		剪力			
	M_1	M_2	M_B	M_C	V_A	V_{Bl} V_{Br}	V_{Cl} V_{Cr}	V_D
	0.080	0.025	-0.100	-0.100	0.040	-0.060 0.050	-0.500 0.600	-0.400
	0.101	—	-0.050	-0.050	0.450	-0.550 0	0 0.550	-0.450

续上表

荷载图	跨内最大弯矩		支座弯矩		剪力			
	M_1	M_2	M_B	M_C	V_A	V_{Bl} V_{Br}	V_{Cl} V_{Cr}	V_D
q	—	0.075	-0.050	-0.050	0.050	-0.050 0.500	-0.500 0.050	0.050
q	0.073	0.054	-0.117	-0.033	0.383	-0.617 0.583	-0.417 0.033	0.033
q	0.0.94	—	0.067	0.017	0.433	-0.567 0.083	0.083 -0.017	-0.017
q M_1 M_2 M_3	0.054	0.021	-0.063	-0.063	0.183	-0.313 0.250	-0.250 0.313	-0.188
q A B C D	0.068	—	-0.031	-0.031	0.219	-0.281 0	0 0.281	-0.219
q	—	0.052	-0.031	-0.031	0.031	-0.031 0.250	-0.25 0.031	0.031
q	0.050	0.038	-0.073	-0.021	0.177	-0.323 0.302	-0.198 0.021	0.021
q	0.063	—	-0.042	0.010	0.208	-0.292 0.052	0.052 -0.010	-0.010
Q Q Q	0.175	0.100	-0.150	-0.150	0.350	-0.650 0.500	-0.500 0.650	-0.350
Q Q	0.213	—	-0.075	-0.075	0.425	-0.575 0	0 0.575	-0.425
Q	—	0.175	-0.075	-0.075	-0.075	-0.075 0.500	-0.500 0.075	0.0075
Q Q	0.162	0.137	-0.175	-0.050	0.325	-0.675 0.625	-0.375 0.050	0.050

续上表

荷　载　图	跨内最大弯矩		支座弯矩		剪　　力			
	M_1	M_2	M_B	M_C	V_A	V_{Bl} V_{Br}	V_{Cl} V_{Cr}	V_D
Q	0.200	—	−0.100	0.025	0.400	−0.600 0.125	0.125 −0.025	−0.025
QQ QQ QQ	0.244	0.067	−0.267	−0.267	0.733	−1.267 1.000	−1.000 1.267	−0.733
QQ　QQ	0.289	—	0.133	−0.133	0.866	−1.134 0	0 1.134	−0.866
QQ	—	0.200	−0.133	−0.133	−0.133	−0.133 1.000	−1.000 0.133	0.133
QQ QQ	0.229	0.170	−0.311	−0.089	0.689	−1.311 1.1222	−0.778 0.089	0.089
QQ	0.274	—	0.178	0.044	0.822	−1.178 0.222	0.222 −0.044	−0.044

四　跨　梁

附表 1.3

荷　载　图	跨内最大弯矩				支座弯矩			剪　　力				
	M_1	M_2	M_3	M_4	M_B	M_C	M_D	V_A	V_{Bl} V_{Br}	V_{Cl} V_{Cr}	V_{Dl} V_{Dr}	V_E
q M_1 M_2 M_3 M_4	0.077	0.036	0.036	0.077	−0.107	−0.071	−0.107	0.393	−0.607 0.536	0.464 −0.464	−536 0.607	−0.039
q　q A B C D E	0.100	—	0.081	—	−0.054	−0.036	−0.054	0.446	−0.554 0.018	0.018 0.482	−0.518 0.054	0.054
q　q	0.072	0.061	—	0.098	−0.121	−0.018	−0.058	0.38	−0.620 0.603	−0.379 −0.04	−0.040 0.558	−0.442
q	—	0.056	0.056	—	−0.036	−0.107	−0.036	−0.036	−0.036 0.429	−0.571 0.571	−0.429 0.036	0.036

续上表

荷载图	跨内最大弯矩				支座弯矩			剪力				
	M_1	M_2	M_3	M_4	M_B	M_C	M_D	V_A	V_{Bl} V_{Br}	V_{Cl} V_{Cr}	V_{Dl} V_{Dr}	V_E
	0.094	—	—	—	0.067	0.018	-0.004	0.433	-0.567 0.085	0.085 -0.022	-0.022 0.004	0.004
	—	0.071	—	—	-0.049	-0.054	0.013	-0.049	-0.049 0.496	-0.504 0.067	0.067 -0.013	-0.013
	0.052	0.028	0.028	0.052	-0.067	-0.045	-0.067	0.183	-0.317 0.272	-0.228 0.228	-0.272 0.317	-0.183
	0.007	—	0.055	—	-0.034	-0.022	-0.034	0.217	-0.284 0.011	0.011 0.239	-0.261 0.034	0.034
	0.049	0.042	—	0.066	-0.075	-0.011	-0.036	0.175	-0.325 0.314	-0.186 -0.025	-0.025 0.286	-0.214
	—	0.04	0.04	—	-0.022	-0.067	-0.022	-0.022	-0.022 0.205	-0.295 0.295	-0.205 0.022	0.022
	0.063	—	—	—	-0.042	0.011	-0.003	0.208	-0.292 0.053	0.053 -0.014	-0.014 0.003	0.003
	—	0.051	—	—	-0.031	-0.034	0.008	-0.031	-0.031 0.274	-0.253 0.042	0.042 -0.008	-0.008
	0.169	0.116	0.116	0.169	-0.161	-0.107	-0.161	0.339	-0.661 0.554	-0.446 0.446	-0.554 0.661	-0.339
	0.210	—	0.183	—	-0.0.80	-0.054	-0.08	0.42	-0.580 0.027	0.027 0.473	-0.527 0.08	0.08
	0.159	0.146	—	0.206	-0.181	-0.027	-0.087	0.319	-0.681 0.654	-0.346 -0.06	-0.06 0.587	-0.413
	—	0.142	0.142	—	-0.054	-0.161	-0.054	-0.054	-0.054 0.393	-0.607 0.607	-0.393 0.054	0.054
	0.200	—	—	—	-0.100	0.027	-0.007	0.4	-0.600 0.127	0.127 -0.033	-0.033 0.007	0.007
	—	0.173	—	—	-0.074	-0.080	0.020	-0.074	-0.074 0.493	-0.507 0.100	0.100 -0.020	-0.020

续上表

荷载图	跨内最大弯矩				支座弯矩			剪力				
	M_1	M_2	M_3	M_4	M_B	M_C	M_D	V_A	V_{Bl} V_{Br}	V_{Cl} V_{Cr}	V_{Dl} V_{Dr}	V_E
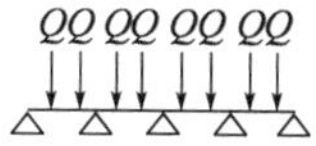	0.238	0.111	0.111	0.238	-0.286	-0.191	-0.286	0.714	1.286 1.095	-0.905 0.905	-1.095 1.286	-0.714
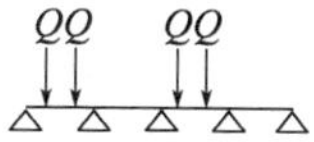	0.286	—	0.222	—	-0.143	-0.095	-0.143	0.857	-1.143 0.048	0.048 0.952	-1.048 0.143	0.143
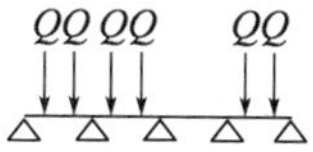	0.226	0.194	—	0.282	-0.321	-0.048	-0.155	-0.679	-1.321 1.274	-0.726 0.107	-0.107 1.155	-0.845
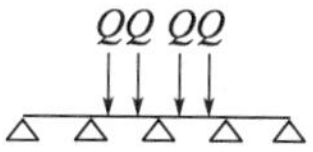	—	0.175	0.175	—	-0.095	-0.286	-0.095	-0.095	0.095 0.810	-1.190 1.19	-0.810 0.095	0.095
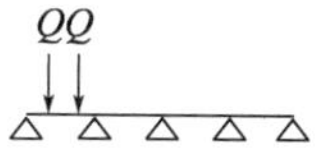	0.274	—	—	—	-0.178	0.048	-0.012	0.822	-1.178 0.226	0.226 -0.06	-0.060 0.012	0.012
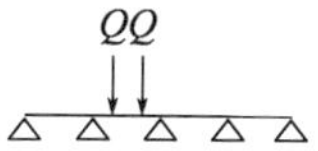	—	0.198	—	—	-0.131	-0.143	0.036	-0.131	-0.131 0.988	-1.012 0.178	0.178 -0.036	-0.036

五　跨　梁

附表 1.4

荷载图	跨内最大弯矩			支座弯矩				剪力					
	M_1	M_2	M_3	M_B	M_C	M_D	M_E	V_A	V_{Bl} V_{Br}	V_{Cl} V_{Cr}	V_{Dl} V_{Dr}	V_{El} V_{Er}	V_F
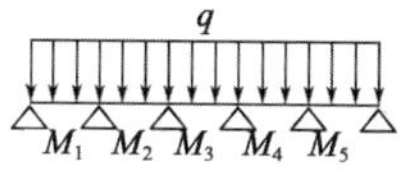	0.078	0.033	0.046	-0.105	-0.079	-0.079	-0.105	0.394	-0.606 0.526	-0.474 0.554	-0.500 0.474	-0.526 0.606	-0.394
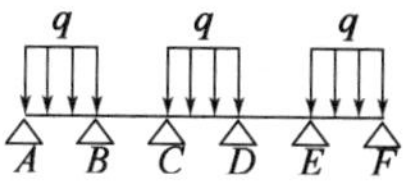	0.100	—	0.085	-0.053	-0.040	-0.040	-0.053	0.477	-0.553 0.013	0.013 0.500	-0.500 -0.013	-0.013 0.053	-0.447
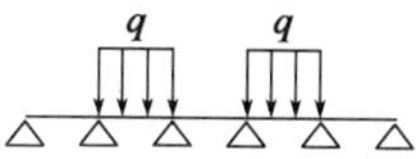	—	0.079	—	-0.053	-0.04	-0.04	-0.053	-0.053	-0.053 0.513	-0.487 0	0 0.487	-0.513 0.053	0.053
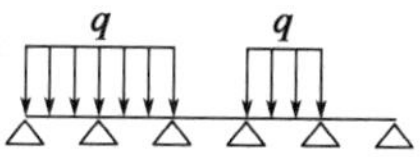	0.073	②0.059 0.078	—	-0.119	-0.022	-0.044	-0.051	0.380	-0.620 0.598	-0.420 -0.023	-0.023 0.493	-0.507 0.052	0.052
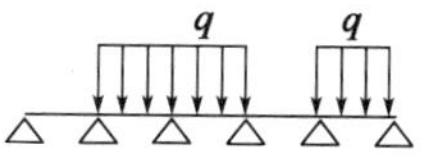	①- 0.098	0.055	0.064	-0.035	-0.111	-0.02	-0.057	0.035	0.035 0.424	0.576 0.591	-0.409 -0.037	-0.037 0.557	-0.443

续上表

荷载图	跨内最大弯矩			支座弯矩				剪力					
	M_1	M_2	M_3	M_B	M_C	M_D	M_E	V_A	V_{Bl} V_{Br}	V_{Cl} V_{Cr}	V_{Dl} V_{Dr}	V_{El} V_{Er}	V_F
q	0.094	—	—	-0.067	0.018	-0.005	-0.001	0.433	0.567 0.085	0.085 -0.023	-0.023 0.006	0.006 -0.001	0.001
q	—	0.074	—	-0.049	-0.054	0.014	-0.004	-0.019	-0.049 0.495	-0.505 0.068	-0.068 -0.018	-0.018 0.004	0.004
q	—	—	0.072	0.013	-0.053	-0.053	0.013	0.013	0.013 -0.066	-0.066 0.5	-0.500 0.066	0.066 -0.013	0.013
q M_1 M_2 M_3 M_4 M_5	0.053	0.026	0.034	-0.066	-0.049	-0.049	-0.066	0.184	-0.316 0.226	-0.234 0.25	-0.250 0.234	-0.266 0.316	0.184
q A B C D E F	0.067	—	0.059	-0.033	-0.025	-0.025	-0.033	0.217	-0.283 0.008	0.008 0.250	-0.250 -0.008	-0.008 0.283	0.217
q	—	0.055	—	-0.033	-0.025	-0.025	-0.033	-0.033	-0.033 0.258	-0.242 0	0 -0.242	-0.258 0.033	0.033
q	0.049	②0.041 0.053	—	-0.075	-0.014	-0.028	-0.032	0.175	0.325 0.311	-0.189 -0.014	-0.014 0.246	-0.255 0.032	0.032
q	①- 0.066	0.039	0.044	-0.022	-0.07	-0.013	-0.036	-0.022	-0.022 0.202	-0.298 0.307	-0.193 -0.023	-0.023 0.286	-0.214
q	0.063	—	—	-0.042	0.011	-0.013 0.003	0.001	0.208	-0.292 0.053	0.053 -0.014	-0.014 0.004	0.004 -0.001	-0.001
q	—	0.051	—	-0.031	-0.034	0.009	-0.002	-0.031	-0.031 0.247	-0.253 0.043	0.043 -0.011	-0.011 0.002	0.002
q	—	—	0.05	0.008	-0.033	-0.033	0.008	0.008	0.008 -0.041	-0.041 0.250	-0.250 0.041	0.041 -0.008	-0.008
Q Q Q Q Q	0.171	0.112	0.132	-0.158	-0.118	-0.118	-0.158	0.342	-0.658 0.540	-0.460 0.500	-0.500 0.460	-0.540 0.658	-0.342

续上表

荷载图	跨内最大弯矩			支座弯矩				剪力					
	M_1	M_2	M_3	M_B	M_C	M_D	M_E	V_A	V_{Bl} V_{Br}	V_{Cl} V_{Cr}	V_{Dl} V_{Dr}	V_{El} V_{Er}	V_F
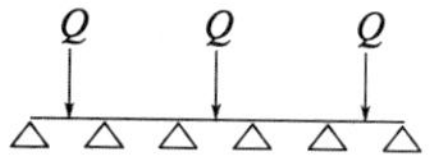 Q Q Q	0.211	—	0.191	-0.079	-0.059	-0.059	-0.079	0.421	-0.579 0.020	0.020 0.500	-0.500 -0.020	-0.020 0.579	-0.421
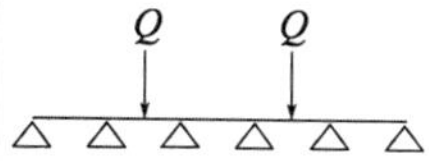 Q Q	—	0.181	—	-0.079	-0.059	-0.059	-0.079	-0.079	-0.079 0.520	-0.048 0	0 0.048	-0.520 0.079	0.079
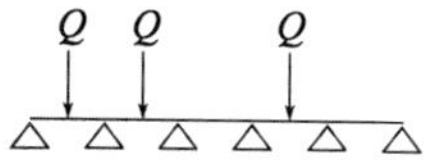 Q Q Q	0.160	②0.144 0.178	—	-0.179	-0.032	-0.066	-0.077	0.321	-0.679 0.647	-0.353 -0.034	-0.034 0.489	0.077	0.077
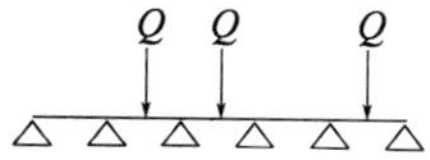 Q Q Q	①- 0.207	0.140	0.151	-0.052	-0.167	-0.031	-0.086	-0.052	-0.052 0.385	-0.615 0.637	-0.363 -0.056	-0.056 0.568	-0.414
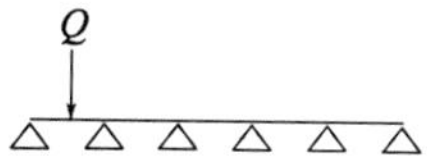 Q	0.200	—	—	-0.100	0.027	-0.007	0.002	0.400	-0.600 0.127	0.127 -0.031	-0.034 0.009	0.009 -0.002	-0.002
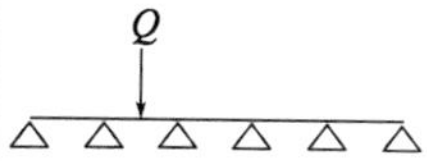 Q	—	0.173	—	-0.073	-0.081	0.022	-0.005	-0.073	-0.073 0.493	-0.507 0.102	0.102 -0.027	-0.027 0.005	0.005
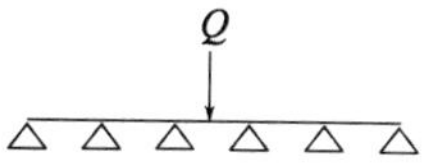 Q	—	—	0.171	0.02	-0.079	-0.079	0.02	0.02	0.020 -0.099	-0.099 0.500	-0.500 0.099	0.099 -0.020	-0.02
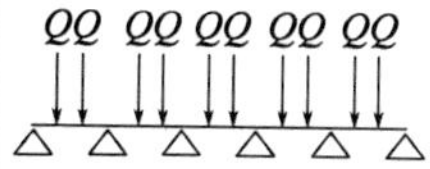 QQ QQ QQ QQ QQ	0.240	0.010	0.122	-0.281	-0.211	-0.211	-0.281	0.719	-1.281 1.070	-0.930 1.000	-1.000 0.930	-1.070 1.281	-0.719
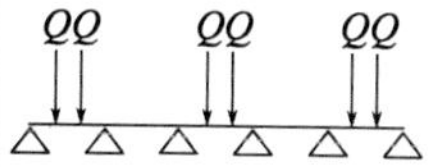 QQ QQ QQ	0.287	—	0.228	-0.140	-0.105	-0.105	-0.140	0.860	-1.140 0.035	0.035 1.000	-1.000 -0.035	-0.035 1.140	-0.860
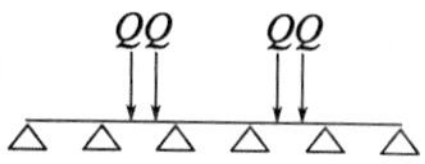 QQ QQ	—	0.216	—	-0.140	-0.105	-0.105	-0.140	-0.140	-0.140 1.035	-0.965 0	0 0.965	-1.035 0.140	1.040
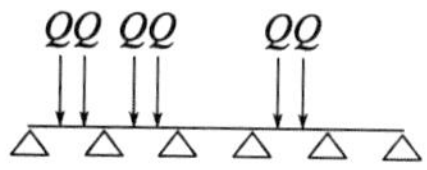 QQ QQ QQ	0.227	②0.189 0.209	—	-0.319	-0.157	-0.118	-0.137	0.681	-1.319 1.262	-0.738 -0.061	-0.061 0.981	-1.019 0.137	0.137
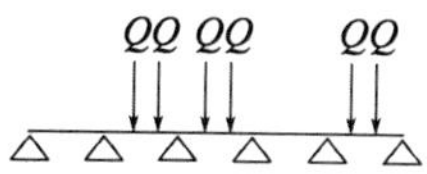 QQ QQ QQ	①- 0.282	0.172	0.198	-0.093	-0.297	-0.054	-0.153	-0.093	-0.093 0.796	-1.204 1.243	-0.757 -0.099	-0.099 1.153	-0.847

续上表

荷载图	跨内最大弯矩			支座弯矩				剪力					
	M_1	M_2	M_3	M_B	M_C	M_D	M_E	V_A	V_{Bl} V_{Br}	V_{Cl} V_{Cr}	V_{Dl} V_{Dr}	V_{El} V_{Er}	V_F
QQ	0.274	—	—	-0.179	0.048	-0.013	0.003	0.821	-1.179 0.227	0.227 -0.061	-0.061 0.016	0.16 -0.003	-0.003
QQ	—	0.198	—	-0.131	-0.144	0.038	-0.01	-0.131	-0.131 0.987	-1.013 0.182	0.182 -0.048	-0.048 0.010	0.010
QQ	—	—	0.193	0.035	-0.140	-0.140	0.035	0.035	0.035 -0.175	-0.175 1.000	-1.000 0.175	0.175 -0.035	-0.035

表中：①分子及分母分别为 M_1 及 M_3 的弯矩系数；②分子及分母分别为 M_2 及 M_4 的弯矩系数。

附录 2　双向板计算系数表(弹性理论)

符号说明

$$B_c = \frac{Eh^2}{12(1-\mu^2)} \text{刚度}$$

式中：E——弹性模量；

h——板厚；

μ——泊桑比；

v、v_{max}——分别为板中心点的挠度和最大挠度；

v_{0x}、v_{0y}——分别为平行于 l_x 和 l_y 方向自由边的中点挠度；

m_x、m_{xmax}——分别为平行于 l_x 方向板中心点单位板宽内的弯矩和板跨内最大弯矩；

m_y、m_{ymax}——分别为平行于 l_y 方向板中心点单位板宽内的弯矩和板跨内最大弯矩；

m_{0x}、m_{0y}——分别为平行 l_x 和 l_y 方向自由边的中点单位板宽内的弯矩；

m'_x——固定边中点沿 l_x 方向单位板宽内的弯矩；

m'_y——固定边中点沿 l_y 方向单位板宽内的弯矩；

m_{xz}——平行于 l_x 方向自由边上固定端单位板宽内的支座弯矩。

———代表自由边；┈┈┈代表简支边；⊔⊔⊔⊔代表固定边

正负号的规定：

弯矩——使板的受荷面受压者为正；

挠度——变位方向与荷载方向相同者为正。

①

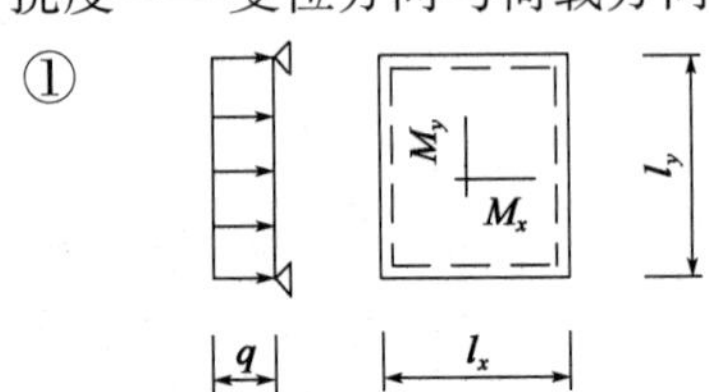

挠度 = 表中系数 × $\frac{(g+q)l^4}{B_c}$

$\mu = 0$，弯矩 = 表中系数 × $(g+q)l^2$

式中 l 取用 l_x 和 l_y 中的较小者

附表 2.1

l_x/l_y	v	m_x	m_y	l_x/l_y	v	m_x	m_y
0.50	0.01013	0.0965	0.0174	0.80	0.00603	0.0561	0.0334
0.55	0.00940	0.0892	0.021	0.85	0.00547	0.0506	0.0348
0.60	0.00867	0.0820	0.0242	0.90	0.00496	0.0456	0.0358
0.65	0.00796	0.0750	0.0271	0.95	0.00449	0.0410	0.0364
0.70	0.00727	0.0683	0.0296	1.00	0.00406	0.0368	0.0368
0.75	0.00663	0.0620	0.0317				

②

挠度 = 表中系数 × $\dfrac{(g+q)l^4}{B_c}$

$\mu = 0$，弯矩 = 表中系数 × $(g+q)l^2$

式中 l 取用 l_x 和 l_y 中的较小者

附表 2.2

l_x/l_y	l_y/l_x	v	v_{max}	m_x	m_{xmax}	m_y	m_{ymax}	m'_x
0.50		0.00488	0.00504	0.0583	0.0646	0.0060	0.0063	-0.1212
0.55		0.00471	0.00492	0.0563	0.0618	0.0081	0.0087	-0.1187
0.60		0.00453	0.00472	0.0539	0.0589	0.0104	0.0111	-0.1158
0.65		0.00432	0.00448	0.0513	0.0559	0.0126	0.0133	-0.1124
0.70		0.00410	0.00422	0.0485	0.0529	0.0148	0.0154	-0.1087
0.75		0.00388	0.00399	0.0457	0.0496	0.0168	0.0174	-0.1048
0.80		0.00365	0.00376	0.0428	0.0463	0.0187	0.0193	-0.1007
0.85		0.00343	0.00352	0.0400	0.0431	0.0204	0.0211	-0.0965
0.90		0.00321	0.00329	0.0372	0.04	0.0219	0.0226	-0.0922
0.95		0.00299	0.00306	0.0345	0.0369	0.0232	0.0239	-0.088
1.00	1.00	0.00279	0.00285	0.0319	0.0340	0.0243	0.0249	-0.0839
	0.95	0.00316	0.00324	0.0324	0.0345	0.0280	0.0278	-0.0882
	0.90	0.00360	0.00368	0.0328	0.0347	0.0322	0.0330	-0.0926
	0.85	0.00409	0.00417	0.0329	0.0347	0.0370	0.0378	-0.0970
	0.80	0.00464	0.00473	0.0326	0.0343	0.0424	0.0433	-0.1014
	0.75	0.00526	0.00536	0.0319	0.0335	0.0485	0.0494	-0.1056
	0.70	0.00595	0.00605	0.0308	0.0323	0.0553	0.0562	-0.1096
	0.65	0.00670	0.00680	0.0291	0.0306	0.0627	0.0637	-0.1133
	0.60	0.00752	0.00762	0.0268	0.0289	0.0707	0.0717	-0.1166
	0.55	0.00838	0.00848	0.0239	0.0271	0.0792	0.0801	-0.1193
	0.50	0.00927	0.00935	0.0205	0.0249	0.0880	0.0888	-0.1215

③

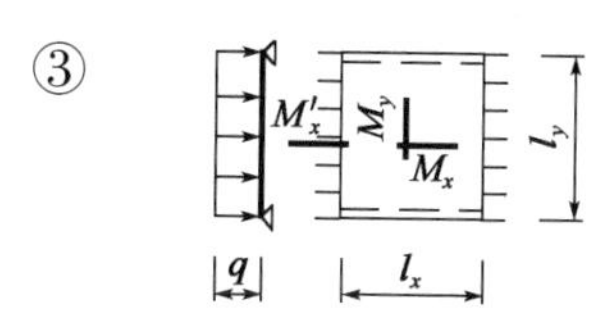

挠度 = 表中系数 × $\dfrac{(g+q)l^4}{B_c}$

$\mu = 0$，弯矩 = 表中系数 × $(g+q)l^2$

式中 l 取用 l_x 和 l_y 中的较小者

附表 2.3

l_x/l_y	l_y/l_x	v	m_x	m_y	m'_x
0.50		0.00261	0.0416	0.0017	-0.0843
0.55		0.00259	0.0410	0.0028	-0.0840
0.60		0.00255	0.0402	0.0042	-0.0834
0.65		0.00250	0.0392	0.0057	-0.0826
0.70		0.00243	0.0379	0.0072	-0.0814
0.75		0.00236	0.0366	0.0088	-0.0799
0.80		0.00228	0.0351	0.0103	-0.0782
0.85		0.00220	0.0335	0.0118	-0.0763
0.90		0.00211	0.0319	0.0133	-0.0743
0.95		0.00201	0.0302	0.0146	-0.0721
1.00	1.00	0.00192	0.0285	0.0158	-0.0698
	0.95	0.00223	0.0296	0.0189	-0.0746
	0.90	0.00260	0.0306	0.0224	-0.0797
	0.85	0.00303	0.0314	0.0266	-0.0850
	0.80	0.00354	0.0319	0.0316	-0.0904
	0.75	0.00413	0.0321	0.0374	-0.0959
	0.70	0.00482	0.0318	0.0441	-0.1013
	0.65	0.00560	0.0308	0.0518	-0.1066
	0.60	0.00647	0.0292	0.0604	-0.1114
	0.55	0.00743	0.0267	0.0698	-0.1156
	0.50	0.00844	0.0234	0.0798	-0.1191

④

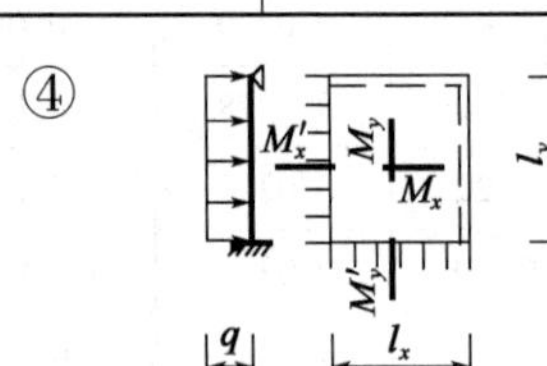

$$挠度 = 表中系数 \times \frac{(g+q)l^4}{B_c}$$

$\mu = 0$，弯矩 = 表中系数 $\times (g+q)l^2$

式中 l 取用 l_x 和 l_y 中的较小者

附表 2.4

l_x/l_y	v	v_{max}	m_x	m_{xmax}	m_y	m_{ymax}	m'_x	m'_y
0.50	0.00468	0.00471	0.0559	0.0562	0.0079	0.0135	-0.1179	-0.0786
0.55	0.00445	0.00454	0.0529	0.0530	0.0104	0.0153	-0.114	-0.0785
0.60	0.00419	0.00429	0.0496	0.0498	0.0129	0.0169	-0.1095	-0.0782
0.65	0.00391	0.00399	0.0461	0.0465	0.0151	0.0183	-0.1045	-0.0777
0.70	0.00363	0.00368	0.0426	0.0432	0.0172	0.0195	-0.0992	-0.0777
0.75	0.00335	0.00340	0.0390	0.0396	0.0189	0.0206	-0.0938	-0.0760
0.80	0.00308	0.00313	0.0356	0.0361	0.0204	0.0218	-0.0883	-0.0748

续上表

l_x/l_y	v	v_{max}	m_x	m_{xmax}	m_y	m_{ymax}	m'_x	m'_y
0.85	0.00281	0.00286	0.0322	0.0328	0.0215	0.0229	-0.0829	-0.0733
0.90	0.00256	0.00261	0.0291	0.0297	0.0224	0.0238	-0.0776	-0.0716
0.95	0.00232	0.00237	0.0261	0.0267	0.0230	0.0244	-0.0726	-0.0698
1.00	0.00210	0.00215	0.0234	0.0240	0.0234	0.0249	-0.0677	-0.0677

⑤

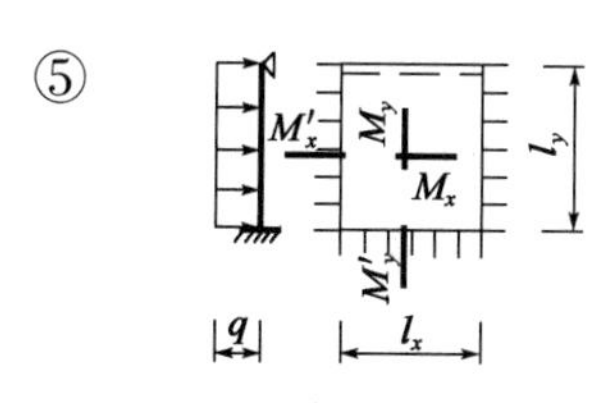

挠度 = 表中系数 × $\frac{(g+q)l^4}{B_c}$

μ = 0，弯矩 = 表中系数 × $(g+q)l^2$

式中 l 取用 l_x 和 l_y 中的较小者

附表 2.5

l_x/l_y	l_y/l_x	v	v_{max}	m_x	m_{xmax}	m_y	m_{ymax}	m'_x	m'_y
0.50		0.00257	0.00258	0.0408	0.0409	0.0028	0.0089	-0.0836	-0.0569
0.55		0.00254	0.00255	0.0398	0.0399	0.0042	0.0093	-0.0827	-0.0570
0.60		0.00245	0.00249	0.0384	0.0386	0.0059	0.0105	-0.0814	-0.0571
0.65		0.00237	0.00240	0.0368	0.0371	0.0076	0.0116	-0.0796	-0.0572
0.70		0.00227	0.00229	0.0350	0.0354	0.0093	0.0127	-0.0774	-0.0572
0.75		0.00216	0.00219	0.0331	0.0335	0.0109	0.0137	-0.0750	-0.0572
0.80		0.00205	0.00208	0.0310	0.0314	0.0124	0.0147	-0.0722	-0.0570
0.85		0.00193	0.00196	0.0289	0.0293	0.0138	0.0155	-0.0693	-0.0567
0.90		0.00181	0.00184	0.0268	0.0273	0.0159	0.0163	-0.0663	-0.0563
0.95		0.00169	0.00172	0.0247	0.0252	0.0160	0.0172	-0.0631	-0.0558
1.00	1.00	0.00157	0.00160	0.0227	0.0231	0.0168	0.0180	-0.0600	-0.0550
	0.95	0.00178	0.00182	0.0229	0.0234	0.0194	0.0207	-0.0629	-0.0599
	0.90	0.00201	0.00206	0.0228	0.0234	0.0223	0.0238	-0.0656	-0.0653
	0.85	0.00227	0.00233	0.0225	0.0231	0.0255	0.0273	-0.0683	-0.0711
	0.80	0.00256	0.00262	0.0219	0.0224	0.0290	0.0311	-0.0707	-0.0772
	0.75	0.00286	0.00294	0.0208	0.0214	0.0329	0.0354	-0.0729	-0.0837
	0.70	0.00319	0.00327	0.0194	0.0200	0.037	0.0400	-0.0748	-0.0903
	0.65	0.00352	0.00365	0.0175	0.0182	0.0412	0.0446	-0.0762	-0.0970
	0.60	0.00386	0.00403	0.0153	0.0160	0.0454	0.0493	-0.0773	-0.1033
	0.55	0.00419	0.00437	0.0127	0.0133	0.0496	0.0541	-0.0780	-0.1093
	0.50	0.00449	0.00463	0.0099	0.0103	0.0534	0.0588	-0.0784	-0.1146

⑥

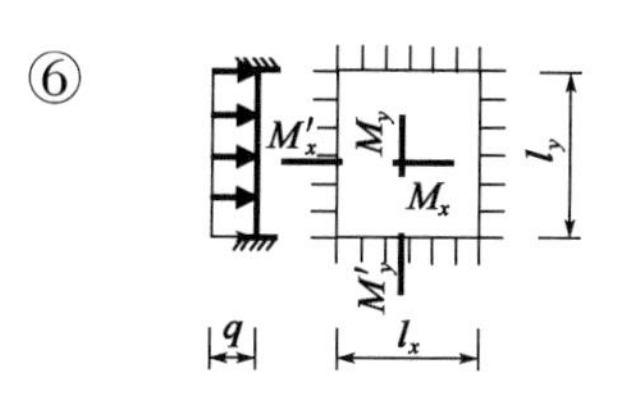

挠度 = 表中系数 × $\frac{(g+q)l^4}{B_c}$

μ = 0，弯矩 = 表中系数 × $(g+q)l^2$

式中 l 取用 l_x 和 l_y 中的较小者

附表 2.6

l_x/l_y	v	m_x	m_y	m'_x	m'_y
0.50	0.00253	0.0400	0.0038	-0.0829	-0.0570
0.55	0.00246	0.0385	0.0056	-0.0814	-0.0571
0.60	0.00226	0.0367	0.0075	-0.0793	-0.0571
0.65	0.00224	0.0345	0.0095	-0.0766	-0.0571
0.70	0.00211	0.0321	0.0113	-0.0735	-0.0569
0.75	0.00197	0.0296	0.0130	-0.0701	-0.0565
0.80	0.00182	0.0271	0.0144	-0.0664	-0.0559
0.85	0.00168	0.0246	0.0156	-0.0626	-0.0551
0.90	0.00153	0.0221	0.0165	-0.0588	-0.0541
0.95	0.00140	0.0198	0.0172	-0.0550	-0.0528
1.00	0.00127	0.0176	0.0176	-0.0513	-0.0513

附　录　3

高层建筑风载体型系数

附表 3.1

项次	类　别	体型及体型系数 μ_s
1	封闭式双坡屋面	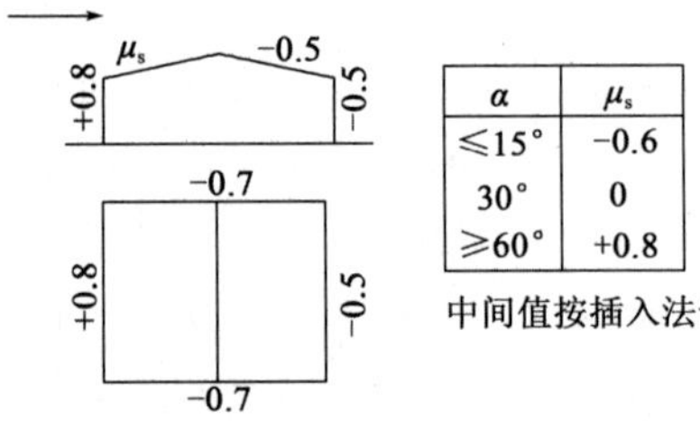 μ_s −0.5 +0.8 −0.5 −0.7 +0.8 −0.5 −0.7 α: ≤15°, μ_s: −0.6; α: 30°, μ_s: 0; α: ≥60°, μ_s: +0.8 中间值按插入法计算
2	封闭式带天窗双坡屋面	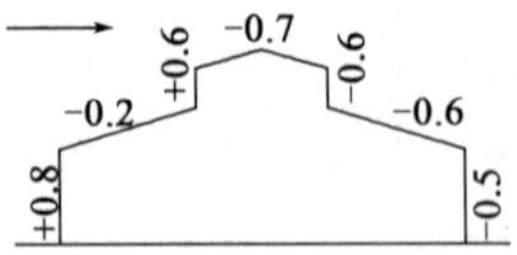 +0.6 −0.7 −0.6 −0.2 −0.6 +0.8 −0.5 带天窗的拱形屋面可按本图采用
3	封闭式双跨双坡屋面	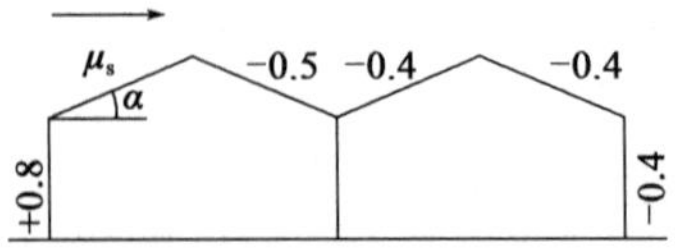 μ_s α −0.5 −0.4 −0.4 +0.8 −0.4 迎风坡面的 μ_s 按第 2 项采用

续上表

项次	类　别	体型及体型系数 μ_s
4	封闭式带天窗带坡的双坡屋面	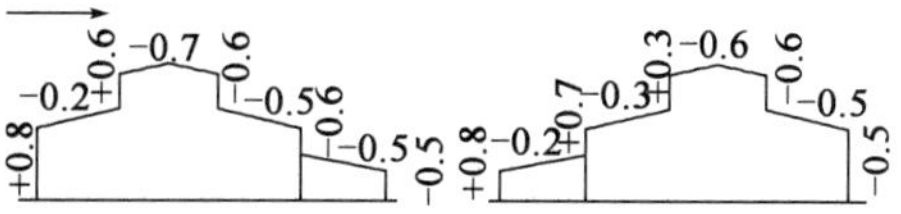
5	封闭式带天窗带双坡的双坡屋面	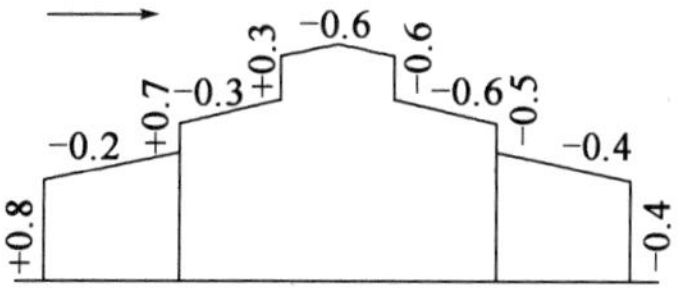
6	封闭式带天窗的双跨双坡屋面	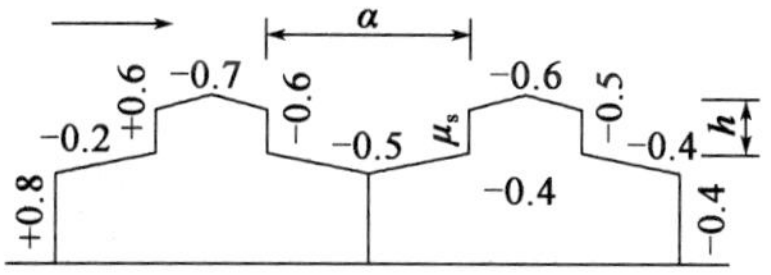 迎风面第2跨的天窗面的 μ_s 按下列采用: 当 $\alpha \leq 4h$ 时,取 $\mu_s = 0.2$ 当 $\alpha > 4h$ 时,取 $\mu_s = 0.6$
7	封闭式带女儿墙的双坡屋面	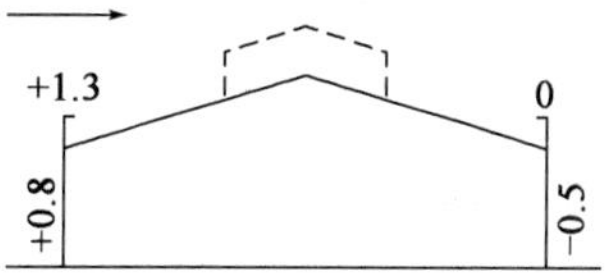 当女儿墙高度有限时,屋面上的体型系数可按无女儿墙的屋面采用
8	封闭式带天窗挡风板的屋面	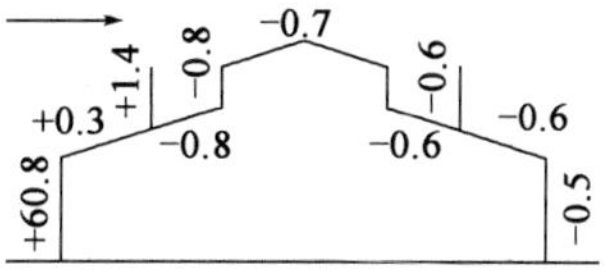
9	封闭式带天窗挡风板的双跨屋面	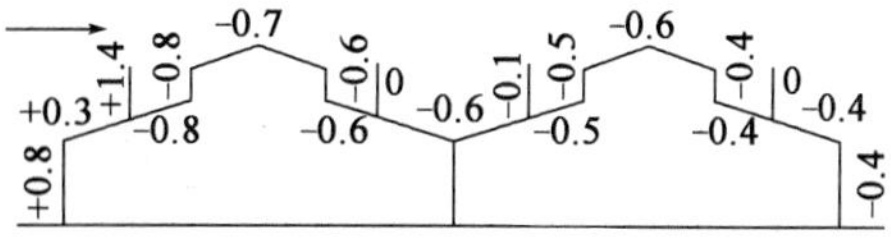
10	封闭式房屋和构筑物	a)正多边形(包括矩形)平面 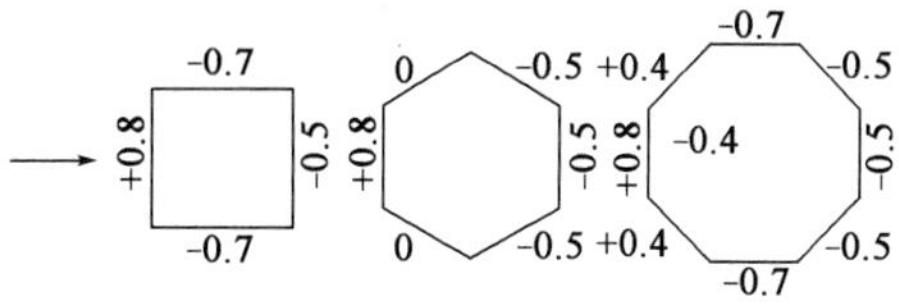

续上表

项次	类 别	体型及体型系数 μ_s
10	封闭式房屋和构筑物	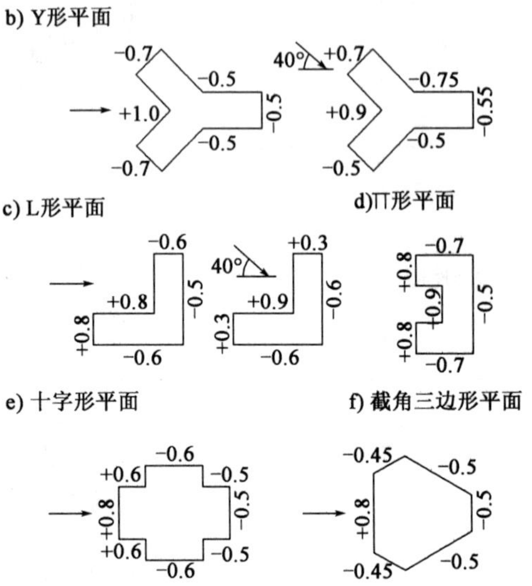 b) Y形平面 c) L形平面 d)∏形平面 e) 十字形平面 f) 截角三边形平面

注:对于项次 10 中的高层建筑,计算主体结构的风荷载效应时,风荷载体型系数 μ_s 可按下列规定采用:

(1)圆形平面建筑取 0.8。

(2)正多边形及截角三角形平面建筑,由下式计算:

$$\mu_s = 0.8 + 1.2\sqrt{n}$$

式中:n——多边形的边数。

(3)高宽比 H/B 不大于 4 的矩形、方形、十字形平面建筑取 1.3。

(4)下列建筑取 1.4:

①V 形、Y 形、弧形、双十字形、井字形平面建筑;

②L 形、槽形和高度比 H/B 大于 4 的十字形平面建筑;

③高宽比 H/B 大于 4,长宽比 L/B 不大于 1.5 的矩形、鼓形平面建筑。

风压高度变化系数 附表 3.2

离地面或海平面高度(m)	地面粗糙度类别			
	A	B	C	D
5	1.17	1.00	0.74	0.62
10	1.38	1.00	0.74	0.62
15	1.52	1.14	0.74	0.62
20	1.63	1.25	0.84	0.62
30	1.80	1.42	1.00	0.62
40	1.92	1.56	1.13	0.73
50	2.03	1.67	1.25	0.84
60	2.12	1.77	1.35	0.93
70	2.20	1.86	1.45	1.02
80	2.27	1.95	1.54	1.11
90	2.34	2.02	1.62	1.19

续上表

离地面或海平面高度(m)	地面粗糙度类别			
	A	B	C	D
100	2.40	2.09	1.70	1.27
150	2.64	2.38	2.03	1.61
200	2.83	2.61	2.30	1.92
250	2.99	2.80	2.54	2.19
300	3.12	2.97	2.75	2.45
350	3.12	3.12	2.94	2.68
400	3.12	3.12	3.12	2.91
≥450	3.12	3.12	3.12	3.12

参考文献

[1] 中华人民共和国国家标准. GB 50223—2008 建筑工程抗震设防分类标准[S]. 北京:中国建筑工业出版社,2008.

[2] 中华人民共和国国家标准. GB 50068—2001 建筑结构可靠度设计统一标准[S]. 北京:中国建筑工业出版社,2001.

[3] 中华人民共和国国家标准. GB 50009—2012 建筑结构荷载规范[S]. 北京:中国建筑工业出版社,2012.

[4] 中华人民共和国国家标准. GB 50010—2010 混凝土结构设计规范(2015 年版)[S]. 北京:中国建筑工业出版社,2015.

[5] 中华人民共和国国家标准. GB 50011—2010 建筑抗震设计规范(2016 年版)[S]. 北京:中国建筑工业出版社,2016.

[6] 中华人民共和国行业标准. JGJ 3—2010 高层建筑混凝土结构技术规程[S]. 北京:中国建筑工业出版社,2011.

[7] 中华人民共和国国家标准. GB/T 50476—2008 混凝土结构耐久性设计规范[S]. 北京:中国建筑工业出版社,2008.

[8] 郭靳时,金菊顺,庄新玲. 钢筋混凝土结构设计[M]. 武汉:武汉大学出版社,2014.

[9] 郭靳时,金菊顺,庄新玲. 混凝土结构设计原理[M]. 武汉:武汉大学出版社,2015.

[10] 张季超. 混凝土结构设计[M]. 北京: 高等教育出版社,2015.

[11] 沈蒲生,梁兴文. 混凝土结构设计[M]. 4 版. 北京:高等教育出版社,2011.

[12] 哈尔滨工业大学,大连理工大学,北京建筑大学,等. 混凝土及砌体结构(下册)[M]. 北京:中国建筑工业出版社,2003.

[13] 沈蒲生. 高层建筑结构设计[M]. 北京:中国建筑工业出版社,2011.

[14] 徐培福,黄小坤. 高层建筑混凝土结构技术规程理解与应用[M]. 北京:中国建筑工业出版社,2003.

[15] 朱彦鹏. 混凝土结构设计[M]. 2 版. 上海:同济大学出版社,2012.

[16] 施岚清. 一、二级注册结构工程师专业考试应试指南[M]. 北京:中国建筑工业出版社,2015.

[17] 徐建. 一、二级注册结构工程师专业考试应试题解[M]. 北京:中国建筑工业出版社,2011.

[18] 梁兴文,史庆轩. 土木工程专业毕业设计指导(房屋建筑工程卷)[M]. 北京:中国建筑工业出版社,2016.

[19] 雷庆关,吴金荣. 混凝土结构设计[M]. 武汉:武汉大学出版社,2015.

[20] 沈蒲生. 高层建筑结构设计[M]. 2 版. 北京:中国建筑工业出版社,2011.

[21] 余志武. 建筑混凝土结构设计[M]. 武汉:武汉大学出版社,2015.

[22] 邢锋. 混凝土结构耐久性设计与应用[M]. 北京:中国建筑工业出版社,2011.

[23] 中国建筑标准设计研究院. 国家建筑标准设计图集 16G101-1 混凝土结构施工图平面整体表示方法制图规则和构造详图(现浇混凝土框架、剪力墙、梁、板)[M]. 北京:中国计

划出版社,2016.
[24] 中国建筑标准设计研究院.国家建筑标准设计图集 16G101-2 混凝土结构施工图平面整体表示方法制图规则和构造详图(现浇混凝土板式楼梯)[M].北京:中国计划出版社,2016.
[25] 中国建筑标准设计研究院.国家建筑标准设计图集 16G101-3 混凝土结构施工图平面整体表示方法制图规则和构造详图(独立基础、条形基础、筏形基础及桩基承台)[M].北京:中国计划出版社,2016.